beck'sche reihe

bsr

„Dieses Plädoyer für den Weiterbestand einer menschlicheren Welt, nein: leider, bescheidener: für den Weiterbestand der Welt, habe ich geschrieben, als manche meiner eventuellen Leser noch nicht das gleißende Licht unserer düsteren Welt erblickt hatten. Sie werden erkennen, daß die revolutionäre, oder richtiger: katastrophale Situation, in die sie hineingeboren wurden und in der zu leben sie leider allzusehr gewohnt sind, nämlich die Situation, in der die Menschheit sich selbst auszulöschen imstande ist – daß dieses wahrhaftig nicht ehrenvolle Imstandesein schon vor ihrer Geburt eingesetzt hat, und daß die Pflichten, die sie haben, schon die ihrer Väter und Großväter gewesen sind. Ich schließe mit dem leidenschaftlichen Wunsche für sie und ihre Nachkommen, daß keine meiner Prognosen recht behalten werde."

Günther Anders (1902–1992), promovierte 1923 bei Husserl, emigrierte 1933 nach Paris und 1936 nach Amerika. Er lebte von 1950 bis zu seinem Tod in Wien. Günther Anders war „der wahrscheinlich schärfste und luzideste Kritiker der technischen Welt" (Jean Améry), sein Hauptwerk ist „Die Antiquiertheit des Menschen" (bsr 319/320).

Günther Anders

Die Antiquiertheit des Menschen

Band I

Über die Seele im Zeitalter
der zweiten industriellen Revolution

Verlag C. H. Beck

Die ersten sieben Auflagen dieses Buches sind in den Jahren 1956 bis 1986 in gebundener und broschierter Form im Verlag C. H. Beck erschienen; 1987 erfolgte eine unveränderte Neuausgabe in der Beck'schen Reihe.

Die Deutsche Bibliothek – CIP-Einheitsaufnahme

Ein Titeldatensatz für diese Publikation ist bei Der Deutschen Bibliothek erhältlich

2. Auflage in der Beck'schen Reihe 2002

Gesamtherstellung: Druckerei C. H. Beck, Nördlingen
Umschlagentwurf: + malsy, Bremen
Printed in Germany
ISBN 3 406 47644 9

www.beck.de

WIDMUNG

Vor genau einem halben Jahrhundert, im Jahre Neunzehnhundertsechs, veröffentlichte mein Vater William Stern, damals um zwanzig Jahre jünger und um Generationen zuversichtlicher als heute sein Sohn, den ersten Band seines Werkes „Person und Sache". Seine Hoffnung, durch den Kampf gegen eine impersonalistische Psychologie die „Person" rehabilitieren zu können, hat er sich nur schwer rauben lassen. Seine persönliche Güte und der Optimismus der Zeit, der er angehörte, verhinderten ihn lange Jahre, einzusehen, daß, was die „Person" zur „Sache" mache, nicht deren wissenschaftliche Behandlung ist; sondern die faktische Behandlung des Menschen durch den Menschen. Als er von den Verächtern der Humanität über Nacht entehrt und verjagt worden war, ist ihm der Gram der besseren Einsicht in die schlechtere Welt nicht erspart geblieben.

*

In Erinnerung an ihn, der den Begriff der Menschenwürde dem Sohne unausrottbar eingepflanzt hat, sind diese traurigen Seiten über die Verwüstung des Menschen geschrieben worden.

VORWORT ZUR 5. AUFLAGE

Dieser Band, den ich vor mehr als einem Vierteljahrhundert abgeschlossen habe, scheint mir nicht nur noch nicht antiquiert, sondern heute aktueller als damals. Das beweist aber nichts zugunsten der Qualität meiner damaligen Analysen, alles dagegen zu Ungunsten der Qualität der analysierten Welt- und Menschsituation, da diese sich seit dem Jahre 1956 im Grundsätzlichen nicht verändert hat, sich nicht hatte verändern können. Meine damaligen Schilderungen waren keine Prognosen, sondern Diagnosen. Die drei Hauptthesen: daß wir der Perfektion unserer Produkte nicht gewachsen sind; daß wir mehr herstellen als vorstellen und verantworten können; und daß wir glauben, das, was wir können, auch zu dürfen, nein: zu sollen, nein: zu müssen – diese drei Grundthesen sind angesichts der im letzten Vierteljahrhundert offenbar gewordenen Umweltgefahren leider aktueller und brisanter als damals. Ich betone also, daß ich vor 25 Jahren über keinerlei „seherische" Kräfte verfügt hatte, daß vielmehr damals 99 % der Weltbevölkerung sehunfähig waren, nein: methodisch seh-unfähig gemacht worden waren – was ich ja damals schon durch die Einführung des Ausdrucks „Apokalypseblindheit" angezeigt habe.

Daß ich in meiner Einstellung zur atomaren Rüstung (Essay 4) nichts zurücknehme, im Gegenteil meine Aktivitäten in dieser Richtung seit damals potenziert habe, das beweisen meine Aufsätze über die atomare Lage („Endzeit und Zeitenende"), mein Hiroshima-Tagebuch („Der Mann auf der Brücke") und mein Briefwechsel mit dem Hiroshima-Piloten Claude Eatherly („Off Limits für das Gewissen"). In der Tat ist das sehr verspätete Erscheinen des 2. Bandes mit dadurch verursacht, daß ich es für ungehörig hielt, über die apokalyptische Bedrohung nur akademisch zu theoretisieren. Die Bombe hängt nicht nur über den Dächern der Universitäten. Das Zeitintervall zwischen Band I und Band II war daher zum großen Teil mit Aktivitäten ausgefüllt, die sich auf die Atomrüstung und den

Vietnamkrieg bezogen. Gleichviel, zu meinem damaligen Essay über die Bombe stehe ich auch heute noch reservelos, ich halte ihn sogar für wichtiger als vor 25 Jahren, weil heute die Kernkraftwerke den Blick auf den atomaren Krieg verstellen und weil sie uns ,,Apokalypseblinde" noch apokalypseblinder gemacht haben.

Auch der Essay über Becketts ,,Godot", ,,Sein ohne Zeit", hat seit dessen Abfassung vor 28 Jahren an Aktualität gewonnen, da ich in ihm die Welt, oder richtiger: die Weltlosigkeit, des Arbeitslosen dargestellt hatte, eine Misere, die heute, nach einem halben Jahrhundert, von neuem global zu werden beginnt.

Nicht mehr restlos einverstanden bin ich dagegen mit der total pessimistischen Beurteilung der Massenmedien in dem Aufsatz ,,Die Welt als Phantom und Matrize". Obwohl meine damaligen Thesen – der Mensch werde durch TV ,,passivisiert" und zur systematischen Verwechslung von Sein und Schein ,,erzogen"; und die geschichtlichen Ereignisse richteten sich bereits weitgehend nach den Erfordernissen des Fernsehens, die Welt werde also zum Abbild der Bilder – mehr zutreffen als damals; und obwohl gewisse Kanzler heute, 25 Jahre nach der Niederschrift meiner Reflexionen, meine Warnungen übernehmen, trotzdem erfordern meine damaligen Thesen eine Ergänzung, und zwar eine ermutigende: Unterdessen hat es sich nämlich herausgestellt, daß Fernsehbilder doch in gewissen Situationen die Wirklichkeit, deren wir sonst überhaupt nicht teilhaftig würden, ins Haus liefern und uns erschüttern und zu geschichtlich wichtigen Schritten motivieren können. Wahrgenommene Bilder sind zwar schlechter als wahrgenommene Realität, aber sie sind doch besser als nichts. Die täglich in die amerikanischen Heime kanalisierten Bilder vom vietnamesischen Kriegsschauplatz haben Millionen von Bürgern die auf die Mattscheibe starrenden Augen erst wirklich „geöffnet" und einen Protest ausgelöst, der sehr erheblich beigetragen hat zum Abbruch des damaligen Genozids.

Dieses Plädoyer für den Weiterbestand einer menschlicheren Welt, nein: leider bescheidener: für den Weiterbestand der Welt, habe ich geschrieben, als manche meiner eventuellen Leser noch nicht das gleißende Licht unserer düsteren Welt erblickt hatten. Sie werden erkennen, daß die revolutionäre, oder richtiger: katastrophale Situation, in die sie hineingeboren wurden und in der zu leben sie leider allzusehr gewohnt sind, nämlich die Situation, in der die Menschheit sich selbst auszulöschen imstande ist – daß dieses wahrhaftig nicht ehrenvolle Imstandesein schon vor ihrer Geburt eingesetzt hat, und daß die Pflichten, die sie haben, schon die ihrer Väter und Großväter gewesen sind.

Ich schließe mit dem leidenschaftlichen Wunsche für sie und ihre Nachkommen, daß keine meiner Prognosen recht behalten werde.

Wien, Oktober 1979 *Günther Anders*

INHALTSVERZEICHNIS

Sternchen im Text (*) verweisen auf die Anmerkungen S. 325 ff.

EINLEITUNG

Aus einem Zeitungsbericht:
„Die zum Tode Verurteilten können frei darüber entscheiden, ob sie sich zu ihrer letzten Mahlzeit die Bohnen süß oder sauer servieren lassen.“

Weil über sie verfügt ist.

Auch wir können frei darüber entscheiden, ob wir uns unser Heute als Bombenexplosion oder als Bobsleighrennen servieren lassen. Weil über uns, die wir diese freie Wahl treffen, weil über unsere freie Wahl, bereits verfügt ist. Denn daß wir *als* Rundfunk-, bzw. Fernsehkonsumenten die Wahl zu treffen haben: als Wesen also, die dazu verurteilt sind, statt Welt zu erfahren, sich mit Weltphantomen abspeisen lassen; und die Anderes, selbst andere Arten von Wahlfreiheit, schon kaum mehr wünschen, andere sich vielleicht schon nicht einmal mehr vorstellen können — darüber ist bereits entschieden.

Als ich diesen Gedanken auf einer Kulturtagung ausgesprochen hatte, kam der Zwischenruf, schließlich habe man doch die Freiheit, seinen Apparat abzustellen, ja sogar die, keinen zu kaufen; und sich der „wirklichen Welt“ und nur dieser zuzuwenden. Was ich bestritt. Und zwar deshalb, weil über den Streikenden nicht weniger verfügt ist als über den Konsumierenden: ob wir nämlich mitspielen oder nicht — wir spielen mit, weil uns mitgespielt *wird*. Was immer wir tun oder unterlassen — daß wir nunmehr in einer Menschheit leben, für die nicht mehr „Welt“ gilt und Welterfahrung, sondern Weltphantom und Phantomkonsum, daran ist ja durch unseren Privatstreik nichts geändert: diese Menschheit ist nun die faktische Mitwelt, mit der wir zu rechnen haben; und dagegen zu streiken, ist nicht möglich. — Aber auch die sogenannte „wirkliche Welt“, die der Geschehnisse, ist durch die Tatsache ihrer Phantomisierung bereits mitverändert: denn diese wird ja bereits weitgehend so arrangiert, daß sie optimal sende-geeignet ablaufe, also in ihrer Phantom-Version gut ankomme. — Vom Wirtschaftlichen ganz zu schweigen. Denn die Behauptung, „man" habe die Freiheit, derartige Apparate zu besitzen oder nicht, zu verwenden oder nicht, ist natürlich reine Illusion. Durch freundliche Erwähnung der ‚menschlichen Freiheit' läßt sich das Faktum des *Konsumzwanges* nicht aus der Welt schaffen; und daß gerade in demjenigen Lande, in dem die Freiheit des Individuums großgeschrieben wird, gewisse Waren „musts", also ‚Muß-Waren' genannt werden, verweist ja nicht gerade auf Freiheit. Diese Rede von ‚musts' ist aber vollkommen berechtigt: denn das Fehlen eines einzigen solchen „must"-Geräts bringt die gesamte Lebensapparatur, die durch die anderen Geräte und Produkte festgelegt und gesichert wird, ins Wanken; wer sich die ‚Freiheit' herausnimmt, auf eines zu verzichten, der verzichtet damit auf alle und damit auf sein Leben. „Man" könnte das? Wer ist dieses ‚man'?

Was von diesen Geräten gilt, gilt mutatis mutandis von allen. Daß sie noch „Mittel" darstellen, davon kann keine Rede sein. Denn zum „Mittel" gehört wesensmäßig, etwas Sekundäres zu sein; das heißt: der freien Zielsetzung nachzufolgen; ex post, zum Zwecke der „Vermittlung" dieses Ziels, eingesetzt zu werden.

Nicht „Mittel" sind sie, sondern „*Vorentscheidungen*": Diejenigen Entscheidungen, die über uns getroffen sind, *bevor* wir zum Zug kommen. Und, genau genommen, sind sie nicht „Vorentscheidungen"; sondern die Vorentscheidung.

Jawohl, die. Im Singular. Denn einzelne Geräte gibt es nicht. Das Ganze ist das Wahre. Jedes einzelne Gerät ist seinerseits nur ein Geräte-*Teil*, nur eine Schraube, nur ein Stück im System der Geräte; ein Stück, das teils die Bedürfnisse anderer Geräte befriedigt, teils durch sein eigenes Dasein anderen Geräten wiederum Bedürfnisse nach neuen Geräten aufzwingt. Von diesem System der Geräte, diesem Makrogerät, zu behaupten, es sei ein „Mittel", es stehe uns also für freie Zwecksetzung zur Verfügung, wäre vollends sinnlos. Das Gerätesystem ist unsere „*Welt*". Und „Welt" ist etwas anderes als „Mittel". Etwas kategorial anderes. —

Es gibt nichts Prekäreres heute, nichts, was einen Mann so prompt unmöglich machte, wie der *Verdacht, er sei* ein *Maschinenkritiker*. Und es gibt keinen Platz auf unserem Globus, auf dem die Gefahr, in diesen Verdacht zu geraten, geringer wäre als auf einem anderen. In dieser Hinsicht sind sich Detroit und Peking, Wuppertal und Stalingrad heute einfach gleich. Und gleich sind in dieser Hinsicht auch alle Gruppen: Denn in welcher Klasse, in welchem Interessenverband, in welchem sozialen System, im Umkreis welcher politischen Philosophie auch immer man sich die Freiheit herausnimmt, ein Argument über „entwürdigende Effekte" dieses oder jenes Gerätes vorzubringen, automatisch zieht man sich mit ihm den Ruf eines lächerlichen Maschinenstürmers zu, und automatisch verurteilt man sich damit zum intellektuellen, gesellschaftlichen oder publizistischen Tode. Daß die Angst vor dieser automatischen Blamage den meisten Kritikern die Zunge lähmt, und daß eine Kritik der Technik heute bereits eine Frage von Zivilcourage geworden ist, ist also nicht erstaunlich. Schließlich (denkt der Kritiker) kann ich es mir nicht leisten, mir von jedermann (von Lieschen Müller bis hinauf zur computing machine) sagen zu lassen, ich sei der einzige, der der Weltgeschichte in die Speichen falle, der einzige Obsolete und weit und breit der einzige Reaktionär. Und so hält er seinen Mund.

Jawohl, um nicht als Reaktionär zu gelten. — Auf der soeben schon erwähnten Tagung ist dem Schreiber das Folgende passiert:

Er schilderte, im Zusammenhang mit dem, was er *„post-literarisches Analphabetentum"* nennt, die *globale Bilderflut von heute*: die Tatsache, daß man den heutigen Menschen, und zwar überall, mit allen Mitteln der Reproduktionstechnik: mit illustrierten Blättern, Filmen, Fernsehsendungen, zum Angaffen von Weltbildern, also zur scheinbaren Teilnahme an der ganzen Welt (bezw. an dem, was ihm als „ganze" gelten soll) einlade; und zwar um so generöser einlade, je weniger man ihm Einblick in die Zusammenhänge der Welt gewähre, je weniger man ihn zu den Hauptentscheidungen über die Welt zulasse; daß man ihm, wie es in einem molussischen Märchen heißt, „die Augen stopfe": ihm nämlich um so mehr zu sehen gebe, je weniger er zu sagen habe; daß die *„Ikono-*

manie", zu der man ihn durch diese systematische Überflutung mit Bildern erzogen habe, schon heute alle diejenigen unerfreulichen Züge des Voyeurtums aufweise, die wir mit diesem Begriff, im engeren Sinne, zu verbinden gewohnt seien; daß Bilder, namentlich dann, wenn sie die Welt überwucherten, stets die Gefahr in sich trügen, zu Verdummungsgeräten zu werden, weil sie, qua Bilder, im Unterschied zu Texten, grundsätzlich keine Zusammenhänge sichtbar machten, sondern immer nur herausgerissene Weltfetzen: also, die Welt zeigend, die Welt verhüllten. — Nachdem der Verfasser diesen Gedankengang ausgeführt hatte — in reiner Darstellung wohlgemerkt, ohne alle therapeutischen Vorschläge — geschah es also, daß er, und zwar von einem Vertreter des juste milieu, ein „romantischer Reaktionär" genannt wurde. Diese Apostrophierung machte ihn einen Augenblick lang stutzig, denn als Reaktionär verdächtigt zu werden, ist ihm keine gerade vertraute Situation. Aber doch nur einen Augenblick lang, denn der Zwischenrufer verriet in der nun einsetzenden Diskussion sofort, was er mit seiner Apostrophierung gemeint hatte. „Wer derartige Phänomene und Effekte ausdrücklich ins Licht rückt", erläuterte er nämlich, „der k r i t i s i e r t. Wer kritisiert, der stört sowohl den Entwicklungsgang der Industrie wie den Absatz des Produktes; mindestens hat er die naive Absicht, solche Störung zu versuchen. *Da aber der Gang der Industrie* und der Absatz *auf jeden Fall vorwärtsgehen soll* (oder etwa nicht?), ist *Kritik eo ipso Sabotage des Fortschritts; und damit eben reaktionär.*"

Daß diese Erklärung etwas an Deutlichkeit übriggelassen habe, darüber konnte ich nicht klagen. Besonders instruktiv an ihr schien mir, daß sie die robuste Wiederauferstehung des Fortschrittsbegriffes bewies, von dem man unmittelbar nach der Katastrophe 45 den Eindruck gehabt hatte, daß er im Eingehen begriffen war; und daß sie zeigte, daß dieser Begriff, der früheren Restaurationsepochen ein Dorn im Auge gewesen war, nun zum Argument der prosperierenden Restauration selbst geworden war. — Was aber das Epitheton „romantisch" betrifft, so bequemte sich der Zwischenrufer, da ich nicht lockerließ, schließlich zu der Antwort, meine „Romantik" bestünde darin, daß ich *„offensichtlich stur auf einem humanen Begriffe des Menschen insistierte"*. Die arglos vorgebrachte

Verbindung von „stur" und „human", die stillschweigend gemachte Unterstellung, daß der Mensch auch anders als eben „human" bestimmt werden könnte, und schließlich die Tatsache, daß diese Antwort nicht einen Teilnehmer im Diskussionskreise verblüffte, gab dem Zwischenfall für mein Gefühl eine ziemlich schauerliche Pointe.

Gewiß, anderswo ist mir ähnliches auch schon passiert. Aber mir scheint doch, daß sich *die Gleichung von ‚kritisch' und ‚reaktionär' in Deutschland größerer Beliebtheit erfreut, als in anderen Ländern;* und zwar deshalb, weil dort die Prinzipien jenes Regimes, das Kritik durch Liquidierung der Kritiker überhaupt abgeschafft hatte, teils rudimentär noch, teils keimhaft schon wieder existieren; jedenfalls nicht tot sind. Es ist ja bekannt, daß die Identifizierung von „Kritik" und „Reaktion", die Anprangerung des Kritikers als reaktionären Saboteurs, zur ideologischen Taktik des Nationalsozialismus gehört hatte; der beliebte Ausdruck „Nörgler" schillerte ja in der Tat nach beiden Seiten. Durch die Identifizierung ehrte die „Bewegung" sich selbst, nämlich als Fortschrittsbewegung: denn wenn sie Kritik als eo ipso reaktionär hinstellte, ergab sich ja notwendigerweise, daß deren Gegenstand, also das Regime selbst, fortschrittlich sein mußte.* Und sehr viel anders hatte es der Zwischenrufer auch nicht gemeint. –

Aber übertreiben wir nicht die heute für eine Kritik der Technik erforderliche Zivilcourage. Daß *wir* es sind, die das Problem der Maschinenstürmerei wieder aufnähmen, davon kann keine Rede sein. Die Debatte ist längst schon wieder in Gang. Denn was wäre denn z. B. die nun schon seit einem Jahrzehnt laufende Diskussion für oder gegen die Abschaffung der Atombombe anderes als eine Debatte über die eventuelle Zerstörung eines Gerätes? Nur umgeht man eben die direkten Assoziationen und diejenigen Vokabeln, die zu deutlich machen könnten, wovon man spricht. Denn jeder schämt sich ja vor jedem, sich dem Verdacht der Maschinenstürmerei auszusetzen: der Wissenschaftler vor dem Laien, der Laie vor dem Wissenschaftler, der Ingenieur vor dem Politiker, der Politiker vor dem Ingenieur, der Linke vor dem Rechten, der Rechte vor dem

Linken, der Westen vor dem Osten, der Osten vor dem Westen — wahrhaftig, es gibt kein Tabu, das in so globaler Übereinstimmung anerkannt wäre wie das des „Maschinensturms“: eine Übereinstimmung, die einer besseren Sache würdig wäre.

Wenn ich aber sage: „Die Debatte ist längst schon wieder in Gang“, so meine ich nicht etwa, daß sie sich heimlich an die Argumente des klassischen Kampfes, etwa aus der „Weber“-Zeit, anschließen könnte. Denn dieses Mal — und darin besteht der fundamentale Unterschied zwischen dem Maschinensturmproblem unserer heutigen industriellen Revolution und dem der vorigen — *dieses Mal handelt es sich keineswegs um eine Debatte zwischen Vertretern zweier verschiedener Produktionsstufen.* Wer heute durch die Maschinen gefährdet ist, ist ja nicht der Handwerker (den gibt es ja im klassischen Sinne kaum mehr; und die Idee eines Heimarbeiters, der revoltierte, weil er seine Fernseh-Geräte oder seine Wasserstoffbombe weiter zuhause herstellen möchte, ist eine Abstrusität); auch nicht nur der Fabrikarbeiter, dessen „Entfremdung“ ja seit einem Jahrhundert gesehen wird; sondern *jedermann*; und zwar jedermann deshalb, weil jedermann effektiv Konsument, Verwender und virtuelles Opfer der Maschinen und Maschinenprodukte ist. Ich sage: der Produkte: denn *nicht wer herstellt, ist heute der springende Punkt; auch nicht, wie die Herstellung vor sich gehe; noch nicht einmal, wieviel hergestellt wird; sondern* — und damit sind wir bei dem zweiten fundamentalen Unterschied zwischen der damaligen Gefahr und der heutigen: *was hergestellt wird.* Während es damals nicht die Erzeugnisse qua Erzeugnisse waren, die kritisiert wurden; jedenfalls bestimmt nicht in erster Linie; und der Kampf fast ausschließlich der, den Klein- oder gar Heimbetrieb ruinierenden, Konkurrenzlosigkeit der maschinellen *Herstellung* galt, ist es diesmal das hergestellte *Produkt* selbst, das zur Debatte steht: z. B. die Bombe; oder auch der heutige Mensch, der ja (da er seine Erzeugung, mindestens seine, ihn total alterierende, Prägung als Konsument industriell hergestellter Welt- und Meinungsbilder erfährt) gleichfalls Produkt ist.

Das Thema hat also mit der Ablösung einer veralteten Produktionsart durch eine neue, mit Konkurrenz zwischen Arbeitstypen, primär nichts mehr zu tun; der Kreis derer, die von ihm betroffen sind, ist ungleich größer als damals; das Thema hat sich *neutralisiert*; es läuft quer durch alle Gesellschaftsgruppen: Den Unterschied zwischen einem großbourgeoisen Fernseh-Problem und einem middleclass-Fernseh-Problem müßte man an den Haaren herbeiziehen; ein middleclass-Atombomben-Problem von einem proletarischen zu unterscheiden, wäre vollkommen absurd. Und so quer wie es durch die Klassen läuft, läuft das Problem durch die Länder und die Erdteile. „Vorhänge" sind ihm unbekannt. Hüben wie drüben ist die Frage der Verwandlung oder Liquidierung des Menschen durch seine eigenen Produkte brennend, gleich ob man die Flammen sieht oder nicht; gleich ob man sie — vom Löschen zu schweigen — diskutiert oder nicht. Wie unglaubhaft oder, gemessen am gegenwärtigen politischen Kälteklima, wie veraltet es auch klingen mag: *Im Vergleich mit diesen Problemen ist die Differenz zwischen den politischen „Philosophien" der beiden* (sich zu Unrecht „frei", einander zu Recht „unfrei" nennenden) *Welten bereits zu einer Differenz zweiten Ranges geworden.* Um diese Unterschiede scheren sich die psychologischen Effekte der Technik genau so wenig, wie es die Technik selbst tut. Und glaubt man nicht an die vorgestern formulierte „One World"-These — durch die Tatsache der hier wie dort konditionierten Seelen wird sie nicht weniger, und nicht weniger makaber, bestätigt als durch die Tatsache der um Grenzen unbekümmerten radiumverseuchten Atmosphäre.

Was in den folgenden drei Aufsätzen diskutiert wird, ist also ein von allen Erdteilen, politischen Systemen oder Theorien, sozialen Programmen oder Planungen unabhängiges Phänomen; eines unserer Epoche, mithin ein *epochales.* Nicht was Washington oder Moskau aus der Technik macht, wird gefragt; sondern was die Technik aus uns gemacht hat, macht und machen wird, noch ehe wir irgendetwas aus ihr machen können. In keinem anderen Sinne, als Napoleon es vor 150 Jahren von der Politik, und Marx es vor 100 Jahren von der Wirtschaft behauptet hatte, ist die Technik nun unser Schicksal. Und ist es uns vielleicht auch nicht möglich, die Hand unseres Schicksals zu leiten, ihm auf die Finger zu sehen, darauf sollten wir nicht verzichten.

Damit könnte ich nun eigentlich medias in res springen. Aber ehe ich den Sprung mache, möchte ich doch ein paar methodische

Bemerkungen vorausschicken, richtiger: zwei Warnungen, die mir deshalb geboten scheinen, weil die nachfolgenden Aufsätze weder einfach literarische Essays sind noch philosophische Analysen in üblicher akademischer Manier, sondern Beispiele dessen, was man mit einem alten Ausdruck „Okkasionalismus", also „*Gelegenheitsphilosophie*" nennen könnte. Darunter verstehe ich etwas, was auf den ersten Blick wie ein Unding aussehen muß, wie eine hybride *Kreuzung von Metaphysik und Journalismus:* ein Philosophieren nämlich, das die heutige Situation, bzw. charakteristische Stücke unserer heutigen Welt zum Gegenstande hat; aber nicht nur zum Gegenstande, da es der opake und beunruhigende Charakter dieser Stücke selbst ist, der dieses Philosophieren recht eigentlich erst in Gang bringt. Aus der Hybridität des Vorhabens ergibt sich ein ungewohnter Stil der Darstellung.

Was dem Leser vor allem, und vermutlich unangenehm, auffallen wird, ist der ständige *Perspektive-Wechsel*, der ihm zugemutet wird: der Wechsel zwischen, Leibnizisch gesprochen, „verités de fait" und „verités de raison"; die Tatsache also, daß er aus der Erörterung aktuellster Erscheinungen (also der „*Gelegenheiten*") immer wieder, und zwar aufs Unerwartetste, in die Diskussion von Problemen hineingeworfen wird, die, (da sie eben „*philosophische*" Grundprobleme sind) mit den Gelegenheitsthemen unmittelbar nichts zu tun zu haben scheinen. So wird er z. B. bei der Lektüre des ersten Aufsatzes, der eine neue Spielart von Scham (die Scham des Menschen vor seinen „beschämend perfekten" Geräten) behandelt, plötzlich in ausführliche metaphysische Erörterungen über die „Nicht-Identität des Menschen mit sich selbst" hineingezogen werden.

Wo es irgend möglich war, habe ich solche Erörterungen zwar in den Anmerkungsapparat verwiesen, der dadurch nicht nur ziemlich umfangreich geworden ist, sondern nun zum großen Teil statt aus Nebenbemerkungen aus Hintergrundsgedanken, statt aus Beilagen aus Unterlagen besteht. Aber das durchweg zu tun, wäre nicht erlaubt gewesen, da die Untersuchungen eben beanspruchen, philosophisch zu sein; und die Relegierung des Philosophischen „unter den Strich" eine Akzentverschiebung dargestellt hätte, die auf eine Entstellung der Wahrheit herausgelaufen wäre.

Wären die Aufsätze nur einzelwissenschaftliche Monographien, dann hätte der Leser natürlich recht, über unvermittelte Abschweifungen verstimmt zu sein. *In der Philosophie aber bedeutet „Abschweifung" etwas anderes als in den Einzelwissenschaften* oder gar als im Alltag; für den philosophischen Rigoristen sogar dessen Gegenteil.

Um zu verdeutlichen, was wir damit meinen, erteilen wir einem solchen Rigoristen das Wort; einem Mann also, der den Typ der hier versuchten „Gelegenheitsphilosophie" radikal ablehnt. „Wenn du", argumentiert dieser, „den Anspruch erhebst, wirklich zu philosophieren, dann können Spezial- oder gar Tagesprobleme für dich nicht mehr in Betracht kommen; so wenig wie für den Gläubigen beliebige creata in Betracht kommen können, oder für den Ontologen dies oder jenes nur-Ontische. Philosophie kennt keine wechselnden Menu-Karten; Zeiten oder Zeitungen existieren für sie nicht; und philosophische Monographien sind contradictiones in adjecto. Jede Beschäftigung mit einem Einzel- oder Tagesthema ist bereits Abschweifung. Durch Beschränkung auf Singulares oder gar Okkasionelles verzichtest du auf „das Allgemeine", verleugnest du „den Grund", blendest du „das Ganze" ab — oder wie immer du den Gegenstand der Philosophie nennen willst; und deinen Anspruch, Philosophie zu treiben, hast du verspielt."

„Du hast da", fährt er eilig fort (denn den heiklen Fragen, wo Philosophieren denn nun ansetzen dürfe, und worin dessen „Treiben" denn überhaupt bestehe, wenn jeder bestimmte Gegenstand seiner bereits unwürdig sei, versucht er zuvorzukommen) — „du hast da in deinem Versuche über „Rundfunk und Fernsehen" grundsätzliche Bemerkungen über das „Wesen des Bildes" eingeschaltet. Worin besteht deine Abschweifung? In dieser Einschaltung? Oder nicht vielmehr darin, daß du dich, statt „Kunstphilosophie überhaupt", nein, statt Philosophie schlechthin zu treiben, auf etwas singular-Empirisches, eben auf das Fernsehen, eingelassen und dieses zum angeblichen Gegenstand deines Philosophierens gemacht hattest? — Und da du damit in ein Revier vorgedrungen bist, das (abgesehen von seiner Unwürdigkeit) für den philosophischen Begriff unzugänglich ist, ist deine Abschweifung sogar „überspannt". Mißverstehe den Ausdruck nicht: ich meine ihn philosophisch. Was du „überspannt", das heißt: zu scharf angespannt hast, ist nämlich das Band, das, verankert in der Allgemeinheit des Begriffes, zwar mehr oder minder elastisch sein mag, dessen Elastizität aber nicht unbegrenzt ist, und das man nicht so auseinanderzerren kann, daß ihr loses Ende schließlich mit jeder kontingentesten individuellen Erscheinung, also etwa mit dem Fernsehen, in Kontakt gebracht werden könnte. Deine Abschweifung hat also bereits in deiner Themenstellung bestanden. — Deine Bemerkungen über das Wesen des Bildes eine „Abschweifung" zu nennen, wäre dagegen verfehlt. Denn durch sie hast du ja versucht, dem Singularen „auf den Grund" zu gehen: und von einer „Abschweifung zum Grunde" zu reden, wäre ja widersinnig. Sie war also kein philosophisches Vergehen, sondern umgekehrt ein Akt der Reue: der Reue vor dem Tribunal der Idee; ein Wiedergutmachungsversuch". — So der Rigorist.

Und nicht nur er. Mit ihm Warner aus zweiundeinhalb Jahrtausenden. Denn worin hätte die Leidenschaft der Philosophie, und zwar die der disparatesten Philosophen, denn bestanden, wenn nicht in der großartigen Abwendung vom Kontingenten, vom „mundus sensibilis", und in der Hinwendung zu „Eigentlichem", zum „mundus intelligibilis"? In der Tat ist dieser Dualismus, das heißt: die stillschweigende Unterstellung der Rechtmäßigkeit dieser Zweiteilung, *die* Metaphysik des Abendlandes gewesen, die allen Philosophen gemeinsame Metaphysik; die metaphysische Voraussetzung selbst der Empiristen, da diese ja, wenn sie sie nicht geteilt hätten, den Empirismus niemals als Prinzip und Grundlage hätten etablieren wollen. Von diesen Stimmen fortzuhören, ist in der Tat nicht möglich. Und die Tatsache, daß der Verfasser von der Schilderung der kontingenten und konkreten Epoche-Erscheinungen immer wieder abspringt, daß er immer wieder zurückspringt in grundsätzlichste Erörterungen, beweist ja, daß auch er sich der Warnung nicht einfach entziehen kann. Aber diese einfach befolgen kann er auch nicht.

Und zwar deshalb nicht, weil niemand sie befolgen kann; und wie sie von niemandem jemals befolgt worden ist.

Denn das intransigente Ideal ist auf eigentümliche Weise *unrealistisch*; womit gemeint ist, daß die sklavische Befolgung der Warnung jede Aktion des Philosophierens einfach im Keime ersticken würde; daß, so wahr es sein mag, daß der Philosoph „im Allgemeinen lebt", Philosophieren, im Unterschied zur Mystik und zum bloßen Om-Sagen, sich ja niemals darin erschöpfen kann, die Idee des „Allgemeinen" oder „das Ganze" oder „den Grund" anzustarren; daß der Philosophierende vielmehr, und zwar immer, auf *etwas* losgehen muß, auf etwas Spezifisches, auf etwas vom Grund Verschiedenes, eben auf etwas, dem er auf den Grund geht — kurz: daß es zur Wirklichkeit des Philosophierens gehört, daß der Philosophierende das intransigent formulierte Wesen der Philosophie ignoriere; daß dieses Ignorieren die Bedingung seiner Existenz und Fortexistenz ist; und womit ferner gemeint ist, daß der Philosophierende sich nicht nur als Philosoph in der Welt aufhält, nicht nur umgeben vom Horizont der „Überhaupts", nicht nur fasziniert von der Schönheit des „Ganzen", nicht nur eingeschüchtert oder angezogen vom „Grunde"; sondern daß er außerdem, oder vielmehr zuerst, als normaler Nachbar seiner Nachbarn zur Rechten und zur Linken lebt, als geborener, bedürftiger und sterblicher Mensch, verfolgt, verlockt und umflattert von haecceitates; und daß es gerade diese haecceitates sind, die ihn in die Aktion des Philosophierens hineinzerren oder hineinjagen. Ja, gerade diese. Denn durch die Beliebigkeit ihrer Faktizität, durch die absolute Unvorhergesehenheit und Unableitbarkeit ihres Da- und Soseins geben sie nicht weniger dunkle Rätsel auf, beunruhigen sie um nichts weniger tief, als es die „Überhaupts", das „Ganze" oder der „Grund" tun; ja, vielleicht sogar tiefer, da das „Ganze" oder der „Grund" ja gerade als die Dimensionen der Antwort gelten, in denen alle Fragen stille werden. „Im Grunde", heißt es sogar im Dialog eines molussischen Sophisten, „im Grunde ist es müßig, den Dingen auf den Grund zu gehen. Denn wäre der Grund ihr Grund, dann wären sie eben nicht diese Dinge hier, diese vom Grunde abgerissenen einzelnen Dinge. Es muß einen Grund dafür geben, daß sie nicht im Grund sind, sondern sie selbst; oder, wer weiß, soviele Gründe, als es Dinge gibt."

Wenn der molussische Sophist mit seiner verzweifelten Überlegung recht hätte, dann wäre damit (was freilich gegen die Wahrheit seines Gedankens nichts besagte) der Konkurs der Philosophie besiegelt. Sein Argument weiterzuverfolgen, ist hier nicht der Ort. Wenn wir es zitierten, so nur zu dem Zwecke, um an einem äußersten Beispiel zu zeigen, daß es gerade das Spezifische, Singulare und Okkasionelle sein kann, was dem Philosophierenden am schärfsten zu schaffen macht.

Soviel aber ist gewiß: wer das Singulare als Gegenstand des Philosophierens einfach abweist, weil es nur kontingent und empirisch ist, der sabotiert sein eigenes Philosophieren; und gleicht jenem Schildbürger, der, ehe er sein Haus bezog, dessen Tür von außen zumauerte, weil diese, wie er sterbend an den Pfosten schrieb, „etwas Zweideutiges" sei, ein „Loch im Gehäuse, ein Ding, halb außen und halb innen"; und der vor der Schwelle erfroren aufgefunden wurde.

Aber lassen wir die Bilder. In der Tat ist kein Philosoph (es sei denn, er beschränke sich aufs Om-Sagen, ersetze Philosophie also durch Mystik), in der Lage, Auskunft darüber zu geben, w a s in sein Haus gehört und was nicht; das heißt: bei welchem Grad von empirischer Spezifizität er sich noch innerhalb der legitimen Befugnisgrenzen der Philosophie aufhält, und wann er diese Kompetenzgrenze zu überschreiten beginnt; glaubt er es aber angeben zu können, dann ist er doch außerstande, die Grenzziehung zu rechtfertigen. Daß die Philosophie sich diese Frage jemals ernsthaft vorgelegt hat, ist durchaus nicht so sicher. Jedenfalls entsinne ich mich nicht, jemals so etwas wie eine Geschichte dessen, was jemals als „*philosophisch salonfähig*", als gerade noch ertragbare Spezifizität, gegolten hat, vor Augen gehabt zu haben. Wenn es eine solche Untersuchung gäbe, ihre Ergebnisse wären für den Philosophen vermutlich aufs tiefste beschämend; denn sie würde wohl verraten, daß die Auswahlkriterien niemals andere als konventionelle, also stets un-, ja widerphilosophische gewesen sind. Es ist mir höchst zweifelhaft, ob Hegel auf die Frage, warum er in seiner Darstellung der Weltgeschichte dieses Geschehen als „philosophisch salonfähig" in seinem System empfing, jenem Ereignis, als einem Proleten der Empirie, den Zutritt verwehrte, eine Antwort hätte geben können. — Daß es heute besser damit stehe: daß die Grenze weniger verschwommen sei als früher, wird ja niemand mit gutem Gewissen behaupten können. Warum wir zum Beispiel in der offiziell anerkannten Philosophischen Anthropologie das Recht haben, über „den Menschen" (der ja schließlich auch nur ein empirisches Spezificum ist) zu philosophieren; während wir, schrieben wir eine „Philosophie der Mücke" oder eine „Philosophie des Kindes" sofort mangelnden Ernstes verdächtigt werden würden, ist philosophisch ja nicht zu beantworten. Daß Berufsphilosophen zumeist genau zu wissen glauben, was an Spezialität erlaubt ist, wie weit sie gehen dürfen, was sich philosophisch noch „schickt", will ich natürlich nicht leugnen. Aber ihre Selbstsicherheit ist doch zumeist nur die unphilosophische Selbstsicherheit derer, die einen Brauch mitmachen. Je selbstsicherer sie in dieser Hinsicht auftreten, um so berechtigter ist es, ihnen als Philosophen zu mißtrauen. Und oft haben sie für diese ihre Selbstsicherheit einen hohen Preis zahlen müssen. Das Schauspiel der nachhegelschen Epoche, in der die meisten von ihnen, aus Angst vor faux pas, die wirklich neuen Schritte ins Spezielle und ins Okkasionelle den Kierkegaards und Nietzsches, den Feuerbachs und Darwins, den Marxens und Freuds, oder den großen Einzelwissenschaftlern, ja sogar großen Romanciers überlassen haben, den großen Amateuren der Philosophie, die ihr Philosophieren oft noch nicht einmal „Philosophie" nannten, und die keine Hemmung verspürten, die Verbotstafeln zu verpflanzen und die Grenzen zu erweitern, dieses Schauspiel war nicht gerade ehrfurchtgebietend. Und wenn sie heute nun emsig damit beschäftigt sind, sich innerhalb der damals von den Nichtprofessionellen vorgeschobenen und nunmehr legal gewordenen Grenzen häuslich einzurichten, oder wenn sie heute offiziell „elastische Systeme" annoncieren oder systematische Grundlegungen der Systemlosigkeit vorlegen, so macht dieses Schauspiel des Nachholens das damalige des Versäumens auch nicht wett. —

Der Leser wird verstehen, daß ein Liebhaber der Wahrheit, der in diesen großen Vorurteilslosen seine Vorbilder sieht, auch dann auf Spezielles losgeht, wenn die Frage, ob und inwiefern das, was er da tut, noch „Philosophie" heißen darf, unerledigt bleibt. Ob

Tomaten „Früchte“ genannt werden oder „Gemüse“, ist, sofern sie nur nahrhaft sind, ziemlich gleichgültig. Der wirklich Philosophierende treibt sein Handwerk auch dann weiter, wenn er in actu seiner Arbeit nicht weiß, ob er nicht die erlaubte Grenze des Speziellen überschritten hat; ja selbst, wenn er keinen Augenblick lang Gewißheit darüber hat, ob er nicht jenes Band, das „im Grundsätzlichen verankert“ ist, längst schon zu weit ausgezogen und „überspannt“ hat, kurz: ob er nicht abschweift. Aber grundsätzliche Überlegungen darüber anzustellen, ob und bei wem diese oder jene Betrachtung noch oder nicht mehr „Philosophie“ heißt, hält er eben für müßig. Die Sachen selbst sind ausschlaggebend. So wenig sich der Astronom für Astronomie interessiert, sondern für die Gestirne, und deshalb Astronomie treibt; so wenig interessiert er sich für Philosophie. Ob es diese „gibt“ oder nicht, darauf kommt es zu allerletzt an. Und wie es mit den Eigentumsverhältnissen der Jagdreviere bestellt ist: ob diese der Kompetenz der Philosophie unterstehen oder nicht, das entscheidet nicht. Was gilt, ist allein, was man von den Exkursen, von den Exkursionen mitbringt. Ob es etwas Nahrhaftes ist oder nicht. —

Und damit wird unsere Warnung verständlich: Daß die Gefahr des „*Zurückschnappens*“ um so größer wird, je schärfer ein „Band“ angespannt wird, ist plausibel. Da wir das Band immer wieder, und immer wieder sehr scharf, anspannen werden, wird es also auch immer wieder scharf zurückspringen. In anderen Worten: Immer wieder wird es dem Leser, der sich eben noch gerade mitten in der Erörterung einer aktuellen Erscheinung befunden hatte, passieren, daß er plötzlich evakuiert und ins Dunkel philosophischer Grundfragen fortgetragen werden wird; und daß er umgekehrt, noch ehe er seine Beine dort ausgestreckt hat, schon wieder in Frontlinie der Aktualitäten zurückversetzt sein wird. —

An diese Warnung schließt sich nun eng die zweite: und zwar die vor einer Ungewöhnlichkeit, die noch anstößiger klingen wird als die erste. Sie bezieht sich nicht so sehr auf die „zu singularen“ Gegenstände selbst als auf deren Darstellungen. Diese Darstellungen, mindestens einige von ihnen, werden nämlich den Eindruck von „*Übertreibungen*" machen. Und zwar aus dem einfachen Grunde, daß sie „Übertreibungen" *sind.*

Natürlich verbinde ich mit dem Ausdruck, da ich ihn selbst verwende, einen anderen als den üblichen Sinn. Einen methodischen. Was bedeutet das?

Daß es Erscheinungen gibt, bei denen Überpointierung und Vergrößerung sich nicht vermeiden lassen; und zwar deshalb nicht, weil sie ohne diese Entstellung unidentifizierbar oder unsichtbar bleiben würden; Erscheinungen, die uns, da sie sich dem nackten Auge versagen, vor *die Alternative: „Übertreibung oder Erkenntnisverzicht"* stellen. — Mikro- oder Teleskopie sind die nächstliegenden Beispiele, da sie mittels übertreibender Verbildlichung Wahrheit zu gewinnen suchen.

Inwiefern ist nun solche „Übertreibung" auch unserem Gegenstande gegenüber geboten? Warum sind die Gegenstände unserer Untersuchung dem nackten Auge so undeutlich, inwiefern versagen sie sich so, daß sie „übertreibende" Darstellung erfordern?

Die Antwort auf die Frage gibt, mindestens indirekt, der Untertitel unserer Schrift.

Dieser Untertitel, in dem das Dachthema der Aufsätze zusammengefaßt ist, lautet: „Über die Seele im Zeitalter der zweiten industriellen Revolution". Genauer wäre: „Über die *Metamorphosen der Seele* im Zeitalter der zweiten industriellen Revolution".

Nun, diese Revolution ist nicht erst gestern ausgebrochen. Die materiellen Voraussetzungen für die Metamorphosen hat sie der Seele längst beigestellt, und täglich stellt sie neue Voraussetzungen für sie bereit. Aber bedeutet das, daß die Seele mit diesen ihren völlig modifizierten Voraussetzungen Schritt gehalten hätte? Daß sie mit den täglich sich modifizierenden Voraussetzungen Schritt hielte?

Nichts weniger als das.

Vielmehr gibt es keinen Zug, der für uns Heutige so charakteristisch wäre wie *unsere Unfähigkeit, seelisch* „up to date", *auf dem Laufenden unserer Produktion zu bleiben*, also in dem Verwandlungstempo, das wir unseren Produkten selbst mitteilen, auch selbst mitzulaufen und die in die („Gegenwart" genannte) Zukunft vorgeschossenen oder uns entlaufenen Geräte einzuholen. Durch unsere unbeschränkte prometheische Freiheit, immer Neues zu zeitigen (und durch den pausenlosen Zwang, dieser Freiheit unseren Tribut zu entrichten), haben wir uns als zeitliche Wesen derart in Unordnung gebracht, daß wir nun als Nachzügler dessen, was wir selbst projektiert und produziert hatten, mit dem schlechten Gewissen der Antiquiertheit unseren Weg langsam fortsetzen oder gar wie verstörte Saurier zwischen unseren Geräten einfach herumlungern. — Wenn es die surrealistische Konfiguration definiert, daß in ihr völlig disparate, ja einander widersprechende, sogar einander tödliche Elemente dennoch zugleich, ja zusammen, sogar in gegenseitig lähmender Interdependenz auftreten, dann gibt es keine „klassischere" Verwirklichung des Surrealismus als die Konfiguration, die eine „computing machine" und ein vor ihr stehender Mensch zusammen bilden. —

Die Tatsache der täglich wachsenden *A-synchronisiertheit des Menschen mit seiner Produktewelt*, die Tatsache des von Tag zu Tag breiter werdenden Abstandes, nennen wir *„das prometheische Gefälle"*.

Unbekannt ist dieses „Gefälle" natürlich nicht geblieben. So war es z. B. in der „Überbau"-Doktrin des Marxismus, besonders in der Erörterung der Tempo-Differenz zwischen den zwei Etagen „Unterbau" und „Überbau" gesichtet worden. Aber mehr als gesichtet doch nicht. Denn das Gefälle, für das der Marxismus sich interessiert hatte, war doch nur eines unter vielen gewesen, nur ein Muster aus einem ungleich breiteren Komplex, in dem sich Gefälle-Phänomene der verschiedensten Art unterscheiden lassen. Außer der, im Marxismus behandelten, Differenz zwischen Produktionsverhältnissen und („ideologischen") Theorien gibt es z. B. das Gefälle zwischen *Machen* und *Vorstellen*; das zwischen *Tun* und *Fühlen*; das zwischen *Wissen* und *Gewissen*; und schließlich und vor allem das zwischen dem produzierten *Gerät* und dem (nicht auf den „Leib" des Geräts zugeschnittenen) *Leib* des Menschen. Allen diesen „Gefällen", deren jedes im Laufe dieser Untersuchung seine Rolle spielen wird, kommt die gleiche Struktur zu: die des „*Vorsprungs*" des einen Vermögens vor dem anderen; bzw. die des „*Nachhumpelns*" des einen hinter dem anderen: So wie die ideologische Theorie hinter den faktischen Verhältnissen, so bleibt das Vorstellen hinter dem Machen zurück: Machen können wir zwar die Wasserstoffbombe; uns aber die Konsequenzen des Selbstgemachten auszumalen, reichen wir nicht hin. — Und auf gleiche Weise humpelt unser Fühlen unserem Tun nach: Zerbomben können wir zwar Hunderttausende; sie aber beweinen oder bereuen nicht. — Und so trottet schließlich als letzter Hintermann, als verschämtester Nachzügler, noch heute behängt mit seinen folkloristischen Lumpen, und gleich schlecht synchronisiert mit allen seinen Vordermännern — im weitesten Abstande hinter allen, der menschliche Leib nach.

Jeder von uns besteht also aus einer lockeren Reihe von verschieden altertümlichen und in verschiedenem Tempo marschierenden Einzelwesen. Und ist das auch nur ein Bild — um dem ohnehin schon brüchigen Ideal des Neunzehnten Jahrhunderts: dem der „harmonischen Persönlichkeit", seinen letzten Stoß zu versetzen, dazu reicht die Kraft dieses Bildes wohl aus.

In der Tat stellt diese A-synchronisiertheit der verschiedenen menschlichen „Vermögen", namentlich die A-synchronisiertheit des Menschen mit seinen Produkten, also das „prometheische Gefälle", eines der Hauptmotive unserer Arbeit dar. Das besagt aber nicht etwa, daß wir die übliche und gewöhnlich als selbstverständlich unterstellte Entscheidung: das Tempo der Produktionsverwandlung den anderen Tempi als gutes Beispiel vorzuhalten, unterschrieben. Die Tatsache, daß die Produkte alles tun, um die Tempo-Gleichschaltung des Menschen durchzusetzen, bestreiten wir zwar nicht. Und ebenso wenig, daß die Menschen dieser Forderung hektisch nachzueifern suchen. Aber ob sie das mit Erfolg tun, auch nur mit Recht, das ist eben die Frage. Denn es wäre ja durchaus denkbar, daß die Transformation der Geräte zu rapide vor sich ginge, schlechthin zu rapide*; daß die Produkte etwas Übertriebenes von uns verlangen, etwas Unmögliches; und uns durch ihre Zumutung wirklich in einen kollektiv pathologischen Zustand hineintrieben. Oder anders ausgedrückt, aus der Perspektive des Produzenten: Es wäre ja durchaus nicht unmöglich, daß *wir*, die wir diese Produkte herstellen, drauf und dran sind, eine Welt zu etablieren, mit der Schritt zu halten wir unfähig sind, und die zu ‚fassen', die Fassungskraft, die Kapazität sowohl unserer Phantasie wie unserer Emotionen wie unserer Verantwortung absolut überforderte. Wer weiß, vielleicht haben wir eine solche Welt bereits etabliert. Schließlich ist ja der Mensch, abgesehen von der formalen Schrankenlosigkeit seines Produzierens, außerdem ein mehr oder minder bestimmter, also mehr oder minder in seiner Adaptierbarkeit begrenzter, morphologischer Typ; ein Wesen also, das weder durch andere Mächte noch durch sich selbst nach Belieben ummodelliert werden kann; ein Wesen, dessen Elastizität sich nicht ad libitum strapazieren läßt. Daß er als sich selbst verändernder Schauspieler ungleich weniger Freiheit genießt und viel früher gegen starre Grenzen anrennt, denn als „frei schaffender" Bühnenarchitekt oder Requisiten-Konstrukteur seiner geschichtlichen Welt, ist ja offensichtlich. Und es ist weder bloßer Zufall noch Zeichen von philosophischem Dilettantismus, wenn trotz des ungeheuer bunten Wechselspiels der Geschichte die Frage, ob sich ‚der Mensch verändert habe' und sich verändere, immer wieder auftaucht. Eine *Kritik der Grenzen des Menschen*, also nicht nur der seiner Vernunft, sondern *der Grenzen aller seiner Vermögen* (der seiner Phantasie, seines Fühlens, seines Verantworten usf.), scheint mir heute, da sein Produzieren alle Grenzen gesprengt zu haben scheint, und da diese spezielle Grenzsprengung die noch immer bestehenden Grenzen der anderen Vermögen um so deutlicher sichtbar gemacht hat, geradezu *das Desiderat der Philosophie* geworden zu sein. Das vage Spekulieren über unsere Endlichkeit, das noch nicht einmal von unserer Bedürftigkeit ausgeht, sondern ausschließlich von unserem Tode (der eigentümlicherweise metaphysisch salonfähiger ist als unser Hunger), reicht heute nicht mehr aus. Die Grenzen verlangen, wirklich nachgezeichnet zu werden.

Was hatte nun diese Zwischenüberlegung mit der Ankündigung unserer Darstellungen als „Übertreibungen" zu tun?

Unsere eigene Metamorphose hat sich auf Grund des „prometheischen Gefälles" verschleppt; unsere Seelen sind weit hinter dem Metamorphose-Stand unserer Produkte, also unserer Welt, zurückgeblieben. Das bedeutet aber, daß viele ihrer Züge physiognomisch noch un-eingegleist sind, manche von ihnen sich nur erst auf unprägnant skizzierte Art ankündigen; deutlichen Umriß und zeitgemäße (also der zweiten industriellen Revolution angemessene) Um-artikulierung nur die wenigsten angenommen haben. Und schließlich (denn diese eben genannten Verschleppungen sind noch immer verhältnismäßig „gelungene" Fälle), schließlich mag es Metamorphose-Bemühungen geben, die, da ihr Gelingen durch die schicksalhafte Starre und die begrenzte Kapazität unserer Phantasie oder unseres Fühlens völlig vereitelt wird, unmittelbar erkennbares Aussehen niemals annehmen; und die nur indirekt aus panikartigem oder anderem patholcgischen Benehmen als *scheiternde Synchronisierungen* erschlossen werden können. Vor ein paar Jahren ging durch die amerikanische Presse der Fall eines Bombenpiloten, der, nachdem er als Einer von Vielen, völlig arglos, im Laufe der Kampfhandlungen, Länder und Städte mitverwüstet hatte, nun in der Nachkriegszeit versuchte,

„ganz nachzuspüren, was er selbst getan"

also „der zu werden, der er (auf Grund seiner Taten) war"; und der schließlich, da er die Gleichschaltung mit sich selbst nicht zustande brachte, also die „angemessene Seele der Epoche" nicht ausbilden konnte, verstört in ein Kloster floh. Dieses Opfer der Zeit wird ja nicht das einzige seiner Art gewesen sein und gewiß nicht das einzige bleiben. Sein „I still don't get it", das die Blätter nach dem ersten Jahre seiner Klausur veröffentlichten, ist in seiner Einfachheit das klassische Zeugnis für die aussichtslose Anstrengung, mit der er, als der Sprecher der heutigen Menschheit, versuchte, sich selbst einzuholen.* —

Dies also ist die Situation: Die Seelen dieser unserer Epoche sind, eben auf Grund des „Gefälles", teils noch „in the making", also *noch nicht fertig*; teils nehmen sie endgültige Prägung überhaupt nicht an; werden also *niemals fertig*. Wenn man dennoch versucht, wie wir es hier tun, diese Seelen zu portraitieren, dann läuft man offensichtlich Gefahr, den tatsächlich noch formlosen und unprofilierten Gesichtern eine zu profilierte Physiognomie zu verleihen; deren Relief in eine Höhe vorzutreiben, die ihnen, mindestens im Urteil des Momentphotos, noch nicht zukommt; Karikaturen als Abbildungen auszugeben. Also zu *übertreiben*.

Verzichtet man aber auf solche Übertreibung; unterläßt man es, die Wegrichtung, in der die Seelen sich zu verwandeln abmühen, zu verlängern und das (oft nur intendierte, aber nur halbwegs oder garnicht erreichte) Metamorphose-Ziel als erreicht darzustellen, dann läuft man umgekehrt Gefahr, den Zügen, ja selbst der Wegrichtung, jede Erkennbarkeit zu nehmen. Diese Übertreibung ist um so legitimer, als die *faktische Tendenz des Zeitalters ja dahin geht, die Metamorphose durch übertriebene Mittel zu forcieren*, zum Beispiel mit dem Mittel des „Human Engineering". Unsere „übertreibende" Darstellung ist also nur ein Teil dieser heute faktisch vor sich gehenden „Übertreibung": nur *die übertreibende Darstellung dessen, was in Übertreibung hergestellt wird.* —

Dies ist also der Zusammenhang zwischen „Gefälle" und „Übertreibung". Dem Verdacht, daß wir unter „Übertreibung" irgendetwas Sensationelles im Auge haben, ist damit wohl die Spitze abgebrochen. Daher springen wir nun medias in res, in unsere erste übertreibende Darstellung: in die der „Prometheischen Scham".

ÜBER PROMETHEISCHE SCHAM

Wenn ich euereins nur wär,
müßt mich nicht mehr schämen,
würd der ew'gen Wiederkehr
gern mich anbequemen,

liefe auf bestimmter Bahn,
stimmend im Geräte,
tät, was gestern ich getan,
was ich morgen täte,

niemand wüßte, wer ich bin,
sollte nie erfahren,
wer im dunklen Anbeginn
meine Eltern waren,

daß ich winzig einst im Schoß
wie ein Fisch geschwommen
und als blut'ger Erdenkloß
auf die Welt gekommen,

statt, im Ofen durchgeglüht,
und gestanzt von Dingen,
mit gepanzertem Gemüt
*unter Euch zu springen.**

§ 1

Erste Begegnung mit der prometheischen Scham —
Der heutige Prometheus fragt: Wer bin ich schon?

Ich beginne mit einigen Tagebucheintragungen aus Kalifornien.

11. März 1942

„Glaube, heute vormittag einem neuen Pudendum auf die Spur gekommen zu sein; einem Scham-Motiv, das es in der Vergangenheit nicht gegeben hat. Ich nenne es vorerst für mich „*Prometheische Scham*“; und verstehe darunter die „*Scham vor der ‚beschämend‘ hohen Qualität der selbstgemachten Dinge*“.

Schloß mich mit T. einer Führung durch eine hier eröffnete technische Ausstellung an. T. benahm sich aufs eigentümlichste; so eigentümlich, daß ich schließlich nur noch ihn beobachtete statt der Apparate. Sobald nämlich eines der hochkomplizierten Stücke zu arbeiten begann, senkte er seine Augen und verstummte. — Noch auffälliger, daß er seine Hände hinter seinem Rücken verbarg, so als ob er sich schämte, diese seine schweren, plumpen und obsoleten Geräte in die hohe Gesellschaft der mit solcher Akkuratesse und solchem Raffinement funktionierenden Apparate gebracht zu haben.

Aber dieses „als ob er sich schämte“ ist zu ängstlich. Das Benehmensbild war eindeutig. Die Dinge, die er als exemplarisch, als ihm überlegen und als Vertreter einer höheren Seins-Klasse anerkannte, spielten für ihn wirklich die gleiche Rolle, die Autoritätspersonen oder anerkannt „höhere“ Milieus für seine Ahnen gespielt hatten. In seiner fleischlichen Tölpelhaftigkeit, in seiner kreatürlichen Ungenauigkeit vor den Augen der perfekten Apparaturen stehen zu müssen, war ihm wirklich unerträglich; er schämte sich wirklich. —

Versuche ich, dieser „prometheischen Scham“ nachzugehen, so

erscheint als deren Grundgegenstand, also als der *„Grundmakel“* des sich-Schämenden, die *Herkunft. T. schämt sich, geworden, statt gemacht zu sein*, der Tatsache also, im Unterschied zu den tadellosen und bis ins Letzte durchkalkulierten Produkten, sein Dasein dem blinden und unkalkulierten, dem höchst altertümlichen Prozeß der Zeugung und der Geburt zu verdanken. Seine Schande besteht also in seinem *„natum esse“*, in seiner niedrigen Geburt; die er (nicht anders als der Chronist religiöser Stifter) eben deshalb als ‚niedrig‘ bewertet, *weil* sie Geburt ist. Wenn er sich aber dieser seiner antiquierten Herkunft schämt, so natürlich auch des mangelhaften und unentrinnbaren Ergebnisses dieser Herkunft: *seiner selbst.**

Übrigens war T. während der ganzen Führung stumm geblieben. Und erst lange, nachdem die Ausstellung hinter uns lag, hatte er seine Sprache wiedergefunden. Auch das scheint mir die Richtigkeit meiner Scham-Hypothese zu bekräftigen: denn wenn sich Scham überhaupt äußert, dann ja gerade durch Selbstverbergung; jedes sich-Äußern hätte der Scham jedenfalls widersprochen.

13. März

Zu T's Benehmen:

Prometheischer Trotz besteht in der Weigerung, irgend etwas, sogar sich selbst, Anderen zu schulden; prometheischer Stolz darin, alles, sogar sich selbst, ausschließlich sich selbst zu verdanken. Reste dieser, für den selfmade man des neunzehnten Jahrhunderts so typischen, Haltung sind zwar auch heute noch lebendig; aber charakteristisch sind sie für uns wohl nicht mehr. Offenbar sind Attitüden und Gefühle anderer Art an deren Stelle getreten; Attitüden, die sich eben aus dem eigentümlichen Schicksal des Prometheismus ergeben haben:

Denn dieser hat einen wirklich dialektischen Umschlag erfahren. Prometheus hat gewissermaßen zu triumphal gesiegt, so triumphal, daß er nun, konfrontiert mit seinem eigenen Werke, den Stolz, der ihm noch im vorigen Jahrhundert so selbstverständlich gewesen war, abzutun beginnt, um ihn durch das Gefühl eigener Minderwertigkeit und Jämmerlichkeit zu ersetzen. „Wer *bin* ich schon?“

fragt der Prometheus von heute, der Hofzwerg seines eigenen Maschinenparks, „wer bin *ich* schon?"

Vor dieser veränderten Folie also hat man das Begehren des heutigen Menschen, ein selfmade man, ein Produkt zu werden, zu sehen: *Nicht deshalb weil er nichts von ihm selbst nicht Gemachtes mehr duldete, will er sich selbst machen; sondern deshalb, weil auch er nichts Ungemachtes sein will. Nicht, weil es ihn indignierte, von Anderen (Gott, Göttern, der Natur) gemacht zu sein; sondern weil er überhaupt nicht gemacht ist und als nichtgemachter allen seinen Fabrikaten unterlegen ist.* —

14. März

Was hier vorliegt, ist offensichtlich die Variante einer klassischen Verirrung: nämlich der „*Vertauschung von Macher und Gemachtem*". — Der Ausdruck stammt aus den „Confessiones": mit ihm bezeichnet Augustin *die* religiöse Falschheit kat'exochen, nämlich die Anbetung eines creatum (der Welt oder eines Weltstückes), die dem creator und nur diesem gebühre; oder die bildliche Vorstellung eines Gottes nach dem Ebenbilde eines solchen creatum. — Die Entsprechung der beiden Verirrungen ist deutlich: auch in seiner „prometheischen Scham" zieht der Mensch ja das Gemachte dem Macher vor; auch hier akkordiert er ja dem Gemachten den höheren Seinsrang. — Damit ist die Analogie freilich an ihrem Ende: denn die Rolle, die der Mensch spielt, ist in der „prometheischen Scham" total verändert: Während für Augustin der Mensch eo ipso den Kreaturen zugehörte, tritt er hier ja ausschließlich in seiner homo faber-Qualität auf: als das Wesen also, das seine Fabrikate fabriziert. „Vertauschung von creator und creatum" bedeutet hier daher, daß er die Ehre, die er seinen Dingen erweist, eigentlich sich selbst schuldet und allein sich selbst. Nicht superbia beweist seine Verirrung also, sondern, da er sich die ihm selbst zustehende Ehre versagt, Selbstentwürdigung. Wie T. durch sein Benehmen bezeugt.

In einer molussischen Legende heißt es, der molussische Schöpfergott Bamba habe sich unmittelbar, nachdem er die molussischen Gebirge geschaffen, ins Unsichtbare zurückgezogen und sei, „da er sich vor den Gipfeln schämte, nicht ihrereiner zu sein, von Stund an unsichtbar geblieben". Diesem molussischen Gotte entspricht T.

15. März

„Da" will T. zwar auch sein. Aber als „natürlicher Sohn" dazusein statt als legitimes Produkt; als Gezeugter statt als Erzeugnis; als Mensch statt als anderen Geräten „ebenbürtiges", genau funktionierendes, umbaubares, reproduzierbares Gerät — das ist es, was ihn schmerzt, das, was ihn geniert; und vermutlich gilt ihm das (auch wenn er diesen Ausdruck nicht verwendet, auch wenn er seiner Enttäuschung überhaupt nicht in Worten Ausdruck verleiht) sogar als eine Erbsünde. Kurz, in den Worten des molussischen Industrieliedes:

Täglich steigt aus Automaten
immer schöneres Gerät.
Wir nur blieben ungeraten,
uns nur schuf man obsolet.

Viel zu früh aus dunklem Grunde
vorgeformt und abgestellt,
stehn wir nun zu später Stunde
ungenau in dieser Welt.

Ach, im Umkreis des Genauen
ziemt uns kein erhobnes Haupt.
Dingen nur ist Selbstvertrauen,
nur Geräten Stolz erlaubt.*

§ 2

Drei Bedenken werden diskutiert:

Die prometheische Scham ist absurd. Sie ist unsichtbar.
Sie ist trivial

Die Behauptung, es existiere eine neue, bisher unbekannte, Scham-Varietät, oder sie sei wenigstens im Werden, begegnete, nachdem ich diese Tagebucheintragungen vorgelesen hatte, folgenden drei Bedenken:

1. *„Wir haben die Geräte selbst gemacht. Unsere natürliche und rechtmäßige Haltung ihnen gegenüber ist daher Stolz.* Die An-

nahme, daß der homo faber vor seinen Fabrikaten, der Produzent vor seinen Produkten erröte, ist absurd."

Entgegnung: Dieser Einwand ist rhetorisch. Die verwendeten Solidarisierungswörter „wir" und „unser" bleiben verbal. Daß „wir" stolz sind, ist nicht wahr. Wer ist „wir"?

Wenn überhaupt jemand ein Recht auf ein solches „wir" hätte, dann allein die Minorität der Forscher, Erfinder und Experten, die die arcana wirklich beherrschen. Aber *wir*, d. h. 99% der Zeitgenossen, haben die Apparate (z. B. die kybernetischen) nicht „gemacht"; als „unsere" Leistungen begegnen sie uns nicht, sondern als befremdliche; und eigene Produkte sind niemals befremdlich. Selbst wenn wir an ihrer Herstellung teilgenommen hätten, als deren stolze Kreatoren würden wir uns nicht fühlen. Auch diejenigen, die die Gerät- und Produktewelt wirklich erzeugen: die Arbeiter, sind ja nicht stolz auf „ihr" Ergebnis. Und zwar deshalb nicht, weil die Produktionsprozesse in soviele Einzelakte zerfallen, daß für Stolz (sei es auf das individuelle Endprodukt, sei es auf die Geräte- und Produktewelt als ganze) gar keine Gelegenheit bleibt; weil kein Endprodukt verrät, daß in ihm ihre (dieser individuellen Arbeiter) Qualitäten und Leistungen investiert sind. Stolz kann man aber nur auf solche Leistungen sein, die derartige Spuren tragen, die für solche Identifizierungen zur Verfügung stehen. Als Stolzobjekt ist die Gerätewelt genau so wenig „ihre" wie als Eigentum. — Und für diejenigen, die in den Produktionsprozeß überhaupt nicht eingeschaltet sind, natürlich erst recht nicht.

Nein, trotz der ungeheuren Vermehrung und Ausbreitung technischer Kenntnisse und trotz des natürlich allgemeinen Wissens, daß die Produkte nicht an Bäumen wachsen, sind diese doch für die Mehrzahl der Zeitgenossen primär nicht als Produkte da, und gewiß nicht als Zeugnisse der eigenen prometheischen Selbstherrlichkeit; sondern einfach „da"; und zwar primär als Waren, als nötige, wünschenswerte, überflüssige, erschwingliche oder unerschwingliche, die „meine" erst dann werden, wenn ich sie gekauft habe. Sie sind sogar eher Beweisstücke eigener Insuffizienz als eigener Kraft: allein schon deshalb, weil der Überfluß der ausgestellten unanschaffbaren Produkte in einem hochindustrialisierten Lande einfach überwältigend ist: die Ladenstraße ist ja die permanente Ausstellung dessen, was man *nicht* hat. –

Was aber den Mann betrifft, der zum ersten Male mit einer arbeitenden computing machine konfrontiert ist, so liegt ihm Stolz oder Selbstherrlichkeit noch ferner. Der Zuschauer, der in den Ausruf ausbräche: „Donnerwetter, sind wir Kerls, daß wir das machen konnten!" ist einfach ein erfundener Hanswurst. Vielmehr flüstert er kopfschüttelnd: „Mein Gott, was die kann!" (nämlich die Maschine); und fühlt sich dabei in seiner kreatürlichen Haut höchst ungemütlich: denn halb gruselt's ihn; und halb ist er beschämt. –

Zweiter Einwand: „Das Auftreten dieser prometheischen Scham habe ich niemals beobachten können."

Entgegnung: Sehr wohl möglich. Direkt in flagranti ertappen läßt sie sich nur selten. Zumeist muß man sie (sofern der von den Produkten Beschämte sie nicht in sich selbst feststellt) mittelbar aus Benehmensweisen erdeuten. Und zwar aus folgenden Gründen, die mit dem Wesen von „Scham" zusammenhängen.

I. Die uns bekanntesten Spielarten von Scham (z. B. die der Geschlechtsscham) werden zwischen Mensch und Mensch akut; und werden sichtbar (als Kommunikationssperrungen) in dieser Konfrontierung. – Bei der „prometheischen Scham" handelt es sich dagegen um eine im Verkehr zwischen Mensch und Ding auftretende Scham. Da der Mensch als Partner, vor dem man sich schämt, fehlt, fehlt er zumeist auch als Beobachter. –

II. Scham „tritt" überhaupt nicht „auf".* Denn wo sie „auftritt", tritt sie ja gerade nicht auf, sondern „zurück": Der sich-Schämende sucht ja seinen Makel und sich selbst zu verbergen. – Nun ist aber der sich-Schämende unfähig, seinen Wunsch (sich ‚in Grund und Boden' zu schämen, also vollständig zu verschwinden), restlos zu verwirklichen. Aus dieser scheiternden Scham ergeben sich zwei eigentümliche, wenn man will „dialektische", Folgen, die die „Unsichtbarkeit der Scham" verständlich machen:

Erste Folge: Da der sich-Schämende bleibt, und da die Scham durch ihre Sichtbarkeit den Makel bloßstellt, tritt zu der ursprünglichen Scham stets eine zweite hinzu: die *Scham über die Scham*. Scham akkumuliert („iteriert“) also automatisch, gewissermaßen genährt durch ihre eigene Flamme; und brennt um so heißer, je länger sie brennt.

Zweite Folge: Um dieser, von Augenblick zu Augenblick unerträglicher werdenden Selbstakkumulation der Scham ein Ende zu bereiten, bedient sich der sich-Schämende eines Tricks: *Statt nämlich seinen Makel und sich selbst zu verbergen, verbirgt er nun seine Scham*, ja seinen Verbergungsgestus. Er springt in eine, der Scham direkt entgegengesetzte Attitüde, z. B. in die der „Wurschtigkeit“ oder der Unverschämtheit; er reißt sich gewissermaßen, um sein sich-Schämen zu verstecken, das Hemd vom Leibe, womit er oft nicht nur denjenigen täuschen will, vor dem er sich schämt, sondern auch sich selbst. — Nicht nur in individuellen (erotischen) Situationen ist dieser Vorgang zu beobachten: im heutigen Liebesleben Amerikas gibt es kein Motiv, das so machtvoll wäre wie die Scham davor, noch als puritanisch verschämt zu gelten. Folge: der Bikini. — In anderen Worten: um seine Verbergungslust zu verbergen, entschließt sich der Verschämte, sich in die Ebene der normalsten Sichtbarkeit zurückzubegeben. „Wer sich“, so kalkuliert er, „nicht verbirgt, wer sichtbar bleibt, der ist ja der Scham (und damit des Makels) nicht verdächtig“. Er benimmt sich also etwa wie der Träger eines zerrissenen Kleides, der im Auftreten souverän genug bleibt, den Riß als nicht-existent zu behandeln. — Wenn Scham unsichtbar bleibt, so also deshalb, weil sie *„durch Sichtbarkeit verborgen“* wird. —

Dritter Einwand: Möglich, daß T. sich geschämt hatte. Aber diese „prometheische Scham“ wäre kein aufregend neues Phänomen; vielmehr einfach das Zeichen einer altbekannten Erscheinung: nämlich Symptom der, bis zum Überdruß diskutierten, „Verdinglichung des Menschen“.

Entgegnung: Nein. Sie ist Zeichen von mehr. Denn was T. als Schande ansieht, ist ja gerade nicht, daß er verdinglicht ist, sondern umgekehrt — und darum kommt der Ausdruck „Dingscham“, den ich anfangs in Betracht gezogen hatte, nicht in Frage — daß er es nicht ist. Mit dieser Stellungnahme, nämlich der *Scham, kein Ding zu sein*, ist aber eine neue, *eine zweite Stufe in der Geschichte der Verdinglichung* des Menschen erreicht: diejenige, auf der der Mensch die Überlegenheit der Dinge anerkennt, sich mit diesen gleichschaltet, seine *eigene Verdinglichung bejaht*, bzw. sein Nichtverdinglichtsein als Manko verwirft. Oder (wenn man selbst diese Stufe schon als erstiegen unterstellt) *eine dritte Stufe:* diejenige, auf der dem Verdinglichten diese seine Stellungnahme (Bejahung bzw. Verwerfung) bereits zur zweiten Natur, also so unmittelbar, geworden ist, daß er sie nicht mehr als Urteil, sondern als Gefühl verwirklicht. Das ist ganz gewiß etwas Neues. — Und diese Stufe hat T. offenbar erreicht: eingeschüchtert durch die Überlegenheit und die Übermacht der Produkte, ist er bereits *in deren Lager desertiert.** Nicht nur sein Blickwinkel ist nun der ihre; nicht nur seine Maßstäbe hat er nun mit den ihren gleichgeschaltet; sondern auch seine *Gefühle*: er verachtet sich nun so, wie die Dinge, wenn sie es könnten, ihn verachten würden. Und wenn er sich schämt, so eben dieser, wie er glaubt, wohlverdienten Verachtung. — Solche Selbsterniedrigung vor Selbstgemachtem hat es seit dem Ende der Idolatrie nicht wieder gegeben. —

§ 3

Beispiel für Selbst-Verdinglichung: Das make-up

Zwei der in diesen Entgegnungen verwandten Ausdrücke benötigen Verdeutlichung: der Ausdruck: „Bejahung der eigenen Verdinglichung"; und der: „Desertion ins Lager der Geräte". —

a) Beispiel für Bejahung der Verdinglichung: Das *„make up"* als Selbstverdinglichung.

Ohne make-up unter Leute zu gehen, kommt für girls nicht in Betracht. Das bedeutet nicht etwa nur, daß sie sich, wie ihre Mütter und Großmütter, schämten, in ungepflegtem oder ungeschmücktem Zustande aufzutreten: ausschlaggebend ist, *wann*, d. h. in welchem Zustand, sie sich adrett fühlen, *wann* sie als ‚gepflegt' gelten, *wann* sie sich nicht schämen zu müssen glauben. Antwort: Dann, wenn sie sich (soweit der Rohstoff ihrer Glieder und ihrer Gesichter das zuläßt) in *Dinge*, in Kunstgewerbegegenstände, in Fertigwaren verwandelt haben. Sich mit „nackten Fingernägeln" zu zeigen, ist „unmöglich": salonfähig, office-fähig, ja selbst küchenfähig sind ihre Nägel erst dann, wenn diese den Geräten, mit denen die Finger umzugehen haben, „ebenbürtig" geworden sind; wenn sie den gleichen toten und polierten Ding-„finish" aufweisen wie diese; wenn sie ihr *organisches Vorleben verleugnen* können; also so wirken, als wären auch sie gemacht. — Der gleiche Standard gilt für Haare, Beine, den Gesichtsausdruck, eigentlich (nur ist die Natur eben doch ein wenig widerspenstig) für den Leib als ganzen: denn *als „nackt" gilt heute nicht der unbekleidete Leib, sondern der unbearbeitete*; derjenige, der keine Ding-Elemente, keine Verweisungen auf Verdinglichung, enthält. Und des in diesem neuen Sinne ‚nackten' Leibes schämt man sich, selbst wenn dieser bedeckt ist, weit eher als des im herkömmlichen Sinne ‚nackten', sofern man diesen nur auf zufriedenstellende Weise verdinglicht. Jedes, nicht nur jedes fashionable, Strandbad beweist das. — Um ein berühmtes Nietzsche-Wort zu variieren: Der Leib ist etwas, „was überwunden werden muß". Oder vielmehr: Er *ist* bereits „überwunden".*

§ 4

Beispiele für die „Desertion" des Menschen ins Lager der Geräte — Erste Kalamität des Menschen: Sein Leib ist „stur" — Die „Sturheit" seines Leibes macht den Menschen zum Saboteur seiner eigenen Leistungen

b) Und nun zu dem Ausdruck: „Der Mensch desertiert ins Lager seiner Geräte".

Was war mit dieser Metapher gemeint?

Gemessen an seinen Aufgaben, belehrte ein amerikanischer Luftwaffen-Instruktor seine Kadetten, sei der Mensch, wie die Natur ihn nun einmal hervorgebracht habe, eine *„faulty construction"*, eine Fehlkonstruktion.*

Gleich, ob ernsthaft oder als Scherz gemeint, ein besseres Zeugnis für „Desertion" ist gar nicht denkbar. Denn als Konstruktion, gar als „fehlerhafte", kann der Mensch natürlich nur sub specie der Geräte gelten. Nur wenn diese Kategorie sowohl als universal anwendbar wie als erschöpfend anerkannt ist, kann die Umdeutung stattfinden, kann das Nichtkonstruierte als Schlechtkonstruiertes erscheinen.

Daß, was Kraft, Tempo, Präzision betrifft, der Mensch seinen Apparaten unterlegen ist; daß auch seine Denkleistungen, verglichen mit denen seiner ‚computing machines', schlecht abschneiden, ist ja unbestreitbar. Von seinem (den Geräten entliehenen) Gesichtspunkt aus hat der Instruktor also recht. Dies um so mehr, als er ja diese Art von Konkurrenz-Unfähigkeit schon gar nicht mehr im Auge hat — mit der sich zu befassen, würde er sich vermutlich bereits schämen — sondern eine ungleich modernere: denn was er meint, ist ja *nicht, der Mensch als Gerät neben Geräten, sondern der Mensch als Gerät für Geräte;* der Mensch als Werkstück innerhalb bereits gebauter Maschinerien oder innerhalb bereits festgelegter technischer Entwürfe. Als solchen nennt er ihn ‚faulty' — was also so viel bedeutet wie ‚schlecht passend', ‚unangemessen', nicht nach Maß gearbeitet. „Nicht nach Maß gearbeitet" könnte allerdings noch immer bedeuten, daß er nur formlos sei, ungeprägt und bloßer Rohstoff. Aber auch das ist er ja nicht einmal, denn er *ist* ja präformiert, er *ist* ja geprägt, er *hat* ja seine Form: nur eben eine falsche. Nicht nur nicht nach Maß gearbeitet ist er also, sondern, da sich eben nur Stoff bearbeiten läßt, auch nicht nach Maß bearbeitbar; es sei denn, er, der bereits geprägte, werde zum Material degradiert, als „altes Eisen" betrachtet und als solches behandelt: also aufgeschmolzen. Aber damit greifen wir bereits vor. —

Aus dem Blickpunkt der Geräte muß diese Unfähigkeit, sich anmessen zu lassen, natürlich als ‚Anmaßung' erscheinen, ja als skandalöse Auflehnung und Revolte. Und in den Augen dessen, der die Maßstäbe der Geräte zu den seinen gemacht hat, als ein blamables Versagen.* Hinter der Formel des Instruktors steht also, selbst wenn er sie als bon mot gemeint haben sollte, eine unterstellte Indignation der Geräte und die Scham des Menschen. „Schließlich" (so dürfte man den Instruktor wohl reden lassen) „können wir doch den Geräten und Projekten nicht deshalb Alterationen zumuten, weil ausgerechnet *wir* als Bedingungsstücke von so unverläßlicher Faktur sind." –

Nichts läge nun näher als die Beschwichtigung: „Wie groß auch immer der Kraft-, Tempo- und Präzisionsvorsprung der Geräte – als Dinge sind und bleiben sie eben starre und definitive Stücke; während wir Menschen – und das macht unsere Würde ja aus – lebendig sind, modellierbar, adaptionsfähig, elastisch, also frei." – Aber gerade das würde der Luftwaffe-Instruktor bestreiten. „Umgekehrt!" würde er rufen. „Wenn ich uns Menschen ‚faulty constructions' nenne, so ja gerade deshalb, weil wir im Vergleich mit den Dingen starr sind und unfrei!"

Was meint er? Wie käme er dazu?

Vergessen wir für einen Augenblick die zur Stolz-Schablone gewordene Unterscheidung zwischen totem Ding und lebendigem Menschen.

Unsere Produktewelt definiert sich ja nicht durch die Summe einzelner endgültiger Stücke, sondern durch einen Prozeß: durch die täglich neue Produktion täglich neuer Stücke. Sie ‚definiert sich also gar nicht, vielmehr ist sie indefinit, offen, plastisch, täglich umbaubegierig, täglich adaptionsbereit für neue Situationen, täglich auf dem Sprung in neue Aufgaben; täglich stellt sie sich, in error and trial-Methoden umgebaut, als andere dar.

Und wir? Und unser Leib?

Nichts von täglichem Wechsel. Unser Leib von heute ist der von gestern, noch heute der Leib unserer Eltern, noch heute der Leib unserer Ahnen; der des Raketenbauers unterscheidet sich von dem des Troglodyten in so gut wie nichts. Er ist morphologisch konstant; moralisch gesprochen: unfrei, widerspenstig und stur; aus der Perspektive der Geräte gesehen: konservativ, unprogressiv, antiquiert, unrevidierbar, ein Totgewicht im Aufstieg der Geräte. Kurz: *die Subjekte von Freiheit und Unfreiheit sind ausgetauscht. Frei sind die Dinge: unfrei ist der Mensch.**

Und das und nichts anderes hatte der Instruktor gemeint, als er den Menschen eine ‚faulty construction' genannt hatte. Seine Redensart war weit mehr als ein bon mot gewesen. Denn wenn wir unterstellen — was zu bezweifeln wir keine Ursache haben — daß ihm die Zukunftsaufgaben der Technik am Herzen liegen, dann waren seine Worte von ernstester Sorge diktiert: *von der Sorge* nämlich, *unser Leib werde*, wenn diese Kluft zwischen ihm und unseren Produkten sich verbreitere oder auch nur konstant bleibe, *alle unsere* (aus neuen Geräten sich als fällig ergebenden) *neuen Projekte bedrohen* und eines nach dem anderen zum Scheitern bringen.

„An sich", könnte der Instruktor nämlich argumentieren, „also wenn es allein auf die Geräte ankäme, könnten wir so oder so hoch fliegen — aber dieses ‚an sich' gilt nicht, wir können es doch nicht, weil *wir* es nicht aushielten, weil unser Leib streiken würde; ‚an sich' könnten wir diesen oder jenen Planeten erreichen — aber *wir* stehen uns eben im Wege, *wir* bestehen eben die Zerreißprobe nicht; und sofern er etwas von griechischer Mythologie gehört haben sollte, könnte er schließen: „Nicht weil das Flügelwachs versagt, stürzt heute Ikarus, sondern weil Ikarus selbst versagt. Könnte er sich selbst als Ballast abwerfen, seine Flügel könnten den Himmel erobern." So oder so ähnlich könnte er argumentieren.

Nicht die schlechteste Definition des Zeitgenossen wäre deshalb — und unser Instruktor würde sie gewiß unterschreiben: — *„Der Mensch ist der Saboteur seiner eigenen Leistungen."* „Saboteur" natürlich nicht deshalb, weil er seinen eigenen Produkten mutwillig etwas antäte (denn trotz aller Vernichtungswaffen liegt ihm ja nichts ferner als das, und selbstloser als unser Zeitgenosse seinen Geräten gegenüber ist ja der Mensch keinem Wesen gegenüber jemals gewesen) sondern eben, weil er, der „Lebendige", starr und „unfrei" ist; die „toten Dinge" dagegen dynamisch und „frei" sind; weil er, als Naturprodukt, als Geborener, als Leib, zu eindeutig definiert ist, als daß er die Veränderungen seiner, aller Selbstdefinierung spottenden, täglich wechselnden, Gerätewelt mitmachen könnte. Sorgenvoll, beschämt und mit schlechtem Gewissen blickt er daher auf seine hochtalentierten Kinder, deren Zukunft er zu ruinieren fürchtet, weil er sie weder ohne jede Begleitung auf Karriere schicken noch sie begleiten kann. Und oft geschieht es, daß er, der lahme Vater (der, unfähig, am Hochfluge persönlich teilzunehmen, zuhause bleiben und das Bett seiner Irdischkeit hüten muß), seinen flüggen Kindern Domestiken mitgibt, die ihn ersetzen sollen; Begleitmannschaften nämlich und Kontrollöre, denen er selbst wiederum Gerätform verleiht (z. B. die Registrierinstrumente, die er seinen Raketen und künstlichen Satelliten einbaut); oder in einem anderen Bilde: daß er sich gezwungen sieht, ihnen bumeranghafte Post* mitzugeben: nämlich mit Fragezeichen gefüllte und mit dem Vermerk: „zurück an den Absender" versehene Questionnaires, denen er den Auftrag erteilt, aus dem Weltall in ausgefüllter Form zu ihm zurückzukehren und ihm dasjenige zu melden, was er selbst gern unterwegs festgestellt haben würde, wenn er in der Lage gewesen wäre, an der Reise teilzunehmen.

Je größer das Elend des produzierenden Menschen wird, je weniger er seinen Machwerken gewachsen ist, um so pausenloser, um so unermüdlicher, um so gieriger, um so panischer vermehrt er das Beamtenvolk seiner Geräte, seiner Untergeräte und Unteruntergeräte; und vermehrt damit sein Elend natürlich auch wieder: denn je vielköpfiger und je komplizierter diese selbstgeschaffene Bürokratie seiner Geräte wird, um so vergeblicher werden seine Versuche, ihr gewachsen zu bleiben. So daß man wohl mit Recht behaupten darf, daß seine Misere eine Akkumulation der Geräte, und diese wiederum die Akkumulation seiner Misere zur Folge hat. — Gute Zeiten, da die Idylle der Hydra noch als Schrecksage galt!

§ 5

Der Zeitgenosse versucht,
dieser Kalamität durch physische Gleichschaltung mit den Geräten,
durch „Human Engineering", zu entgehen —
Extreme Perversion von Angebot und Nachfrage

Sich mit dieser seiner Inferiorität und Zurückgebliebenheit ein für alle Male abzufinden und die Sturheit seines Leibes zu akzeptieren, kommt für den Zeitgenossen natürlich nicht in Frage. Irgend etwas unternehmen muß er also. Sein Traum wäre es natürlich, seinen Göttern: den Apparaten, gleich zu werden, richtiger: ihnen ganz und gar, gewissermaßen ko-substanziell zuzugehören. Ὁμολογουμένως ζῆν. So wie es die molussische Hymne verkündet:

„Aber wenn's uns doch gelänge,
abzuwerfen unsre Last,
und wir stünden, als Gestänge
in Gestänge eingepaßt,

als Prothesen mit Prothesen
in vertrautestem Verband,
und der Makel wär gewesen,
und die Scham schon unbekannt –

würde dies uns noch beschieden,
diese Gunst uns doch gewährt,
ach, kein Opfer hiezunieden
hieß uns „Opfer unerhört".*

Aber, wie gesagt, dieses molussische Bild einer *„instrumentalen Ko-substanzialität"* bleibt ein bloßer Wunschtraum. Wirkliche Integration in die Apparate kommt ebensowenig in Betracht wie ernsthafte Konkurrenz inter pares, da ihm, dem Geborenen, die Apparate eben als ein für alle Male ontologisch überlegen gelten. Das bedeutet aber nicht, daß der Mensch nun seine Hände in der Unschuld seiner Kreatürlichkeit waschen und alles auf sich beruhen lassen könnte; oder daß er das auch nur wollte. So wenig je von einer Religion die Tatsache, daß der Mensch kein Gott ist, sondern eben nur eine Kreatur, als Freibrief moralischer Indolenz anerkannt worden wäre, so wenig würde heute von der Industriereligion und von deren Anhängern die Tatsache, daß er kein Produkt ist, sondern eben — wiederum — nur eine Kreatur, als Ausrede für faules Beharren in seiner geschöpflichen Unzulänglichkeit akzeptiert werden. Den Versuch, seine Ding-Frömmigkeit zu beweisen, den Versuch einer *„imitatio instrumentorum"*, den Versuch einer Selbstreform muß er schon unternehmen; mindestens den Minimumversuch, sich so weit zu „bessern", daß er die „Sabotage", die er nun einmal, auf Grund seiner „Erbsünde": der Geburt, nolens volens treibt, auf das denkbar geringste Maß reduziere. —

Diesen Versuch unternimmt er nun also. Und zwar in gewissen *Selbstmetamorphosen*, die er „*Human Engineering*", also „Ingenieurarbeit am Menschen" nennt. Diese Metamorphose-Versuche, von denen wir einige gleich etwas näher kennzeichnen werden, beginnt er stets damit, daß er seine Physis ungewöhnlichen und unnatürlichen Bedingungen, „*physischen Grenzsituationen*"* aussetzt, Situationen, die dieser *gerade noch* ertragbar sind; und daß er deren Reaktionen studiert. Aber natürlich studiert er diese Reaktionen nicht deshalb, um sich darüber zu informieren, wie seine Physis s e i ; nicht, um zu erfahren, wie diese sich „von Natur aus" als Leib begrenzt habe, und um diese Grenzen nun kartographisch nachzuziehen (über seine natürlichen Grenzen würde der unnatürlichen Bedingungen ausgesetzte Leib ja schwerlich Auskunft erteilen können, und was von der heutigen Physik gilt: daß sie *durch* die Tatsachen des Experiments und der Beobachtung ihren Gegenstand bereits modifiziert, gilt auch hier), sondern umgekehrt, um zu finden, ob sich seine Leiblichkeit nicht irgendwo eine Blöße gebe, ob sie nicht in flagranti „*weicher Stellen*" ertappt werden könnte: womit ich Stellen meine, an denen sie amorph, undefiniert, schwankend und zweideutig geblieben ist; Stellen, die (da noch amorph) noch modellierbar wären; und die (da noch modellierbar) es eben doch noch erlauben würden, sie den Ansprüchen der Geräte zu adaptieren.

Nicht wie seine Physis *ist*, will der „Human Engineer" also wissen; sondern bis zu welchem Punkte sie „gerade noch" *sein könnte* (nämlich ohne bei der Zerreißprobe draufzugehen); *nicht, wie sie gewachsen* ist; *sondern welchen*, ihr fremden, *Zumutungen sie „gewachsen" bliebe; nicht, was an ihr feststeht;* sondern *welche ihrer Schwellen nicht feststehen, welche gerade noch verschoben werden könnten.* Die künstlich hergestellten physischen Grenzsituationen interessieren ihn ausschließlich deshalb, weil er darauf abzielt, sie zu überbieten. Denn hat er ein „gerade noch Erträgliches" ausgefunden; und ist es ihm durch Selbstdressur gelungen, es in ein halbwegs Erträgliches, also in eine neue Gewohnheit, zu verwandeln, dann schiebt er die Grenze betrügerisch um einen Schwellenwert weiter, um ein neues „Gerade noch“ abzustecken und seinen Leib nunmehr in diesem einzuüben.

Pionierhaft trägt er also seine Grenzen immer weiter vor; immer weiter entfernt er sich von sich selbst; immer weiter „transzendiert“ er sich* — und wenn er sich auch in keine Region des Supranaturalen hinüberschwingt, so wechselt er doch, da er die angeborenen Grenzen seiner Natur hinter sich zurückläßt, ins nicht-mehr-Natürliche, ins Reich des Hybriden und Artifiziellen hinüber. Kurz: *Absicht der Experimente ist es, die Physis*, die (außer für Magie und Medizin) stets als „fatum“ gegolten hatte, einer Metamorphose zu unterwerfen; sie *ihrer Fatalität zu entkleiden* — und das bedeutet zugleich (worauf das Wort „Fatalität“ ja hinweist), ihr alles „Fatale“, alles Beschämende zu nehmen. Wer weiß, ob nicht in der Bereitschaft, mit der sich die Urenkel der Puritaner heute dieser masochistischen Verwandlung des Leibes widmen, ihnen selbst unkenntlich gewordene und in der heutigen Welt auf andere Weise nicht mehr verwendbare Energie-Reste puritanischen Leibhasses heimlich mit am Werke sind.

An die Stelle der „Theorie des Leibes“ ist also eine *„Praxis“* getreten, eine (wenn man diesen Ausdruck parallel zu dem „Psychotechnik“ prägen darf) *„Physiotechnik“*. Aber nicht eine „Physiotechnik“ von der uns bekannten Art, also keine von der Art der Medizin; sondern eine revolutionäre, die darauf abzielt, das herrschende „System“ der Physis als solches umzuwälzen und abzuschaffen und aus den „bestehenden Verhältnissen“ des Leibes radikal neue Verhältnisse zu schaffen. *„Es genügt nicht“*, könnte man nach berühmtem Muster ihr Motto formulieren, *„den Leib zu interpretieren, man muß ihn auch verändern.“* Und zwar täglich neu; und für jedes Gerät anders. —

Erfordert ein Gerät einen, Vereisungsbedingungen gewachsenen, Bedienungsleib, dann exponiert man seinen Leib einer ad hoc hergestellten Vereisungsinstallation, um sich in dieser auf Vereisung zu dressieren und sich in ein Wesen zu verwandeln, das dieser Bedingung gewachsen ist.

Verlangt ein anderes das Ertragen abnormer Unterdruckbedingungen, dann baut man sich eben Unterdruckkammern, um in ihnen seine Metamorphose in ein Unterdruckwesen zu erzwingen.

Erfordert ein drittes Zentrifugalbedingungen, dann konstruiert man eben das Modell einer Zentrifuge, um von dieser sein Innerstes nach außen schleudern zu lassen und um von ihr in ein Wesen transformiert zu werden, das in solcher Exzentrität leben kann.

Der erste Schritt des Verfahrens besteht also stets darin, den vorkritischen Schwellenpunkt des gerade-noch-Erträglichen auszufinden; der zweite darin, diesen Punkt einzuexerzieren; und der dritte darin, diesen Punkt, nachdem das Exerzitium gelungen, *„hinter dem Rücken der Physis“* weiter hinauszuschieben. Der Erfinderischkeit des Menschen sind dabei keine Grenzen gesetzt: in der Tat gibt es keine Katastrophenbedingung, die er nicht in einem lebenswahr (das heißt: geräte-wahr) hergestellten Lehr- und Martermodell ab-, oder richtiger vor-bilden könnte. An keiner Subtilität, an keinem Luxus läßt er es beim Bau dieser Modelle fehlen: denn auf sie hat er seine Karte ja gesetzt; mit ihrer Hilfe hofft er, eines Tages das Geräte-Abiturium abzulegen und seine Scham von den bewunderten Apparaten loswerden zu können.

Was aus dem Leib werden soll, ist also jeweils durch das Gerät festgelegt; durch das, was das Gerät verlangt. Damit erfährt das Verhältnis zwischen *„Nachfrage und Angebot“* eine eigentümliche Pervertierung; eine Pervertierung, die über die Perversion des Verhältnisses, die heute ohnehin üblich ist, weit hinausgeht.

Unter „üblicher Pervertierung“ verstehe ich dabei zweierlei: 1. *die Umkehrung der zeitlichen Reihenfolge*, die Tatsache also, daß gewöhnlich nicht die Nachfrage dem Angebot, sondern umgekehrt das Angebot der Nachfrage vorausgeht. Und 2. die Tatsache, daß auch diese *Nachfrage hergestellt* wird, also ein (für den Absatz des ersten Produktes unerläßliches) *„zweites Produkt“* darstellt.* Aber eines ist doch in dieser, heute normalen Pervertierung, mindestens dem Schein nach, noch intakt geblieben: nämlich die *Rollenverteilung* von Nachfrage und Angebot: als *„Subjekt des Bedürfnisses“ gilt*, auch wenn er als Konsument in sein Bedürfnis hineingeschmeichelt oder -terrorisiert wird, *doch immer noch der Mensch.*

In der Zerstörung dieses Scheins besteht nun der neue Perversions-Schritt. Offen und schamlos tritt nun das *Gerät* mit dem Anspruch auf, *Subjekt der Nachfrage* zu sein; mit dem Verlangen, daß ihm dasjenige geboten werde, was es benötigt; daß also der Mensch (da er ja, so wie er ist, kein für das Gerät akzeptables Angebot darstellt) sich anstrenge, mit immer besseren Offerten aufzutreten; also dasjenige zu bieten, was das Gerät benötigt, um so zu funktionieren, wie es funktionieren könnte. Dieses „könnte" aber ist kein unverbindlicher Konjunktiv, sondern identisch mit dem technisch „Fälligen"; und dieser Ausdruck „fällig" schillert bereits ins Obligatorische hinüber.

Ins Obligatorische. Das heißt: auch die moralische Forderung ist nun aus dem Menschen ins Gerät transferiert. Das „Fällige" gilt nun als das „Gesollte". Die Maxime „Werde der du bist" ist als Maxime der Geräte anerkannt; und die Aufgabe des Menschen beschränkt sich nun darauf, durch Angebot, Zubereitung und Bereitstellung seines Leibes das Gelingen dieser Maxime zu verbürgen.

Vor einem Menschenalter hatte es (namentlich in der Pädagogik und der Eignungspsychologie) zahlreiche Leitsätze gegeben (z. B.: „freie Bahn dem Tüchtigen"), die durchweg besagt hatten, daß die „Anlagen" eines Menschen eo ipso sakrosankt, deren optimale Ausbildung und Ausnützung moralisch geboten, deren Vernachlässigung oder Unterdrückung unmoralisch seien. Was damals vom Menschen gegolten hatte, gilt heute vom Gerät: dessen „Anlagen" zu fördern, ihm „freie Bahn" zu schaffen, ist Pflicht; dessen Anlagen zu unterdrücken eine unmoralische Tat. *Die Geräte sind die „Begabten" von heute.* Und selbst die inhaerenten Anlagen des Wunderkindes unter diesen Geräten, der H-Bombe, gelten als sakrosankt: wie verschieden sich die diversen Apologien der Bombe auch tarnen mögen — ein guter Teil der Vehemenz, mit der man Proteste gegen die Bombe abweist, entstammt der Indignation darüber, daß es Menschen gibt, die es sich herausnehmen, das „Werde der du bist", die „organische Entwicklung" der Anlagen des Gerätes im Keime ersticken und die „freie Bahn" blockieren zu wollen. — Jede noch so entsetzliche Maschine ist heute erfolgreich zu rechtfertigen, wenn es gelingt, deren Kritiker als Maschinenstürmer zu verdächtigen. Und da nichts leichter als das ist, gelingt das immer.

§ 6

Human Engineering: Der Initiations-Ritus des Roboter-Zeitalters — „Dehumanisierung" erschreckt nicht den Dehumanisierten, denn sie gehört nicht in sein Ressort

Der Leser, der zum ersten Male auf Einzelheiten dieser Experimente stößt, wird bei der Lektüre von dem irritierenden Gefühl des déjà vu, oder richtiger: des déjà lu geplagt; bis ihm plötzlich einfällt, woran er auf so frappierende Weise erinnert wird: nämlich an ethnologische Schilderungen jener *Pubertätsriten*, die im Klan-Leben der Aufnahme in die Gemeinschaft der Erwachsenen vorauszugehen pflegten. Und unberechtigt ist diese Gedankenassoziation gewiß nicht. Denn was sich die Versuchsperson, die ihren Leib einem solchen martervollen Experiment ausliefert, von der Absolvierung dieser Prüfung erhofft, ist ja wirklich eine Art von Investitur, die Aufnahme in die Gemeinschaft der „Erwachsenen", in die Zahl derer, die „zählen". Nur daß es für ihn eben die Geräte sind, die als „erwachsen" zählen. — *Die Experimente des „Human Engineering" sind* wirklich *die Initiationsriten des Roboterzeitalters*; und die Versuchspersonen sind die Kandidaten und schließlich die Neophyten, die nun stolz darauf sind, ihre „Kindheit" hinter sich gebracht und die heute fällige „Erziehung des Menschengeschlechts" hinter sich gebracht zu haben.

Aber wenn als „erwachsen" die Geräte gelten, dann bedeutet „die Kindheit hinter sich bringen" und „Erziehung des Menschengeschlechts" soviel wie: „das Mensch-Sein hinter sich bringen". Und für den Moralisten, der die Idee des Menschen nicht unter den Tisch fallen lassen kann, läuft das natürlich auf die Katastrophe schlechthin heraus. Wirklich ist, was der Mensch da mit Hilfe seiner Experimente zu erreichen hofft, *der Klimax möglicher Dehu-*

manisierung. Ich sage aber deshalb „Klimax", weil diejenige Dehumanisierung, Entwürdigung und Freiheitsberaubung, die hundert Jahre lang als die denkbar äußerste gegolten hatte: nämlich die Tatsache, daß *„der Arbeiter durch seine Arbeitsbedingungen angewendet werde"*, neben dem, was nun wirklich eingetreten ist, zum Inbegriff des Naiven und Harmlosen geworden ist. Daß der Zeitgenosse mit dem Passivum „Angewendet werden" heute noch Schreck-Ideen, die Ideen von Leiden, Unfreiheit und Unglück verbinde, davon kann ja keine Rede sein. *Was er als seine Misere ansieht, ist* ja umgekehrt die Limitierung seiner Anwendbarkeit; *die Eventualität, daß* seiner Passivität, seiner Anwendbarkeit, kurz: *seiner Unfreiheit, endgültige Grenzen gesetzt sein könnten*. Und da er nun keinen Schweiß scheut und keine Marter, da er keine Spontaneität und keine Ingeniosität spart, um die Spontaneität und Menschlichkeit seiner Leistungen auszulöschen; da er alles daran setzt, seine Passivisierung und Verdinglichung selbst durchzuführen; da er hofft, die drohende Grenze seiner Unfreiheit zu sprengen und schließlich das summum bonum totaler Anwendbarkeit zu gewinnen, ist der Ausdruck „Klimax der Dehumanisierung" gewiß keine Übertreibung.

Es gehört zum Wesen des Geräts, daß es eine einzige spezialisierte Aufgabe leiste, in dieser seiner Leistung aufgehe, in ihr und ihr allein die Rechtfertigung seines Daseins finde. Hängen ihm andere Eigenschaften an, so werden diese (sofern sie sich als unausnutzbar und als uneliminierbar erweisen) nur „in Kauf genommen" (z. B. die Wärmeentwicklung der Glühbirne). — Diese Bestimmung des Geräts definiert nun auch das Wesen, das im *„Human Engineering"* hergestellt werden soll. Dieses soll aus nichts als aus seiner Spezialleistung bestehen: z. B. fähig sein, in der und der Höhe, bei der und der Geschwindigkeit, unter den und den Unterdruckbedingungen, in der und der Reaktionszeit den und den Griff auszuführen. — So „übermenschlich" diese Leistung, gemessen an dem, was dem Leibe eigentlich möglich ist, sein mag, das erhoffte Resultat besteht also in etwas *Untermenschlichem*, in einer reinen Gerätfunktion, in einer isolierten „Fertigkeit", an der

der „wirkliche Mensch" (sofern er nicht eliminiert werden kann) nur noch als in Kauf genommener Appendix hängt.

Ihm freilich, dem am „Human Engineering" Beteiligten, fällt moralisch an seiner Tätigkeit nichts weiter auf: weder etwas „Phantastisches" noch etwas „Unmögliches", noch etwas Dehumanisierendes.

„Phantastisch" ist für ihn ja allein die Tatsache, daß er selbst in dieser Welt, die doch evidenterweise eine der Apparate ist, eine so „phantastische" Ausnahme bildet. Und eben diese Tatsache, gilt ihm auch als „unmöglich", eben in dem verächtlichen Sinne, in dem man ein untaugliches Gerät „unmöglich" nennt. Was aber den Vorwurf „dehumanisierend" betrifft, so ist dieser ihm vollends unfaßbar. Gerät zu sein, ist ja seine Sehnsucht, ja sein Pensum; die durch die „cartoons" klirrenden Roboter* sind für ihn ja keine würdelosen oder erschreckenden Figuren, sondern die, zum Jux als Popanze verkleideten, Verkörperungen seiner Wunschträume und seiner Gleichschaltungspflicht. Warum der Stillung seiner Sehnsucht und der Erfüllung seiner Dingfrömmigkeit, warum so zufriedenstellenden und honetten Tätigkeiten etwas Ehrenrühriges anhaften sollte, muß ihm unerfindlich bleiben. Wenn es überhaupt etwas gibt, was ihn an der „Dehumanisierung" stört, so höchstens die Tatsache, daß dann und wann Käuze auftreten, denen es einfällt, dem, was er tut, das unschöne Epitheton „dehumanisierend" anzuhängen. Aber höchstens das. Denn zumeist bemerkt er das Auftreten dieser Käuze gar nicht. Die Frage, *was* (abgesehen von der Einzelleistung, die er sich bis zur Virtuosität eindrillt) *aus ihm, dem Menschen werden soll* (denn „Mensch", behaupten die Käuze, soll er ja einmal gewesen sein; und daß ihm etwas Menschenartiges auch heute noch als unabmontierbares Totgewicht anhänge, solle er doch nicht leugnen) — diese Frage beunruhigt ihn nicht, nein, er faßt sie zumeist überhaupt nicht auf, da sie in seine spezialisierte Experimentalaufgabe ja nicht hineingehört. Wenn er sie aber zur Kenntnis nimmt, so nur, um mitzuteilen, daß sie vermutlich in ein anderes Ressort gehöre, wo sie vielleicht bearbeitet werde. Sich selbst mit ihr zu beschäftigen, empfände er durchaus als „job-störend", mithin als pflichtvergessen, also als unmoralisch; letztlich sogar als *indiskret*: denn „Indiskretion" besteht ja (wenn man den unausgesprochenen Moralkodex des Spezialistentums in Sprache übersetzt) darin, daß man sich für mehr interessiert, als auf dem Posten erfordert ist; ja sogar schon darin, daß man versehentlich beim Eintritt in den job einen Interessen- und Wissensüberschuß mitgebracht hat, der nicht hineingehört.* Kurz: wenn es sich um die Frage handelt, was aus ihm als Menschen werden solle, antwortet er: „*his* business" – wobei er mit seinem Daumen über seine Schulter hinweg unbestimmt nach hinten weist, da er nicht ahnt, auf welche Person, auf welche Instanz, auf welches Ressort er sich mit seinem „*his*" bezieht; ja ob es ein solches Ressort überhaupt gibt. In der Tat bedeutet die Redensart „his business", mit der man ehemals hatte sagen wollen: „Jeder hat das Recht, unangefochten auf seine façon selig oder unselig zu werden", heute: „Wenn es das Business eines Anderen ist, über mich zu befinden, dann werde ich mich schön davor hüten, mich in seine (d. h.: meine, in seine Hände gelegten) Angelegenheiten hineinzumischen." Wem diese Formulierung überpointiert klingt, der denke an das analoge heutige Verhältnis zwischen Patient und Arzt: an die Tatsache, daß der Patient oft nicht nur daran gehindert wird, sondern schon von sich aus darauf verzichtet, von seinem Gesundheitszustand, ja von seiner Todesnähe, Kenntnis zu nehmen, weil diese Angelegenheit eben das business des Arztes ist.

Unseren Mann würde es daher auch gar nicht aufregen, wenn man ihm, statt mit der Frage, was aus ihm als Menschen werden solle, mit der fertigen Antwort überfiele und ihm mit einem: „Zur Schlacke machst du dich!" und einem: „Zum bloßen Anhängsel an deiner künstlich erworbenen Spezialleistung!" ins Gesicht spränge. Entweder würde er einen gar nicht hören (denn gegen Ressortfremdes hat er sich eben abgedichtet); oder er würde einen mit der Bemerkung: „Falsche Adresse!" abfertigen; oder, im besten Falle, mit den Schultern zucken, weil er seiner Sache eben völlig sicher wäre; das heißt: weil es für ihn feststünde, daß kein Opfer, auch keine Selbstopferung, ein „Menschenopfer unerhört" sein kann, wenn es darum geht, den Geräten zu geben, was der Geräte ist. Auf keinen Fall aber wäre er ein taugliches Objekt für moralische Einschüchterungsversuche. –

§ 7

Die Attitüde des verwandelten Prometheus: „Hybride Demut"

Eine so totale Verweigerung seines Soseins, eine so radikale *„rejectio fati"* wie die in diesen Operationen erstrebte hat der Mensch nie zuvor gewagt, wohl noch nicht einmal in seinen mystischen Praktiken oder seinen magischen Selbstverwandlungen. Neben den Absichten des „Human Engineering" erscheint sein Turmbau zu Babel als ein lammfrommes Geschäft: das Format, das der Mensch damals durchbrach, war ja lediglich das seiner Machwerke, lediglich die erlaubte Maximalgröße seiner Produkte. Seine Übertretung war also durchaus „unschuldig", denn mit Hilfe welcher Kriterien er die erlaubte Höchstgrenze hätte ausfinden oder einhalten sollen, war ja nicht festgelegt. Und da dem Menschen das Herstellen von Dingen nun einmal freisteht, verfügt er wohl überhaupt über kein derartiges Kriterium: es sei denn, er mache *sich selbst* zum Kriterium, das heißt: er definiere den Grenzpunkt als in demjenigen Augenblick erreicht, in dem er, *„kleiner als er selbst"*, mit sich selbst „nicht mehr mitkommt", das heißt: seinen Produkten nicht mehr gewachsen ist. Also heute. —

Mindestens soviel ist gewiß, daß er, wenn er auch diesen Grenzpunkt mißachtet und auch seinen Leib alteriert, ein grundsätzlich neues, ein wirklich unerhörtes, Kapitel beginnt.

Aber man mißverstehe nicht. Nicht die Alterierung als solche ist es, die uns „unerhört" scheint. Wer aus unseren Argumenten die versteckte Stimme eines *„metaphysisch Konservativen"** heraushört, verfehlt deren Sinn. Keine Position liegt mir ferner als die des „metaphysischen Ethikers", der das Seiende, weil es (wirklich oder eingebildeterweise) so ist, wie es ist, als „gut", als „gebotenen status quo" betrachtet; also die Moralität des Menschen in den Rahmen dessen, was „ist wie es ist und so zu sein hat" einordnet, oder der die Gebote und Verbote aus diesem Status geradezu ableitet. Die Chancen für eine „metaphysische Moral" sind längst verspielt; und es wäre ein vergebliches Bemühen, die quaestiones iuris und die quaestiones facti (auch die der metaphysischen Fakten) nachträglich noch einmal auf einen Generalnenner bringen zu wollen. Der Philosophie, namentlich Kant, der die Tatsache ja endgültig formuliert hat, aus seiner Zerspaltung der „Vernunft" in zwei Teile einen Vorwurf zu machen (wie es seit Paulsen synthesefreudige Baukastensystematiker immer wieder getan haben) ist lächerlich. Durch die Naturwissenschaften hat sich uns die Welt in ein Ding „jenseits von Gut und Böse" verwandelt; so daß nun die Probleme der Moral, und nicht nur deren „Probleme", sondern vor allem *unsere „moralischen" und „unmoralischen" Handlungen* selbst, ob wir es wollen oder nicht, *wurzellos im Ozean des moralisch indifferenten Seins herumtreiben*, gewissermaßen *als „metaphysische Schnittblumen"*, die außer uns Menschen nichts und niemanden etwas angehen, und über deren Folgenlosigkeit wir uns nicht die mindesten Illusionen machen dürfen.* — Ich sage aber „wurzellos": denn Kants Chance, aus der Tatsache der Nichtzugehörigkeit (oder nur halben Zugehörigkeit) gerade das metaphysische Positivum, die „Freiheit" zu machen, haben wir ja gleichfalls verloren. — Lustig ist das Leben des Moralisten heute nicht.

Die bestehenden „Arten" (damit auch die Spezies „Mensch"), deren Eidos und deren morphologische Konstanz, deshalb weil sie sind wie sie sind, als etwas „Gutes" oder „Verbindliches" zu betrachten und nachträglich zu sanktionieren (bzw. deren Verwandlung als etwas „kosmisch Unerlaubtes" zu verwerfen) liegt mir also ganz ferne. Um so ferner, als die Natur selbst ja offenbar höchst mutationsfreudig ist, auf die Konstanz fester Arten keinen allzugroßen Wert zu legen scheint, kurz: weil die Existenz ewiger Spezies also gar nicht feststeht. — Aber selbst *wenn* diese feststünde, selbst *wenn* sich die diversen Spezies bis heute bewiesenermaßen als die, die sie immer gewesen, durchgehalten hätten — moralisch beweiskräftig wäre diese Hartnäckigkeit ja auch nicht, da eben die quaestiones iuris von den quaestiones factorum unabhängig sind; in anderen Worten: da was ist, eben nicht obligatorisch ist. —

Nein, grundsätzlich neu und unerhört ist die Alterierung unseres Leibes nicht deshalb, weil wir damit auf unser ‚morphologisches Schicksal' verzichten oder die uns vorgesehene Leistungsgrenze transzendierten, sondern weil wir die Selbstverwandlung unseren Geräten zuliebe durchführen, weil wir diese zum Modell unserer Alterierungen machen; also auf uns selbst als Maßstab verzichten und damit unsere Freiheit einschränken oder aufgeben. Und deshalb scheint auch, wie abenteuerlich unsere Experimente und Experimentziele auch sein mögen, der Ausdruck ‚*hybride*' für sie nicht ganz geeignet. Zwar, im Züchtungssinne: in dem Sinne, daß wir neue Zwitterwesen, nämlich Kreuzungen zwischen Fabrikanten und Fabrikaten, herstellen, hat der Ausdruck sein Recht. Aber auch in dem gewöhnlichen Sinne von ‚Anmaßung' und ‚superbia'? Verzichtleistungen sind ja schließlich keine hybriden Handlungen. Und ‚*Anmessungen*' keine ‚*Anmaßungen*'. Sondern viel eher Symptome von Selbstbescheidung, ja von Selbstdemütigung.

Und trotzdem ist das Element der Anmaßung in dieser ‚Anmessung' und Selbstbescheidung nicht einfach abzuweisen. Zu bestreiten, daß der Versuch, uns in gerät-artige Wesen zu verwandeln, etwas Ungeheuerliches darstelle, wäre natürlich unsinnig. Wenn uns ein ‚Human Engineer' fragte, für was wir ihn nun hielten: für anmaßend oder für bescheiden, für hybride oder für demütig, eine eindeutige Antwort würden wir ihm nicht geben können. Denn „Anmaßung" und „Anmessung" sind eben Zwillingsphänomene, die auseinanderzureißen unmöglich ist. Der „Human Engineer" ist in der Tat beides: anmaßend *und* bescheiden; hybride *und* demütig. Seine Attitüde ist „*angemaßte Selbsterniedrigung*" und „*hybride Demut*".

Gewiß klingt diese Wortverbindung verblüffend. Aber verblüffend ist wirklich nur die Wortzusammenstellung, nicht der in ihr formulierte Gedanke. Wie alt dieser ist, beweist zum Beispiel das in vielen Religionen ausgesprochene Selbstmordverbot, das ja nicht damit begründet wird, daß der Täter auf eine angemaßte titanische oder gottähnliche Existenz lossteuerte (was ja eine absurde Behauptung wäre); sondern umgekehrt damit, daß er seine eigene Größe auf so absolute Weise einschränkt, wie es, in den Augen der Religion, eben nur den höchsten Instanzen zusteht. Was verurteilt wird, ist also „*angemaßte Selbsterniedrigung*". –

Die Wahl dieses Beispiels ist nicht zufällig, denn die Selbsterniedrigung, um die es sich in unserem Falle handelt, ist, da auch sie totale Vernichtung darstellt, in sehr ähnlichem Sinne „hybride“ wie der Selbstmord. Totale physische Vernichtung beabsichtigt sie zwar nicht, sondern „nur“ Vernichtung des Menschen qua Menschen. Aber dieses „nur“ ist fragwürdig, da sie andererseits auch wieder hybrider ist als der Selbstmord. Warum?

Weil sie den hybriden Eingriff in den Menschen, den sie durchführt, nicht nur *„requiriert“, sondern neu erfindet.* — Was heißt das?

Während der Selbstmörder sich darauf beschränkt, ein ohnehin einmal zu gewärtigendes Geschehen (das Sterben) den Händen der forces majeures zu entwinden und es vorwegnehmend durchzuführen, ist der Eingriff, den unser Täter wagt, ein novum, das ihm ‚an sich‘ niemals zustieße; ein tort, der ihm von oben niemals zugemutet oder angetan werden würde. Seine Tat besteht also nicht nur in der Aneignung (der ‚Requirierung‘) einer existierenden Beschädigung, vielmehr in der selbstherrlichen Herstellung einer neuen. Zu den Beeinträchtigungen, die er von den forces majeures ohnehin zu erwarten hat: zu Not, Krankheit, Alter, Tod, fügt er also masochistisch eine weitere hinzu: die durch Selbstverdinglichung. — Einen im Jahre 2000 geschriebenen theologischen Bericht über den Vorgang könnte man sich wohl etwa so vorstellen: „Da es den Dämon oder den marcionistischen Gott, der den Menschen zum Gerät-Dasein verurteilte, oder der ihn in ein Gerät verwandelte, nicht gab, erfand der Mensch diesen Gott; ja er maßte es sich sogar an, die Rolle dieses zusätzlichen Gottes selbst zu spielen; aber er spielte die Rolle ausschließlich zu dem Zwecke, um sich denjenigen Schaden zuzufügen, den er von anderen Göttern nicht beziehen konnte. — Nur um sich auf neue Art zum Knecht machen zu können, machte er sich zum Herren.“ —

Daß er das in der blinden Hoffnung, mindestens unter dem Vorwand, tut, seine anderen Miseren und Erniedrigungen damit zu verringern oder gar abzuschaffen, mag zwar wahr sein. Aber was rechnet, ist nicht sein Argument, sondern das Faktum. Und das Faktum besteht eben darin, daß er zwecks Bekämpfung seiner Freiheitsberaubungen eine neue praktiziert. —

Mit dem Ausdruck „Hybridität" haben wir gewöhnlich die Figur des *Prometheus* verbunden, unter dessen Bild sich unsere Väter und auch wir selbst noch in den letzten 175 Jahren (von Goethe über Shelley und Ibsen bis zu Sartres „Mouches") allegorisch gesehen hatten. Wenn wir uns fragen, ob diese Figur noch gilt; ob sie ihre allegorische Repräsentanz auch für unsere „Human Engineering" treibenden Zeitgenossen bewahrt hat, kommen wir zu folgenden zweideutigen Antworten.

„Prometheiden" sind auch sie zwar noch; aber eigentümlich pervertierte:

„Ich dich ehren — wofür?" höhnen auch sie zwar — nur verweigern sie die Ehre sich selber.

Maßlos anmaßende Ansprüche erheben auch sie zwar — nur eben so anmaßende, daß sie sich selbst als unangemessen verwerfen.

Zerfleischung erleiden auch sie zwar — nur eben nicht deshalb, weil ein Zeus ihre zu hochfliegenden Ambitionen bestrafte, sondern weil sie sich selbst züchtigen für die Tatsache, ihrer „Zurückgebliebenheit", für die „Schande ihrer Geburt." —

Natürlich würden sie sich in diesen mythologisierenden Formeln noch weniger wiederkennen, als in unserer bisherigen Schilderung. Denn für sie ist ihr Tun etwas ganz Unmythisches, oder mindestens etwas, was sie ohne Schwierigkeit im Rahmen ihres (als Mythos nicht durchschauten) „Myth of Progress" unterbringen können. Da sie automatisch in jedem neuen Schritt, auch wenn er ein Schritt in die Unterdruckkammer oder in die Vereisungsinstallation ist, einen Fortschritt sehen, sind sie beruhigt, weil es vorwärtsgeht und stolz auf die Novität.

Aber kehren wir nach dieser Abschweifung wieder zurück zu unserem engeren Thema.

Wir hatten gesehen: wenn der Mensch seinen *Geräten* gegenüber unter Minderwertigkeitsgefühlen leidet, so in erster Linie deshalb, weil er sich bei seinen Versuchen, sich seinen Geräten anzumessen und aus sich selbst diesen oder jenen Gerätteil zu machen, feststellen muß, daß er einen „miserablen“ Rohstoff abgibt. Den gibt er aber deshalb ab, weil er eben, statt wirklicher Rohstoff zu sein, „unseligerweise“ morphologisch bereits festgelegt, weil er bereits präformiert ist. Jede Präformiertheit ist nun aber, da die von seinen diversen Geräten jeweils verlangten Formen jeweils verschieden sind, eine „falsche Präformiertheit“, eine „falsche Prägung“. Was er im „Human Engineering“ versucht, ist, dieses „falsch Geprägte“ wieder „aufzuschmelzen“, aus ihm nachträglich wieder Material zu gewinnen und aus diesem nun die jeweils erforderte Prägung doch noch herzustellen. —

Diese „falsche Geprägtheit“ stellt seinen Hauptdefekt dar, also auch den Hauptgrund für seine „prometheische Scham“. Aber doch nur den. Denn seine „schamtreibenden“ Mängel sind zahlreich. Deren Liste aufzustellen, wäre ein Ding der Unmöglichkeit, weil diese ja mit der Liste der Tugenden aller existierenden und aller möglichen Geräte zusammenfiele. Deshalb beschränken wir uns im folgenden auf die Erörterung desjenigen Mangels, der uns nach der „falschen Prägung“ der folgenreichste zu sein scheint: auf die *„leichte Verderblichkeit“ des Menschen.*

§ 8

Die zweite Inferiorität des Menschen: Er ist leicht verderblich und von der „industriellen Re-inkarnation“ ausgeschlossen — Seine „Malaise der Einzigkeit“

Obwohl sturer als seine Produkte, ist der Mensch nämlich auch kurzlebiger, sterblicher als diese. Jedenfalls kommt es für ihn nicht in Betracht, mit der Langlebigkeit, um nicht zu sagen: „Unsterblichkeit“ die er, wenn er nur wünscht, seinen Produkten verleihen kann, in Wettbewerb zu treten.

Natürlich, im strikten Sinne ‚unsterblich‘ sind auch unsere Produkte nicht; auch die Haltbarkeit unserer eingelegten Früchte, unserer gefrorenen Rühreier oder die unserer Langspielplatten oder Glühbirnen ist begrenzt. Aber in der Mehrzahl der Fälle sind *wir* es doch, wir Menschen, die den Produkten ihre Sterblichkeit zugewiesen, die Begrenzung ihrer Lebensdauer berechnet und dosiert haben. (Zum Beispiel, um die Beständigkeit ihres Absatzes zu sichern oder um diesen zu steigern.) Nur unsere eigene Sterblichkeit ist nicht unser Werk; nur sie ist nicht kalkuliert. Und darum ein pudendum.

Und mit Vorbehalt wäre der Ausdruck „unsterblich" unseren Produkten, selbst den hinfälligsten gegenüber, sogar zu rechtfertigen. Und zwar deshalb, weil es eine neue Spielart von Unsterblichkeit gibt: die *industrielle Re-inkarnation*, das heißt: die *Serienexistenz der Produkte*. Als einzelnes hat zwar jedes Stück (*diese* Schraube, *diese* Waschmaschine, *diese* Langspielplatte, *diese* Glühbirne) seine Leistungs-, Verwendungs- und Lebensfrist. Aber als Serienware? Führt nicht die neue Glühbirne, die die alte ausgebrannte ersetzt, deren Leben fort? W i r d sie nicht die alte Birne?* Existiert nicht jedes verlorene oder zerbrochene Stück im Bild seiner Modell-Idee fort? Darf sich nicht jedes mit der Hoffnung trösten, von neuem dazusein, sobald eines seiner Geschwisterstücke an seine Stelle getreten sein wird? Ist es nicht ‚ewig' geworden durch seine Ersetzbarkeit, also durch die Reproduktionstechnik? Tod, wo ist dein Stachel?

So befremdlich das klingen mag, befremdlich ist nur das hier verwendete Vokabular. Die Sache selbst dagegen ist weder ungewöhnlich noch neu. — Beispiel:

Als bei Hitlers Bücherverbrennung 1933 Tausende von Seiten in Asche sanken, verbrannte, im Unterschiede zum Bibliotheksbrand in Alexandria, keine einzige Seite. Denn von jeder gab es hundert oder tausend Geschwister. Wie schmählich die Absicht des Brandstifters auch gewesen sein mochte; wie ominös die Geste seiner Hand, die verriet, daß sie bald anderes als Papier den Flammen übergeben würde — in diesem Stadium war seine Zerstörung noch reine Farce: denn inmitten der johlenden Menge, die den Scheiterhaufen damals umtanzte, tanzte ungesehen eine leichte, den Flammen nicht erreichbare Schar von Spöttern: die der *Buchmodelle*, die „Verbrennt nur unsere Exemplare!" riefen, „verbrennt sie nur! Uns verbrennt Ihr nicht" — um dann in alle Winde zu zerstieben. — Und heute leben die angeblich Verbrannten von Neuem in abertausenden von Exemplaren. —

Gewiß, ein „Reich der Ideen“ ist die Welt, in der wir leben, nicht. Aber daß sie ‚*platonoider*‘ ist, als die Menschenwelt je zuvor gewesen, das ist wohl unbestreitbar. Und zwar eben deshalb, weil sie sich aus Dingen zusammensetzt, die zum größten Teil genormte Serienprodukte sind; die als Imitationen oder Abdrücke von Modellen, blue prints oder Matrizen das Licht der Welt erblickt haben; ihr Dasein also *Ideen* verdanken. Da nun aber die Ideen, deren Imitationen sie sind, auch ihren Geschwisterstücken als Vorbilder gedient haben, macht nun *keines der Dinge* mehr den präpotenten Anspruch, kann keines mehr den Anspruch machen, „es selbst“ und *in mehr als numerischem Sinne ein Individuum* zu sein. Solange solche, nach konstant bleibenden Modellen hergestellten, Geschwisterstücke vorrätig sind; solange für ein ruiniertes Einzelstück (z. B. für diese ausgebrannte Glühbirne) eine andere einspringen kann, solange ist es eine reine Geldfrage, ob man das Stück, das man besitzt, für unsterblich hält oder für sterblich. *Für den Mann, der bei Kasse ist, kann sich jedes Stück in einem neuen re-inkarnieren.* Und diese Re-inkarnations-Chance hört erst auf, wenn auch die „Idee“ des Stückes abstirbt; das heißt: wenn dessen Marke einer anderen Marke zuliebe fallengelassen wird. Daß dann auch die tausend dem Markenmodell nachgebildeten Stücke allmählich eingehen, versteht sich.

Gewiß: ein Verdienst der Produkte ist dieser Industrie-Platonismus, diese „Unsterblichkeit durch Re-inkarnation“ nicht; darüber, daß sie diese ihre Tugend uns verdanken, braucht kein Wort verloren zu werden. Aber ein Gegenargument ist dieses Zugeständnis nicht. Denn die Tatsache, daß wir uns unseren Produkten unterlegen fühlen, *obwohl* wir sie produzieren, ist ja eben der Gegenstand dieser Untersuchung. Was zählt, ist also auch hier allein unsere Benachteiligung: allein die Tatsache, daß wir selbst an der Tugend, die wir unseren Produkten übergeben, nicht teilhaben können; was in diesem Falle bedeutet, daß es keinem von uns vergönnt ist, in mehreren (gleichzeitigen oder sukzessiven) Exemplaren zu existieren; daß keiner die Chance genießt, wie Glühbirne oder Langspielplatte, in der Gestalt eines neuen Exemplars sich selbst zu überleben — kurz: daß wir unsere Frist weiter in obsoleter Einmaligkeit absolvieren müssen. Und das ist eben für denjenigen, der die Tugenden der Gerätewelt als vorbildlich anerkennt, wiederum ein Makel, wiederum ein Grund zur Scham.

Jawohl, zur Scham. Hier so wenig wie vorher meine ich den Ausdruck metaphorisch. Um zu zeigen, daß es sich um die wirkliche Emotion „Scham" handelt, will ich ein Erlebnis einschalten:

Vor etwa zehn Jahren besuchte ich einen hoffnungslos Kranken in einem kalifornischen Hospital.

Auf mein ‚how are you?' machte er eine Geste, die nicht nur das Krankenzimmer, sondern die ganze Menschheit einzuschließen schien, und murmelte etwas wie: „Mit uns ist nicht viel los, mit keinem von uns." Meine Frage, was er damit meine, beantwortete er erst mit Achselzucken, so als verstünde sich die Antwort von selber; dann mit der rhetorischen Gegenfrage: „Well . . . can they preserve us?" — Das Wort „they" bezog sich auf die Ärzte; „preserves" sind eingekochte Früchte. — „Können sie uns vielleicht einmachen?" meinte er.

Ich verneinte.

„And", fuhr er fort, „spare men they haven't got either."

„Spare men?" fragte ich verständnislos.

„Well", erläuterte er, „don't we have spare things for everything?"

Nun begriff ich. „Spare men" hatte er in Analogie gebildet, etwa zu „spare tires" (Ersatzreifen) oder „spare bulbs" (Ersatzbirnen). „Und Ersatzmänner für uns haben sie eben auch nicht auf Lager", hatte er also gemeint. Eine andere Glühbirne gewissermaßen, die man, wenn er verlöschte, an seiner Statt würde einschrauben können.

Seine letzten Worte aber lauteten: „Isn't it a s h a m e?"

Die Inferiorität, unter der er litt, war also eine doppelte: erstens war er nicht konservierbar, wie eine Frucht; und zweitens nicht ersetzbar wie eine Glühbirne; sondern einfach — die Schande war unleugbar — ein schlechthin verderbliches Einzelstück. —

Leicht war es nicht, diesen Mann zu beruhigen. Wer von uns ist schon darauf vorbereitet, seinen Mitmenschen darunter leiden zu sehen, daß er weder einkochbar noch ersetzbar ist? Die Trostworte, die ich improvisierte, waren also gewiß unzulänglich. Und dabei war die Not seiner Scham und die seines Sterbens natürlich um nichts geringer als die Anderer in ihrer letzten Stunde. Und ebensowenig war ja zu leugnen, daß auch er seine Sterblichkeitserfahrung hatte; ja sogar ein „aeternum", mindestens ein „sempiternum", das er als Folie seiner Sterblichkeit verwendete. Nur daß eben, was ihm als Folie diente, nicht Gott war oder der Sternenhimmel oder die Ideen oder das Menschengeschlecht (diese gewiß nicht unbeträchtlichen Unterschiede schienen mir, da ich an seinem Bettrand saß und seine Hand hielt, plötzlich zu verschwimmen), sondern die Welt der eingelegten Pfirsiche und der durch Re-inkarnation unsterblichen Markenartikel. Dies also war die Ewigkeit, die er respektierte; dies die Folie, vor der er sich schämte. Und vor ihr sich schämend verlosch er; und war, da er nicht einging in den Olymp der Fertigwaren, sondern in den Hades des Rohstoffes, ein Ding, armseliger als alle Dinge, die er in seinem Leben jemals anerkannt hatte. —

Aber es gibt nichts Widerspenstigeres und nichts Listenreicheres als uns Zeitgenossen, wenn wir in Sorge sind, wir könnten um eine Nuance von Unfreiheit betrogen werden. Also lassen wir natürlich auch diesen numerus clausus, unseren Ausschluß aus der Klasse der reproduzierbaren Markenartikel, nicht widerspruchslos über uns ergehen. So wenig wir uns mit unserer „faulty construction" abfinden, so wenig mit unserer Unersetzbarkeit und unserem Einzelstückdasein. —

„Warum", könnte jemand einwenden, „warum haben wir denn das überhaupt noch nötig? Hat denn nicht, da jedermann ist, was er ißt, und „ist, was er tut", und da Millionen von uns bereits das Gleiche konsumieren und tun, unsere Egalisierung, und damit unsere Austauschbarkeit ihr Maximum erreicht? Sind nicht auch wir bereits nur noch in numerischem Sinne „Individuen"? Welchen Anlaß sollten wir noch haben, uns über einen numerus clausus zu beschweren?"

Gesehen aus der Perspektive der Institutionen, der Wirtschaft, der Vergnügungsindustrie, der Politik, der Kriegsführung, die uns als Arbeitsgeräte, als Konsumenten oder als Opfer anderer Art einsetzen und verwenden, ist diese Ersetzbarkeit eine unbestreitbare Tatsache. Und nicht nur eine Tatsache ist sie, sondern eine, die in der öffentlichen Meinung täglich ihre Bestätigung findet, ja von den Wissenschaftlern ausdrücklich gutgeheißen wird: denn selbst die Sozialpsychologen und -ethiker haben ja nichts Wichtigeres zu tun als „Adaptiertheit" und „Unauffälligkeit" zu idealisieren; bzw. jeden, der auf einem Rudiment von Selbstheit und auf einem Rest von personaler Differenz insistiert, als einen „crank", also einen pathologischen Sonderling, hinzustellen.*

Daß aus der Perspektive der (die Individuen verwendenden) Einrichtungen unsere Verwandlung in reproduzierbare Serienprodukte bereits gelungen ist, daß (da jeder eben nur sein Platz und sein Handgriff ist) *„spare men"* stets zur Verfügung stehen, wird also nicht geleugnet. Aber wahr ist diese Feststellung doch eben nur aus dieser Perspektive. Nicht aus der der Einzelnen selbst. Zeuge dafür ist ja z. B. unser Patient, der sich nicht etwa über seine Ersetzbarkeit beklagt hatte, sondern eben über seine Unersetzbarkeit.

Und wie ihm geht es nun jedem von uns, jedem Einzelnen: wie ersetzbar meine Leistung im Betrieb auch sein mag; wie sicher verbürgt die lückenlose Fortsetzung meiner Funktionen — ich selbst, meine Identität als XY, kann durch Ersatzmänner nicht fortgeführt werden. Mag auch das „ich bin ich", das mein Ersatzmann aussprechen wird, mit dem meinem wörtlich übereinstimmen, es wird sich nun auf ein anderes Ich beziehen, eben auf seines; und mein eigenes Ich wird unersetzt und unersetzbar zurückbleiben.

Wer hier nicht genau achtgibt, kann die Pointe, auf die es dabei ankommt, leicht verfehlen. Daß jeder Einzelne als Einzelner, jedes Individuum als Individuum, unersetzbar („unersetzlich wertvoll") sei, war ja schließlich das Credo jeder Humanität gewesen. Es könnte also so klingen, als sprächen wir hier von einem Humanitätsrudiment oder von dem Rest einer Humanitätserfahrung.

Das Gegenteil ist der Fall. Denn entscheidend ist hier eben, *wie* der Einzelne seiner eigenen Unersetzbarkeit gegenübersteht; *als was* er sie empfindet. Also die Tatsache, daß er sie als eine unverdiente Benachteiligung bewertet; als ein Attribut, gegen das er sich sträubt, obwohl er nicht bestreiten kann, mit ihm identisch zu sein — kurz: als einen Defekt und einen *Makel*, dessen er sich schämt. Entscheidend ist also die *„Malaise der Einzigkeit"*.

Gibt man dieser „Malaise der Einzigkeit" den banalen, einem Schlager nachgebildeten, Wortlaut: „Mich gibt's nur einmal, ich komm nicht wieder", dann wird sofort deutlich, daß sie aufs Engste mit der Todesangst zusammenhängt. Was ja plausibel ist: Denn wenn, wie wir vorhin gesehen haben, Serienprodukte durch ihre Ersetzbarkeit „Todlosigkeit" gewonnen haben; und wenn der Mensch von Serienexistenz und Ersetzbarkeit ausgeschlossen ist, dann ist er eben auch von der Todlosigkeit ausgeschlossen. Die Erfahrung, daß er keine Serienware ist, wirkt also als ein *Memento mori.**

§ 9

Der Mensch versucht, der zweiten Kalamität zu entgehen, und zwar durch „Ikonomanie"

Es gibt nun ein geradezu überwältigendes Zeugnis dafür, wie allgemein dieses Gefühl der Benachteiligung, dieser „Malaise der Einzigkeit", heute ist: nämlich die heute herrschende Bildsucht, die *„Ikonomanie"*.

Daß diese Sucht, was Ausmaß und Intensität angeht, eine in der Geschichte der Menschheit erstmalige Erscheinung darstellt; und daß sie alle anderen heute außerdem herrschenden Süchte weit hinter sich gelassen hat, ist ja wohl unbestreitbar. In der Tat ist sie ein Schlüsselphänomen, ohne dessen Verwendung keine Theorie unseres Zeitalters möglich wäre. Und da allein ein neuer Ausdruck sichtbar machen kann, daß es sich um einen Begriff von philosophischer Tragweite handelt, prägen wir eben den Terminus *„Ikonomanie"*.

Es gibt eine utopische, einem nicht-irdischen Reporter in den Mund gelegte Beschreibung unserer Welt, in der es heißt, die Menschenwelt sei in erster Linie offenbar „Gefäß und Gelegenheit möglicher Bilder. Zuweilen war ich sogar versucht, zu glauben, sie erschöpfe sich in dieser Funktion. Jedenfalls ist die Rolle der

Bilder so ungeheuer, daß mir, wenn ich mir die Welt von ihren Milliarden Bildern: den Photos, Filmen, Fernsehphantomen und Plakaten entleert vorstelle, nur das reine Nichts übrigbleibt. Ich habe kein einziges Wesen kennengelernt, das nicht mehrere Bildduplikate seiner selbst und der Seinen freiwillig vorgewiesen, bei sich getragen oder mindestens besessen hätte". –

Unter den Gründen, die für diese zutreffend beschriebene hypertrophische Bildproduktion verantwortlich zu machen sind, ist einer der wichtigsten, daß sich der Mensch durch Bilder die Chance erobern konnte, „spare-pieces" von sich selbst zu schaffen; also seine unerträgliche Einmaligkeit Lügen zu strafen. Sie ist eine, im größten Stile von ihm durchgeführte Gegenmaßnahme gegen sein „mich gibt's nur einmal". Während er sonst von der Serienproduktion ausgeschlossen bleibt, verwandelt er sich eben, wenn photographiert, doch in ein *„reproduziertes Produkt". Mindestens in effigie gewinnt auch er dadurch multiples, zuweilen sogar tausendfaches, Dasein.* Und lebt er selbst auch „nur" als das Modell, irgendwie existiert „er" eben doch auch in seinen Kopien.

Daß diejenigen unter uns, denen multiples Dasein am eindrucksvollsten gelingt (die also in mehr Augen sind als wir gewöhnlichen Sterblichen): nämlich die *Film-Stars*, unsere beneideten Vorbilder sind, ist ganz folgerichtig. *Der Kranz, den wir ihnen flechten, gilt ihrem siegreichen Einbruch in die von uns als „ontologisch höher" – anerkannte Sphäre der Serienprodukte.* Da sie unseren Traum, dazusein wie die Dinge, Parvenus der Produktenwelt zu werden, am triumphalsten verwirklicht haben, vergöttern wir sie. In der Tat besteht zwischen der, in tausende von Kopien zerstreuten Star-Schauspielerin und dem, in zahllosen Exemplaren verbreiteten Nagellack kein grundsätzlicher ontologischer Unterschied mehr. Daß in der Reklame Star und Massenware einander stützen (der Star die Ware durch Empfehlungen, die Ware den Star durch, der Verpackung beigelegte, Bilder), daß sie eine Allianz bilden, ist ganz folgerichtig: sie sind „gleich und gleich, die sich gern gesellen". Und nicht nur gleichverbreitet sind sie, sie haben auch auf gleiche Weise ihre Sterblichkeit überwunden: Beide können sich ja nach ihrem Tode in ihren Reproduktionen weiterbewähren. Nicht anders als der Nagellack, der auch dann noch seinen Weg machen und weiterglänzen kann, wenn sein Modell nicht mehr existiert, kann auch das smiling des Stars auch dann noch weiterleuchten, wenn das Modell einmal den Weg „alles Fleisches" gegangen sein wird. In gewissem Sinne ist ja die Starschauspielerin sogar schon „bei Lebzeiten unsterblich" („immortal Garbo") und vom Wege alles Fleisches unabhängig: Da die Mehrzahl ihrer pictures die verewigte Version ihres eigentlichen (d. h.: kommerziell allein gültigen) göttinnenhaften und runzellosen Jugendalters darstellt, ist sie jünger als sie selbst; und der Weg ihres effektiven Fleisches ein ungültiger und am Besten schamhaft zu verbergender Vorgang. Hier entsteht ein neuer Typus von „Privatheit"; die „Hollywood-Privatheit", unter die all das fällt, was der Gültigkeit der Bilder abträglich werden könnte. —

Und trotzdem: letztlich ist, verglichen mit der wirklich multiplen Existenz, die unsere Massenprodukte genießen, unsere Multiplikation durch Bilder doch nur ein Als-ob; und die Befriedigung, die sie uns gewährt, trotz unseres ikonomanischen Hochbetriebs, doch nur eine Ersatzbefriedigung. Der Unterschied zwischen effektiven Exemplaren und bloßen Kopien, die Tatsache, daß wir uns damit abfinden müssen, uns in Form von Photos zu vervielfachen, während es den Produkten vergönnt ist, sich als wirkliche identische Stücke über die Welt zu verstreuen, ist nicht aus der Welt zu schaffen. Vollständig wird also die Scham des Menschen vor seinen „besseren Dingen" durch seine Bilder doch nicht ausgelöscht.

Heißt das also — wird man fragen — daß sich der Mensch in seinem tiefsten Wunschtraum als wirkliches Massenprodukt sehe? Daß er positiv begehre, als Massenprodukt zu leben?

Diese Frage eindeutig und entschieden zu bejahen, ist unmöglich. Und zwar aus dem gleichen Grunde, aus dem es unmöglich wäre, von uns Menschen zu behaupten, wir wünschten uns positiv Ewigkeit — im Sinne von ‚sempiternitas', nicht von ‚aeternitas'. In unserer Todesangst und in unserer Abwehr des Todes Beweisstücke für diesen Wunsch zu sehen, läge ja sehr nahe. Aber diese Begründung wäre verfehlt. Daß wir *nicht sterben* wollen, ist zwar wahr; unwahr dagegen, daß wir positiv weiter und immer weiter leben, also abermillionen Jahre alt werden wollen. Noch nicht einmal der Vorstellung eines solchen Und-so-weiters sind wir fähig. Das heißt: die Bestimmtheit gehört ausschließlich zur Negation, also zur Abwehr, nicht zum positiven Wunsch. Warum das so ist, warum unserem fundamentalsten Abwehrwunsch keine positive Vorstellung korrespondiert, diese vielmehr *blind* bleibt; ob wir gewissermaßen ‚zu sterblich‘ sind, um das Nichtsterben auch nur ‚*meinen*‘ zu können, dem können wir hier nicht nachgehen. Aber es ist so.

Und in diesem Sinne ‚blind‘ bleibt auch unser Wunsch nach Multiplizität. Daß jeder von uns sein „mich gibt's nur einmal“ loswerden will, ist wahr. Unwahr dagegen, mindestens eine „philosophische Übertreibung“, zu behaupten, daß jeder den positiven Wunsch des kalifornischen Patienten teile, sich in „spare pieces“ aufzuteilen, also in Form von vielen oder gar zahllosen Exemplaren die Welt zu bevölkern. Und deshalb ist unser „ikonomanischer Kompromiß“, die Tatsache also, daß wir durch unsere Bilder an der Serienexistenz der Massenprodukte zwar teilnehmen, aber dennoch wir selbst bleiben, vielleicht doch die beste Lösung.

§ 10

Geschichtliche Illustration für Beschämung: McArthur als Präzedenzfall

Nach diesen Analysen, in denen wir die Symptome der „prometheischen Scham“ und die Versuche, die Scham zu bekämpfen, durchweg an anonymen Erscheinungen der Epoche illustriert haben, wollen wir mindestens einen Fall darstellen, bei dem *die Beschämung als identifizierbares geschichtliches Ereignis* sichtbar wird. Es ist ja evident, daß die Überflügelung des Menschen durch den ihn beschämenden Apparat als *Ereignis* der *Degradierung* erkennbar sein muß, wenn es sich um Menschen handelt, die im Scheinwerferlicht der Öffentlichkeit und auf der höchsten Sprosse der Gesellschaft stehen. Ein solcher Mensch war McArthur.

Es ist seit Jahren ein global offenes Geheimnis, daß zu Beginn des

Korea-Konfliktes General McArthur Maßnahmen vorschlug, deren Durchführung unter Umständen einen dritten Weltkrieg hätte auslösen können. Und ebenso allgemein bekannt ist es, daß ihm die Entscheidung darüber, ob diese Folge zu wagen sei oder nicht, aus der Hand genommen wurde. Die ihm die Verantwortung aus der Hand nahmen, taten das aber nicht, um die Entscheidung selber zu treffen, oder um sie anderen, politisch, wirtschaftlich oder moralisch berufeneren Menschen aufzuladen; sondern (da das „letzte Wort" objektiv sein sollte, und als „objektiv" heute nur diejenigen Aussagen gelten, die von Objekten gemacht werden) um sie an ein *Gerät* weiterzuleiten — kurz: man „über-antwortete" die Verantwortung als letzter Instanz einem *„Electric Brain"*. Wenn die Entscheidung McArthur abgenommen wurde, so nicht ihm qua McArthur, sondern ihm qua Menschen; und wenn das Gerät-Gehirn gegen das McArthurs ausgespielt wurde, so nicht, weil man spezielle Gründe gehabt hätte, McArthurs Intelligenz zu mißtrauen, sondern weil auch McArthur eben nur ein menschliches Gehirn hatte.

Daß die Verantwortung ihm als Menschen „abgenommen *wurde*", ist freilich ein irreführender Ausdruck. Denn die Macht, die ihm seine Entscheidung entriß, war ja keine übermenschliche Instanz, nicht die „Moira" oder die „Tyche" oder „Gott" oder die „Geschichte", sondern *der Mensch selbst*; der gewissermaßen mit seiner Rechten seine Linke beraubend, die Beute: sein Gewissen und seine Entschlußfreiheit, auf dem Altar des Apparates niederlegte; und damit bezeugte, daß er sich diesem, dem selbstgemachten Rechenroboter, unterstellte und bereit war, ihn als Gewissensersatz und als Orakel-, ja als Vorsehungsmaschine anzuerkennen.

Damit ist also gesagt, daß *die Menschheit*, als sie den General diesem Gerät unterordnete, *sich selbst etwas antat*. Man mißverstehe das nicht. Nichts ist damit weniger gemeint als Solidarisierung mit McArthur. Daß sich die Geschichte in diesem ihrem exemplarischen Augenblicke gerade seiner als dramatis personae bediente, war reine Laune, jede andere in der Öffentlichkeit stehende Persönlichkeit hätte ihr ebenso gut gedient. Was wir meinen, ist allein, daß wer die Verantwortung von einem Menschen auf ein Gerät transferiert, damit auch seine eigene Verantwortung transferiert; und daß die Menschheit diese Selbstdegradierung in diesem Falle zum ersten Male auf repräsentative Weise durchführte; daß sie sich zum ersten Male öffentlich zurief: *„Da wir schlechter rechnen als unser Apparat, sind wir unzurechnungsfähig; ‚rechnen' wir also nicht"; daß sie zum ersten Male keine Scham empfand, sich selbst öffentlich zu beschämen.*

Diese Orakelmaschine „fütterte" man also — „to feed" ist der terminus technicus für die Belieferung der Apparate mit den, für die Entscheidung nötigen, Unterlagen —* mit sämtlichen, die amerikanische und die feindliche Wirtschaft betreffenden Daten. „Mit sämtlichen" ist allerdings übertrieben. Denn zum Wesen der Maschine gehört ja deren „idée fixe", d. h.: die künstliche Limitierung ihrer Determinanten; die Tatsache, daß der Gesichtspunkt, unter dem sie ihr Material bearbeitet, von vornherein eingestellt wird und so ein für allemale fixiert bleibt. Also „fütterte" man sie ausschließlich mit solchen Daten, die einer Quantifizierung keinen Widerstand entgegensetzten, die also die Nützlichkeit oder Schädlichkeit, die Profitabilität oder die Unprofitabilität des in Erwägung gezogenen Krieges betrafen; was natürlich automatisch zur Folge hatte, daß (zum Beispiel) die Vernichtung von Menschenleben oder die Verwüstung von Ländern, aus methodischen Sauberkeits- und Eindeutigkeitsgründen nur als Profit- oder Verlustgrößen eingesetzt und bewertet werden konnten. Fragen wie die, ob dieser Krieg ein gerechter oder ungerechter sein würde, wurden dem „Electric Brain" also erst gar nicht vorgesetzt; ja, ihm solches Futter zu servieren, hätte man sich sogar geschämt, denn es war ja vorauszusehen, daß das Gerät, bei seiner unbestechlichen Objekt-Objektivität einen derart subjektiv-sentimentalen Fraß verweigert oder, wenn man solche Fragen gewaltsam in sein Orakelmaul hineingestopft hätte, mit elektrischer Darmverschlingung beantwortet haben würde — kurz: da man auf seine erhabene Allergie gegen Subjektivität Rücksicht nahm; da man, nach dem bekannten Muster des „Logischen Empirismus", nur diejenigen Fragen, die von dem eindeutigen Apparat eindeutig würden beantwortet werden können, als „sinnvoll" anerkannte, alle anderen aber als sinnlos abtat, verzichtete man (obwohl man sich weiszumachen versuchte, die Maschine aus akutester Skrupelhaftigkeit zu konsultieren) von vornherein auf moralische Fragen.

Es sind also zwei Dinge, die durch den Rekurs auf den Apparat ausfallen und nun nicht mehr „rechnen“:

1. da seine Rechenfähigkeit im Vergleich mit der des Apparates gleich Null ist, die Kompetenz des Menschen, seine Probleme selbst zu entscheiden. — Und

2. sofern diese Probleme nicht ausrechenbar sind, diese Probleme selbst.

Bekanntlich nimmt die Verarbeitung der Daten durch die mechanischen Gedärme nur eine lächerlich kurze Zeit in Anspruch. Kaum hatte man also den Apparat gefüttert, als er seinen Orakelspruch auch schon ausschied. Und da man ja bereit war, diese Ausscheidung als Entscheidung zu akzeptieren, wußte man nun also, ob man das Unternehmen wagen und als heiligen Krieg plakatieren oder als Verlustgeschäft abschreiben und als unmoralisch verwerfen sollte.

Daß das „brain“ nach einigen Sekunden elektrischen Tiefsinns oder elektrischer Verdauung eine Antwort ausschied, die zufällig humaner ausfiel als die von dem Menschen McArthur in Vorschlag gebrachte Vorentscheidung; daß es schallend „Verlustgeschäft“ rief, ja den eventuellen Krieg als für die amerikanische Wirtschaft katastrophal hinstellte, war zwar gewiß ein großes Glück; vielleicht sogar, da sein Mund ja bereits in unser Atomzeitalter hineinorakelte, das Glück der Menschheit. Aber der Vorgang als solcher stellte doch zugleich die epochalste Niederlage dar, die die Menschheit sich jemals zugefügt hat: Denn nie zuvor hat sie sich eben so tief erniedrigt, den Richterspruch über ihre Geschichte, vielleicht über ihr Sein oder Nichtsein, einem Dinge anzuvertrauen. Daß das Urteil diesmal als Veto, daß es gnädig ausfiel, tut dabei nichts zur Sache: auch so war es *ein Todesurteil; da man die Quelle der möglichen Gnade in ein Ding verlegt hatte, gerade deshalb.* Nicht die positive oder negative Antwort des Dinges war es, die über unseren Status entschied, sondern die Tatsache, daß man die

Frage dem Dinge vorgelegt und dann der Antwort geharrt hatte. Wenn man sich klarmacht, daß Tausende von Menschen, unter diesen vielleicht auch wir, ihr zufällig-noch-nicht-Getötetsein — also was wir heute so „Leben" nennen — allein dem „Nein" verdanken, das ein Gerät ausgeschieden hat, dann möchte man sich in Grund und Boden schämen.*

Aber kehren wir zu McArthur zurück.

Sein Vorschlag ist der Orakelmaschine zur Begutachtung und Entscheidung übergeben. Noch ehe diese ihr Placet oder ihr Veto ausspricht, ist der General *„entmündigt"*: denn was immer aus ihrem Munde kommen wird, wird er als letztes Wort zu respektieren haben. Und „entmündigt" bliebe er natürlich auch im Falle eines Placet: denn was ihm nach dessen Verkündung zu unternehmen übrigbliebe, würde er ja lediglich auf Grund ihrer elektrischen Erlaubnis tun dürfen. Die Beschämung hat also begonnen.

Aber das verkündete Wort war, wie wir ja wissen, ein *Veto*.

Die Beschämung ist mithin vollkommen; die Situation für einen Mann von McArthurs Ehrgeiz und Selbstherrlichkeit unhaltbar, die Konsequenz nicht zu umgehen: wird er auch nicht im technisch-militärischen Sinne degradiert, so ist die Degradierung doch ein Faktum, seine militärische Karriere hat ihr Ende gefunden: er wird Zivilist.

Dies die erste Konsequenz. Sie ist logisch und bietet keine Überraschungen.

Aber zu Ende ist die Geschichte der Beschämung damit nicht. Denn es folgt eine zweite Konsequenz, die, wenn nicht alles trügt, eine *Gegenmaßnahme* darstellt; und diese Maßnahme ist nun alles andere als selbstverständlich; vielmehr höchst frappant: McArthur wurde nämlich — diesen Klimax würde man eher einem Romancier als der Wirklichkeit zutrauen — Präsident eines Büromaschinen-Konzerns.

Unmöglich ist es zwar nicht, daß dieser Schritt ein Zufall, daß unter den zahllosen Angeboten, die McArthur nach seiner Rückkehr ins Zivilleben gemacht wurden, dieses das vorteilhafteste war. Aber wahrscheinlich nicht. Deshalb glauben wir, mindestens versuchsweise, diesen Klimax als eine *Aktion* darstellen zu dürfen, als eine Handlung also, die etwas *bedeutet*. Wir tun das mit allem Vorbehalt; ob wir uns dabei noch im Rahmen des Faktischen aufhalten, oder nicht schon in den der „Science Fiction", richtiger: der „Philosophy Fiction" hinüberspringen, lassen wir also offen. Formulieren wir es folgendermaßen:

Wenn wir die unter diesen Umständen getroffene Berufswahl in einem Roman darzustellen hätten, so würden wir sie nur so motivieren dürfen, daß McArthur, unfähig, mit der Blamage, die das Gerät ihm und seiner Autorität zugefügt, fertigzuwerden, auf Mittel und Wege sann, um den Makel abzuwaschen. Die einzige Position, die es ihm erlaubte, sich Genugtuung zu verschaffen; die einzige, in denen er den Geräten zeigen konnte, daß seine Stimme und sein Wort doch noch galten, und daß auch sie seiner Botmäßigkeit unterstanden, war die leitende Stellung in einer Büromaschinenproduktion: nur dort konnte er die präpotenten Geräte beherrschen und demütigen; mindestens geschäftlich und administrativ; nur dort seine Rachelust kühlen. Deshalb also wählte er diesen Beruf.

Diese Motivierung könnte ohne Schwierigkeit in die dialektische Sprache Hegels übersetzt werden. In einer für heute geschriebenen „Phänomenologie des Geistes" würde es dann heißen:

„Nachdem sich der ehemalige ‚Knecht' (das Gerät) zum neuen ‚Herren' aufgeschwungen und den ehemaligen ‚Herren' (McArthur) zum ‚Knecht' erniedrigt hatte, versuchte nun dieser ‚Knecht' seinerseits, sich wieder zum ‚Herren des Herren' (des Geräts) zu machen." Dies die Geschichte der Beschämung; mindestens die hypothetische.*

§ 11

Die Scham als Identitätsstörung — Der Begriff der „ontischen Mitgift" — Das Ich schämt sich, „Es" zu sein; das „Es" schämt sich, Ich zu sein

Zum Abschluß muß ich mich mit dem stärksten Einwand auseinandersetzen, der gegen meine These der „Prometheischen Scham" erhoben worden ist. Die Auseinandersetzung mit diesem radikalsten Argument erfordert eine so außergewöhnlich weite „Abschweifung", daß es nicht ratsam war, diese irgendwo in den Gang der Untersuchung einzuhängen. Denn der Einwand, der der ganzen Theorie ihren Boden zu entziehen sucht, behauptet, das Wort „Scham" in dem Ausdruck „Prometheische Scham" sei *lediglich Metapher*. Lediglich Metapher vor allem deshalb, weil „echte Scham" stets Scham vor einer als „Instanz" waltenden Übermacht sei, deren Aufsichtsblick gefürchtet werde. Da aber die „Instanz" der „prometheischen Scham" (wenn es eine solche gebe) in der Gerätewelt bestehen würde, in augenlosen Dingen also, die den eingebildeten Makel des Menschen gar nicht sähen, diesen also auch gar nicht beurteilen und verurteilen könnten, beruhe alles auf Wahn; laufe alles auf eine Metapher heraus. Die Redensart: der heutige Mensch *werde* durch die Perfektion und die Multiplizität der von ihm gemachten Dinge *„beschämt"*, diese Passivform dürfe man zwar durchgehen lassen; nicht aber die Verwendung des reflexiven „sich-Schämens".

Wenn wir diesem radikalen Einwand begegnen wollen, haben wir uns erst einmal über das Wesen von „Scham überhaupt" klar zu werden.

Was also *ist* Scham?

I. a) ein reflexiver Akt (*sich* schämen), also ein *Selbstbezug*.
   b) aber ein Selbstbezug, der *scheitert*.
   c) aber nicht nur gelegentlich (wie auch andere Akte, etwa die Erinnerung); sondern einer, der *grundsätzlich scheitert*.

d) Und zwar grundsätzlich, *weil der sich-Schämende sich zugleich als mit sich identisch und als mit sich nicht identisch begegnet*; („Ich bin's, aber ich bin's doch nicht);

e) was zur Folge hat, daß *der Akt niemals ein Ende findet*: Da nämlich der sich-Schämende mit der widerspruchsvollen Begegnung nicht „fertigwird", wird auch die Scham selbst nicht fertig. (Darin und in den zwei folgenden Zügen f und g ähnelt sie dem Staunen.)

f) So daß diese ihren eigentlichen Akt-Charakter einbüßt und zu einem Zustand degeneriert;

g) aber nicht zu einem equilibrierten Zustande stationärer „Stimmung", sondern zu einem oszillierenden der *Irritation* und der *Desorientiertheit*; zu einem Zustand, der immer neu anzufangen scheint, auch wenn man längst schon mittendrin zu sein glaubt. Kurz: *Scham ist eine Störung der Selbst-Identifizierung*; eine *„Verstörtheit"*.

II. Im Unterschiede zu der Mehrzahl der in der Psychologie und Phänomenologie gewöhnlich untersuchten harmlosen „Akte" enthält die Scham wesensmäßig eine *„Doppel-Intentionalität"*: Nicht allein ihrem (normalen) „intentionalen Gegenstande" (in diesem Falle dem „Makel") ist sie zugewandt, sondern immer zugleich einer *„Instanz"*; der Instanz, *vor* der der Schämende sich schämt. Sie enthält ein *„coram"*.*

III. Diese Instanz ist eine *unerwünschte Instanz*, oft sogar eine verwünschte; also nicht eigentlich eine „intendierte", sondern eine geflohene. Die intentionale Zuwendung ist Abwendung; der intentionale Hinweis Abweisung: also *„negativ intentional"*.*

Die unter I aufgezählten Züge werden den Hauptgegenstand unserer Untersuchung ausmachen. Daher vorher rasch ein paar Bemerkungen zu den Punkten II und III. –

Weder das „coram" noch die „negative Intentionalität" haben in der Phänomenologie eine ausdrückliche Rolle gespielt.

ad II: Obwohl von der Scham besonders deutlich ablesbar, ist das *„coram"* kein dieser spezifischer Zug, sondern einer, der allen sozialen Akten zukommt. (Beispiel: „sich-Brüsten vor jemandem"); vermutlich ist es sogar ein Element, das in jedem Akt entdeckt werden könnte, da es wohl keinen, noch so eremitenhaften, Akt gibt, der nicht, wenn auch ahnungslos oder gar modo privativo, einen Hinweis auf jene Mitwelt enthält, mit der er rechnet, vor deren Augen er sich abspielt oder deren Augen er zu vermeiden sucht. Da sich die klassische Phänomenologie Husserls (ohne sich über dieses ihr Auswahlprinzip klar zu sein) fast ausschließlich auf die Analyse derjenigen Akte beschränkte, die dieses „coram" nicht offen verrieten, mußte ihr Bewußtseinsbegriff immer hart an der Grenze des Solipsismus bleiben.

ad III: *„Negative Intentionalität"* blieb deshalb unbekannt, weil das „Ich" als eo ipso „frei", mindestens als *„aktiv"* unterstellt wurde. Die Tatsache, daß (etwa bei Husserl) der Ausdruck „Freiheit" selten fiel, besagt dagegen wenig. Nicht anders als anderen Philosophien der Subjektivität ist eben auch der „transzendentalen Phänomenologie" der klassische Lapsus passiert, bei ihrer Erkenntnisjagd auf das Ich nur den Zipfel „erkennendes Ich" zu erwischen und dieses als das ganze Ich oder als repräsentativ für das ganze mißzuverstehen.* Daß das erkennende Ich hinter seinem Gegenstand her, also „positiv intentional" ist, ist ja unbestreitbar. Aber daß das Ich nur „auf sei auf etwas", ist eben nicht wahr. Außerdem (und nur in Koordination mit dieser Gegenbewegung gewinnt auch die Intentionalität ihren Sinn) — außerdem zieht sich das Ich eben auch (schneckenhaft) in sich zurück; es sieht nicht nur, es wird auch gesehen; es intendiert nicht nur, es wird auch intendiert, nämlich z. B. verfolgt oder gejagt. Und ob dasjenige, was der Verfolgte meidet oder flieht, noch in einem mehr als grammatischen Sinne ein „intentionaler Gegenstand" genannt werden darf, ist sehr fraglich: schließlich ist ja nicht jeder Akkusativ bereits automatisch ein „intentionales Objekt". — Und zu dieser Klasse von zweideutig-intentionalen Akten gehört nun eben auch die Scham, da sie der „Instanz", vor der sie sich schämt, den Rücken kehrt. Was die Scham intendiert, ist weder, ihre Instanz zu sehen noch diese nicht zu sehen, sondern von ihr nicht gesehen zu werden. Und das ist eine Beziehung, die sich von dem, was gewöhnlich „Intentionalität" heißt, so fundamental unterscheidet, daß man eigentlich einen anderen Terminus für sie erfinden müßte. —

Faßt man die bisher genannten Züge zusammen, dann ist Scham:

ein in einem Zustand der Verstörtheit ausartender reflexiver Akt, der dadurch scheitert, daß der Mensch sich in ihm, vor einer Instanz, von der er sich abwendet, als etwas erfährt, was er „nicht ist“, aber auf unentrinnbare Weise „doch ist“.

Nach dieser akademisch-phänomenologischen Beschreibung, die die Tatsache, *daß* es Scham gibt, noch unerklärt läßt, wird es gut sein, in ein konkretes Beispiel hineinzuspringen.

Beispiel: Der Bucklige schämt sich seines Buckels. (Richtiger: der mit dem Buckel zu sein.)

In gewissem Sinne scheint ihm der Buckel zwar kontingent zu sein, also etwas, was er nicht „ist“, sondern nur „hat“. — Aber *was man „hat“* — in dem Sinne „hat“, wie man seinen Leib „hat“ — *das „ist“ man*; und zwar auf unentrinnbare Weise. Also ist auch der Verbuckelte, auf unentrinnbare Weise, „der mit dem Buckel“; mit dem er sich nun identifizieren muß, obwohl er sich mit ihm nicht identifizieren kann; obwohl er nichts „für sich kann“. Da er mit diesem Widerspruch nicht fertig wird, wird seine Scham gleichfalls nicht fertig: sie hört nicht auf.

Was die „Instanz“ betrifft, so besteht sie aus einem *Tribunal, das darüber befindet, wie Menschen eigentlich „zu sein haben“*. Auch er gehört diesem Tribunal an, auch er ist mit dem Mensch-Kanon, den dieses Tribunal vertritt, einverstanden; nicht weniger einverstanden als die besser geratenen Mitglieder des Tribunals. Da er den Richterspruch des Tribunals anerkennt, ihn aber andererseits, als der Mißratene, der er nun einmal ist, nicht wahrhaben kann (nicht wahrhaben wollen kann), wendet er sich von ihm ab — und damit auch von sich selbst. Auch darin bezeugt sich die „Identitätskrise“.

Der Ethiker wird dieses Grundbeispiel abstoßend finden. „Wenn er nichts dafür kann“, wird er in moralistischer Sturheit ausrufen, „was braucht er sich seines Buckels dann zu schämen?“ — worauf die Antwort nicht etwa lautet, daß der Verbuckelte auf diesen ingeniösen Einwand nicht auch gekommen wäre (im Gegenteil: seit eh und je sagt er sich ja vor, daß er „nichts dafür könne“, und mit dem Argument seiner Unschuld seine Scham zu ersticken, wird er ja niemals müde), sondern daß seine gewalttätige Bemühung eben vergeblich bleibt; daß er sich darum, ob er sich zu schämen „brauche" oder nicht, nicht kümmert — kurz, daß er sich gerade dieses seines Nichtkönnens schäme. *Nicht obwohl, sondern weil er nichts dafür kann, schämt sich der Bucklige des Buckels.*

Tatsächlich gibt es keine Redensart, die so unzweideutig auf das, was Scham ist, hinwiese, wie die: *„Nichts können für etwas"*. *Denn dasjenige, wofür ich „nichts kann", ist eben das, was ich „nicht kann": also das meiner Freiheit Entzogene, die Provinz des Fatums, des in jeder Hinsicht „Fatalen", der „Impotenz" im weitesten Sinne*; und aus dem Widerspruch zwischen der Freiheitsprätention und dem „Fatalen", zwischen dem Können und dem Nichtkönnen, entspringt Scham. Sie schämt sich des Nichtkönnens. — Was heißt das?

Es gehört zum Wesen des Freiheitsanspruchs, maßstablos und maßlos zu sein: nicht nur partiell will der Freie frei sein, nicht nur in Hinsichten das Individuum individuell, nicht nur hie und da das Ich es selbst sein; sondern absolut frei, durchaus individuell, nichts als es selbst.

Aber dieser überspannte Anspruch ist „pathologisch".* Auf die Dauer kann ihn das Ich nicht aufrechterhalten. Immer tritt der Moment ein, in dem es an die Grenze seiner Freiheit, seiner Individualität, seines Selbstbewußtseins stößt; in dem es sich als etwas vorfindet, was es, obwohl es mit ihm qua Individuum oder qua Selbst nicht identisch ist, doch ist; der Moment, in dem es sich als ein „Es" entdeckt.

Unter „Es" verstehe ich dabei nicht allein, was Freud damit bezeichnet hat, sondern, sehr viel allgemeiner, alles Nicht-Ichhafte überhaupt, alles Vor-Individuelle, welcher Art auch immer, an dem das Ich, ohne etwas dafür zu können, ohne etwas dagegen tun zu können, teilhat; dasjenige, was es, sofern es ist, *auch*-sein, was ihm *„mitgegeben"* sein muß. Darum nennen wir es auch die *„o. tische Mitgift"*.*

Im Augenblick der Entdeckung dieser „Mitgift" entsteht Scham. Ich sage ausdrücklich: „Im Augenblicke". Denn Scham humpelt nicht nach; sie ist nicht etwa eine Reaktion auf die Einsicht ins Nichtkönnen; nicht Stellungnahme dazu (etwa Trauer darüber); vielmehr — und das ist ungleich fataler als Trauer — dieses Nichtkönnen selbst, dieses Versagen selbst. — Wenn sich zum Beispiel der Asket der Tatsache gegenübersieht, daß er einen Leib „hat" (und „haben" bedeutet eben zugleich: „nichts dagegen tun können", „haben müssen", also „gehabt werden"); wenn er dieser, für ihn ebenso unbestreitbaren wie inakzeptabeln Tatsache perplex gegenübersteht — dieses Perplexsein ist seine Scham. Wenn das Freiheit beanspruchende „Ich" feststellt, daß es, statt (in Fichtes Sinn) von sich selbst „gesetzt" zu sein, „geworden" ist; ja, daß es als „freies Ich" überhaupt nicht da wäre, wäre es nicht zugleich, ja zuvor, einem kreatürlichen, also bedingten und unfreien, Menschen, einer „Mitgift" verhaftet — diese seine Hilflosigkeit, dieses sein Versagen, ist seine Scham. „Sich schämen" bedeutet also: *nichts dagegen tun können, daß man nichts dafür kann.* In anderen Worten, gerade dasjenige, was der Ethiker als Absolution von der Scham in Anspruch nimmt, stellt das Grundmotiv der Scham dar. —

Was vom Buckel, was vom Leibe, was vom Ursprung gilt, gilt mutatis mutandis auch von der „schlechten Tat", die freilich (da man sich primär eines *Seins* schämt und eines *Habens*, nicht eines getan-Habens) kein annähernd so ursprüngliches Scham-Motiv darstellt wie der Buckel. Aber auch der Täter schämt sich letztlich nicht seiner Tat, sondern „derjenige welcher" zu *sein*; mit demjenigen, der die Tat getan hat, identisch zu *sein*; kurz: eines *Seins*.*

Scham bricht also aus, weil man simultan „man selbst" *und* ein Anderes ist. Zugleich aber ist sie in gewissem Sinne auch der Versuch, dieses „Andere", die „Mitgift" loszuwerden. Daß dieser Versuch vergeblich bleibt, hatten wir ja schon gesehen.* In der Tat ist Scham so perplex, so methodenlos, daß sie demjenigen, der sich schämt, keinen anderen Weg übrigläßt als den defaitistischen, zu versuchen, sich zusammen mit der „Mitgift" (an die er gekettet ist) zugrundegehen zu lassen. Die Redensarten: „sich in Grund und Boden schämen" oder „vor Scham versinken wollen" sind nicht etwa Metaphern, sondern treffende Beschreibungen, die durch keine „exakteren" ersetzt werden können. Gleichfalls wissen wir ja, daß auch diese Sucht hinzuschwinden vergeblich bleibt, da unter den Füßen der Scham der Boden versteinert; und daß die Scham nun als „Scham über Scham“ hektisch zu akkumulieren beginnt. —

Hat man einmal diese Grundsituation des sich-Schämenden durchschaut, also begriffen, daß sie die Desorientiertheit und Verzweiflung der sich als begrenzt erkennenden Freiheit und Individuation ist, dann ist es auch evident, warum die *Geschlechtsscham* immer wieder als *die* Scham hat gelten können. Das Geschlecht, das Gattungsmäßige, ist eben das schlechthin Vor-Individuelle, das der Freiheit Entzogene, das „Es“ kat' exochen, das zum Individuum qua Individuum nicht gehört.

Aber daß das Geschlecht nicht zu ihm gehöre, bleibt eben ein leerer Anspruch des Individuums: denn die Zusammengehörigkeit besteht, und zwar in doppeltem Sinne, da einerseits das Individuum dem Geschlecht „angehört“ (diesem sogar „hörig“ ist); und da andererseits das Geschlecht sich gar nicht anders als in Individuen verwirklichen kann. Die Zusammengehörigkeit ist also so eng, daß es keinen Unterschied macht, ob man behauptet: „Das Individuum ist ein Attribut des Geschlechts“ oder: „Das Geschlecht ist ein Attribut des Individuums“. Die Wahrheit liegt in der Zweideutigkeit, in der gleichzeitigen Gültigkeit und Ungültigkeit beider Aussagen.

Aber dieses Zweideutige, oder wenn man will „dialektische“ Faktum ist eben der Grund dafür, daß das Geschlecht ein „pudendum“ ist, daß man sich seiner schämt. Sofern der Einzelne qua Geschlechtswesen ein „zugehöriges“, ein „höriges“ Wesen ist, ist er eben nicht sein eigener Herr, ist er eben nicht mehr „er selbst“ und nicht frei. — Aufs Zweideutigste ist er also *zugleich er selbst und nicht er selbst*: und damit ist ja die Formel, in der wir oben das Wesen der Scham zu fassen versucht hatten, bestätigt.

So gesehen ist Scham also nicht (sofern es so etwas überhaupt gibt) irgendein zufälliger psychologischer Zustand, sondern ein metaphysicum, die Verkörperung der im Universalienstreit behandelten Dialektik von „res“ und „universale“. Die *„res“* (hier: der Einzelne) schämt sich, das „universale“ (oder mindestens das Generelle) in sich zu enthalten (dessen Attribut zu sein, es zu sein). Und nicht grundlos heißt diejenige „res“, die dieses „Generelle", das allen Gemeine, das „Gemeine", im Einzelkörper verkörpert, *„die Scham"*.

Beschränkt man sich auf das Beispiel der Geschlechtsscham, dann bestätigt sich unsere Definition der Scham: sie sei die Desorientiertheit des Menschen, der sich statt als „Ich" als „Es" vorfinde, und der sich vergeblich abmühe, sich mit sich zu identifizieren, aufs Vollkommenste. Aber wie steht es mit anderen Spielarten von Scham? Bestätigen sie unsere Definition ebenso gut?

Machen wir eine Probe.

Die Scham des verschämten Kindes ist gewiß um nichts weniger elementar als die Geschlechtsscham. Wenn sich das Kind in die Röcke der Mutter verkriecht, tut es das, um sein „Es"-Sein zu verbergen? Versteckt es sich, weil es sich in seinem Anspruch, nur ein Ich (oder nur ein Selbst) zu sein, betrogen fühlt?

Nein.

Erhebt es diesen Anspruch überhaupt.

Gleichfalls nicht. Auch nur die künstlichste Beziehung zwischen dem Beispiel und unserer Definition herzustellen, scheint aussichtslos. Unsere Bestimmung der Scham als „Identifizierungs-Störung" scheint also einen Fehler zu enthalten.

Aber wo steckt dieser Fehler? — Schalten wir eine kurze Zwischenüberlegung ein. —

„Identifizierung" erfordert zwei Partner: denjenigen, *der* sich zu identifizieren sucht — nennen wir ihn den *„identificator"*; und dasjenige, *mit dem* man sich zu identifizieren sucht — nennen wir es das *„identificandum"*.

Offensichtlich hatten wir uns bis jetzt auf diejenigen Fälle beschränkt, in denen die Rolle des „identificators" dem Ich zugewiesen war; die des „identificandum" dem „Es": *Das „Ich" schämte sich des „Es"*.

Aber ist diese Rollenverteilung die einzige? Ist die Umkehrung nicht gleichfalls möglich? Wäre es nicht denkbar, daß das „Es" in die Zwangslage geriete, sich mit einem zugemuteten „Ich" zu identifizieren? Daß es durch diese Identifizierungs-Zumutung in Desorientierung geriete? Eben in die Desorientierung der „Scham"? Kurz: *daß sich das „Es" des „Ich" schämte?*

Die Frage klingt befremdend. — Wie wenig sie das ist, wird uns das Kind, das wir nun heranzitieren, sofort beweisen.

Das Dasein dieses Kindes beschränkt sich noch darauf, dem Grunde der Familie eingebettet zu sein: es ist noch bloßes „Mitsein". Zum „Ich" hat es sich noch nicht zugespitzt, als „Selbst" hat es sich noch nicht profiliert. Sich aus dem „Grunde", in dem und mit dem es lebt, „*herauszunehmen*", liegt ihm noch ganz ferne.

Ich sage: „herausnehmen". Das scheint zwar erst einmal nichts anderes zu bedeuten als: „etwas aus etwas herausnehmen und es dadurch zur Ausnahme machen"; aber da der Ausdruck in der Redensart „sich etwas herausnehmen" bereits in die Bedeutungsnachbarschaft von „Unverschämtheit" hinüberschillert, darf man vielleicht, wenn man der Weisheit der Sprache trauen kann, eine gewisse Beziehung zwischen „Ich-sein" und Scham erwarten.

Unterstellen wir nun, dieses Kind werde von einem Fremden angesprochen; z. B. gefragt, wie es heiße: diese übliche Eröffnungsfrage, die dem Gefragten zumutet, sich durch Namensnennung aus der Gruppe „herauszunehmen" und sich als sich selbst zu identifizieren, kann für jede andere stehen.

Mit einem Schlage ist der Status des Kindes verändert: statt weiter nur als Mutterkind „mitzusein", statt unprofiliert im Hintergrund zurückzubleiben, hat es nun als „Ausnahme", als Einzelner, als Ich seinen Mann zu stehen. Der Schock der sozialen Geburt ist heftig; so vehement, daß er vielleicht als Variante von Freuds „Geburtstrauma" aufgefaßt werden darf.*

Völlig unbekannt ist dieser neue Status dem Kinde natürlich nicht. Sich selbst „herausgenommen" hatte es zwar noch nicht. Aber von seiner Geburt an war es doch der Gefahr des Ich-seins ausgesetzt gewesen — schon die Geburt selbst war gewissermaßen die erste „Aussetzung" gewesen: jedes Kind ist ein „ausgesetztes Kind". Namentlich in Stunden des Alleinseins hatte es, „sich selbst" überlassen, modo privativo, die ersten Ich-Erfahrungen machen müssen: nämlich sich damit abfinden müssen, zu sein, ohne mitzusein; und da die Angst der Motor der Erkenntnis ist, hatte es bereits zu erkennen, mindestens zu ahnen begonnen, daß die selige Dumpfheit des Mitseins eines Tages endgültig vorüber sein und eine exponiertere und kältere Seinsart sein Schicksal werden würde.

Aber *wer* hatte diese Ahnung gehabt? *Wer* war das Subjekt dieser Ahnung, *wer* das Subjekt dieses Zurückschreckens gewesen?

Das Ich?

Ist es denkbar, daß es das Ich ist, das zurückschreckt, wenn dasjenige, was Angst und Schrecken einjagt, das drohende Ich-sein ist?

Undenkbar.

Denkbar ist allein — und so befremdlich es klingen mag, so allein kann die Antwort auf die wer-Frage lauten: Das Subjekt der Ahnung, das Subjekt des Zurückschreckens ist das noch nicht zur Ichheit zugespitzte Wesen, also das „Es".

Und diese Katastrophe bricht nun herein. Im Augenblicke, da der Fremde das Kind anspricht, wird die Drohung wirklich. Obwohl noch ein „Es", sieht es sich als „Ich" herausgefordert; und da es dieser Aufforderung nicht gewachsen ist, furchtbar überfordert. Daß es bereits erkennt und weiß: „*Ich* bin gemeint" und sogar: „Ich *bin's*", braucht gar nicht bestritten zu werden; aber ebenso gewiß ist, daß es außerdem weiß: „Ich *bin's* noch nicht" und: „Ein *Ich* bin ich noch nicht." Kurz: *die Situation ist ein Zugleich von Ich-sein und Nichtich-sein*; ein Widerspruch, um nichts weniger unauflösbar, um nichts weniger unverarbeitbar, um nichts weniger verstörend, als jene „niemals fertigwerdenden" Situationen, als die wir vorhin die Scham-Situationen erkannt hatten.

Und wirklich bleibt auch dem „Es" nichts anderes übrig als jenen vorhin beschriebenen Verstörten: Überwältigt von der Angst, als Ich, ja als Ich „coram" auftreten zu müssen, kennt es nur den einen Wunsch, zu versinken und unsichtbar zu werden. Also versucht es (dem Känguruh gleich, das in den Beutel des Ursprungs zurückspringt) das Alibi des bloßen Mitseins zurückzugewinnen; also verkriecht sich das Kind in die Röcke der Mutter.

Hatte Schelling gesagt — der Ausspruch war vorhin schon einmal herangezogen worden: „Der Eigendünkel sträubt sich gegen den Ursprung aus dem Grunde", so dürfte man nun als Pendantsatz formulieren: „Der Ursprung sträubt sich vor dem Sprung in die Freiheit und in die Exponiertheit des Ichseins." Und auch dieses sich-Sträuben ist „Scham" — und vermutlich nicht nur „auch": denn vieles spricht dafür, daß die Scham, „Ich" zu sein, die allgemeinere ist und ursprünglicher als die Scham, Nicht-ich zu sein.*

Jawohl, die allgemeinere und ursprünglichere. Denn wovor und wessen schämt man sich denn gewöhnlich?

Der Redner, der die Menge (statt weiter in ihr eingebettet zu bleiben) konfrontieren muß: schämt er sich nicht, *als er selbst* aufzutreten? Schämt er sich nicht, unter dem Sperrfeuer der Blicke dem „coram" preisgegeben zu sein? — Und der ungewöhnlich Gekleidete? Und der Fremde in der Fremde? Laufen sie nicht deshalb Spießruten, weil sie es sich „herausnehmen", „Ausnahmen" zu sein, weil sie *als sie selbst* auffallen, also herausfallen und abstechen? Und spricht nicht sogar alles dafür, daß diese Scham, die Norm zu durchbrechen, sogar der Prototyp der *moralischen Scham* ist? Der Ungehorsame, der sich die Freiheit „herausgenommen" hat, sich aus dem Normalen und der Norm herauszuheben — schämt er sich nicht, wenn ertappt, *als er selbst* dazusein? Und — sehr im Unterschiede zu den ersten Beispielen unserer Scham-Analyse, die an Bedeutung nun zurückzutreten beginnen — wenn die so Beschämten sich verbergen, tuen sie es nicht alle deshalb, weil sie ihr *Selbstsein* als Makel empfinden? Und wenn sie sich „in die Ecke stellen" oder nicht zu hören vorgeben — versuchen sie nicht alle, ihr Selbstsein zu verleugnen, die Schande ihrer Auffälligkeit auszulöschen und den alten Zustand zu restituieren?*

Diese Abschweifung hat uns zwar lange aufgehalten. Aber da sie uns doch wohl ein paar Einblicke in das, was Scham ist, verschafft hat, sind wir nun besser darauf vorbereitet, dem Einwand, der sie veranlaßt hat, zu begegnen.

Dieser Einwand hatte besagt, der Titel „prometheische Scham" sei nichts als metaphorisch; in den Erlebnissen, die wir beschrieben, echte Scham-Erfahrungen zu sehen, sei unerlaubt; von echten „Instanzen" könne hier keine Rede sein, weil (wenn es „prometheische Scham" gäbe) deren Instanzen allein in Geräten, also in augenlosen Dingen bestünden; und weil der Gedanke, der Mensch könnte so exzentrisch sein, augenlose Dinge als echte Instanzen anzuerkennen oder gar als „tremenda" zu fürchten, einfach absurd wäre. — Dies der Einwand.

Offensichtlich bleiben uns also zwei Aufgaben: 1. haben wir die Bündigkeit dieses Einwandes zu prüfen — eine Prüfung, die selbst in zwei Teile zerfällt, in die a) der Metaphorik b) der „Augenlosigkeit". Und 2. — und das ist die Hauptaufgabe — haben wir zu untersuchen, ob die „prometheische Scham" eine „Identifikations-Störung" darstelle: denn das allein entschiede, nachdem wir die Scham als Identifikationsstörung erkannt haben, über unser Recht, die „prometheische Scham" als „echte Scham" zu klassifizieren. — Damit ist der Gang unserer abschließenden Untersuchung vorgezeichnet.

§ 12

Abweisung des Einwandes. a) Kein Ausdruck ist „nur metaphorisch"

Wir beginnen mit dem Vorwurf, wir ließen uns von einer Metapher irreführen.

Was hat es mit diesem Vorwurf auf sich? Was bedeutet die Behauptung, eine Bezeichnung für eine seelische Realität sei „ausschließlich metaphorisch"? Gibt es so etwas überhaupt?

Ist der Mensch, den wir „helle" nennen, „helle" wirklich nur in figürlichem Sinne? Ist „Schwermut" nur ein übertragener Ausdruck? Eine Übertragung, weil (wie es heißt) „Schwere" im Wortsinne eben nur physischen Gegenständen zukomme? Warum eigentlich nur diesen? Wo steht, daß die Bedeutung „schwer" zur Charakterisierung physischer Qualitäten gestiftet worden sei?

Wenn Psychologen den Aussagewert derartiger Ausdrücke diskreditieren, wenn sie in freiwilliger Selbstbescheidung zugestehen, sie wüßten genau, wie wenig Ernstzunehmendes sie mit ihren metaphorischen Ausdrücken aussagen, so tun sie das viel weniger auf Grund wirklicher methodischer Besinnung auf das Wesen ihrer Gegenstände, als, eingeschüchtert durch die Strenge und die von ihnen anerkannte Autorität ihrer größeren Schwestern: der Naturwissenschaften. Womit sie sich ins Unrecht setzen. Denn das Wesen ihrer, der seelischen, Gegenstände, ist ohne deren Sprachlichkeit ganz wesenlos: die Art, wie eine seelische Realität von der Seele bezeichnet wird, gehört zum Wesen dieser Realität selbst. Wenn sich die schwermütige Seele als „schwer" bezeichnet, wenn sie sich in diesem Worte wiedererkennt, wenn sie sich mit dessen Hilfe dem Mitmenschen verständlich macht, dann ist das ein Beweis, daß sich der „Mut" der Schwermut effektiv als „schwer" empfindet. Der Gedanke, in dem Ausdruck nichts anderes zu sehen als eine, von einer Realität anderer Provenienz abgelöste und nun der Schwermut aufgeklebte Etikette, geht von der unausgesprochenen Voraussetzung aus, daß die Seele ihre Ausdrücke auf die gleiche Weise erfinde wie die Industrie die Namen für ihre Markenartikel. Die Bezeichnung ist vielmehr ein reelles Stück der Schwermut selbst. Und gäbe man selbst zu, daß es sich um abgelöste und aufgeklebte Etiketten handelte — die Tatsache, daß die Seele gerade zu dieser und zu keiner anderen Etikette griffe, um ihren eigenen Zustand zu charakterisieren, würde ja beweisen, daß sie sich tatsächlich in ihm wiedererkennt.

Anders ausgedrückt: das Mißtrauen gegen Metaphern beruht auf dem als selbstverständlich gültig anerkannten Irrtum, daß die verschiedenen Erlebnisprovinzen autonom und hermetisch voneinander abgesperrt seien; und daß der kleine Grenzverkehr zwischen diesen Provinzen, mindestens den Befugten, nämlich den Wissenschaftlern, verboten sei. Nachzuweisen, daß eine solche Psychologie absurd ist, daß die angeblich aus fremden Provinzen importierten Ausdrücke ohne weiteres verstanden werden, erübrigt sich ja. Umgekehrt ist eben durch die Tatsache, daß die angeblich aus fremden Provinzen importierten Ausdrücke ohne weiteres verstanden werden, gerade bewiesen, daß die Grenzen weit offen stehen. Im Alltagsleben kann ja auch der Wissenschaftler keinen Augenblick ohne die von ihm diskreditierten Metaphern auskommen; und daß diese mindestens die Ersatzfunktion, uns über Erscheinungen, die sich „unmetaphorischer" Formulierung widersetzen, Nachverstehbares mitzuteilen, aufs Ausgezeichnetste erfüllen, kann auch er ja nicht bestreiten. Diese Tatsache sollte uns mißtrauisch machen; aber eben nicht gegen Metaphern — das ist jeder Anfänger, der von der Strenge der Wissenschaften auch nur hat läuten hören, ohnehin — sondern *mißtrauisch gegen die Rechtmäßigkeit unseres Mißtrauens gegen Metaphern.* Auf Grund der „nur-metaphorischen" Sprache darüber zu klagen, daß wir an die Realität der Seele nicht herankämen, ist fehl am Ort; *umgekehrt halten wir im Faktum der Metaphorik gerade einen der wesentlichsten Züge der Seele selbst in der Hand.*

Wenn der Kranke uns vorstöhnt, sein Schmerz sei *„stumpf"*, dann verstehen wir genau, was er empfindet, und was er sagen will; und der médecin imaginaire, der diese Mitteilung als „unwissenschaftlich" oder als „nur metaphorisch" abtäte, und der dem Kranken vorwürfe, eine Bezeichnung zu verwenden, die einem anderen Sinnesgebiet zugehöre und sich einer μετάβασις εἰς ἄλλο γένος schuldig zu machen, wäre eine Figur für eine Posse über das wissenschaftliche Zeitalter. Daß der Kranke den Ausdruck „übertrage", μεταφέρει, ist nämlich gar nicht wahr. Und zwar deshalb nicht, weil der Ausdruck, bzw. die in diesem angezeigte Qualität in gar keinem bestimmten genos zuhause ist; positiv: weil die Qualität „vor-spezifisch" ist, nämlich eine Beziehung zwischen der Welt und dem Subjekt darstellt, die mit der Aufteilung des Subjekts in verschiedene Sinne noch gar nichts zu tun hat. Ihre spezifische Verwirklichung in bestimmten Sinnesgebieten finden diese Qualitäten immer erst sekundär: sekundär wird „das Stumpfe" ein haptisch, akustisch, osmotisch, emotionell Stumpfes. Wenn das nicht der Fall wäre, würden wir die verwendeten Worte überhaupt nicht nachvollziehen können (und die Sprache der Dichtung würde uns dunkel bleiben). Nicht nur, was ein „stumpfer Schmerz" ist, sondern sogar auch, was ein stumpfes Messer ist, verstehen wir nur deshalb, weil wir vor-spezifisch verstehen, was „stumpf" ist.* — Und was von diesen Qualitäten gilt, gilt nun auch von allen wirklich oder angeblich „metaphorisch" charakterisierten Erlebnissen wie „Erhebung", „Erleichterung", „Überwältigung", „Versunkenheit" u. dgl. Und auch von der Scham.

§ 13

Abweisung des Einwandes. b) Die Welt ist nicht augenlos

Soviel zur Metaphorik.

Als Begründung für seinen Metaphorik-Vorwurf hatte mein Opponent aber vorgebracht: Von wirklicher Scham könne deshalb keine Rede sein, weil nur derjenige sich wirklich schäme, der sich unter der Aufsicht, unter den Augen, einer „Instanz" wisse. Die Gerätewelt aber sei *augenlos*; kein Mensch sei so exzentrisch, zu behaupten, er werde von den Geräten gesehen. Also kämen diese als „Instanzen" nicht in Betracht.

Das klingt plausibel. Aber nur deshalb, weil wir, von Theorien befangen, schon nicht mehr wissen, was uns plausibel ist, solange wir unbefangen sind. Dem Unbefangenen ist nämlich nichts plausibler, als daß er von den Dingen angeblickt wird. Nichts ist er weniger als ein Erkenntnistheoretiker, der sich lediglich als (Welt) Sehender auffaßte; vielmehr betrachtet er sich mit der gleichen Selbstverständlichkeit als ein (von der Welt) Angesehener und Gesehener — womit nicht nur gemeint ist, daß er sich von Mitmensch und Tier angesehen weiß, sondern von der ganzen sichtbaren Welt. Gewöhnlich, mindestens ursprünglich, wird „Sichtbarkeit" von ihm als ein durchaus gegenseitiges Verhältnis verstanden: *alles, was er sieht, sieht auch ihn.*

Zu betonen, daß wir damit nicht behaupten, daß er von Stuhl, Tisch oder Bild effektiv gesehen werde, ist überflüssig. Was wir behaupten, ist allein, daß es zu seiner unbefangenen „Weltanschauung" gehöre, sich als „von der Welt angeschaut" zu betrachten. Wenn er keine Theorie daraus macht, so eben, weil es sich um seine vor-theoretische „Welt-Anschauung" handelt, die sich im Augenblick, da er eine theoretische Attitüde einnimmt, verflüchtigt. Darum ist vielleicht auch das Wort „Weltanschauung" unangebracht; aber das Wort tut nichts zur Sache, da er sich, was beweiskräftiger ist, als alle nachhumpelnde Theorie es sein könnte, durchweg *als ein „Gesehener" benimmt.* Die Behauptung könnte durch zahllose empirische Zeugnisse belegt werden, z. B. durch die von der Psychoanalyse (mit völlig anderen Absichten gesammelten)

Beispiele für die in ungestörtester Natureinsamkeit noch wirksamen Scham-Hemmungen. Auch Robinson lief ja nicht nackt herum.

Und auch wir lassen uns ja von Dichtern ohne weiteres mitteilen, der Gipfel „blicke" uns drohend „entgegen", oder der Mond „blicke" freundlich auf uns „nieder"; und wenn wir derartige Mitteilungen nicht nur nicht als exzentrisch zurückweisen, sondern verstehen, was die Dichter damit sagen wollen, so zeigt das eben, daß auch uns noch die „blickenden Dinge" etwas Selbstverständliches sind; daß auch wir in ihrem „*Aussehen*" etwas sehen, „*was von sich aus uns sieht*"; und daß wir im Idiom der Dichter diese uns früheste und vertrauteste Weltansicht wiederfinden. Wie man die Tatsache dieser „gegenseitigen Sichtbarkeit" nennt, ob „Animismus" oder „Anthropomorphismus", ist ziemlich gleichgültig. Aber ihre Wurzel hat sie wohl darin, daß wir, wenn die Welt uns „wohlwill", dieser unterschieben, daß sie (im österreichischen Sinne von „sich kümmern") „auf uns schaue"; und daß sie es, wenn sie uns bedroht, „auf uns absehe".

Wie wenig wahr es ist, daß der Mensch „exzentrisch" sein müsse, um sich von der Welt angeblickt zu fühlen; daß er umgekehrt seiner Unbefangenheit Gewalt antun muß, um sich *nicht* angeblickt zu fühlen, beweist folgendes (gar nicht so leicht durchzuführendes) Experiment: Wenn wir nämlich versuchen, uns die Tatsache, daß die Dinge uns *nicht* sehen, mit rücksichtsloser Ausdrücklichkeit zu Bewußtsein zu bringen, berührt uns das Ergebnis aufs Allerseltsamste. Der Gedanke, daß der Stuhl, auf dem wir zu sitzen pflegen; der Tisch, an dem wir täglich schreiben; ja sogar unser Spiegel uns noch niemals gesehen haben und uns nicht kennen; daß das Bild rechts über unserem Bett, in ewige Nacht getaucht, von seinem Pendant links nichts ahnt, nichts von seiner eigenen Schönheit, nichts von seiner eigenen Sichtbarkeit und schließlich eben auch nichts von uns, die wir es täglich betrachten, kurz: daß es stockblind ist; und daß wir, von einer Welt stockblinder Dinge umringt, sehend-ungesehen unser Leben zu absolvieren haben — dieser Gedanke ist von so abenteuerlicher Befremdlichkeit, daß man geradezu „Luft von anderen Planeten" zu spüren vermeint und sich nur schwer des Gefühls erwehren kann, sich die gespensterhaften Lebensbedingungen auf einer verdunkelten anderen Welt vor Augen geführt zu haben. —

Nein, zu glauben, daß wir die Dinge auf Grund ihrer „Blindheit" als Instanzen nicht anerkennen können, ist völlig unberechtigt. Dafür sind wir, solange wir unbefangen bleiben, ihrer Blindheit gegenüber viel zu blind. Daß der Mensch argumentiere: „Die Dinge sehen mich nicht — *ergo* habe ich es nicht nötig, mich vor ihnen zu schämen" ist bloße Theorie. Ob ein „Ergo" hier überhaupt angenommen werden muß, ist die Frage. Wenn aber, dann vermutlich ein ganz anderes; dann wohl eines, das bezeugt, daß unser Folgerungsmechanismus in umgekehrter Uhrzeiger-Richtung abläuft. Dann wohl das Ergo: „Ich schäme mich vor dem, was mir überlegen ist, *ergo* sieht es mich."*

Die Elemente des Einwands stellen sich also als höchst fragwürdig heraus. Wichtiger als ihnen weiter nachzugehen, ist es, zu prüfen, ob die „prometheische Scham" jener Bedingung genügt, die wir als das Wesen von Scham erkannt hatten: ob also auch sie sich als „*Identifizierungsstörung*" enthüllt; als eine scheiternde Identifizierung des „Ich mit dem Es" oder des „Es mit dem Ich".

Nicht grundlos hatten wir, als wir vorhin das „Es" einführten, diesen Begriff in äußerster Unbestimmtheit belassen: uns also darauf beschränkt, mit dem Ausdruck all dasjenige zu bezeichnen, was das Ich (wie es perplex in seinen Selbstbegegnungen feststellt) nolens volens „*mit-ist*", obwohl dasjenige, *was* es da mit-ist, nicht es selbst ist. Den Begriff näher zu bestimmen, hatte sich deshalb verboten, weil Seiendes verschiedenster Art (der Leib, die Gattung, das „man") als derartiges „Es" aufgetaucht war; aber wir hatten uns mit dieser Unbestimmtheit auch zufriedengeben dürfen, weil wir ja ausschließlich an dem „Mitgift-Charakter" des „Es" interessiert waren: an der Identifikationsstörung also, die eintritt, wenn das Ich sich als „Es" vorfindet. Denn in dieser Störung oder Verstörung hatten wir ja das Wesen der Scham erkannt. Die Unterstellung, daß dem, so verschiedene Phänomene anzeigenden, Ausdruck „Es" etwas ontologisch Homogenes entspreche, liegt uns fern. Sie wäre sinnlos. —

Daß sich das „Es“, das nun zur Debatte steht, von den, gewissermaßen ‚natürlichen‘ ‚Es‘-Phänomenen (dem Leib, der Gattung, der Familie etc.), die in unserer Grundanalyse der Scham im Vordergrunde gestanden hatten, fundamental unterscheidet, kann uns also nicht überraschen: in dieser Tatsache besteht ja der Gegenstand unserer ganzen Untersuchung. Hier ist es also der Apparat, der als ‚Es‘ auftritt, der Maschinenbetrieb, mit dem der Mensch als Geräteil mitfunktioniert; mit dem er so mitfunktioniert, daß er sich nun, statt als Ich, in seiner Geräte-Rolle, also *„als“* ein solcher Apparat-Teil begegnet. Nennen wir dieses „Es“, um es vom ersten zu unterscheiden, das *„Apparat-Es“*.

In gewissem Sinne dürfen wir uns — aber das ist nun wirklich nur ein Bild — den Menschen wie in der Klemme zwischen zwei Blöcken, wie eingeengt von zwei Mächten, vorstellen, die ihm beide sein Ich-sein streitig machen: auf der einen Seite beengt von der Macht des „natürlichen Es“ (von der des Leibes, der Gattung usw.); auf der anderen von der des „künstlichen“ (bürokratischen und technischen) „Apparat-Es“. Schon heute ist der ausgesparte, dem Ich übrig gelassene Platz ganz schmal; und da das Apparat-Es Schritt um Schritt näher rückt, dem Ich immer näher auf den Leib, wird der Platz von Tag zu Tag schmaler; die Gefahr, daß das Ich zwischen diesen beiden nicht-ichhaften Kolossen zerdrückt werde, täglich größer; die Hoffnung darauf — denn Millionen hoffen ja auf diese Katastrophe, das heißt: auf einen technokratischen Totalitarianismus — täglich berechtigter. Wenn dieses Ende morgen oder übermorgen eintritt, wird der letzte Triumph ausschließlich dem Apparat zufallen; denn dieser wird sich, bei seiner Gier, alles und gerade das ihm Fremdeste zu verschlingen, nicht nur das Ich einverleibt haben, sondern auch das andere „Es“: den Leib.

Schon heute tut er in dieser Richtung sein Möglichstes. Die Redensart, der „Apparat rücke uns auf den Leib“, ist nämlich nichts weniger als ein Bild; geradezu *in* den Leib rückt er uns. Denn er versucht ja sogar, unsere Sexualität zu überwältigen, auch sie seinem Herrschaftsbereich einzugliedern. Beispiel:

§ 14

Die Identifizierungs-Orgie als Folie der Identifizierungs-Störung — Der Jazz als industrieller Dionysos-Kult

Die auch heute noch vielfach als „negroid" abgefertigte *Jazzmusik* verdankt ihr Dasein nicht etwa nur (wenn überhaupt) der „Bluterinnerung an Wüste und Urwaldtrommel"; vielmehr ist sie (mindestens zugleich) „Maschinenmusik", das heißt: eine Musik, die diejenigen Tänze in Gang bringt, die dem Menschen der industriellen Revolution angemessen sind. Was im Jazz Stimme geworden ist, ist nicht nur die „Dumpfheit archaischer Existenz" oder die „Gier des aufheulenden Geschlechts", sondern immer zugleich die Obstinatheit des präzise arbeitenden Stanzwerks, das das Glissando der Animalität ungerührt und säuberlich in immer gleiche Stücke zerschneidet.

Im ersten Augenblick mag es so aussehen, als hätten sich die zwei feindlichen „Es"-Mächte, die „Macht des Grundes" und die des „Dinges", die des Geschlechts und die der Maschine, im Hochgefühl ihres solidarischen Hohns gegen das Ich, einander widersprechend und einander bestärkend, einander zerfleischend und einander aufpeitschend, verbündet, um in orgiastisch gewordener Mechanik und in mechanisch gewordenem Orgasmus das Ich zwischen sich zu zermahlen. Aber ihr letztes Ziel hat die Maschine, als sie diese ihre abenteuerliche Allianz einging, damit nicht erreicht. Ihr letztes Ziel ist es eben, das Geschlecht selbst zu liquidieren. Wenn sie sich mit diesem in Kontakt setzte, so nicht, um mit ihm zusammenzuarbeiten, sondern um dessen aufgestaute Gewalt in Energie ihrer eigenen Art überzuführen: also die Tänze zu *Transformationsprozessen* zu machen und die Tanzenden zu Transformatoren, deren Pflicht nun darin besteht, die animalischen in mechanische Energien umzuwandeln.

Damit ist natürlich nicht behauptet, daß aus der im Tanz gewonnenen Vitalenergie maschineller Nutzwert gezogen werde. Aber die Maschine macht doch, da sie bei ihrem autokratischen Anspruch andere Energien neben sich nicht duldet, die überschüssige Vitalkraft durch die Frenesie des Tanzes frei und bringt diese zum Verpuffen; und zwar so, daß *der Verpuffungsvorgang selbst bereits den Bewegungstyp der Maschine annimmt.* Die diese Tänze in Gang bringenden Musiken tragen daher durchweg Kennzeichen einer dinglichen und automatischen Gangart an sich: ihr, alles Zeitgefühl neutralisierender, alle Zeit zerstampfender *Wiederholungsfuror* ist der Furor der immer gleich laufenden Maschine*; und ihre, zum Prinzip gemachte *Synkope* ist nicht etwa eine „rein musikalisch" als „Querschlag" zu deutende Eigentümlichkeit; vielmehr das Symbol für die pausenlose und nicht lockerlassende Obstinatheit, mit der die Maschine dem Rhythmus des Leibes ins Wort fällt; gewissermaßen die in jedem Takte neu eingehämmerte Interferenz, die immer von neuem siegreiche *Widerlegung des Leibes* und dessen Anspruches, auch zu „zählen" und seine eigene Zählzeit zu haben.

Da nun aber der Leib, um seinen Konformismus mit der Maschine zu beweisen, diese Widerlegung mitvollzieht, ist, *was der Tänzer tanzt,* nicht nur die Apotheose der Maschine, sondern zugleich eine Abdankungs- und Gleichschaltungsfeier, *eine enthusiastische Pantomime der eigenen totalen Niederlage.* –

Der Ausdruck „Industrie-Religion", den wir vorhin, bei der Diskussion des „Human Engineering" geprägt hatten, bestätigt sich hier: die Orgien, die diese Tänze, etwa in den Tanz-Etablissements Haarlems, darstellen, haben mit „Vergnügungen" nichts mehr zu tun; sie sind viel weniger und viel mehr als das: nämlich *ekstatische Opfertänze, die dem Baal der Maschine zu Ehren kultisch zelebriert werden.*

Die Ekstase ist echt, die Tänzer sind, statt sie selbst, wirklich „außer sich", nur eben nicht, um mit chtonischen Mächten, sondern um mit dem Gott der Maschine eins zu sein: *Industrieller Dionysos-Kult.* – Was von den Synkopen gilt: daß sie den Sieg des Maschinengottes dem Leib pausenlos einhämmern, gilt von den „Schlüssen" (musikalisch gesprochen: von den „Trugschlüssen") gleichfalls: auch diese sind maschinell. Denn sie funktionieren als *„brakes"*, das heißt: sie stellen reine *„Bremsvorgänge"* dar. Gäbe es eine Typologie dessen, was in der Musik „Abschlüsse" bedeuten können – so bedeutet zum Beispiel in der spätromantischen Musik „Abschluß" soviel wie „süßes Absterben" oder „Erlösung" – dieser

„brake-Schluß" würde ein absolutes Novum darstellen. Nun sind aber Bremsvorgänge (da Maschinen stets „mittendrin", an einem zufälligen Zeitpunkt, abgebremst werden) „interruptiones". Was das für die, diese Musik physisch mitvollziehenden, Menschen bedeutet, gibt der Ausdruck ja zu verstehen. Aber doch nicht deutlich genug, denn was hier abgebrochen wird, ist nicht nur die sexuelle Erregung, sondern das Leben als solches. Wenn Musik und Tanz maschinenartig gebremst oder schlagartig abgeschaltet, wenn die Orgie abgehackt wird, dann ist der Tanzende als ganzer „erschlagen", dann scheint er Opfer eines Mordes oder eines Arbeitsunfalles, kurz: *die Unterbrechung bedeutet, kultisch gesprochen, plötzlichen und gewaltsamen Tod.* Aber gerade dieser gehört zum Kult, weil es eben nichts gibt, was maschinenähnlicher wäre, als das durch nichts motivierte Aufhören; weil die Art dieses Aufhörens die geglückte Maschinisierung beweist. *„Ich werde ausgeschaltet"*, spricht oder empfindet der plötzlich Stillgelegte, *„also bin ich Teil einer Maschine"*. Und selbst genossen wird diese Stoppung noch; nicht nur deshalb, weil man ja die Gewißheit hat, daß die Maschine der Musik sofort von neuem anlaufen wird, im da capo, in neuer Schicht, um neues Leben in Form neuer Niederlage zu versprechen und neue Hoffnung auf neues Ermordetwerden anzubieten; sondern weil die Stoppung eben die Kulmination der Vereinigung mit der Gottheit darstellt.

Daß die Tänzer durch diesen Ritus wirklich ‚erledigt' werden und ihre Ichheit restlos einbüßen, läßt sich durch eine höchst frappante Erscheinung belegen: nämlich durch die Tatsache, daß sie durch die Orgie ihr *Gesicht verlieren.* Was ich damit meine, ist nicht die oft beobachtete Schablonenhaftigkeit heutiger Physiognomien; nicht das Faktum, daß auch Gesichter, durch identische Vorbilder geprägt, heute einander ähnliche Serienprodukte werden, und daß sich Gesicht von Gesicht nur noch so unterscheidet, wie Tuch von Tuch: nämlich durch seinen individuellen Webfehler; sondern der Verlust selbst dieses bereits mehr oder minder schablonisierten Gesichtes. Dieser Verlust kann sich auf mehrfache Weise zeigen. Zum Beispiel dadurch, daß das Gesicht während der Orgie verwahrlost und herunterkommt; daß es aufhört, Individualitätsspiegel und zentrales Ausdrucksfeld des Menschen zu bleiben; daß es sich entweder in einen bloßen *Körperteil* verwandelt, dessen nacktes und unkontrolliertes Aussehen das von Schulter oder Gesäß an Ebenbildlichkeit um nichts mehr übertrifft; oder dadurch, daß es, gewissermaßen *abgeschnitten von der Orgie* und un-informiert über das, was sich da in der unteren Etage abspielt, pokerhaft wird und blank und nur deshalb als ‚Mitgift' noch ‚mitgetragen' wird, weil es eben nicht möglich ist, das Gesicht vor Ritualbeginn an der Garderobe abzugeben; oder darin, daß es während der Orgie *verglast* — womit ich meine, daß es offensichtlich aufhört, irgend etwas zu sehen oder sich seiner eigenen Sichtbarkeit bewußt zu sein. Wenn es einem dieser Tänzer einfiele — denn gag-los sind diese Orgien ja durchaus nicht — sich im Rausche seiner Maschinisierung etwas über seinen Schädel zu stülpen, um sein Gesicht, das ja ohnehin nichts mehr gilt, endgültig zu verleugnen, sein Einfall wäre durchaus nicht überraschend. Und ebensowenig erstaunlich wäre es, wenn während der Orgie eine neue Variante von Scham entstünde: eben die *Gesichts-Scham* — womit ich nicht die Scham über den Besitz eines reizlosen oder abstoßenden Gesichts meine, sondern (analoge der Leib-Scham des Asketen) die *Scham* des Tänzers *über den Besitz eines Gesichtes überhaupt*; über die Tatsache, daß er noch immer dazu verurteilt ist, dieses Stigma der Ichheit als Zwangs-Mitgift mit sich herumzutragen.

Aber mögen diese Gedanken auch „philosophische Übertreibungen" sein — Entstellungen in Richtung Wahrheit — die Tatsache, daß das Gesicht zu einem Residuum geworden ist, zu einem antiquierten Stück, ist unbestreitbar. Und Zufall ist es gewiß nicht, daß dieser Gesichtsverlust in derjenigen Epoche eingetreten ist, in der auch die Bildende Kunst das Gesicht als Sujet vernachlässigt, und in der die kommerzielle Zeichnung es als chick empfindet, bei der Darstellung des Menschen dessen Gesicht überhaupt auszulassen.*

Aber kehren wir noch einmal zurück zu der „Maschine der Musik", die diese Orgie ins Werk setzt.

Wenn Bandleaders versuchen, diese Musik als sogenannte ‚ernste

Musik' aufzuführen; also als Konzertmusik, die nur gehört werden soll, so beruht das auf einem Mißverständnis; das seinerseits der Gier entspringt, dieser Musik die soziale Respektabilität eines anerkannten „Kulturwertes" zu verschaffen. Aber nicht etwa deshalb ist dieser Anspruch falsch, weil diese Musik „zu leicht", weil sie nur „popular music" wäre; sondern umgekehrt, weil sie entsetzlich ernst ist, zu ernst für den Konzertsaal. Womit ich meine, daß sie in den Menschen ungleich tiefer und gewaltsamer eingreife, dessen „Ethos" (im musik-moralischen Sinne der Griechen) ungleich radikaler verändere, als es noch so feierliche Konzertmusiken heute tun können, da diese ja, wenn ihre symphonischen Schlußapotheosen verstummt sind, ihre Hörer — bloßes Publikum — mit einem „Erlebnis" entlassen, das sofort verpufft, weil es mit der Existenz außerhalb des Konzertsaals überhaupt nichts zu tun hat. Es gibt nichts Unernsteres als die Wirkung ernster Musik. Nichts Ernsteres dagegen, das heißt: nichts Folgenschwereres, nichts Gefährlicheres, nichts Zerstörerischeres als den Effekt dieser so gerne als „unernst" abgefertigten. Denn diese stellt eben einen wirklichen Eingriff dar; eine gewalttätige Metamorphose; und zwar eine, die mit Welt und Leben außerhalb des Saales enorm viel zu tun hat, weil die Seinsart, in die sie die Menschen hineinsteigert, eben die der Maschine ist; also die Seinsart, die von morgens bis abends herrscht; und weil sie die Menschen mit dieser Seinsart nun vollends konform macht.

Da jedes Ritual *motorischen Mitvollzug* verlangt, ist dieser auch hier erforderlich. Daher schafft, wer solche Musik als bloße Kunstmusik vor bloßen Zuhörern, also „konzertant" vorträgt, nicht etwa ein neuartiges Kunst- oder Bildungspublikum, vielmehr betrügt er seine Kultgemeinde, deren Mitglieder nun, statt effektiv an den Mysterien teilzunehmen, dazu verurteilt bleiben, sich mit der Rolle von Lauschern, gewissermaßen von Voyeurs der Maschinisierung, zufriedenzugeben. Und wenn es geschieht, daß solche Teilnehmer, empört über den Betrug, und unwillig, sich mit der Rolle bloß zuhörender Gemeindemitglieder abspeisen zu lassen, revoltieren, wie es in Wien bei einer „konzertanten" Jazz-Veranstaltung geschehen ist, dann ist das wahrhaftig alles andere als erstaunlich. —

Was wir soeben in unserem Exkurs geschildert haben, war eine

Situation, in der die Identität mit der Maschine durch das Gewaltmittel eines ekstatischen Ritus erzwungen wurde. In gewissem Sinne eine Wahnsituation, ein „schöner" oder makabrer „Schein", da ja eine reelle Maschine in dieser Situation nicht auftauchte — es sei denn, man betrachte die Musik selbst als eine ‚Maschine', eben als denjenigen Spezialapparat, den der Mensch erzeuge, um mit dessen Hilfe seine eigene Maschinisierung zu bewerkstelligen.

Den Zusammenhang dieses Exkurses mit unserer Hauptuntersuchung nachzuweisen, erübrigt sich wohl. Es liegt auf der Hand, daß der Mensch, wenn ihm Identifizierung mit seiner Geräte- und Maschinenwelt gewöhnlich gelänge, ein eigenes und ausdrückliches Identifizierungs-Ritual niemals erfunden hätte, niemals hätte zu erfinden brauchen. Er hätte die Orgie nicht nötig gehabt, um die Identität auszukosten. Das Faktum des Rituals darf also als ein Symptom gewertet werden, mindestens als Hinweis darauf, daß gewöhnlich die Identifizierung nicht gelingt.

Aber als Beweis wollen wir diesen Hinweis noch nicht akzeptieren. Vielmehr eine ‚Probe' machen: nämlich die ‚natürliche' Beziehung des Menschen zum Gerät untersuchen; das heißt diejenige, die sich in der Arbeitssituation verwirklicht; und prüfen, ob diese Situation eine Selbstbegegnung enthält, in der eine Identifizierungsstörung akut wird; und schließlich — und damit kehren wir zu unserer Anfangsfrage zurück — ob diese Störung ‚Scham' ist.

§ 15

Der Rückfall — Das Ich begegnet sich als versagendes Ich — Die Situation der scheiternden Arbeit ist die Probe aufs Exempel der ‚prometheischen Scham'

Also was kann ‚Identitätsstörung' dem Gerät gegenüber bedeuten?

Offenbar, in Entsprechung zu dem vorhin erörterten Doppelprinzip („das Ich schämt sich des Es" und „das Es schämt sich des Ich") wiederum etwas Doppeltes:

Entweder: Der Mensch findet in seiner Selbstbegegnung statt seiner selbst etwas der Gerätewelt bereits Konformes vor; er entdeckt sich als einen Teil des Gerätes.

Oder: Der Mensch hat sich bereits willentlich dem Gerät (oder der Gerätewelt als ganzer) integriert; findet aber, da ihm restlose Gerätkonversion, ‚Linientreue', Ko-substantialität nicht gelingt, statt eines Geräteteils doch sich selbst.

Im ersten Falle begegnet das Ich sich als Es; im zweiten das Es sich als Ich.

Auf die erste dieser zwei Möglichkeiten einzugehen, erübrigt sich, denn sie ist schon antiquiert. Der Mensch, den *Chaplin* in „Modern Times" dargestellt hat: das Wesen, das selbst dann noch, wenn es nicht mehr seine Maschine bedient, wider Willen und tickhaft maschinenartige Bewegungen ausführt, und das nun voll Befremden oder Entsetzen feststellt, daß es selbst bereits Gerätstück geworden ist, dieses chaplineske Wesen existiert nicht. Die Darstellung ist verzerrt. Was den „modern man" befremdet, ist umgekehrt, daß er als ich-hafter Rest auch dann noch übrigbleibt, wenn er, dem Maschinenbetrieb eingeordnet, „eigentlich" nichts anderes sein sollte, „eigentlich" nichts anderes mehr zu sein wünscht, als ein „Rad". Was ihn erschreckt, ist zum Beispiel, daß er, vor dem Fließband stehend, nicht mitkommt; entweder, weil das Band eben mit zu reißender Strömung an ihm vorbeifließt; oder weil sein Leib sich auf die, für die verlangte Leistung erforderliche, Bewegungskombination nicht einstellen kann; oder weil er Gedanken nachhängt; oder einfach, weil es ihn juckt, und er sich für sein Leben gern kratzen möchte. Keinem anderen Geräteteil kann so etwas Skandalöses passieren. —

Aber beginnen wir mit dem Anfang: also mit dem Vorgang, in dem der Maschinengang erst einmal vertraut werden soll. Prüfen wir, ob auch er schon so etwas wie Zweideutigkeit der Ich-Identität nach sich zieht.

Wer einmal mit einer neuen Fließbandarbeit konfrontiert worden ist, der weiß, welche Anstrengung es kostet, diese erste Konfrontierung in Gleichschaltung mit dem Maschinengang zu verwandeln, also mit der laufenden Maschine Schritt zu halten; und der kennt die Angst davor, nicht Schritt halten zu können. Da sie alltäglich ist, bleibt die Antinomie, die diese Einarbeitungsaufgabe darstellt, gewöhnlich unbekannt. Aber wenn man es sich klar macht, daß der Arbeitende sich aufs Konzentrierteste *zu bemühen* hat, in das Tempo und den Rhythmus der Maschine so hineinzugeraten, daß er *mühelos* arbeite; daß von ihm verlangt wird, daß er in wachster *Selbstkontrolle einen Automatismus* in Gang bringe; daß er *sich zusammennehmen* soll, *um nicht als er selbst zu funktionieren*, dann wird man wohl zugeben, daß die Aufgabe paradox ist. Die üblichen Ausdrücke „Anpassung“ und „Übung“ nennen die Operation nur; die paradoxe Zumutung an den Handelnden: sich *als* Handelnden auszulöschen, seine *Handlung in einen* bloßen (dazu noch heteronomen) automatischen *Vorgang* zu *verwandeln*; und selbst dann noch, wenn diese Verwandlung gelungen, diesen Automatismus skrupelhaft unter Kontrolle zu halten — diesen Widerspruch lassen die Ausdrücke im Dunkel. Auch der Hinweis darauf, daß schließlich jede gerät-angemessene Aktion, gleich ob Hämmern oder Geigen, eine „Anpassung“ erfordere und doch gewiß nichts Menschenunwürdiges, beweist nichts gegen die Paradoxie der Aufgabe. Zwar, sich einzuspielen, wird auch vom Geiger verlangt; und seinen Bogenstrich so einrichten, wie sein Instrument und der Gang der Musik es erfordern, und selbst dafür sorgen, daß ihm das ‚natürlich‘ werde, das muß er auch. Aber im Vergleich zu der Einspielungsaufgabe des Arbeiters ist seine Aufgabe doch durchaus human und insofern frei von jedem Widerspruch, als er übend unzweideutig aktiv bleiben darf, da er ja sein Instrument in ein Stück seines (als Ausdrucksfeld erweiterten) eigenen Leibes verwandelt und es als ein neues Organ seinem Organismus einverleibt; während die Einspielungsleistung des Arbeiters — die glatte Umkehrung dieser Aufgabe — darin besteht, daß er sich selbst zum Organ des Gerätes mache; daß er sich vom Gange der Maschine *einverleiben lasse*; daß er es dahin bringe, *einverleibt zu werden* — kurz: daß *er aktiv seine eigene Passivisierung in die Hand nehme und durchführe*. Die Paradoxie der Zumutung ist unbestreitbar.

In anderen Worten: Da er unter Aufbietung aller Konzentrationskräfte zu versuchen hat, statt selbst Zentrum zu sein, sein Zentrum ins Gerät zu verlegen, muß er *zugleich „er selbst“* und

„nicht er selbst" sein. Die Formel ist uns bekannt. Mit ihr hatten wir in unserem Scham-Exkurs die zweideutige Identität des sich Schämenden umschrieben. Daß sie schon hier: bei der Schilderung der ersten Familiarisierung des Arbeitenden mit dem Maschinengange, auftaucht, ist natürlich kein Zufall. Wirklich befinden wir uns schon im Umkreis des Scham-Problems. Mitten in diesem aber, wenn wir uns Rechenschaft über die Selbstbegegnung ablegen, in der diese Zweideutigkeit akut wird.

Die Beantwortung der Frage macht nur dann Schwierigkeiten, wenn wir glauben, wir müßten hier einem ausdrücklichen theoretischen Akt der Reflexion auf die Spur kommen. Nach einem solchen Akt zu suchen, wäre allerdings vergeblich. Vielmehr findet *die Selbstbegegnung im Vollzug der Maschinenbedienung selbst* statt, als ein Moment der Arbeit selbst; oder, wenn man den Ausdruck ‚Moment' zeitlich versteht, in einem bestimmten Augenblicke der Arbeit selbst.

Unterstellen wir, die Einspielung sei geglückt. Solange die maschinelle Arbeit glatt, das heißt: ohne Reibung zwischen Mensch und Maschine abläuft; solange der Arbeitende als „Konvertit", als ‚Rad', linientreu mitfunktioniert, solange ist das Ich gar nicht ‚bei sich', solange i s t es überhaupt nicht, jedenfalls nicht *als* Ich.* Erst in demjenigen Moment, da der Konformismus etwas zu wünschen übrig läßt, oder da die Arbeit schlagartig mißlingt, kommt das Ich ‚zu sich', erst dann begegnet es sich: nämlich als etwas Anstößiges: als V e r s a g e r.

Das heißt: Es fällt sich nur deshalb auf, weil es herausfällt (aus dem „Apparat-Es" und seinem konformistischen Dasein); es begegnet sich nur deshalb, weil es als Gegenkraft, als Widerpart, des Geräts sichtbar wird; seine Individualität zeichnet sich nur deshalb ab, weil sie (nach berühmter Formel) eine ‚negatio' ist. Noch deutlicher: *Nicht deshalb, weil es Selbstbegegnung gibt, wird „Identitätsstörung" erfahren; umgekehrt tritt Selbstbegegnung nur deshalb ein, weil es Störung gibt.*

Aber *wer* begegnet hier nun *wem*?

Gewiß: Das Ich — dem Ich. Aber genügt diese Antwort?

Wenn sie besagen soll, daß ‚Treffender' und ‚Getroffener' gleiche Partner oder gar identisch seien, dann ist sie geradezu falsch.

Denn der ‚Treffende' ist eben der in ein Gerätsstück verwandelte, ‚es'-hafte, musterhaft mit-funktionierende Konformist, dessen Ichheit bereits hinter ihm liegt; der mindestens gehofft hatte, diese hinter sich gebracht zu haben; während als ‚Getroffener' eben das alte Ich auftaucht, der Rückstand, das altmodische Wesen, das zwar in archaischer Zeit, vor der Geburt der Maschine, seine raison d'être gehabt haben mochte; nun aber, da seine Anverwandlung an das Apparat-Es obligat geworden, sein Daseinsrecht verspielt hat.

Oder wenn man es vorzieht, statt auf diese Weise von zwei Ichen, von zwei verschiedenen Zuständen des Ich zu sprechen: Die Selbstbegegnung tritt allein dadurch ein, daß der Konformist *„nachläßt"* und in seinen alten Zustand *‚zurückfällt'*: also zum Beispiel seinen Gedanken nachhängt oder Kopfschmerzen hat; und dadurch seinen bereits erreichten Zustand perfekter Konformität wieder einbüßt. Wenn diese Ausdrücke ‚Nachlässigkeit' und ‚Rückfälligkeit' moralistisch klingen, beabsichtigt ist das nicht. Der Zusammenhang von ‚Fall' und ‚Selbstbegegnung', der uns (z. B. aus dem Phänomen des ‚schlechten Gewissens') vertraut ist, ist eben eine Tatsache von breitester Gültigkeit; und wenn er auch hier auftaucht, so nicht, weil wir eine Analogie (mit der moralischen Scham) zu erzwingen versuchen, sondern einfach deshalb, weil er bei der Beobachtung dieser Situation gleichfalls sichtbar wird. –

Aber die Charakterisierung des ‚Getroffenen' ist noch nicht vollständig. Wir sagten: ‚Getroffen' sei in der Begegnung das „alte Ich". Wirklich nur dieses?

Unterstellen wir also noch einmal die Situation des Versagens. Gemessen mit dem intransigenten Maßstab der Maschine, bleibt es natürlich völlig gleichgültig, *wer* ihren Gang gestört hatte: ob das Ich oder dessen Leib. Beide: Ich wie Leib sind ja gleichermaßen maschinen-inkongruent; für die Maschine existiert dieser Unterschied überhaupt nicht. Käme ein Arbeiter auf den Gedanken, sich damit zu rechtfertigen, nicht er trage an dem Versagen Schuld, sondern seine plumpe Hand, für die er nichts könne, die Maschine würde gewissermaßen mit den Achseln zucken.

Aber so rechtfertigt sich der Schuldige auch gar nicht. Denn wenn er sich im Moment des Versagens statt als Gerätteil plötzlich wieder als sich selbst, als den alten Adam, entdeckt, dann beurteilt er sich ja mit *ihrem* Maßstabe, dann sieht er sich ja aus *ihrer* Perspektive – etwa so, wie sich der linientreue Parteimann sub specie seiner Partei sieht und sich in deren Interesse à tout prix als schuldig bekennt, ja als schuldig sogar empfindet. Auch für ihn verliert die Differenz zwischen Ich und Leib, zwischen den beiden Antagonisten, die einst (da das Ich sich des Leibes geschämt hatte) eine so fundamentale Rolle gespielt hatte, jedes Interesse; ja, sie wird so gleichgültig, daß die beiden nun einen einzigen Komplex darzustellen scheinen: Statt der Kluft zwischen dem Ich hier und dem Leib dort gibt es nun nur noch die Kluft zwischen der Maschine (bzw. dem sie repräsentierenden Konformisten) hier und dem alten Rückstand dort; und in diesem Rückstand gehören nun Ich und Leib ungeschieden zusammen.

Diese also sind die Partner der Begegnung; diese die Antagonisten.

Und wie stehen diese nun zueinander?

Mit dieser Frage haben wir den kritischen Punkt unserer Untersuchung erreicht. Denn dieses Verhältnis, diese Begegnung mit einem anderen Worte als mit dem wörtlich zu verstehenden Ausdruck ‚Scham' zu belegen, sehen wir eben keine Möglichkeit mehr.

Wenn das Beispiel, mit dem wir unsere Untersuchung eröffnet hatten: T.s Besuch der Industrie-Ausstellung, noch den Verdacht hatte nahelegen können, wir verwendeten den Ausdruck einfach metaphorisch, so war das begreiflich gewesen. Denn die Situation der bloßen Gerätbeschauung, die Situation, in der die Vollkommenheit des Produktes mit der Unvollkommenheit des Leibes nur akademisch verglichen wird, ist eben nicht diejenige Situation, in der Scham effektiv ausbricht.

Aber diese Situation haben wir nun ja verlassen. Und durch diejenige ersetzt, die von den Geräten verlangt wird: durch die der *Gerätbedienung*. Wenn die bloße Besichtigung von Geräten gewisse ‚seelische Schwierigkeiten' nach sich zieht, wie es bei T. eben der Fall war, so könnte man über sie zur Tagesordnung übergehen und sie als emotionellen Luxus abtun. Aber die Schwierigkeiten der Bedienung: die der Einarbeitung, die des immer drohenden Versagens, schließlich die des effektiven Versagens, die gehören ja zur Bedienungssituation wesentlich dazu; und was sich in dieser Bedienungssituation, namentlich in der der scheiternden Bedienung, seelisch abspielt, das geht nicht nur metaphorisch vor sich. Die Wirkung des effektiven Versagens beschränkt sich ja durchaus nicht darauf, die Perfektionsdifferenz zwischen Mensch und Gerät, zwischen Produzenten und Produkt zu profilieren; vielmehr ‚wirft' das Versagen den Versager ‚heraus', so daß dieser nun, zurückgeworfen auf sich, den alten Rückstand, plötzlich weltlos, untauglich und ‚verworfen' dasteht; und nicht weiß, was er mit sich anfangen soll.

Und sich mit diesem ‚Rückstand', diesem ‚unadaptable fellow', auf den zurückgeworfen er sich vorfindet, zu identifizieren, ist ihm einfach nicht möglich. *Als* Konformist, der er ja bis eben effektiv gewesen war, und eigentlich noch immer ist, ‚ist' er dieser Rückstand nicht; ‚ist' er weder dieses Ich noch dieser Leib. — Aber sich mit diesem Rückstand *nicht* zu identifizieren, ist ihm gleichfalls nicht möglich: denn daß ihm dieser als ‚Mitgift' mitgegeben ist, das kann er ja nicht bestreiten. Und daß er nichts für die ‚Mitgift' kann, das bedeutet ja, wie wir von früher wissen, nicht nur keine Absolution, darin besteht ja umgekehrt gerade die Schande: denn ‚fatal' ist ja gerade das Fatum, gegen das er nicht ankann. Also schämt er sich.

Aber wie schwierig und kompliziert das in der Sprache der Theorie auch klingen mag, der Heftigkeit des wirklichen Zustandes tut das natürlich keinen Abbruch; und von theoretischer Schwierigkeit weiß der sich-Schämende natürlich nicht das mindeste. Wie er denn überhaupt nichts weiß. Denn sich-Schämen heißt: nichts wissen; und nichts wissen: nicht ein noch aus wissen. Und nicht ein noch aus zu wissen, darin besteht nun sein Zustand. Herausgestürzt aus dem ‚Es', dem er eben noch unauffällig zugehört, und das er noch eben als beispielhaft anerkannt hatte, steht er nun da, und steht ‚coram': im Angesicht dessen, was er verspielt hat; und hat ein ‚Ich' zu sein — aber ein Ich, das (trägt es auch einen bestimmten Namen und einen bestimmten Leib und vielleicht sogar den bestimmten Webfehler einer individuellen Eigentümlichkeit) nichts ist als ein ‚defizienter Modus' des Gerätseins, nichts als ein skandalöses Nicht-gerät und ein auffälliger Niemand. Und obwohl er dort, wo das Gerät herrscht, nun nichts mehr zu suchen hat und fehl am Ort ist, hat er doch an seinem Platz zu verweilen, weil, nicht dazusein, gleichfalls über seine Kraft geht. Also kennt er keinen anderen Wunsch als den, im Boden zu versinken; keinen anderen als diesen völlig unerfüllbaren Wunsch: also nichts anderes als Scham.

Wem es niemals zugestoßen ist, daß er den fälligen Griff an der Maschine verfehlte und dem wortlos weiterwandernden Fließbande ungläubig nachblickte; wer sich niemals an die Küste seines alten Ichs verschlagen vorfand und es niemals erlebt hat, was es heißt, plötzlich *sich* wiederzufinden, gerade sich; wessen Blick niemals befremdet auf seine Hände fiel, auf diese tölpelhaften, deren Obsoletheit und unverbesserliche Inkompetenz seinen Fall verschuldet hatte — der weiß nicht, welche Scham die Scham von heute ist, welche Scham heute täglich tausende Male ausbricht. Und wer ihre Realität bestreitet, der tut es, weil zuzugeben, daß wir es so herrlich weit gebracht haben, uns vor Dingen zu schämen, ihm die Schamröte ins Gesicht triebe. —

DIE WELT ALS PHANTOM UND MATRIZE

Philosophische Betrachtungen über Rundfunk und Fernsehen

Da es dem König aber wenig gefiel, daß sein Sohn, die kontrollierten Straßen verlassend, sich querfeldein herumtrieb, um sich selbst ein Urteil über die Welt zu bilden, schenkte er ihm Wagen und Pferd. „Nun brauchst du nicht mehr zu Fuß zu gehen", waren seine Worte. „Nun darfst du es nicht mehr", war deren Sinn. „Nun kannst du es nicht mehr", deren Wirkung.

Aus: „Kindergeschichten"

I

DIE INS HAUS GELIEFERTE WELT

§ 1

Kein Mittel ist nur Mittel

Die erste Reaktion auf die Kritik, der Rundfunk und Fernsehen hier unterzogen werden, wird lauten: Eine solche Verallgemeinerung sei verboten; es komme ausschließlich darauf an, was wir aus diesen Einrichtungen „*machen*"; wie wir uns ihrer bedienen; für welche Zwecke wir sie als Mittel einsetzen: Ob für gute oder für schlechte, für humane oder für inhumane, für soziale oder für antisoziale.

Dieses, aus der Epoche der ersten industriellen Revolution stammende, optimistische Argument — sofern man eine Redensart so nennen kann — ist ja bekannt; und in allen Lagern lebt es mit der gleichen Unbedenklichkeit fort.

Seine Gültigkeit ist mehr als zweifelhaft. Die Freiheit der Verfügung über Technik, die es unterstellt; sein Glaube, daß es Stücke unserer Welt gebe, die nichts als „Mittel" seien, denen ad lib. „gute Zwecke" angehängt werden könnten, ist reine Illusion. Die Einrichtungen selbst sind Fakten; und zwar solche, die uns prägen. Und diese Tatsache, daß sie uns, gleich welchem Zwecke wir sie dienstbar machen, prägen, wird nicht dadurch, daß wir sie verbal zu „Mitteln" degradieren, aus der Welt geschafft. In der Tat hat die grobe Zerspaltung unseres Lebens in „Mittel" und „Zwecke", wie sie in diesem Argument vollzogen wird, mit der Wirklichkeit nichts zu tun. Unser von Technik erfülltes Dasein zerfällt nicht in einzelne, säuberlich gegeneinander abgegrenzte, Wegstücke, von denen sich die einen durch das Straßenschild „Mittel", die anderen durch das „Zwecke“ ausweisen. Legitim ist diese Aufteilung nur bei Einzelhandlungen und isolierten maschinellen Prozeduren. Dort, wo es ums „Ganze“ geht, in der Politik oder in der Philosophie, nicht. Wer unser Leben als ganzes mit Hilfe dieser zwei Kategorien artikuliert, betrachtet es nach dem Modell der zweckbestimmten Handlung, ja bereits als technischen Vorgang: was Zeugnis gerade jener Barbarei ist, über die man, namentlich wenn sie als Maxime „der Zweck heiligt die Mittel“ auftritt, so gerne empört ist. Die Abweisung dieser Formel bezeugt die gleiche Plumpheit wie deren (übrigens höchst selten ausdrückliche) Bejahung: denn auch der Abweisende bejaht ja, wenn auch ohne es auszusprechen, die Rechtmäßigkeit der zwei Kategorien; auch er konzediert ja, daß deren Anwendung auf das Leben als ganzes legitim sei. Eigentliche Humanität beginnt aber erst dort, wo diese Unterscheidung sinnlos wird: wo Mittel sowohl wie Zwecke von Lebensstil und Sitte derart imprägniert sind, daß angesichts von Einzelstücken des Lebens oder der Welt gar nicht mehr erkannt, ja gar nicht mehr gefragt werden kann, ob es sich bei ihnen um „Mittel“ handele oder um „Zwecke“; erst dort,

„wo der Gang zum Brunnen
so gut ist wie der Trunk“.

Natürlich können wir das Fernsehen zu dem Zwecke verwenden, um an einem Gottesdienst teilzunehmen. Was uns dabei aber, ob wir es wollen oder nicht, genau so stark „prägt“ oder „verwandelt“ wie der Gottesdienst selbst, ist die Tatsache, daß wir an ihm gerade *nicht* teilnehmen, sondern *allein dessen Bild* konsumieren. Dieser Bilderbuch-Effekt ist aber offensichtlich von dem „bezweckten“ nicht nur verschieden, sondern dessen Gegenteil. Was uns prägt und entprägt, was uns formt und entformt, sind eben nicht nur die durch die „Mittel“ vermittelten Gegenstände, sondern die Mittel selbst, die Geräte selbst: die nicht nur Objekte möglicher Verwendung sind, sondern durch ihre festliegende Struktur und Funktion ihre Verwendung bereits festlegen und damit auch den Stil unserer Beschäftigung und unseres Lebens, kurz: uns.

Als Leser der folgenden Seiten habe ich die Konsumenten im Auge, also die Hörer und Zuschauer. Berufsphilosophen und Rundfunk- oder Fernsehfachleute erst in zweiter Linie. Philosophen wird der Gegenstand fremd sein; Fachleuten die Weise, in der ich ihn behandle. — Freilich wende ich mich nicht an alle Konsumenten, sondern nur an diejenigen, denen es schon einmal passiert ist, daß sie während oder nach einer Sendung gestutzt haben, um sich zu fragen: „Ja, was tue ich denn da eigentlich? Ja, was tut man mir denn da eigentlich?“ Den so Stutzenden sollen im folgenden ein paar Aufklärungen gegeben werden. —

§ 2

Massenkonsum findet heute solistisch statt — Jeder Konsument ist ein unbezahlter Heimarbeiter für die Herstellung des Massenmenschen

Ehe man die Kulturwasserhähne der Radios in jeder ihrer Wohnungen installiert hatte, waren die Schmids und Müllers, die Smiths und Millers in die Kinos zusammengeströmt, um die für sie in Masse und stereotyp hergestellte Ware kollektiv, also auch *als* Masse, zu konsumieren. Es läge nahe, in dieser Situation eine gewisse Stileinheit: eben die Kongruenz von Massenproduktion und Massenkonsum, zu sehen; aber das wäre schief. Nichts widerspricht den Absichten der Massenproduktion schroffer als eine Konsumsituation, in der ein und dasselbe Exemplar (oder eine und dieselbe Reproduktion) einer Ware von mehreren oder gar zahlreichen Konsumenten zugleich genossen wird. Für das Interesse der Massenproduzenten bleibt es dabei gleichgültig, ob dieser gemeinsame Konsum ein „echtes Gemeinschaftserlebnis“ darstellt, oder nur die Summe vieler Individualerlebnisse. Worum es ihnen geht, ist nicht die massierte Masse als solche, sondern die in eine möglichst große Anzahl von Käufern aufgebrochene Masse; nicht die Chance, daß alle dasselbe konsumieren, sondern daß jedermann auf Grund gleichen Bedarfs (für dessen Produktion man gleichfalls zu sorgen hat) das Gleiche kaufe. In zahllosen Industrien ist dieses Ideal vollständig, oder doch nahezu, erreicht. Daß es von der Filmindustrie optimal erreicht werden kann, scheint mir fraglich. Und zwar deshalb, weil diese, die Theatertradition fortsetzend, ihre Ware noch als *eine Schau für Viele zugleich* serviert. Das stellt zweifellos einen altertümlichen Restbestand dar. Kein Wunder, daß die Rundfunk- und TV-Industrie mit dem Film trotz dessen gigantischer Entwicklung, in Wettbewerb treten konnten: beide Industrien hatten eben die zusätzliche Chance, außer der zu konsumierenden Ware auch noch die für den Konsum erforderlichen Geräte als Waren abzusetzen; und zwar, im Unterschiede zum Film, an beinahe jedermann. Und ebensowenig erstaunlich, daß beinahe jedermann zugriff, da die Ware, im Unterschied zum Film, durch die Geräte ins Haus geliefert werden konnte. Bald saßen also die Schmids und die Smiths, die Müllers und die Millers an vielen jener Abende, die sie früher zusammen in Kinos verbracht hätten, zu Hause, um Hörspiele oder die Welt zu „empfangen". Die im Kino selbstverständliche Situation: der Konsum der Massenware durch eine Masse, war hier also abgeschafft, was natürlich keine Minderung der Massenproduktion bedeutete; vielmehr lief die Massenproduktion für den Massenmenschen, ja die des Massenmenschen selbst, auf täglich höheren Touren. Millionen von Hörern wurde das gleiche Ohrenfutter serviert; jeder wurde durch dieses en masse Hergestellte als Massenmensch, als „unbestimmter Artikel", behandelt; jeder in dieser seiner Eigenschaft, bzw. Eigenschaftslosigkeit, befestigt. Nur, daß eben, und zwar durch die Massenproduktion der Empfangsgeräte, der kollektive Konsum überflüssig geworden war. Die Schmids und die Smiths konsumierten die Massenprodukte nun also en famille oder gar allein; je einsamer sie waren, um so ausgiebiger: der Typ des *Massen-Eremiten* war entstanden; und in Millionen von Exemplaren sitzen sie nun, jeder vom anderen abgeschnitten, dennoch jeder dem anderen gleich, einsiedlerisch im Gehäus — nur eben nicht um der Welt zu entsagen, sondern um um Gottes willen keinen Brocken Welt in effigie zu versäumen.

Daß die Industrie ihren noch vor einem Menschenalter unangefochtenen Grundsatz der Zentralisierung, zumeist aus strategischen Gründen, zu Gunsten des Prinzips der „Streuung" aufgegeben hat, weiß jeder. Nicht dagegen, daß dieses Prinzip der Streuung heute auch schon für die Produktion des Massenmenschen gilt. Ich sage: zu dessen Produktion, obwohl wir eben ja nur von gestreutem Konsum gesprochen hatten. Aber dieser Sprung vom Konsum zur Produktion ist hier deshalb berechtigt, weil die beiden auf eigentümliche Weise zusammenfallen; weil (in einem nicht-materialistischen Sinne) der Mensch das „ist was er ißt": Massenmenschen produziert man ja dadurch, daß man sie Massenware konsumieren läßt; was zugleich bedeutet, daß sich der Konsument der Massenware durch seinen Konsum zum Mitarbeiter bei der Produktion des Massenmenschen (bzw. zum Mitarbeiter bei der Umformung seiner selbst in einen Massenmenschen) macht. Konsum und Produktion fallen hier also zusammen. Geht der Konsum „gestreut" vor sich, so die Produktion des Massenmenschen gleichfalls. Und zwar eben überall dort, wo der Konsum stattfindet: vor jedem Rundfunkgerät; vor jedem Fernsehapparat. Jedermann ist gewissermaßen als *Heimarbeiter* angestellt und beschäftigt. Freilich als ein Heimarbeiter höchst ungewöhnlicher Art. Denn er leistet ja seine Arbeit: die Verwandlung seiner selbst in einen Massenmenschen, durch seinen Konsum der Massenware, also durch *Muße.* — Während der klassische Heimarbeiter Produkte hergestellt hatte, um sich das Minimum an Konsumgütern und an Muße zu sichern, konsumiert nun der heutige ein Maximum an Mußeprodukten, um den Massenmenschen mitzuproduzieren. Vollends paradox wird der Vorgang dadurch, daß der Heimarbeiter, statt für diese seine Mitarbeit entlohnt zu werden, selbst für sie zu zahlen hat; nämlich für die Produktionsmittel (das Gerät und, jedenfalls in vielen Ländern, auch für die Sendungen), durch deren Verwendung er sich in den Massenmenschen verwandeln läßt. Er zahlt also dafür, daß er sich selbst verkauft; selbst seine Unfreiheit, sogar die, die er mitherstellt, muß er, da auch diese zur Ware geworden ist, käuflich erwerben. —

Aber auch wenn man diesen befremdlichen Schritt, im Konsumenten der Massenware den Mitarbeiter bei der Produktion des Massenmenschen zu sehen, ablehnt, wird man doch nicht bestreiten können, daß zur Herstellung des heute gewünschten Typs von Massenmenschen die effektive Vermassung in Form der Massenversammlung nicht mehr erforderlich ist. Le Bons Beobachtungen über die den Menschen verändernden Massensituationen sind altertümlich geworden, da die Entprägung der Individualität und die Einebnung der Rationalität bereits zu Hause erledigt werden. Massenregie im Stile Hitlers erübrigt sich: Will man den Menschen zu einem Niemand machen (sogar stolz darauf, ein Niemand zu sein), dann braucht man ihn nicht mehr in Massenfluten zu ertränken; nicht mehr in einen, aus Masse massiv hergestellten, Bau einzubetonieren. Keine Entprägung, keine Entmachtung des Menschen als Menschen ist erfolgreicher als diejenige, die die Freiheit der Persönlichkeit und das Recht der Individualität scheinbar wahrt. Findet die Prozedur des „conditioning" bei jedermann gesondert statt: im Gehäuse des Einzelnen, in der Einsamkeit, in den Millionen Einsamkeiten, dann gelingt sie noch einmal so gut. Da die Behandlung sich als „fun" gibt; da sie dem Opfer nicht verrät, daß sie ihm Opfer abfordert; da sie ihm den Wahn seiner Privatheit, mindestens seines Privatraums, beläßt, bleibt sie vollkommen diskret. Wahrhaftig, das alte Wort, daß „eigner Herd Goldes wert" sei, ist von neuem wahr geworden; wenn auch in einem völlig neuen Sinne. Denn Goldes wert ist er nun nicht für den Eigentümer, der die conditioning Suppe auslöffelt; sondern für die Eigentümer der Herdeigentümer: die Köche und Lieferanten, die die Suppe den Essern als Hausmannskost vorsetzen.

§ 3

Radio und Bildschirm werden zum negativen Familientisch; die Familie wird zum Publikum en miniature

Daß dieser Massenkonsum gewöhnlich nicht bei seinem rechten Namen genannt wird, versteht sich. Im Gegenteil: man stellte ihn als Chance für eine Renaissance der Familie und der Privatheit dar — was zwar begreiflich, aber eben eine begreifliche Heuchelei ist: Auf nichts berufen sich ja neue Erfindungen so gerne wie auf jene alten Ideale, die unter Umständen als kaufhemmende Kräfte auftreten könnten. „Die französische Familie hat entdeckt", heißt es in der Wiener „Presse“ vom 24. 12. 54, „daß das Fernsehen ein ausgezeichnetes Mittel ist, die jungen Leute von kostspieligem Zeitvertreib abzuhalten, die Kinder ans Haus zu fesseln . . . und den Zusammenkünften der Familie einen neuen Reiz zu geben.“ Die Chance, die diese Art von Konsum in Wirklichkeit enthält, besteht umgekehrt darin, die Familie vollends aufzulösen, freilich so, daß diese Auflösung das Aussehen trauten Familienlebens beibehält oder gar annimmt. Aber aufgelöst wird sie: denn was nun durch TV zu Hause herrscht, ist die gesendete — wirkliche oder fiktive — *Außenwelt*; und diese herrscht so unumschränkt, daß sie damit die Realität des Heims — nicht nur die der vier Wände und des Mobiliars, sondern eben die des gemeinsamen Lebens, ungültig und phantomhaft macht. Wenn das Ferne zu nahe tritt, entfernt oder verwischt sich das Nahe. Wenn das Phantom wirklich wird, wird das Wirkliche phantomhaft. Das wirkliche Heim ist nun zum „Container“ degradiert, seine Funktion erschöpft sich darin, den Bildschirm für die Außenwelt zu enthalten. „Fürsorger“, heißt es in einer WP-Meldung vp, 2. 10. 54 aus London, „holten aus einer Wohnung im Osten Londons zwei verwahrloste Kinder im Alter von ein und drei Jahren heraus. Das Zimmer, in dem die Kinder spielten, war nur mit einigen zerbrochenen Stühlen möbliert. In einer Ecke aber stand ein pompöser neuer Fernsehempfänger. Die einzigen im Haushalt vorhandenen Nahrungsmittel waren eine Scheibe Brot, ein Pfund Margarine und eine Büchse Kondensmilch.“ Die letzten Reste dessen, was auch in standardisiertesten Ländern an häuslichem Milieu, an gemeinsamem Leben, an Atmosphäre noch bestanden hatte, sind damit liquidiert. Ohne daß auch nur ein Wettstreit zwischen dem Reich des Heims und dem der Phantome ausbräche, ohne daß er auch nur auszubrechen brauchte, hat dieses bereits in dem Augenblicke gewonnen, in dem der Apparat seinen Einzug in die Wohnung hält: er kommt, macht sehen, und hat schon gesiegt. Sofort rieselt es im Gemäuer, die Wände werden durchsichtig, der Kitt zwischen den Familienmitgliedern zerbröselt, die gemeinsame Privatheit ist zerfallen.

Schon vor Jahrzehnten hatte man beobachten können, daß das soziale Symptommöbel der Familie: der massive, in der Mitte des Zimmers stehende, die Familie um sich versammelnde Wohnzimmertisch seine Gravitationskraft einzubüßen begann, obsolet wurde, bei Neu-Einrichtungen überhaupt schon fortblieb. Nun erst hat er, eben im Fernsehapparat, einen echten Nachfolger gefunden; nun erst ist er durch ein Möbel abgelöst, dessen soziale Symbol- und Überzeugungskraft sich mit der des Tisches messen darf; was freilich nicht besagt, daß TV nun zum Zentrum der Familie geworden wäre. Im Gegenteil: was der Apparat abbildet und inkarniert, ist gerade deren Dezentralisierung, deren Ex-zentrik; er ist der *negative Familientisch.* Nicht den gemeinsamen *Mittelpunkt* liefert er, vielmehr ersetzt er diesen durch den gemeinsamen Fluchtpunkt der Familie. Während der Tisch die Familie zentripetal gemacht und die um ihn Sitzenden dazu angehalten hatte, die Weberschiffchen der Interessen, der Blicke, der Gespräche hin und her spielen zu lassen und am Tuche der Familie weiterzuweben, richtet der Bildschirm die Familie zentrifugal aus. Tatsächlich sitzen ja die Familienmitglieder nun nicht einander gegenüber, die Stuhlanordnung vor dem Schirm ist bloße Juxtaposition, die Möglichkeit, einander zu sehen, einander anzusehen, besteht nur noch aus Versehen; die, miteinander zu sprechen (wenn man das überhaupt noch will und kann), nur noch durch Zufall. Nicht mehr zusammen sind sie, sondern nur noch beieinander, nein nebeneinander, bloße Zuschauer. Von einem Tuch, an dem sie gemeinsam webten; von einer Welt die sie gemeinsam ausmachten, oder an der sie gemeinsam teilnähmen, kann keine Rede mehr sein. Was vor sich geht, ist allein, daß die Familienmitglieder gleichzeitig, im besten Falle zusammen, niemals aber gemeinsam dem Fluchtpunkt entgegen in ein Reich der Unwirklichkeit ausfliegen oder in eine Welt, die sie eigentlich (da auch sie selbst ja nicht wirklich an ihr teilnehmen) mit niemandem teilen; oder wenn teilen, so nur mit allen jenen Millionen von „Solisten des Massenkonsums", die ihnen gleich und die gleichzeitig mit ihnen ihren Bildschirm anstarren. *Die Familie ist nun in ein Publikum en miniature umstrukturiert, das Wohnzimmer zum Zuschauerraum en miniature und das Kino zum Modell des Heims gemacht.* Wenn es noch etwas gibt, was die Familienmitglieder nicht nur gleichzeitig, nicht nur nebeneinander, sondern wirklich gemeinsam erleben oder unternehmen, so ist es allein die Hoffnung auf jene Zeit, so allein die Arbeit für jene

Stunde, in der der Apparat endgültig abgestottert und ihre Gemeinsamkeit ein für alle Male beendet sein wird. Das unbewußte Ziel ihrer letzten Gemeinsamkeit ist also deren Erlöschen.

§ 4

Da die Geräte uns das Sprechen abnehmen, verwandeln sie uns in Unmündige und Hörige

Wir sagten: Die vor dem Bildschirm Sitzenden sprächen, sofern sie das überhaupt noch wollen oder können, nur noch durch Zufall miteinander.

Das gilt nun auch schon von den Rundfunkhörern. Auch sie sprechen nur noch versehentlich. Und wirklich wollen und können sie es von Tag zu Tag weniger — was freilich nicht bedeutet, daß sie in positiven Sinne schweigsam würden; sondern allein, daß ihre Verschwatztheit nun eine passive Form annimmt. Wenn es in unserer Motto-Fabel geheißen hatte, aus den Worten des Königs: „Nun brauchst du nicht mehr zu Fuß zu gehen" sei schließlich ein: „Nun kannst du es nicht mehr" geworden, so wird nun für uns aus dem: „Nun braucht ihr nicht mehr selbst zu reden", ein: „Nun könnt ihr es nicht mehr." *Da uns die Geräte das Sprechen abnehmen, nehmen sie uns auch die Sprache fort*; berauben sie uns unserer Ausdrucksfähigkeit, unserer Sprachgelegenheit, ja unserer Sprachlust — genau so wie uns Grammophon- und Radiomusik unserer Hausmusik beraubt.

Die Liebenden, die mit einem sprechenden „portable" am Ufer des Hudson, der Themse oder der Donau spazieren gehen, sprechen nicht zueinander, sondern hören einer dritten Person zu: der öffentlichen, zumeist anonymen Stimme des Programms, die sie, einem Hündchen gleich, spazieren führen, richtiger: von der sie sich spazieren führen lassen. Ihre Promenade machen sie, da sie eben nur das Miniaturpublikum sind, das der Stimme des Programms folgt, nicht zu Zweien, sondern zu Dritt. Von einer intimen Sprechsituation kann also gar keine Rede sein, diese ist von vornherein aufgehoben; und wenn es zwischen den

Zweien trotzdem zu Intimitäten kommt, so verdanken sie Anleitung und Anregung dazu, ja selbst die Erregung, nicht eigentlich einander, sondern eben der dritten Person: der heiser oder schwül sprechenden oder krähenden Stimme des Programms, die — denn was heißt „Programm" anderes? — den beiden vorschreibt, was und wie zu fühlen oder zu tun an der Tages- oder Nachtordnung ist. Da sie das Vorgeschriebene in Gegenwart der Dritten tun, tun sie es also in einer akustisch indiskreten Situation. Wie unterhaltend diese ihre Folgsamkeit den Zweien auch vorkommen mag, daß sie sich *miteinander* unterhalten, kann man nicht mehr behaupten. Viel mehr *werden* sie, eben von jener Dritten, die allein Stimme hat, unterhalten: Und diese unterhält sie nicht nur im Sinne von „converser"; auch nicht nur im Sinne von „amuser"; sondern auch, da sie ihnen, als Dritte im Bunde, jenen Halt und jene Stütze verleiht, die sie, nicht wissend was sie miteinander anfangen sollen, einander nicht geben können, im Sinne von „*soutenir*". Daß selbst das faire amour von heute zumeist bei Radiobegleitung vor sich geht (und nicht nur bei „swooning" erzeugender musikalischer), braucht ja einer Welt, die das nicht nur weiß, sondern als Selbstverständlichkeit praktiziert, nicht schamhaft verschwiegen zu werden. In der Tat entspricht das heute in jeder Situation zugelassene oder gewünschte Radio jener fackelhaltenden Schaffnerin, die die Alten als Zeugin ihrer Liebesfreuden in Anspruch nahmen; und der Unterschied zwischen den beiden besteht allein darin, daß die heutige Schaffnerin eine mechanisierte „public utility" ist; daß sie mit ihrer Fackel nicht nur leuchten, sondern auch erhitzen soll; und daß sie um Gottes willen nicht den Mund halten, sondern im Gegenteil geschwätzig sein soll, damit sie als Geräuschhintergrund jenen horror vacui, von dem die Zwei selbst in actu nicht losgelassen werden, mit Songs übertöne oder mit Worten überrede. Dieser „background" ist so fundamental wichtig, daß man ihn sogar in den seit 1954 aufkommenden „voicepondences", d. h. den besprochenen Magnetophonbändern, die man einander zuschickt, übernommen hat. Spricht ein Liebender einen solchen Analphabetenliebesbrief, dann spricht er auf eine akustisch, nämlich musikalisch bereits vorbereitete Grundierung, weil „nichts als seine Stimme" für seine angebetete Empfängerin wahrscheinlich ein zu nacktes Geschenk bliebe. Was beim Empfang wirklich sprechen oder ansprechen soll, gewissermaßen als Ding gewordener Brautwerber, ist wiederum die dritte Stimme.

Aber die Liebessituation ist nur ein Beispiel, das krasseste. In ähnlichem Sinne unterhalten lassen sie sich in jeder Situation, ja bei jeder Beschäftigung; und selbst dann, wenn sie versehentlich miteinander reden, redet hinter ihnen, als Hauptperson, als Tenor, die Stimme des Rundfunks und gibt ihnen das tröstliche und sichere Gefühl, daß sie das auch dann noch tun wird, wenn sie selbst sich schon ausgeredet haben werden. Selbst nach ihrem Tode.

Eigentlich haben sie, da ihnen das Sprechen nun verbürgt ist und fertig geliefert ins Ohr geträufelt wird, aufgehört, ζῶα λόγον ἔχοντα zu sein; genau so wie sie aufgehört haben, als Brotesser noch homines fabri zu sein: Denn so wenig wie sie ihr Brot noch selbst backen, formen sie selbst ihre Wortnahrung. Worte sind für sie nicht mehr etwas, was man spricht, sondern etwas, was man nur hört; Sprechen ist für sie nicht mehr etwas, was man tut, sondern etwas, was man erhält. Daß sie dadurch den Logos in einem ganz anderen Sinne „haben", als Aristoteles es in seiner Definition gemeint hatte, liegt auf der Hand; und ebenso, daß sie dadurch, im etymologischen Sinne des Wortes, zu *infantilen*: eben unmündigen, nicht sprechenden, Wesen werden. — Gleich, in welchem zivilisatorisch-politischen Raum diese Entwicklung in Richtung zum ἄνευ λόγου εἶναι vor sich und weiter geht, der Endeffekt, in dem sie mündet, muß überall der gleiche sein: Nämlich in einem Typ von Menschen bestehen, der, da er selbst nicht mehr spricht, nichts mehr zu sagen hat; und der, weil er nur hört, und zwar immerfort, ein „*Höriger*" ist. Die erste Wirkung dieser Beschränkung aufs Nur-hören ist jetzt schon deutlich. Er besteht in einer, in allen Kultursprachen stattfindenden, Sprachvergröberung, -verarmung und -unlust.* Aber nicht nur in dieser, sondern auch in Vergröberung und Verarmung des Erlebens, also des Menschen selbst; und zwar deshalb, weil das „Innere" des Menschen: dessen Reichtum und Subtilität, ohne Reichtum und Subtilität der Rede keinen Bestand hat; weil nicht nur gilt, daß die Sprache der Ausdruck des Menschen ist, sondern auch, daß der Mensch das Produkt seines

Sprechens ist; kurz: weil *der Mensch so artikuliert ist, wie er selbst artikuliert; und so unartikuliert wird, wie er nicht artikuliert.**

§ 5

Die Ereignisse kommen zu uns, nicht wir zu ihnen

Die Behandlung des Menschen geht als Belieferung ins Haus vor sich, die sich von der mit Gas oder Elektrizität in nichts unterscheidet. Was zugestellt wird, sind aber nicht nur Kunstprodukte, nicht nur etwa Musik oder Hörspiele, sondern die wirklichen Geschehnisse, gerade diese. Mindestens diejenigen, die als „Wirklichkeit" oder an Stelle dieser für uns ausgewählt, chemisch gereinigt und präpariert werden. Wer „im Bilde sein", wer wissen will, was es draußen gibt, der hat sich nach Haus zu begeben, wo die Ereignisse, „zum Schauen bestellt", schon darauf warten, Leitungswasser gleich für ihn aus dem Rohr zu schießen. Wie sollte er auch draußen, im Chaos des Wirklichen, in der Lage sein, irgendein Wirkliches von mehr als lokaler Bedeutung herauszupicken? Denn die Außenwelt verdeckt die Außenwelt. Erst wenn die Tür hinter uns ins Schloß gefallen ist, wird das Draußen uns sichtbar; erst wenn wir zu fensterlosen Monaden geworden sind, reflektiert sich uns das Universum; erst wenn wir uns dem Turm derart verschworen haben, daß wir, statt auf ihm, in ihm sitzen, fällt uns die Welt zu, gefällt uns die Welt, werden wir Lynkeus.* An die Stelle der Duodez-Versicherung: „Sieh, das Gute liegt so nah", das unsre Väter über die Frage: „Warum in die Ferne schweifen?" hatte hinwegtrösten sollen, hätte heute die Versicherung zu treten: „Sieh, das Ferne liegt so nah"; wenn nicht sogar die: „Sieh, nur Fernes liegt noch nah." Und damit sind wir beim Thema. Denn *daß die Ereignisse* — diese selbst, nicht nur Nachrichten über sie — daß Fußballmatches, Gottesdienste, Atomexplosionen *uns besuchen*; daß der Berg zum Propheten, *die Welt zum Menschen, statt er zu ihr kommt, das ist*, neben der Herstellung des Masseneremiten und der Verwandlung der Familie in ein Miniaturpublikum, *die eigentlich umwälzende Leistung, die Radio und T. V. gebracht haben.**

Diese dritte Umwälzung ist nun der eigentliche Gegenstand unserer Untersuchung. Denn diese beschäftigt sich fast ausschließlich mit den eigentümlichen Veränderungen, die der Mensch als mit Welt beliefertes Wesen durchmacht; und mit den nicht weniger eigentümlichen Folgen, die die Weltlieferung für den Weltbegriff und für die Welt selbst nach sich ziehen. Um zu zeigen, daß hier wirklich philosophische Fragen vorliegen, seien, erst einmal in noch kaum systematischer Reihenfolge, einige jener Konsequenzen genannt, die im Lauf der Untersuchung durchgesprochen werden sollen.

1. Wenn die Welt zu uns kommt, statt wir zu ihr, so sind wir nicht mehr „in der Welt", sondern ausschließlich deren schlaraffenlandartige Konsumenten.

2. Wenn sie zu uns kommt, aber doch nur als Bild, ist sie halb an- und halb abwesend, also phantomhaft.

3. Wenn wir sie jederzeit zitieren (zwar nicht verwalten, aber an- und ausschalten können), sind wir Inhaber gottähnlicher Macht.

4. Wenn die Welt uns anspricht, ohne daß wir sie ansprechen können, sind wir dazu verurteilt, mundtot, also unfrei zu sein.

5. Wenn sie uns vernehmbar ist, aber nur das, also nicht behandelbar, sind wir in Lauscher und Voyeurs verwandelt.

6. Wenn ein an einem bestimmten Orte stattfindendes Ereignis versandt und als „Sendung" zum Auftreten an jedem anderen Orte veranlaßt werden kann, dann ist es in ein mobiles, ja in ein fast omnipräsentes, Gut verwandelt, und hat seine Raumstelle als principium individuationis eingebüßt.

7. Wenn es mobil ist und in virtuell zahllosen Exemplaren auftritt, dann gehört es, seiner Gegenstandsart nach, zu Serienprodukten; wenn für die Zusendung des Serienproduktes gezahlt wird, ist das Ereignis eine Ware.

8. Wenn es erst in seiner Reproduktionsform, also als Bild sozial wichtig wird, ist der Unterschied zwischen Sein und Schein, zwischen Wirklichkeit und Bild aufgehoben.

9. Wenn das Ereignis in seiner Reproduktionsform sozial wichtiger wird als in seiner Originalform, dann muß das Original sich nach seiner Reproduktion richten, das Ereignis also zur bloßen Matrize ihrer Reproduktion werden.

10. Wenn die dominierende Welterfahrung sich von solchen Serienprodukten nährt, dann ist (sofern man unter „Welt" noch dasjenige versteht, *worin* wir sind), der Begriff „Welt" abgeschafft, die Welt verspielt, und die durch die Sendungen hergestellte Haltung des Menschen „idealistisch" gemacht. —

Daß es an philosophischen Problemen nicht mangelt, ist also wohl deutlich genug. Alle hier genannten werden nun im Verlaufe der Untersuchung durchgesprochen. Bis auf den letzten Punkt: den befremdlichen Gebrauch des Ausdrucks *„idealistisch"*. Der soll deshalb sofort aufgeklärt werden.

Daß für uns als Radio- und Fernseh-Konsumenten die Welt nicht mehr als Außenwelt auftritt, *in* der wir sind, sondern als *unsere*, war schon in Punkt 1 formuliert worden. Tatsächlich ist die Welt ja auf eigentümliche Weise *umgesiedelt:* zwar befindet sie sich nicht, wie es in den Vulgärformeln des Idealismus heißt, „in unserem Bewußtsein" oder gar „in unserem Gehirn"; aber da sie doch *von außen nach innen verlegt* ist, da sie, statt draußen stattzufinden, nun in meinem Zimmer ihre Stätte gefunden hat, und zwar als zu konsumierendes Bild, als bloßes eidos, ähnelt die Verlegung der klassisch-idealistischen doch aufs frappanteste. Die Welt ist nun *meine* geworden, meine Vorstellung, ja sie hat sich, wenn man das Wort „Vorstellung" einmal im Doppelsinne: nicht nur im Schopenhauerschen, sondern im Theatersinne, zu verstehen bereit ist, in eine „Vorstellung für mich" verwandelt. In diesem *„für mich"* besteht nun das idealistische Element. Denn *„idealistisch"* im breitesten Sinne *ist jede Attitüde, die die Welt in Meines*, in Unseres, in etwas Verfügbares, kurz *in ein Possessivum verwandelt:* eben in meine „Vorstellung" oder in mein (Fichtesches) „Produkt des Setzens". Wenn der Terminus „idealistisch" hier überrascht, so nur deshalb, weil dieser gewöhnlich das Meinsein nur spekulativ beteuert, während er hier eine Situation bezeichnet, in der die *Metamorphose der Welt in etwas, worüber ich verfüge, wirklich technisch durchgeführt* ist. Daß auch schon die bloße Beteuerung einem maßlosen Freiheitsanspruch entspringt, da in ihr die Welt eben als Eigentum reklamiert ist, ist offensichtlich. — Hegel hat den Ausdruck „Idealismus" in diesem breitesten Sinne gebraucht und sich in seiner „Philosophie des Rechts" nicht gescheut, das fressende Tier, sofern es sich Welt in Form von Beute aneignet. einverleibt und sich einbildet, also über sie als „seinige" verfügt, einen „Idealisten" zu nennen. — Fichte war Idealist, weil er die Welt als etwas von ihm „Gesetztes", als Produkt der Tathandlung seines Ichs, also als *sein* Produkt ansah. — Gemeinsam allen Idealismen im weitesten Sinne ist die Voraussetzung, daß die Welt *für* den Menschen, entweder als Gabe oder als in Freiheit Hergestelltes da sei — so daß der Mensch selbst nicht eigentlich zur Welt gehört; kein Weltstück, sondern den Gegenpol der Welt darstellt. Die Deutung dieser Gabe, dieses „Datums", als „Sinnesdatums" ist nur eine Spielart von Idealismus unter vielen, und wohl kaum dessen erheblichste.*

Wenn es von allen Spielarten des Idealismus gilt, daß sie die Welt in ein Possessivum ummünzen: in einen Herrschaftsbereich (Genesis); in ein Wahrnehmungsbild (Sensualismus); in ein Konsumgut (Hegels Tier); in ein Produkt des Setzens oder der Herstellung (Fichte); in Eigentum (Stirner) — so darf in unserem Falle der Ausdruck tatsächlich mit bestem Gewissen verwandt werden, da alle nur möglichen Nuancen des Possessivs hier vereinigt sind.

Wie weit also die Geräte des Rundfunks und des Fernsehens die Fenster zur Welt auch aufreißen mögen, zugleich machen sie den Weltkonsumenten zum „Idealisten".

Natürlich klingt diese Behauptung, nachdem wir eben erst vom Siege der Außenwelt über die Innenwelt gesprochen hatten, befremdlich und widerspruchsvoll. Mir auch. Die Tatsache, daß man beide Behauptungen aufstellen kann, scheint eine Antinomie im Verhältnis Mensch-Welt anzuzeigen. Auf Anhieb ist diese Antinomie auch nicht aufzulösen. Wäre das möglich, dann würde sich unsere Untersuchung erübrigen. Denn diese ist durch den Widerspruch in Gang gebracht; und stellt in toto nichts anderes dar, als den Versuch, die widerspruchsvolle Situation aufzuklären.

§ 6

Da wir beliefert werden, gehen wir nicht auf Fahrt; bleiben wir unerfahren

Da wir es in einer Welt, die zu uns kommt, nicht nötig haben, eigens zu ihr hinzufahren, ist dasjenige, was wir bis gestern „*Erfahrung*“ genannt hatten, überflüssig geworden.

Die Ausdrücke „zur Welt kommen“ und „erfahren“ hatten bis vor kurzem für die philosophische Anthropologie ungewöhnlich ertragreiche Metaphern abgegeben.* Als instinkt-armes Wesen hatte der Mensch, um auf der Welt zu sein, nachträglich, d. h.: a posteriori zu ihr zu kommen, sie zu erfahren und kennenzulernen, bis er angekommen und erfahren war; das Leben hatte in einer Entdeckungsreise bestanden; und mit Recht hatten die großen Erziehungsromane nichts anderes dargestellt, als die Wege, Umwege und Fahrtabenteuer, die er zu bestehen hatte, um, obwohl längst auf der Welt, schließlich doch bei ihr anzulangen. — Nun, da die Welt zu ihm kommt, zu ihm eingelassen wird, und zwar in effigie, so daß er sich auf sie nicht einzulassen braucht — ist diese Befahrung und Erfahrung überflüssig und, da Überflüssiges verkümmert, unmöglich geworden.* Daß der Typ des „Erfahrenen“ von Tag zu Tag seltener wird, und die Einschätzung des Gealterten und Erfahrenen ständig abnimmt, ist ja offensichtlich. Da wir, ähnlich dem Flieger im Unterschiede zum Fußgänger, weg-unbedürftig geworden sind, verfällt auch die Kenntnis der Wege der Welt, die wir früher befahren, und die uns erfahren gemacht hatten; damit verfallen auch die Wege selbst. Die Welt wird weglos. Statt daß wir selbst Wege zurücklegen, wird nun die Welt für uns „zurückgelegt“ (im Sinne der reservierten Ware); und statt daß wir zu den Ereignissen hinfahren, werden diese nun vor uns aufgefahren. —

Dieses Bild unseres Zeitgenossen mag nun freilich im ersten Augenblicke verzeichnet aussehen. Denn es ist ja umgekehrt üblich, in Auto und Flugzeug die Symbole des heutigen Menschen zu sehen, ja man hat ihn sogar als „homo viator“, das Wesen, das fährt, definiert (Gabriel Marcel). Mit wieviel Recht, ist aber eben die Frage. Auf sein Fahren legt er ja nicht deshalb Wert, weil er Interesse an der Gegend nähme, die er durchfährt, oder an den Plätzen, an die er sich als Expreßgut expedieren läßt oder selbst expediert; nicht um erfahren zu werden, sondern deshalb, weil er nach Omnipräsenz hungert und nach rapidem Wechsel als solchem. Außerdem beraubt er sich ja grade durch die Schnelligkeit der Chance der Erfahrung (sosehr, daß ihm nun diese zur einzigen und letzten Erfahrung wird) — ganz davon zu schweigen, daß er durch die Egalisierung der Welt, die er effektiv durchführt, die Zahl der erfahrungswürdigen und erfahren machenden Gegenstände tatsächlich vermindert; und daß er sich schon heute, wo immer er landet, erfahrungsunbedürftig bei sich zu Hause vorfindet. „Mit uns", ermuntert sogar das Plakat einer bekannten Fluglinie in Worten, die Provinzialismus mit Globalismus aufs Verwirrendste verbinden, „mit uns reist du überallhin wie zu Hause". „Wie zu Hause": es ist also durchaus nicht unbegründet, anzunehmen, daß für den Menschen von heute jede Reise (und erlaubt sie ihm selbst, elektrisch geheizt, den Nordpol tief unter sich, seinem Reiseziel entgegenzuschlafen) bereits etwas Altertümliches darstelle, eine unbequeme und unzulängliche, weil eben in falscher Richtung vor sich gehende, Methode der Omnipräsenz, zu der er sich nur deshalb noch bequemt, weil er es eben, trotz aller Anstrengung, doch noch nicht restlos zustande gebracht hat, sich alles ins Haus zu liefern — worauf er eigentlich Anspruch erhebt.

Auf keinen Fall ist der in Millionen von Exemplaren reglos zu Hause in seinem Fauteuil hingegossene Radio- und Fernseh-Konsument, der die Welt in effigie von dort aus regiert: sie anschaltet, vor sich auffahren läßt und wieder ausschaltet — auf keinen Fall ist dieser Herr der Bildscharen untypischer für uns als der Flieger und Automobilist; umsoweniger, als ja auch dieser, wenn er über Land rollt, das Radio laufen läßt: also auch er sich die Genugtuung und die Tröstung verschafft, zu wissen, daß nicht nur er hinaus in die Welt muß, sondern die Welt auch hin zu ihm; und daß sich diese (nun zur Strafe hinter ihm her und mit ihm mitrollend) eigentlich ausschließlich zu dem Zweck abspiele, um ihm aufzuspielen.*

„Um für ihn sich abzuspielen." „Um ihm aufzuspielen." „Wie zu Hause."

Diese Ausdrücke zeigen nun eine Daseinsart, eine Beziehung zur Welt von so abgründiger Verkehrtheit an, daß selbst Descartes' mauvais génie trompeur nicht imstande wäre, uns in eine verkehrtere hineinzulotsen; ein Dasein, das, wenn wir den Ausdruck „idealistisch" nun im vorhin bestimmten Sinne verwenden, „idealistisch" im prononziertesten Sinne ist. Dies in doppelter Hinsicht:

1. *Obwohl wir* in Wahrheit *in einer entfremdeten* Welt leben, wird uns die Welt so dargeboten, als ob sie für uns da wäre,* als ob sie unsere wäre und unseresgleichen.

2. *Als solche „nehmen"* (= betrachten und akzeptieren) *wir sie,* obwohl wir zu Hause im Fauteuil sitzen; d. h. *obwohl wir sie nicht effektiv,* wie das „fressende Tier" oder der Eroberer, *nehmen* und sie nicht effektiv zu unserer machen oder machen können; jedenfalls nicht wir, die durchschnittlichen Radio- und Fernseh-Konsumenten. Vielmehr „nehmen" wir sie so, weil sie uns so in Form von Bildern serviert wird. Dadurch werden wir zu voyeurhaften Herrschern über Weltphantome.

Wir beginnen mit dem ersten Punkt. Dem zweiten gilt das ganze nächste Kapitel II.

§ 7

Die ins Haus gelieferte Welt wird „verbiedert"

Ursprung, Ätiologie und Symptomatik der Entfremdung hier zu behandeln, ist natürlich unmöglich. Die Literatur darüber ist unübersehbar, der Vorgang muß vorausgesetzt werden.* Der Betrug, den wir meinen, besteht, wie gesagt, darin, daß wir, obwohl in einer verfremdeten Welt lebend, als Film-, Rundfunk- und Fernseh-Konsumenten — aber nicht nur als diese — mit allem und jedem, mit Menschen, Gegenden, Situationen, Ereignissen, selbst mit den fremdesten, grade mit diesen, auf vertrautestem Fuße zu stehen scheinen. Die Wasserstoffbomben-Explosion am 7. März 1955 lief unter dem gemütlichen Namen „Grandpa", also „Opapa". Diesen Vorgang der Pseudofamiliarisierung, der (aus Gründen, die im nächsten Paragraphen deutlich werden) keinen Namen hat, nennen wir die *„Verbiederung der Welt“* — „Verbiederung“ und nicht „Anbiederung“, weil, was sich abspielt, nicht darin besteht, daß wir uns Fremdem oder Fremdestem an den Hals würfen; sondern darin, daß man uns fremde Menschen, Dinge, Ereignisse und Situationen so liefert, als wären sie Vertrautes; also in bereits „verbiedertem“ Zustande.*

Illustrationen: Während (um zwei beliebige Verfremdungsbeispiele voranzustellen) unser Verwenden und unser Machen auseinandergerissen sind (da, was wir verwenden, immer schon fertig ist, die Bewandtnis dessen dagegen, was wir mitherstellend herstellen, uns entweder undurchsichtig oder unserem Leben fremd bleibt) . . . während unser Wohnungsnachbar, dessen Etagentür wir täglich Jahre hindurch passieren, uns gewöhnlich nicht kennt und die Entfernung zwischen sich und uns nicht überbrückt — präsentieren sich uns jene Filmstars, jene fremden girls, die wir zwar in persona niemals treffen oder treffen werden, die wir aber doch unzählige Male gesehen haben, und deren physische und seelische Details wir besser kennen als die unserer Kolleginnen, als alte Bekannte, als „chums“; so daß wir automatisch mit ihnen auf dem Duzfuß stehen und sie, wenn wir von ihnen sprechen, bei ihrem Vornamen, Rita oder Myrna, nennen. Das Gelieferte ist also *distanzlos gemacht*, wir ihm gegenüber gleichfalls, die Kluft ist abgeschafft. Welche Bedeutung man der Abschaffung der Kluft beimißt, beweist ja auch der 3D-Film, dessen Erfindung und Einführung nicht etwa nur dem Interesse an technischer Verbesserung oder etwa nur dem Konkurrenzkampf (gegen TV) entsprang, sondern eben dem Wunsche, der Distanzlosigkeit zwischen Geliefertem und Beliefertem ein Höchstmaß an sinnlich-räumlicher Glaubwürdigkeit zu verschaffen. Wäre es technisch möglich — und wer könnte voraussagen, was uns bei der Rasanz heutiger Kunstfortschritte noch bevorsteht? — so würde man uns wohl auch mit „telehaptischen Effekten“ beglücken, durch die wir dann die Kinnhaken auf unseren Kiefern auch taktil genießen könnten. Erst das wäre ja eine wirkliche Nähe. Aber auch heute verspricht ja der 3D-Film bereits: „You are with them, they are with you.“

Soll diese Du-auf-Du-Beziehung in Gang kommen, soll ich etwas zum duzen haben, so müssen die Bilder mit dem Duzen anfangen. In der Tat gibt es keine Sendung, der diese Du-Qualität fehlte; kein ins Haus geliefertes Wesen, das sie nicht ausstrahlte. Schalte ich den Präsidenten ein, so sitzt er, obwohl tausend Meilen von mir entfernt, plötzlich neben mir am Kamin, um mit mir zu plaudern. (Daß er die gesendete Gemütlichkeit in Millionen Exemplaren ausstreut, nur am Rande.) Erscheint die Fernsehansagerin auf dem Schirm, dann gewährt sie mir, in absichtlich unabsichtlicher Zu-Neigung, die tiefsten Einblicke, so als hätte sie etwas mit mir. (Daß sie es mit allen Männern hat, nur am Rande.) Beginnt die Radiofamilie ihre Sorgen auszubreiten, so zieht sie mich ins Vertrauen, als sei ich ihr Nachbar, Hausarzt oder Pfarrer. (Daß sie jedermann ins Vertrauen zieht, daß sie da ist, *um* ins Vertrauen zu ziehen, daß sie d i e Nachbarsfamilie schlechthin ist, nur am Rande.) Sie alle kommen also als intime oder indiskrete Besucher, sie alle erreichen mich also in bereits vorverbiedertem Zustande. Unter denen, die mir ins Haus fliegen, gibt es keinen, dem noch ein Stäubchen von Fremdheit anhinge. Und nicht nur von den gesendeten Menschen gilt das, sondern von allem in der Welt; von der Welt als ganzer. Die Zauberkraft der Verbiederung ist so unwiderstehlich, der Spielraum ihrer Metamorphoseleistung so breit, daß nichts sich ihr entziehen kann. Ob Dinge, Plätze, Ereignisse oder Situationen, alle werden verwandelt, um mit spießgesellenhaftem Lächeln, mit einem vulgären tatwamasi auf den Lippen bei uns anzukommen; so daß wir nun letztlich sogar mit den Sternen im Himmel auf nicht weniger vertrautem Fuß stehen, als mit den Sternen am Filmfirmamente; und von „good old Cassiopeia" mit ebensoviel Recht reden dürften wie von Myrna oder Rita. Was nicht als Scherz gemeint ist. Denn wenn es heute in der öffentlichen, ja in der akademischen Diskussion der Untertassen nicht nur als möglich, sondern als wahrscheinlich gilt, daß die angeblichen Bewohner anderer Planeten gleichfalls und gleichfalls gerade heute keine anderen Sorgen haben als interplanetarische Raumschiffahrt und dergleichen, so beweist das ja, daß man alle und alles als „unsereins" auffaßt; einen Anthropomorphismus also, neben dem die Anthropomorphismen der sogenannten „primitiven" Kulturen geradezu verschämt wirken. Für die Lieferanten des verbiederten Weltalls tritt an die Stelle der plotinisch-goetheschen Identitätsformel „Wär nicht das Auge sonnenhaft“ die kommerzielle Identifizierungsdevise „Machst du die Sonn' nicht augenhaft“. Denn wer das zu tun unterläßt, der verkauft die Natur nicht und versäumt damit eine virtuelle Ware. — Wir aber werden dadurch systematisch in *Kumpane des Globus und des Universums* verwandelt, freilich eben nur in Kumpane: denn von echter Verbrüderung, von Pantheismus, von Fernstenliebe oder gar von „Einsfühlung“, die der so konditionierte Zeitgenosse empfände, kann natürlich keine Rede sein. —

Was vom sozial Fremdesten, was vom räumlich Fernsten gilt, gilt vom zeitlich Abgelegensten, von der *Vergangenheit*, gleichfalls: auch diese wird kumpanisiert. Von den historischen Filmen, in denen das die Regel ist, will ich schweigen. Aber da fand ich z. B. in einem, sonst durchaus nicht unernsten, äußerst lebendig geschriebenen amerikanischen akademischen Buche Sokrates als *„quite a guy“* bezeichnet; also mit einer Kategorie, die den fernen großen Mann dem Leser scheinbar nahe bringt: denn „quite a guy“ ist natürlich auch er, der Leser. Unbewußt erfüllt diesen die Kategorie mit der Genugtuung, daß Sokrates, hätte er nicht zufällig damals gelebt, letztlich auch nichts wesentlich anderes wäre als wir, eigentlich nichts wesentlich anderes zu melden, auf keinen Fall aber andere Autoritätsansprüche anzumelden hätte als wir. — Ganz grundlos denkt mancher, wird ihm das freilich nicht passiert sein, in die damalige, nicht ganz ernst zu nehmende, Zeit verschlagen worden und ins Hintertreffen geraten zu sein. Für ihn ist Sokrates also weniger als wir; mehr auf keinen Fall: das zu akzeptieren, verböte ihm sowohl der Fortschrittsglaube wie das Mißtrauen gegen Privilegien jeder Art. — Andere empfinden (wie sie durch ihre Reaktion auf historische Filme und dgl. beweisen) die Figuren der Geschichte geradezu als komische Figuren, nämlich als *Provinzler der Zeit*, als Wesen, die nicht in der Hauptstadt: im Jetzt, groß geworden sind, und die sich deshalb als Dorftrottel der Geschichte oder als abergläubische Hinterwäldler benehmen. Jede damals noch nicht gemachte elektrische Erfindung rechnen sie ihnen als rührenden Defekt an. — Auf manche Zeitgenossen schließlich wirken die Figuren der Geschichte sogar wie Nonkonformisten, wie verdächtige Käuze, da sie offenbar eine Extrawurst nötig haben: es nämlich vorziehen, statt wie jeder anständige Mensch im Heute zu leben, in einer Höhle des Gewesenen zu hausen. — Aber gleich, ob „quite a guy" oder Provinzler — die Kategorien sind Nachbarschaftskategorien und als solche eben Verbiederungsvarianten.

Was aber den Grundfall „Sokrates, the guy" betrifft, so liegt hier offenbar das große politische Prinzip der „Deklaration der Menschenrechte": „All men are born equal" zugrunde, das nun, abenteuerlich erweitert, zu einer „Equality of all citizens of the commonwealth of times past and present", also zur proklamierten Gleichheit aller Mitbürger der Geschichte geworden ist. Daß solche abenteuerliche Erweiterung des Gleichberechtigungsprinzips nicht nur falsche geschichtliche Nähe vorspiegelt, sondern auch eine falsche Einschätzung des Generalnenners aller Menschen — denn das Wesentliche an Sokrates besteht ja eben in dem, was unsereinem mangelt — das liegt auf der Hand. Der Effekt der vorgeblich den Gegenstand nahebringenden Methode läuft also gerade darauf hinaus, den Gegenstand zu verdecken: ihn zu verfremden oder ihn geradezu abzuschaffen. Jawohl, abzuschaffen. Denn *als* Geschichte ist die auf eine einzige Ebene der Kumpanenhaftigkeit projizierte Vergangenheit abgeschafft. Was vielleicht sogar plausibler ist, als unsere allgemeine These, daß nämlich die Welt, wenn uns alle ihre verschieden weit entfernten Regionen gleich nahe kommen, *als* Welt damit zum Verschwinden gebracht ist.

§ 8

Die Quellen der Verbiederung:
Das demokratisierte Universum. Verbiederung und Warencharakter. Verbiederung und Wissenschaft

Was steht nun hinter dieser „Verbiederung"?

Wie jede geschichtliche Erscheinung von solcher Breite ist auch sie überdeterminiert; d. h.: auch sie verdankt ihr Dasein Quellen verschiedenster Provenienz, die konvergieren und sich vereinigen mußten, um sie zu einer geschichtlichen Wirklichkeit zu machen.

Ehe wir der Hauptwurzel nachgehen, wollen wir rasch auf drei Nebenwurzeln aufmerksam machen. Eine von diesen hatten wir ja eben, als wir von Sokrates sprachen, bereits erwähnt. Wir nennen sie die „*Demokratisierung des Universums*" und meinen damit folgendes:

Wenn alles und jedes, gleich ob fern oder nah, mir nahesteht; wenn alles und jedes das gleiche Recht beanspruchen kann, seine Stimme zu erheben und gleich familiär von mir aufgenommen zu werden; wenn jeder Bevorzugung bereits das Odium des Privilegs anhängt, dann ist damit, gewiß unbewußt, ein strukturell demokratisches All unterstellt, ein Universum, auf das die (moralisch-politisch gültigen) Prinzipien der Gleichberechtigung und der Toleranz Aller angewandt sind. Geschichtlich gesehen, ist eine solche Erweiterung moralischer Prinzipien ins Kosmische nichts Ungewöhnliches. Immer wieder hat der Mensch das Bild des Universums dem Bilde seiner eigenen Gesellschaft nachgeschaffen. Ungewöhnlich war umgekehrt die im Europa der letzten Jahrhunderte herrschende Zerteilung des Weltbildes in ein praktisches und ein, diesem völlig entfremdetes, theoretisches. Überraschend ist es also nicht, in den Vereinigten Staaten, mit ihrer machtvollen demokratischen Überlieferung, eine Tendenz zur Erweiterung dieser ihrer Prinzipien zu finden. Und es hat dort ja sogar eine akademische Philosophie gegeben, die, zu Ende gedacht, durch ihren der Demokratie parallel laufenden *Pluralismus* eine wirkliche Absage an die monistischen oder dualistischen Prinzipien der klassischen Philosophie bedeutet hätte: die Philosophie von William James. —

II. Daß die Verbiederung, da sie alles in die gleiche Nähe oder Scheinnähe rückt, ein *Neutralisierungsphänomen* ist, ist evident; also auch evident, daß, wer ihren Wurzeln nachgeht, unter den fundamentalen Neutralisierungskräften der Welt Umschau halten muß. Auch die Demokratie (bzw. deren sinnlose Erweiterung in nichtpolitische Horizonte) ist ja eine neutralisierende Kraft. —

Der fundamentale Neutralisator von heute ist freilich nicht politischer, sondern wirtschaftlicher Natur: es ist der Warencharakter aller Erscheinungen. Ist auch er eine Wurzel der Verbiederung?

Unmöglich, ist die erste Reaktion. Und zwar deshalb unmöglich, weil der Warencharakter bekanntlich ja verfremdet; und weil die „Verbiederung", die vertraut macht, gerade die Antipodin der Entfremdung zu sein scheint.

Aber so einfach liegt die Sache nicht. So wahr es nämlich ist, daß sich alles in Ware Verwandelte verfremdet, so wahr ist es gleichzeitig, daß sich jede Ware, da sie gekauft werden und ein Stück unseres Lebens werden will, auch verbiedern muß. Genauer sieht das so aus:

Jede Ware tendiert, so zu sein, daß sie bei Verwendung handlich, auf Bedürfnis, Lebensstil und -Standard zugeschnitten, mund- oder augengerecht ist. Ihr Qualitätsgrad ist durch den Grad dieser ihrer Angemessenheit definiert; negativ ausgedrückt: er hängt davon ab, wie gering der Widerstand ist, den sie ihrem Verwendetwerden entgegensetzt; und wie wenig unverarbeitbare Fremdreste ihr Genuß übrigläßt. Da nun auch die Sendung eine Ware ist, muß auch sie in augen- oder ohrengerechtem, in einem optimal genußbereiten, entfremdeten, entkernten, assimilierbaren Zustande serviert werden; also so, daß sie uns als unser *Simile*, nach unserem Maße Zugeschnittenes, als *unsereins* anspricht.

So gesehen, scheint die Verbiederung ihr Odium eigentlich zu verlieren und auf nichts anderes herauszulaufen als auf die fundamentale Tatsache, daß wir, als homines fabri „etwas aus etwas machen", die Welt nach Maß für uns umarbeiten: also auf „Kultur" im breitesten Sinne. Daß jedes Machen eine Art von „Verbiederung" ist, ist zwar in gewissem Sinne unbestreitbar; nur wäre diese breiteste Verwendung des Ausdrucks, mit dem wir ja etwas Verächtliches verbinden, völlig deplaciert, da wir ja schließlich dem Machen das, was es ist, nicht als seinen Kapitaldefekt anrechnen können; nicht z. B. dem Tischlern, daß es uns nicht Holz als Holz liefert, sondern aus Holz hergestellte Tische, die uns ungleich angemessener sind. Darin liegt wahrhaftig nichts Betrügerisches. *Betrügerisch wird die Anmessung erst dadurch, daß sie ein Gemachtes so anbietet, als sei es dasjenige, woraus es gemacht wird.* Und das ist der Fall bei der verbiederten Welt: Denn diese ist ein Produkt, das sich auf Grund seines Warencharakters, zum Zwecke seiner Verkäuflichkeit, in den Maßen des Käufers anbietet und so, daß es diesem bequem sitze: also gerade solche Welteigenschaften vorspiegelt, die — denn die Welt ist das Unbequeme — der Welt durchaus abgehen; und das dennoch die Kühnheit oder die Naivität hat, zu behaupten, die Welt zu sein. —

III. Als letzte Wurzel der Verbiederung, für die alles gleich nah ist, nennen wir schließlich die *Haltung des Wissenschaftlers*, dessen rechtmäßiger Stolz ja darin besteht, das Fernste zum Nächsten seiner Untersuchung zu machen und das Nächste seines Lebens forschend zu verfremden; an dasjenige, was ihn als Individuum nichts angeht, doch cum studio heranzugehen und sine ira an dasjenige, was ihn aufs Nächste betrifft, kurz: die Differenz zwischen Nah und Fern zu neutralisieren. — Nun kann freilich der Wissenschaftler diese alles neutralisierende Haltung: seine „Objektivität", nur durch eine großartige moralische Künstlichkeit, ja durch eine Selbstvergewaltigung: durch Askese von der natürlichen Weltperspektive, gewinnen und durchhalten. Zu glauben, daß man die Neutralität von dieser ihrer moralischen Wurzel ablösen und sie jedermann schenken könne, also auch demjenigen, der ein völlig unasketisches, nicht auf Erkenntnis gerichtetes, solcher Neutralität schroff widersprechendes, Dasein führt, ist ein Mißverständnis nicht nur der Wissenschaft, sondern auch der moralischen Aufgaben der Popularisierung. Aber dieses Mißverständnis ist das Prinzip der Praxis; in gewissem Sinne wird heute jeder Leser, Radiohörer, Fernsehkonsument, Kulturfilmbesucher in ein vulgäres double des Wissenschaftlers verwandelt: auch von ihm erwartet man, daß ihm alles nun gleich nah und gleich fern sei — was zumeist freilich nicht bedeutet, daß er nun jeder Erscheinung das gleiche Recht auf Erkanntwerden zugestehen solle, sondern das gleiche Recht auf Genossenwerden. Aber da heute „knowing" als „pleasure" und „learning" als „fun" auftritt, sind die Grenzen verwischt.

§ 9

Die „Verbiederung" ist eine raffinierte Tarnform der Verfremdung selbst

Aber die Hauptwurzel der Verbiederung haben wir mit diesen Hinweisen noch nicht aufgezeigt; und den Grund für die eigentümliche Tatsache, daß der so vielfach und verschiedenartig belegbare Vorgang keinen eignen Namen trägt, nicht plausibel gemacht. Es ist ja wirklich höchst auffällig, daß die Erscheinung, obwohl nicht weniger mächtig, nicht weniger zeitsymptomatisch, nicht weniger verhängnisvoll als die Verfremdung, deren Antagonistin sie doch offenbar ist, so heimlich hatte bleiben können; während die Verfremdung selbst (freilich durch Verbiederung der Vokabel, also durch Verharmlosung) nicht unbekannt blieb.

Aber ist die Verbiederung denn wirklich die Antagonistin der Verfremdung?

Sie ist nichts weniger als das. Und damit kommen wir zu ihrer Hauptwurzel, zu derjenigen Wurzel, die zugleich auch ihre bisherige Namenlosigkeit verständlich macht. *Hauptwurzel der Verbiederung ist* nämlich — so paradox es klingt — *die Verfremdung selbst.*

Wer nämlich der Verbiederung bieder Glauben schenkt; wer in ihr die wirkliche Gegenkraft gegen die Verfremdung sieht, der fällt derjenigen Irreführung zum Opfer, die mit ihr beabsichtigt ist. Die einfache Überlegung, ob die Verbiederung der Verfremdung nutze oder schade, macht den Gedanken, in der Verbiederung die Antagonistin der Verfremdung zu sehen, gegenstandslos. Denn die Antwort auf die Frage lautet unzweideutig: sie nutzt der Verfremdung. In der Tat besteht ihre Hauptleistung darin, die Ursachen und Symptome der Verfremdung, deren ganze Misere, abzublenden; darin, den Menschen, den man seiner Welt, und dem man seine Welt entfremdet hat, der Fähigkeit zu berauben, diese Tatsache zu erkennen; kurz darin: der *Verfremdung eine Tarnkappe aufzustülpen, die Realität der Verfremdung zu verleugnen, um ihr dadurch die Straße für ihre hemmungslose Tätigkeit frei zu halten;* was sie dadurch bewerkstelligt, daß sie pausenlos die

Welt mit Bildern von Scheinvertrautem bevölkert, ja die Welt selbst, einschließlich ihrer fernsten räumlichen und zeitlichen Regionen, als ein einziges riesiges Zuhause, als ein *Universum der Gemütlichkeit*, darbietet. In dieser Leistung besteht der Daseinsgrund der Verbiederung. Hinter ihr steht als Auftraggeberin die Verfremdung selbst. In den zwei Kräften gesonderte oder gar feindliche Schwestern zu sehen, wäre unsinnig, ebenso naiv wie undialektisch. Vielmehr arbeiten die beiden zusammen wie ein harmonisch kooperierendes Händepaar: *in die Entfremdungswunde, die die eine Hand geschlagen, gießt die andere den Balsam der Familiariät.* Wenn es nicht sogar die gleiche Hand ist: denn letztlich kann man die zwei Vorgänge eben als einen einzigen betrachten, und die Verbiederung als eine Tarnungsaktion der Verfremdung selbst, die, harmlos als ihre Antagonistin kostümiert, vortritt, um scheinbar gegen sich selbst zu zeugen, um ein Gleichgewicht der Kräfte zu beteuern, um ihre Alleinherrschaft als Unwahrheit hinzustellen . . . nicht anders als Metternich es tat, als er ein scheinbar gegen seine eigene Politik gerichtetes liberales Oppositionsblatt gründete.

In einem molussischen Märchen gibt es eine böse Fee, die einen Blinden heilt; aber nicht dadurch, daß sie ihm den Star sticht, sondern dadurch, daß sie ihn mit einer zusätzlichen Blindheit schlägt: ihn nämlich auch noch gegen die Tatsache seiner Blindheit blind macht, ihn vergessen läßt, wie das Wirkliche wirklich aussah; was sie wiederum dadurch zuwege bringt, daß sie ihm pausenlos Träume schickt. Dieser Fee gleicht die als Verbiederung verkleidete Verfremdung. Auch sie zielt darauf ab, den seiner Welt beraubten Menschen durch Bilder in die Illusion zu wiegen, er habe seine Welt, ja nicht nur diese, er habe sogar ein Universum, das in jedem seiner Stücke vertraut, seines, seinesgleichen sei; und was sie leistet, ist, ihn vergessen zu machen, wie unverfremdetes Dasein und unverfremdete Welt überhaupt aussehen. — Die Lage, in der wir uns befinden, ist freilich noch etwas verhexter als die des Blinden im Märchen: da ja in unserem Falle die Fee, die uns gegen unsere eigene Blindheit abblendet, keine andere ist, als die, die uns erst einmal geblendet hatte. —

Daß die Verfremdung diese Operation der Selbstverleugnung heimlich durchführt, daß sie sich noch nicht einmal durch einen eigenen Namen in Erinnerung bringt, ist nun allerdings nicht erstaunlich. Was sollte denn jenen Mächten, die unsere Welt verfremden, daran liegen, unsere Blicke auf sich zu lenken? Und uns, auch nur durch Einführung eines Terminus, darauf aufmerksam zu machen, daß sie es nötig haben, ihre Verfremdung durch Lieferung von Surrogatbildern zu verdecken, und daß sie das mit Erfolg tun? Erstaunlich ist freilich, daß es ihnen wirklich gelingt, eine Alltagserscheinung von so ungeheurer Verbreitung und Öffentlichkeit wie die „Verbiederung" allein dadurch, daß sie sie namenlos lassen, in solcher Heimlichkeit zu lassen. Aber daß es so ist, ist unbestreitbar. Darum liefern sie ihre Bilder, aber verschweigen die Bewandtnis ihrer Lieferung. Was sie um so unbesorgter tun können, als wir, die Belieferten, uns eben wirklich betrügen lassen und uns als Betrogene durch und durch gesund fühlen. Es ist, als wären wir, durch die Verfremdung verwundet, unfähig gemacht, zu bemerken, daß wir unter der Droge der Verbiederung stehen; und von der Droge zu stark betäubt, um noch zu spüren, daß wir verwundet sind: also, als höben die zwei Zustände einander auf.

Aber gesetzt selbst, die Verbiederung entstünde nicht durch die Tarn- und Betrugsoperation der Verfremdung, unbestreitbar bleibt, daß sie selbst verfremdet. Ja, auch sie. Ob man nämlich, wie es die Verfremdung gewöhnlich tut, *das Nahe fern* macht, oder, wie die Verbiederung, *das Ferne intim* — der Effekt der *Neutralisierung* ist in beiden Fällen der gleiche; in beiden Fällen ist durch diese Neutralisierung die Welt und die Stellung des Menschen in ihr verzerrt, da es eben zur Struktur des In der Welt-Seins gehört, daß sich die Welt in konzentrischen Nähe- und Fernekreisen um den Menschen herum staffelt; und weil derjenige, dem alles gleichermaßen nah und fern ist, derjenige, den alles gleichermaßen angeht, entweder ein indifferenter Gott oder ein völlig denaturierter Mensch ist. Aber von stoischen Göttern ist hier ja nicht die Rede.

In der Tat gibt es nichts, was uns uns selbst und der Welt auf verhängnisvollere Weise entfremdete als die Tatsache, daß wir unser Dasein nun fast pausenlos in der Gesellschaft jener falschen Vertrauten, jener Phantomsklaven verbringen, die wir — denn die Alternative Schlafen und Wachen hat der von Schlafen und Radiohören Platz gemacht — mit noch schlaftrunknem Griff als erstes Stück Welt zur Morgen-Audienz in unser Zimmer beordern, um von ihnen angeredet, angeblickt, angesungen, aufgemuntert, getröstet, weich oder scharf gemacht, den Tag zu beginnen, der nicht unser ist; und nichts, was die Selbstentfremdung so endgültig machte, wie unter der Aegide dieser Scheinfreunde den Tag fortzusetzen: denn auch dann, wenn wirkliche Gesellschaft erreichbar wäre, bleiben wir ja weiter und lieber in der Gesellschaft unserer portable chums, da wir diese eben nicht mehr als Ersatzmänner für wirkliche Menschen empfinden, sondern als unsere wahren Freunde.

Als ich einmal im Pullmanabteil einer Gegenübersitzenden, die sich gerade einer, ihr offenbar sehr teuren, Männerstimme, die markig aus ihrem winzigen Apparat heraustönte, hingab, einen guten Morgen bot, zuckte die zusammen, so als sei nicht der Herr im Kasten das Phantom, sondern *ich*; und als hätte ich mich eines ungeheuerlichen Hausfriedensbruchs in ihre Wirklichkeit, nämlich in die ihres Liebeslebens, schuldig gemacht. Ich bin überzeugt davon, daß es heute zahllose Menschen gibt, die sich, konfiszierte man ihre Radios, grausamer gestraft fühlen würden als jene Häftlinge, denen man zwar ihre Freiheit konfisziert, aber ihre Apparate beläßt: diese dürfen sich ja weiter in blühender Extravertiertheit ausleben, ihre Welt und ihre Freunde stehen ihnen — was hat sich schon verändert? — zu weiterer Audienz zur Verfügung; während der arme seines Apparats Beraubte sofort von panischer Angst ergriffen sein würde, taub im Nichts zu stehen und vor Einsamkeit und Weltlosigkeit zu ersticken. Ich entsinne mich, wie in meiner New Yorker Zeit ein achtjähriger Puertorikaner verstört in die Wohnung unserer Zimmerwirtin gestürzt kam — sein Radio war aus irgendeinem Grunde plötzlich weltende-haft verstummt — um die geliebte Stimme eines seiner Phantomfreunde aus Los Angeles, die er auf keinen Fall versäumen durfte, aus ihrem Apparat zu erwischen; und der, als er mit einer einzigen Knopfdrehung die Stimme hatte — denn auf welcher Wellenlänge diese wohnte, wußte er nicht nur, er hatte die Adresse natürlich blind im Griff — nun leise und erlöst vor sich hinzuwimmern begann, nicht anders als ein an den Strand geworfener Schiffbrüchiger, der, glücklich, wieder Grund unter seinen Füßen zu spüren, in Tränen ausbricht. Die Zimmerwirtin oder gar mich eines Blickes zu würdigen, kam natürlich nicht in Betracht. Neben dem wiedergefundenen, nie gesehenen, Kumpan waren wir unwirklich. –

§ 10

Ob die Verfremdung noch ein Vorgang ist

Vielleicht freilich ist mit der These, daß unsere Angewiesenheit auf die „angebiederten Freunde" und auf die „angebiederte Welt" uns Heutige uns selbst entfremde, doch etwas nicht in Ordnung. Nicht deshalb, weil sie zu weit ginge, sondern weil sie sich nicht weit genug vortraut. Denn aus der Unterstellung, wir, ausschließlich mit Ersatz, Schablonen und Phantomen genährten Wesen wären noch Iche mit einem Selbst, könnten also noch davon abgehalten werden, „wir selbst" zu sein oder zu „uns selbst" zu kommen, spricht vielleicht ein heute nicht mehr gerechtfertigter Optimismus. Liegt nicht der Augenblick, in dem „Entfremdung" als Aktion und Vorgang noch möglich ist, bereits hinter uns? Mindestens in gewissen Ländern? Befinden wir uns nicht bereits in dem Zustand, in dem wir eben gar nicht mehr „wir selbst" sind, sondern nur noch dasjenige, was man täglich an Surrogaten in uns hineingelöffelt hat? Kann man den Beraubten berauben? Den Entkleideten entkleiden? Den Massenmenschen sich selbst noch entfremden? *Ist die Entfremdung denn noch ein Vorgang? Oder ist sie nicht vielmehr ein fait accompli?*

Lange haben wir jene „Psychologien ohne Seele", in denen Kategorien wie „Ich" oder „Selbst" als lächerliche metaphysische Rudimente verhöhnt wurden, unsererseits als Verfälschungen des Menschen verhöhnt. Aber hatten wir damit Recht? War unser Hohn nicht reine Sentimentalität? Waren es denn diese Psychologen, die den Menschen verfälscht hatten? Waren diese nicht bereits Psychologen des verfälschten Menschen, waren sie als Roboter nicht legitimiert, Roboterkunde zu treiben statt Psychologie? Und legitimiert zu ihren Unwahrheiten, weil der Mensch, den sie behandelten, eben bereits der Mensch in seiner Unwahrheit war?

II

DAS PHANTOM

Die Welt wird uns ins Haus geliefert. Die Ereignisse werden für uns aufgefahren.

Aber *als* was werden sie aufgefahren? *Als* Ereignisse? Oder nur als deren Abbildungen? Oder nur als Nachrichten über die Ereignisse?

Um diese Frage, die die folgenden Paragraphen leitet, beantworten zu können, übersetzen wir sie erst einmal in eine etwas andere Sprache; und fragen: Wie sind die gesendeten Ereignisse *bei* dem Empfänger? Wie ist der Empfänger *bei* ihnen? Wirklich gegenwärtig? Nur scheinbar gegenwärtig? Abwesend? In welcher Weise gegenwärtig oder abwesend?

§ 11

Die Beziehung Mensch-Welt wird unilateral, die Welt, weder gegenwärtig noch abwesend, zum Phantom

Einerseits scheinen sie wirklich „gegenwärtig“ zu sein: Wenn wir die Radiosendung einer Kriegsszene oder einer Parlamentsverhandlung mit anhören, dann hören wir ja nicht nur Meldungen *über* die Explosionen oder *über* die Redner sondern diese selbst. — Bedeutet das nicht, daß die Ereignisse, die wir früher weder mitmachen konnten noch durften (noch mußten), nun wirklich bei uns sind? Und wir bei ihnen?

Und doch auch wieder nicht. Denn ist *das* lebendige Gegenwart, wenn zwar den Stimmen der Welt der Zugang zu uns freisteht, wenn diese zwar dazu berechtigt sind, bei uns zu sein; wir dagegen rechtlos bleiben und bei keinem der gelieferten Ereignisse eine Stimme haben? Wenn wir niemandem, wer auch immer spricht, antworten können, selbst dem nicht, der uns anzusprechen scheint; und in kein Ereignis, dessen Lärm uns umtost, eingreifen dürfen? Gehört es nicht zur wahren Gegenwart, daß die Beziehung Mensch-Welt *gegenseitig sei?* Ist diese Beziehung hier nicht amputiert? Ist sie nicht *unilateral* geworden: nämlich so, daß *dem Hörer zwar die Welt, er ihr dagegen nicht vernehmbar ist?* Bleibt er nicht grundsätzlich zum „don't talk back" verurteilt? Bedeutet diese Stummheit nicht Ohnmacht? Ist nicht die Omnipräsenz, mit der man uns beschenkt, die Gegenwart des Unfreien? Und ist nicht der Unfreie, da er eben als nicht-seiend, als Luft, behandelt wird und selbst nichts zu melden haben kann, abwesend?

Offenbar auch abwesend. Und dennoch wäre es auch wieder möglich, die Unilateralität entgegengesetzt zu deuten, nämlich als Sicherung der Freiheit und als Anwesenheit: Bedeutet es denn nicht Freiheit, wenn wir auf Grund der Unilateralität an jedem Ereignis in *Distanz*, also ungefährdet und unverwundbar, teilnehmen können? Mit dem Privileg, es als Genuß und Unterhaltungsgut zu verwenden? Und ist nicht *der* wahrhaft gegenwärtig, der von keinem der Geschehnisse, deren Zeuge er ist, in die Flucht, also in die Abwesenheit, gejagt werden kann?

Auch das klingt wieder plausibel. Und es wäre durchaus begreiflich, wenn ein Zwischenrufer diese Fragen unterbräche und das Hin und Her, ob das Gesendete gegenwärtig sei oder abwesend, für gegenstandslos erklärte. „Was uns Rundfunk oder TV liefert", höre ich ihn, „sind *Bilder*. Repräsentationen, nicht Präsenz! Und daß Bilder keinen Eingriff erlauben und uns als Luft behandeln, das ist selbstverständlich und eine unter dem Titel „Ästhetischer Schein" längst bekannte Tatsache."

Aber so einleuchtend es klingt, sein Argument ist falsch. Einmal — und das ist eine grundsätzliche phänomenologische Feststellung — weil es keine „akustischen Bilder" gibt: Auch das Grammophon präsentiert uns ja kein Bild der Symphonie, sondern diese selbst. Kommt eine Massenversammlung zu uns übers Radio, so ist, was wir zu hören meinen, kein „Bild" der lärmenden Menge, sondern deren Lärm, auch wenn die Menge selbst uns nicht physisch erreicht. — Außerdem aber befinden wir uns, es sei denn es werde ein Kunstwerk (etwa ein Drama) einschließlich seines Scheincharakters übertragen, als Zuhörer in einer nichts weniger als ästhetischen Haltung: Wer den Fußballmatch abhört, tut es als erregter Parteigänger, meint ihn als wirklich stattfindenden und weiß nichts vom „Als ob" der Kunst.

Nein, der Zwischenrufer hat unrecht. Bloße Bilder sind es nicht, was wir empfangen. Wirklich gegenwärtig beim Wirklichen sind wir aber gleichfalls nicht. Die Frage: „Sind wir anwesend oder abwesend?" ist tatsächlich gegenstandslos. Aber eben nicht deshalb, weil die Antwort „Bild" (und damit „abwesend") sich von selbst verstünde; sondern weil das Eigentümliche der durch die Übertragung geschaffenen Situation in deren *ontologischen Zweideutigkeit* besteht; weil die gesendeten Ereignisse zugleich gegenwärtig *und* abwesend, zugleich wirklich *und* scheinbar, zugleich da *und* nicht da, kurz: weil sie *Phantome* sind. —

§ 12

Bild und Abgebildetes im T. V. sind synchron. Synchronie ist die Verkümmerungsform der Gegenwart

„Aber", wird der Zwischenrufer fortfahren, „was für Hör-Sendungen gilt, gilt doch nicht ohne weiteres für Television. Daß diese uns Bilder liefern, kann doch wohl nicht bestritten werden."

Kaum. Und doch, „Bilder" im herkömmlichen Sinne sind auch sie nicht. Zum Wesen des Bildes hatte es nämlich in der Geschichte des menschlichen Bildens bis heute grundsätzlich gehört, daß es zwischen diesem und dem von ihm abgebildeten Gegenstand eine, wenn auch unausdrücklich bleibende, Zeitdifferenz, ein „*Zeitgefälle*" gebe. Dieses Gefälle wird im Deutschen sinnvoll durch ein „nach" ausgedrückt: entweder malt man ein Bild *nach* einem Modell; oder ein Wirkliches ist *nach* einem Modell hergestellt. Entweder war also das Bild seinem Sujet gefolgt, als *Nachbild* oder Denkmal, um dessen Vergangenheit zurückzurufen, dessen Vergänglichkeit zu widerrufen, also, um es zu retten und dessen Gegenwart festzuhalten; oder es war seinem Gegenstand vorausgegangen, als magisches Provokationsgerät oder als Idee, blue print, *Vorbild*, um dann, vom verwirklichten Ereignis oder Gegenstand eingeholt, zu verschwinden; oder es war schließlich — und selbst dieser Neutralisierungsmodus stellt noch ein Verhältnis zur Zeit dar — ein Mittel gewesen, durch das wir uns in eine Dimension außerhalb der Gegenwart, ja jenseits der Zeit, versetzten oder zu versetzen vermeinten. Es wäre schwer, Bilder zu nennen, in denen keines dieser Zeitverhältnisse des Menschen zur Welt wirksam gewesen wäre; und ob Gebilde, denen dieses Gefälle fehlt, „Bilder" genannt werden dürfen, ist zweifelhaft. Solche Gebilde aber sind die Bilder, die die Television vermitteln:

Denn *von einem Zeitverhältnis zum Abgebildeten kann* bei diesen, obwohl sie filmisch *in* der Zeit ablaufen, *nicht mehr gesprochen werden*. Was wir „Zeitgefälle" nannten, ist bei ihnen zu Null zusammengeschrumpft; sie treten mit den von ihnen abgebildeten Ereignissen *simultan* und *synchron* auf; sie zeigen, nicht anders als das Teleskop, *Gegenwärtiges*. Und bedeutet das nicht „Anwesenheit"? Sind Gebilde, die Anwesendes zeigen, Bilder?*

Unbemerkt ist dieses Problem nicht geblieben; aber seine Benennung blieb unzulänglich. Man griff nämlich, was gewiß nahe lag, auf den bereits bestehenden Ausdruck „Momentaufnahme" zurück und glaubte das Phänomen damit abfertigen zu können. Aber der Ausdruck verschleiert das Problem gerade. Momentaufnahmen sind ja, da sie den vergänglichen Augenblick festhalten wollen, Bilder im legitimsten Sinne: nämlich Denkbilder; ihrer Bildfunktion nach also Denkmälern, ja selbst Mumien, näher als den TV-Phantomen. Von solchem Festhalten ist nun aber bei diesen Phantomen keine Rede mehr, weil sie ja mit den Ereignissen, die sie reproduzieren, nicht nur zugleich auftreten, sondern auch zugleich verschwinden: also, es sei denn, sie würden selbst noch einmal festgehalten, genau so kurzlebig sind wie diese. Sind sie Momentbilder, so höchstens Bilder des Moments *für* den Moment, also den Spiegelbildern verwandt: denn diese sind ja simultan und synchron und mitsterblich mit dem gespiegelten Anblick; also in jeder Hinsicht reine *Gegenwart*.

Aber treiben wir hier nicht ein bloßes Spiel mit dem Wort „Gegenwart?" Benützen wir nicht die Tatsache, daß das Wort zufällig zwischen zwei Bedeutungen schillert, um imaginäre Probleme hervorzurufen? Denn offenbar verwenden wir es ja in zweierlei Sinne: Einmal, um *konkrete Gegenwart* zu bezeichnen; also die Situation, in der sich Mensch und Mensch, oder Mensch und Welt in tatsächlicher Tuchfühlung befinden, und, einander angehend, treffend und betreffend, zur „Situation" zusammenwachsen (= concrescunt); und dann, um die bloß *formale Simultaneität* anzuzeigen; also die Tatsache, daß Mensch und jedes beliebige Ereignis, auf der Nadelspitze desselben Jetztpunktes stehend, den Weltaugenblick teilen. — Aber daß dem Wort diese Doppelbedeutung zukommt — und nicht nur im Deutschen — ist eben kein Zufall. Vielmehr gründet diese Doppelbedeutung darin, daß die Grenze, an der ein Ereignis oder ein Stück Welt uns nur noch so wenig angeht, daß es nun „gegenwärtig" nur noch im Sinne der Simultaneität ist, wirklich nicht ziehen läßt. Das Gegenwärtige geht ins nur Simultane über; dieses ist der Grenzfall; es ist dasjenige, was mich am wenigsten angeht, also das Fernste; aber was, da es sich noch nicht in „Ungegebenheit" zurückzieht, andererseits beweist, daß es mich doch noch angeht.*

Aber selbst wenn sich eine Grenze zwischen den zwei Bedeutungen ziehen ließe: nicht wir sind es, die mit dieser Doppelbedeutung spielen; vielmehr tut das eben die Television. Ja, dieses Spiel ist geradezu Prinzip der Sendung; denn deren Leistung besteht eben darin, *das nur oder beinahe nur Gleichzeitige so zuzustellen, daß es als echte Gegenwart wirke*; dem nur formal Gegenwärtigen den Schein konkreter Gegenwart zu verleihen; die an sich schon undeutliche Grenzlinie zwischen den zwei „Gegenwarten", damit zwischen dem Relevanten und dem Irrelevanten, vollends zu löschen. Jede Bildsendung spricht, und zwar mit Recht: „Jetzt bin ich — und nicht nur ich, die Sendung; sondern ich, das gesendete Ereignis." Und durch dieses „jetzt bin ich", durch diese Aktualität, macht sie sich zu einem Phänomen, das über alles rein Bildhafte hinausgeht; macht sie sich also, da sie ein wirklich Gegenwärtiges ja gleichfalls nicht ist, zu einem Zwischending; zu jenem Zwischending zwischen Sein und Schein, das wir eben, als wir von der Rundfunksendung sprachen, „Phantom" nannten. —

Dabei wäre an sich gegen die Verwischung der Grenze zwischen den zwei Gegenwarten nicht nur nichts einzuwenden, sie wäre sogar, wenn richtig durchgeführt, zu begrüßen. Denn es gibt ja heute viel zu vieles, was wir, obwohl es uns wirklich betrifft und treffen (und von uns getroffen werden) kann; was also *nostra res* und konkreteste und bedrohlichste Gegenwart ist, zu Unrecht als „nur gleichzeitig", also als *adiaphoron*, fortschieben. Die Gefahr der Verprovinzialisierung ist nicht geringer als die der falschen Globalisierung. Techniken zur Erweiterung unseres, weit über unsern sinnlichen Umkreis hinaus in Evidenz zu haltenden, moralischen Gegenwartshorizontes wären also durchaus erforderlich. Aber diese Erweiterung leistet das Fernsehen eben nicht. Vielmehr weicht sie unseren Horizont so vollständig auf, daß wir echte Gegenwart überhaupt nicht mehr kennen; und selbst dem Geschehen, das uns wirklich angehen sollte, nur noch jenes scheinbare Interesse entgegenbringen, das aufzubringen wir von den uns ins Haus gelieferten Scheingegenwarten gelernt haben.

Unnötig hinzuzufügen, daß die Zahl von Gegenwartsphantomen unbeschränkt ist. Da das Prinzip, das Konsumenten und Ereignis auf einen Nenner bringt, abstrakt und punktuell ist, eben im bloßen gemeinsamen Jetzt besteht, ist es auch universal. Ereignisse, die aus dem globalen Jetzt herausfallen, gibt es nicht; also auch nichts, was nicht in ein angeblich Anwesendes verwandelt werden könnte. Aber *je mehr anwesend gemacht wird, desto weniger anwesend wird es gemacht.* Unter den Radio- und Televisionsfans, die mir begegnet sind, wüßte ich keinen einzigen, der durch seine tägliche Portion an Simultaneitäten zum Weltfreund, oder auch nur zum *Zeitgenossen*, erzogen worden wäre. Dagegen so manchen, den diese seine tägliche Speise weltlos gemacht hat, beziehungslos und zerstreut: also zum bloßen *Jetztgenossen.*

§ 13

Exkurs: Rückblendung auf eine ausgebrannte Leidenschaft
Der Zerstreute wohnt nur im Jetzt
Die Geräte erzeugen künstliche Schizophrenie – Das Individuum wird zum „Divisum"

Vor mehreren Jahrzehnten hatte es eine Reihe von Lyrikern gegeben (so Apollinaire, den jungen Werfel), die, um eine alte Redensart zu variieren, immer „auf mehreren Hochzeiten zugleich"; ernsthafter formuliert: die, im metaphysischen Sinne des „ubique simul", überallhin „flüchtig" und zerstreut waren. In ihren, oft mit dem Wörtchen „jetzt" anhebenden, Gedichten zählten sie auf, was alles im gleichen Augenblick in Paris, in Prag, in Kapstadt, in Shanghai, wo auch immer, geschah. Daß, was diese Dichter zu Herstellung ihrer eigentümlichen hymnischen Weltstückkataloge trieb, echte metaphysische Erregung war, ist kaum bestreitbar: Vielleicht mißverstanden sie „non percipi" für „non esse"; empfanden also all dies Seiende, wenn sie nicht Notiz von ihm nahmen, als nichtseiend, als verloren; auf jeden Fall aber waren sie aufs äußerste darüber beunruhigt, daß sie selbst, da sie nun einmal zum Aufenthalte an jeweils einem einzigen kontingenten Hier verurteilt waren, all dies Seiende versäumen mußten. Durch eine Art von Beschwörung hofften sie nun, die zerstreuten, also abwesenden, Dorts anwesend machen zu können; und zwar eben dadurch, daß sie verzweifelt versuchten, diese *im Brennpunkt des einen omnipräsenten Jetztaugenblickes*, in dem sich ja alle diese Plätze und deren Ereignisse befanden, und an dem sie ja alle teilnahmen, *einzusammeln* und zusammenzuzwingen. Man könnte geradezu von einem Versuch metaphysischer Magie sprechen: Denn was sie anstrebten, war, die ihnen unertragbare Diskretheit der auseinandergerissenen (damit abwesenden) Ereignisse, aus denen die Welt besteht, durch Beschwörung der Omnipräsenz-Qualität des Jetzt rückgängig zu machen; also *den Augenblick als Zaubermittel gegen den Raum als „principium individuationis" einzusetzen*. So irregeleitet ihre Leidenschaft gewesen sein mag, gewiß war sie noch eine letzte Spielart der eleatischen: nämlich das Verlangen, *die*

Vielheit metaphysisch zu diskreditieren. Daß sie gerade im Irrealsten: im punktuellen Jetzt, das „eigentlich Seiende" sahen, in das zurückgenommen das Viele sich als Wahn erweisen sollte, war beinahe tragisch; eben Zeugnis dafür, daß ihnen echte metaphysische, selbst die wohlfeilsten pantheistischen, Prinzipien nicht mehr zur Verfügung standen; noch nicht einmal das späte Hilfsmittel des, das „Ganze zum Wahren" machenden „Systems". Auch sie waren also gewiß schon Letzte. Aber wie lebendig waren sie noch, verglichen mit den Jetzt-fans von heute. In diesen auch nur den winzigsten letzten Funken jener Jetzt-Leidenschaft zu entdecken, dürfte schwer fallen. —

Natürlich ist es kein Zufall, daß diese Dichter in demjenigen geschichtlichen Augenblick auftauchten, in der die Zerstreuungstechnik (durch illustrierte Blätter und dergleichen) Massenumfang anzunehmen begann. Nur daß die Dichter eben desperat versuchten, das Zerstreute zusammenzuzwingen; während der Zweck der Zerstreuungstechnik und der Unterhaltungsgeräte umgekehrt darin bestand, die Zerstreuung herzustellen oder dieser Vorschub zu leisten. Was die (gewöhnlich viel zu ‚zerstreut', nämlich nur als Metapher verstandene) „Zerstreuung" bezweckte, war, die Menschen ihrer Individuation zu entkleiden, genauer: ihnen das Bewußtsein dieses Verlustes zu nehmen; und zwar dadurch, daß sie ihnen ihr principium individuationis: ihre Raumstelle nahm; sie also in eine Lage zu versetzen, in der sie, ubique simul, immer auch anderswo, keinen bestimmten Punkt mehr einnahmen, und sich niemals bei sich, niemals bei einer Sache, kurz: *nirgendwo* befanden. — Man wird einwenden, die Opfer dieser Zerstreuungstechnik seien gar keine Opfer gewesen; die Industrie sei mit ihrem Zerstreuungs-Angebot einfach einer Nachfrage entgegengekommen; was zwar nicht ganz unwahr, aber auch nicht ganz wahr ist, da die Nachfrage eben selbst produziert wird.

Von Menschen, die durch ihre Alltagsarbeit in die Enge spezialisiertester, sie selbst wenig angehender Beschäftigung hineingepreßt, andererseits der Langeweile ausgesetzt sind, von solchen Wesen kann man nicht erwarten, daß sie in dem Augenblick, da Druck und Langeweile aussetzen, also bei Feierabend, einfach in ihre proportio humana, zu sich selbst (wenn es die noch gibt) zurückfinden könnten oder wollten, oder daß sie das auch nur *wollen* könnten. Da vielmehr das Ende des verengenden Druckes einer Explosion gleicht, und da die so plötzlich Befreiten von ihrer Arbeit her nichts anderes mehr kennen als Entfremdung, stürzen sie, sofern sie nicht einfach erschöpft sind, auf tausend Fremdes, gleich auf welches; auf all das, was nach der Windstille der Langeweile die Zeit wieder in Gang zu bringen und in ein anderes Tempo zu versetzen geeignet ist: auf rapid wechselnde Szenen.

Es gibt nichts, was diesen begreiflichen Hunger nach Omnipräsenz und Rapidität des Wechsels so vollständig befriedigte wie Radio und Fernsehsendungen. Denn diese kommen ja der Gier und der Erschöpfung gleichzeitig entgegen; Spannung und Entspannung, Tempo und Nichtstun, Gängelung und Muße — alles servieren sie zusammen; ja, sie ersparen es uns sogar, uns auf diese Zerstreuung zu stürzen, da diese uns ja entgegenstürzt — kurz: So vielfacher Versuchung zu widerstehen, ist nicht möglich. Kein Wunder also, daß der Fluch, auf zwei oder auf hundert Hochzeiten zugleich zu sein, unter dem jene Dichter gelitten hatten, nun zum (scheinbar) arglosesten Normal-Mußezustand geworden ist; also zum Zustand all jener, die, hiersitzend, dort sich aufhalten; und die nun, überall zugleich, also nirgends zu sein, so gewohnt sind, daß sie eigentlich schon nirgend mehr wohnen, jedenfalls an keinem Platze, geschweige denn in einer Wohnung, sondern höchstens noch in ihrer unwohnlichen, jeden Augenblick wechselnden, Zeitstelle: im *Jetzt*.

Aber vollständig ist damit die „Zerstreutheit" des Zeitgenossen noch nicht beschrieben. Denn ihren Klimax findet sie in einem Zustand, den man nicht anders als *„künstlich erzeugte Schizophrenie"* nennen kann; und diese „Schizophrenie" ist nicht etwa nur ein Neben-Effekt der Zerstreuungsgeräte, sondern einer, der ausdrücklich beabsichtigt und auch vom Kunden verlangt wird; wenn natürlich auch nicht unter diesem Namen.

Was verstehen wir hier unter „Schizophrenie"?

Denjenigen Zustand des Ich, in dem dieses in zwei oder mehrere Teilwesen, mindestens in zwei oder mehrere Teilfunktionen zerschnitten ist; in Wesen oder Funktionen, die nicht nur nicht koordiniert sind, sondern auch nicht koordinierbar; und die nicht nur nicht koordinierbar sind, sondern auf deren Koordination das Ich auch keinen Wert legt; und auf deren Koordination das Ich nicht nur keinen Wert legt, sondern deren Koordination das Ich sogar energisch ablehnt.

In seiner zweiten Meditation hatte Descartes es als unmöglich bezeichnet, „à concevoir la moitié d'aucune âme". Heute ist die halbierte Seele eine Alltagserscheinung. Tatsächlich gibt es keinen Zug, der für den Zeitgenossen, mindestens für den müßigen, so charakteristisch wäre wie sein *Hang, sich zwei oder mehreren disparaten Beschäftigungen zugleich hinzugeben.*

Der Mann im Sonnenbad etwa, der seinen Rücken bräunen läßt, während seine Augen durch eine Illustrierte schwimmen, seine Ohren am Sportsmatch teilnehmen, seine Kiefer einen gum kauen — diese Figur des *passiven Simultanspielers und vieltätigen Nichtstuers* ist eine internationale Alltagserscheinung.

Die Tatsache, daß sie als selbstverständlich gilt und als normal akzeptiert ist, macht sie aber nicht etwa uninteressant; vielmehr erst vollends erklärungsbedürftig.

Würde man diesen Mann im Sonnenbad fragen, worin denn nun seine „eigentliche" Beschäftigung bestehe; bei was seine Seele sich denn nun „eigentlich" aufhalte, er könnte natürlich nicht antworten; und zwar eben deshalb nicht, weil die Frage nach etwa „Eigentlichem" bereits auf einer falschen Voraussetzung beruhte; nämlich auf der, daß er das Subjekt der Beschäftigung und des sich-Aufhaltens sei. Wenn von „Subjekt" oder „Subjekten" hier überhaupt noch gesprochen werden kann, so bestehen diese lediglich in seinen Organen: in seinen Augen, die sich bei ihren Bildern; seinen Ohren, die sich bei ihrem Sportsmatch; seinen Kiefern, die sich bei ihrem gum aufhalten — kurz: seine Identität ist so gründlich desorganisiert, daß die Suche nach ‚ihm selbst' die Suche nach etwas Nichtexistentem wäre. *Zerstreut ist er* also *nicht nur* (wie vorhin) *über eine Vielzahl von Weltstellen; sondern in eine Pluralität von Einzelfunktionen.**

Die Frage, was den Mann zu dieser desorganisierten Betriebsamkeit treibe, was seine Einzelfunktionen so selbständig (oder so scheinbar autonom) mache, ist ja eigentlich schon beantwortet. Aber wiederholen wir: Es ist *horror vacui;* die Angst vor Selbständigkeit und Freiheit; genauer: die Angst davor, den Raum der Freiheit, den die Muße ihm zur Verfügung stellt, das Vakuum, dem er durch die Muße ausgesetzt ist, selbst artikulieren, seine Freizeit selbst ausfüllen zu müssen.

Seine Arbeit hat ihn so endgültig daran gewöhnt, beschäftigt zu *werden,* also unselbständig zu sein, daß er im Moment, in dem die Arbeit beendet ist, der Aufgabe, sich selbst zu beschäftigen, nicht gewachsen ist: denn ein „Selbst", das diese Tätigkeit übernehmen könnte, findet er ja nicht mehr vor. *Jede Muße hat heute heimliche Familienähnlichkeit mit Arbeitslosigkeit.*

Bleibt er in diesem Augenblicke sich selbst überlassen, dann bricht er, da er als organisierendes Prinzip ausfällt, in seine einzelnen Funktionen auseinander. Aber natürlich sind diese seine Funktionen genau so an bloßes Beschäftigt-*werden* gewöhnt wie er selbst. Daher greifen sie nun — jede einzelne von ihnen — im Augenblick der einsetzenden „Arbeitslosigkeit" nach dem ersten besten Inhalt; und jeder erste ist eben ein bester, weil er überhaupt ein Inhalt ist, weil er überhaupt einen Halt darstellt, an den die Funktion sich anklammern kann.* *Ein* Inhalt, *ein* Halt genügt auf keinen Fall, jedes Organ braucht den seinen, weil, wenn auch nur *ein* Organ unbeschäftigt bliebe, dieses unbeschäftigte eine Bresche darstellen würde, durch die das Nichts eben doch hereinfluten könnte. *Nur* zu hören oder *nur* zu sehen, ist also ganz unzulänglich — ganz abgesehen davon, daß ja die Ausschließlichkeit eines solchen „nur-Tuns" Abstraktions- und Konzentrationsfähigkeit erfordern würde, und diese Leistung beim Fehlen eines organisierenden Zentrums nicht in Frage kommt. Dies übrigens der Grund, warum wir beim Stummfilm stets Musik benötigten; und nach Luft zu schnappen begannen, wenn die Musik aussetzte und das nur-Optische weiterging. Kurz: Um gegen das Nichts abgedichtet zu sein, muß *jedes* Organ *„besetzt"* sein. Und „Besetztsein" ist als Beschreibung des Zustandes ungleich treffender als „Beschäftigtsein".

Da aber — denn es handelt sich ja um Muße — die Besetzung nicht in Arbeit bestehen soll, können es nur *Genußmittel* sein, die die Organe besetzen. Jedes Organ, jede Funktion geht also seinem Konsum und seiner Konsum-Lust nach.

Diese braucht freilich nicht unbedingt in positivem Genuß zu bestehen; sondern — die Sprache hat leider kein eigenes Wort dafür — allein darin, daß die Angst oder der Hunger, die bei *Fehlen des Genußobjektes* auftreten würden, nicht ausbrechen können; so wie Atmen als solches keinen positiven Genuß zu bereiten braucht — dies in der Tat selten tut — Fehlen von Luft dagegen Lufthunger oder Panik zur Folge hat.

Dieses Wort „*Hunger*" ist nun das Stichwort. Denn jedes Organ glaubt, in demjenigen Augenblicke Hunger zu leiden, in dem es, statt besetzt, dem Vakuum ausgesetzt, also *frei* ist. *Jeder momentane Nicht-konsum gilt ihm bereits als Not;* wofür der Kettenraucher Kronbeispiel ist. So wird, horribili dictu, *Freiheit* (= Freizeit = Nichtstun = Nichtkonsum) *mit Not identisch.* Dies auch der Grund für die Nachfrage nach Konsummitteln, die *pausenlos* konsumiert werden können; die also die Gefahr der Sättigung nicht in sich bergen. Ich sage aber „Gefahr", weil Sattsein die Genußzeit ja limitieren, also dialektischerweise wieder in Nicht-Konsumieren, also in Not umschlagen würde: dies die Erklärung für die Rolle des niemals endenden Gums und des noch und noch weiterlaufenden Radios.*

Freilich stammt die perverse Identifizierung von Freiheit und Not, bzw. von Freiheitsberaubung und Glück nicht erst von heute: Schon das „Gesamtkunstwerk" des 19. Jahrhunderts hatte auf den horror vacui spekuliert und Werke geliefert, die sich des Menschen *total* bemächtigen, die alle seine Sinne zugleich überfielen. Wie berauscht die Überfallenen davon waren, wie überwältigt sie die totale Freiheitsberaubung genossen, ist ja geschichtlich bekannt. Man braucht ja nur in den kurrenten Ausdruck „überwältigend", dessen genuiner Sinn gewöhnlich gar nicht mehr aufgefaßt wird, hineinzuhorchen, um zu verstehen, was ich meine. Und für „überwältigende" Aufführungen höchste Preise zu bezahlen, gehörte ja zum guten Ton. Nietzsche war der Erste, und bis heute fast der Einzige, der das Dubiose dieser „Überwältigung" an sich erfuhr und in Worte faßte. Freilich war die damalige Überwältigung, die in Bayreuth ihre Weihe erfuhr, im Vergleich zur heutigen noch durchaus human. Denn immerhin setzte doch die Idee des „Gesamtkunstwerks" noch eine altertümliche und ehrenwerte

Idee des Menschen voraus: Das heißt: *der Mensch blieb* doch noch immer *als ein Wesen anerkannt*, das sogar als überfallenes und überwältigtes den Anspruch darauf erheben durfte, ein in sich einheitliches Werk zu erhalten, also *eines* zu sein; und *das eine doch immerhin noch in sich homogene Niederlage verdiente.*

Dieser Rest ist heute aber gleichfalls aufgegeben. Das bescheidene Prinzip reinster Addition gilt als völlig zulänglich. *Normal ist heute die Simultan-Lieferung völlig disparater Elemente*; nicht nur der sachlich, sondern auch der stimmungsmäßig disparaten; nicht nur der stimmungsmäßig, sondern auch der niveaumäßig disparaten: *Niemand findet heute etwas dabei, beim Frühstücken im cartoon zu erleben, wie dem Dschungelmädchen das Messer zwischen die sexüberwölbten Rippen gestoßen wird, während ihm gleichzeitig die Triolen der Mondscheinsonate in sein Ohr tröpfeln.* Und niemandem bereitet es Schwierigkeiten, beides zugleich aufzunehmen. — Noch vor kurzem hatte die akademische Psychologie die Möglichkeit solchen Simultan-Konsums zweier völlig disparater Inhalte und Stimmungen bestritten. Das heute in jedem Augenblicke millionenhaft feststellbare Faktum scheint die Möglichkeit ja immerhin wahrscheinlich zu machen.

Bis heute hatte die Kulturkritik die Zerstörung des Menschen ausschließlich in dessen Standardisierung gesehen; also darin, daß dem, in ein Serienwesen verwandelten, Individuum eine nur noch numerische Individualität übriggelassen wird. Selbst diese numerische Individualität ist nun also verspielt; der numerische Rest ist selbst noch einmal *„dividiert"*, *das Individuum in ein „Divisum" verwandelt*, in eine Mehrzahl von Funktionen zerlegt. Weiter kann offenbar die Zerstörung des Menschen nicht gehen; inhumaner kann offenbar der Mensch nicht werden. Um so abstruser und scheinheiliger ist die von der heutigen Psychologie mit Pathos und Aplomb gefeierte „Renaissance ganzheitlicher Gesichtspunkte", die in der Tat nur ein Manöver ist, um die Scherben des Menschen unter der akademischen Toga der Theorie zu verbergen.

§ 14

Alles Wirkliche wird phantomhaft, alles Fiktive wirklich
Die betrogenen Großmütter häkeln für Phantome und werden zur Idolatrie erzogen

Kehren wir nun nach diesem langen, aber nicht überflüssigen Exkurs über die „Dividiertheit“ des zerstreuten Menschen wieder zu unserem engeren Gegenstande: zu der Gefährdung des Menschen durch Rundfunk und Fernsehen, zurück.

Wie wir ausgefunden hatten, bleibt das dem Menschen ins Haus „gesendete“ Etwas ontologisch so zweideutig, daß wir die Frage, ob wir es als anwesend oder abwesend, als Wirkliches oder Bildliches ansprechen sollten, nicht entscheiden konnten. Wir hatten dem Zweideutigen deshalb einen eigenen Namen gegeben und es „*Phantom*“ genannt.

Nun war aber diese Zweideutigkeits-These durch einen Zwischenrufer bestritten worden. Nach dem Sinn von „An- oder Abwesenheit“ zu fragen, hatte der behauptet, sei deshalb müßig, weil die Sendungen „*ästhetischer Schein*“ seien, wir mithin in ästhetischer Attitüde; und weil das Problem des Scheins in der Ästhetik längst zur Zufriedenheit formuliert worden sei.

Aber so argumentieren heißt neuen Wein in alte Schläuche füllen. Die alten Kategorien leisten es nicht mehr. Niemand, der unbefangen beobachtet, in welcher Haltung er vor seinem Apparat sitzt, wird auf die Idee kommen, zu behaupten, er genieße „ästhetischen Schein“. Das tut er schon deshalb nicht, weil er es *nicht kann;* d. h.: weil das Eigentümliche und eigentümlich Beunruhigende der Sendungen eben gerade darin besteht, daß sie sich um die Alternative „Sein oder Schein“ drücken. *So wahr es ist, daß Ereignisse, wenn gesendet, phantomhaft werden, so unwahr ist es, daß sie dadurch den als-ob-Charakter der Kunst annehmen.* Die Haltung, in der wir einer gesendeten politischen Gerichtsverhandlung beiwohnen, unterscheidet sich grundsätzlich von der, die wir etwa bei der Aufführung der Gerichtsszene in Büchners „Danton“ einnehmen. Sie unzweideutig zu beschreiben ist nicht nur deshalb schwierig, weil unsere theoretischen Begriffe der neuen Wirklichkeit noch nicht nachgehumpelt wären — was sie wirklich nicht sind — sondern deshalb, weil zweideutige Attitüden zu produzieren geradezu die positive Absicht der Übertragungen ist: was hergestellt werden soll, ist *unernster Ernst* oder *ernster Unernst*, d. h. ein Oszillations- und Schwebezustand, in dem die Unterscheidung zwischen Ernst und Unernst nicht mehr gilt, und in dem der Hörer die Fragen: in welcher Weise das Gesendete ihn angehe (ob als Sein oder Schein, ob als Information oder als „fun") oder als wer er die ihm eingehändigte Lieferung in Empfang nehmen solle (ob als moralisch-politisches Wesen oder als Mußekonsument) nicht mehr beantworten, ja sich nicht einmal mehr vorlegen kann.

Die Zweideutigkeit von Ernst und Scherz wird vollends eklatant in Hör- und Fernseh-Spielen, also dort, wo man den, aus der Theatertradition stammenden, Begriff des „Scheins" doch noch weiter zu verwenden versucht. Dann geschieht es nämlich dialektischerweise, daß die als „fiction" gemeinten Vorgänge (da sie eben durch die gleiche Technik, die wirkliche Vorgänge phantomhaft macht, vermittelt werden) so wirken, als wären sie wirklich. So wie, wo das Leben als Traum gilt, Träume als Leben gelten, so wirkt nun, da jede Realität als Phantom auftritt, jedes Phantom real. Wo jedem wirklichen Vorgang durch dessen Übertragung etwas Scheinhaftes verliehen wird, muß das *Scheingeschehen* (der erfundenen dramatischen Szene) in der Übertragung seinen *spezifisch ästhetischen Scheincharakter einbüßen*. Tatsächlich ist dieser Charakter nicht mehr zu spüren, jedenfalls in so geringem Maße, daß der fiktive Vorgang uns glauben macht, wir seien dessen wirkliche Zeugen, dessen wirkliche Teilnehmer, ja dessen wirkliche Opfer. Vor allem denke ich da an Orson Welles „Der Krieg der Welten", an jenes Hörspiel, das als Sujet die Erdinvasion behandelte (1938). Da der Rundfunk bei dieser Gelegenheit, in plumper Übernahme des Hamlet-Prinzips „Theater im Theater", Rundfunkreportage spielte (in der Herstellung dieses schönen Scheins bestand angeblich die künstlerische Leistung), unterschied sich die Sendung von wirklichen Funkreportagen überhaupt nicht. Ob sie sich unterscheiden wollte, und was in diesem Fall kapitaler war: die Dummheit oder die Skrupellosigkeit, bleibe dahingestellt. Übrigens wären auch eingeschaltete Aufklärungen über den Spielcharakter der Sendung untauglich geblieben, da ja von jenen Hörern, die die Invasion überhaupt für möglich hielten, keiner mit der Katastrophenmeldung „die Martier sind da" im Ohr fähig gewesen wäre, friedlich bis zur nächsten Aufklärung weiter zu lauschen und auf seinem Stuhl sitzen zu bleiben. Jedenfalls erreichte uns der scheinbare Schein teils als wirkliches Geschehen, teils als, zu diesem Geschehen gehörende, wirkliche Meldung über dies Geschehen und rief dadurch wirkliche Panik hervor. Übrigens die erste „solistische Massenpanik", denn jede brach, ohne Tuchfühlung mit der des Nachbarn, zwischen vier Wänden aus. Und diese hatte mit „ästhetischer Attitüde" etwa soviel gemein wie die Schreckensrufe bei einer Feuersbrunst mit dem Jubel über ein Feuerwerk. —

Aber dieser bereits funkgeschichtlich „klassische" Fall steht nicht allein. Was von ihm gilt, gilt eigentlich von jedem Hörspiel, mindestens von jedem nicht stilisierten, das in der Gegenwart spielt, ja sogar von denjenigen, die inhaltlich ganz harmlos zu sein scheinen. Denn auch sie bringen Sein und Schein, Teilnahme und Scheinteilnahme derartig durcheinander, daß sie dadurch den Hörer um die Chance, ernst zu sein, betrügen. Man mißverstehe nicht: *In diesem Falle liegt der Unernst* nicht so sehr darin, daß Ernstes zu unernst serviert und konsumiert würde, sondern *darin, daß das Unernste zu ernst dargeboten und rezipiert wird.* In diesem Ernst besteht angeblich der Witz der Sache. Ich spreche von jenen, gewiß nicht blutrünstigen, oft sogar larmoyanten, Fortsetzungs-Sendungen, in denen sich Jahre hindurch das gespielte Alltagsleben fingierter Familien abrollt, und die alles andere als harmlos sind. Mir sind in den Vereingten Staaten eine Anzahl vereinsamter alter Damen bekannt, deren Kreis, also deren „Welt", sich ausschließlich aus solchen nicht existenten Wesen zusammensetzt. An deren Ergehen nehmen diese Damen einen so lebhaften Anteil, daß sie, wenn eines dieser Phantomfamilienmitglieder stirbt, oder eines sich gar verlobt, um ihren Schlaf gebracht sind. Ihr Verkehr besteht also aus Phantomen; und im Verkehr mit der Phantomfamilie besteht ihr Lebenssinn; ohne sie hätten sie niemanden; ohne sie weiterzuleben, würde nicht verlohnen. Für ihre Phantome stricken sie im Winter Handschuhe; und ist gar ein Phantombaby unterwegs, dann türmen sich in den Rundfunkhäusern Pakete voll Säuglingswäsche, gehäkelten Jäckchen und Häubchen an, die dann hinter dem Rücken der betrogenen Spenderinnen an zwar völlig unbekannte, aber doch immerhin wirkliche Babys in Heimen, weitervermittelt werden.

„How is Walt?" wurde im Jahre 43 eine dieser Ärmsten gefragt.

„Kriegsgefangen in Deutschland", antwortete sie ohne zu zögern.

Der Fragende war verblüfft. „In Deutschland? Ich dachte, er ist im Pazifik."

„O, *den* Walt meinen Sie! Warum sagen Sie das nicht gleich! Ich dachte, Sie meinten Walt."

„Walt" war eine national bekannte Figur in der Soap-Opera „Porcia faces Life" und gewissermaßen ein Verwandter jedes Rundfunkhörers.

Nun kommen diese betriebsamen alten Damen manchem vielleicht nur komisch oder rührend vor. Mir erscheinen sie gespensterhaft; mir erscheinen sie als die parzenhaften Häklerinnen unserer Phantomwelt. — Wenn wir vorhin als „unilateral" diejenige widerspruchsvolle Situation bezeichnet hatten, in der der Mensch zwar angebliche Welt erfährt, diese aber nicht ansprechen kann; während andererseits die Welt vom Menschen nicht Notiz nimmt, diesen aber trotzdem ständig anspricht, so verkörpern diese Parzen aufs Entsetzlichste die Absurdität dieser Situation: Einerseits sind sie der Unilateralität nicht gewachsen: sonst würden sie ja nicht häkeln; andererseits aber scheinen sie sie doch als Selbstverständlichkeit akzeptiert zu haben: Nicht ein einziges Mal habe ich die alten Damen darüber klagen hören, daß sie von ihrer Phantomfamilie niemals ad notam genommen, daß sie von ihnen immer nur als Luft behandelt worden waren, daß es wirklichen Verkehr für sie nicht gab, und sie sich grundsätzlich mit der Rolle des Lauschers an der Wand abzufinden hatten. Das Erbärmliche, ja Skandalöse, an dieser Situation besteht darin, daß es der Attrappenfamilie wirklich glückt, die wirkliche zu ersetzen; daß sie jene ausgehungerten mütterlichen und großmütterlichen Gefühle und Zärtlichkeiten, die im wirklichen Familienleben zu Recht bestünden, wirklich aufreizen, besetzen und befriedigen kann; daß sie andererseits, darin völlig „Bild", von der Existenz der Liebenden nicht im mindesten Kenntnis nimmt, also die ihr geltenden echten Gefühle (die sie in Massenproduktion herstellt, um sie solistisch konsumieren zu lassen) verhöhnt.

„Warum nicht?" höre ich einwerfen, „warum sollte man den alten Damen so angenehme Gefühle mißgönnen? Ist Fühlen nicht etwas Gutes? Und sind es denn nicht gute Regungen, die sie empfinden? Und sind ihre Empfindungen denn auch Phantome oder Attrappen?" — Worauf man nur in altmodischer und durch nichts begründbarer Wahrheitsliebe erwidern kann, daß, wer in noch so wirklichen, noch so angenehmen oder guten *Gefühlen* lebt, die sich ins Leere ergießen, denen also nichts Wirkliches entspricht, noch gründlicher und schändlicher betrogen ist, als wer nur in lügenhaften *Ansichten* lebt; daß Lügen nicht dadurch besser werden, daß die Betrogenen sie, sogar in voller Wahrhaftigkeit, als Wahrheit nehmen; daß Lügen vielmehr nichts anderes beabsichtigen und darin grade ihr Ziel und ihren Triumph erreichen. — *Betrogen* aber *sind diese Phantomanhängerinnen um ihr Mensch-sein, weil Subjektivität und Welt für sie endgültig auseinandergerissen sind.* Und es ist schwer zu entscheiden, was dabei skandalöser ist: ob die Tatsache, daß hier Empfindungen, und zwar die gleiche Liebe zum gleichen Enkel, maschinell in Massenproduktion hergestellt und Millionen Frauen eingeflößt werden; oder die, daß alle diese Frauen dazu genötigt werden, letztlich statt „ihres" Enkels (da es diesen ja gar nicht gibt) nur ihre eigne Enkelliebe zu lieben, also empfindsam und sentimental zu werden.

Der Unfug, der hier mit der Menschenwürde des Gefühls getrieben wird, ist deprimierend; die Verwandlung von Menschen aller Altersklassen in solistische Empfindler oder in Lauscher und Voyeurs widerwärtig; und vollends entmutigend ist es schließlich, daß die Kritik solcher Erscheinungen als Zeichen von Mißgunst gilt.

Jahrtausende hindurch hatten Götzenbilder echte Gefühle: Respekt und Demut, erzeugen und beanspruchen, also mißbrauchen dürfen. Das schien vorbei. Bis man die Stelle der Götteridole mit Attrappen von Menschen besetzte. Die in den Rundfunkhäusern sich ansammelnden Jäckchen für nicht existente Kinder unterscheiden sich nur wenig von den idolatrischen Gaben, die sich einst auf den Stufen falscher Altäre angehäuft haben. Der Mißbrauch, der heute mit den Gefühlen getrieben wird, ist nicht geringer als der ehemalige. Warum die Indignation über den heutigen Mißbrauch weniger heftig und weniger gerechtfertigt sein sollte als die über den ehemaligen, ist unerfindlich. —*

§ 15

Die Gespenstergeschichten von heute: Phantomwelt und Welt kollidieren — Ein Phantom wird erpreßt

Aber die betrogenen Großmütter, die eigentlich schon nicht mehr von dieser Welt sind, oder an dieser nur noch deshalb hängen, weil sie in ihr die Chance von Phantomgefühlen genießen, stellen einen seltenen, einen zu reinen Fall dar. Die Wirklichkeit als Konkurrentin vollkommen aus dem Felde zu schlagen, sie ganz und gar zu ersetzen, sich die Emotionen des Konsumenten monopolistisch zu sichern, das gelingt den Phantomen nur ausnahmsweise. Gewöhnlich tritt etwas anderes ein, ein Mischfall: die Geschöpfe der zwei verschiedenen Welten geraten aneinander, kollidieren, treten in Wettbewerb, vermischen sich. Wohlgemerkt die der zwei ontologisch verschiedenen Welten, nicht wie in den (verglichen mit der phantastischen Realität von heute phantasielosen) Science Fiction stories, die Geschöpfe zweier planetarisch verschiedenen Welten. Kurz: die Normalfälle sind *Gespenstergeschichten*. Den Ausdruck nehme man nicht figürlich, denn zum Wesen oder Unwesen von Gespenstern gehört es eben, daß sie, die Gesellschaft ihresgleichen verlassend, über die Schwelle ihrer Welt in die unsere herübertreiben und mit dem Wirklichen in Konflikt geraten. Und das ist es, was sie heute tun. Tatsächlich finden Gespensterkämpfe jeden

Augenblick in jedermanns Welt statt. Wenn sie oft unbemerkt bleiben, so nicht nur deshalb, weil sie schon zu unserem Alltag gehören (nicht anders als die Kämpfe zwischen Geist und Fleisch); sondern auch deshalb, weil viele jener Kreaturen, aus denen sich die wirkliche Welt zusammensetzt, von den Phantomen bereits endgültig geschlagen sind, bereits Reproduktionen von Phantomen darstellen, diesen aufs Haar gleichen: weil also die Verschiedenartigkeit der Kämpfenden durch den Sieg der Phantome bereits unkenntlich geworden ist. Daß zahllose wirkliche Girls sich das Aussehen von Filmbildern gegeben haben: also als *Reproduktionen von Reproduktionen* herumlaufen, weil sie, wenn sie sich damit beschieden, auszusehen wie sie selbst, gegen den sex appeal der Phantome nicht aufkommen könnten und auf höchst unphantomhafte Weise: nämlich in ihrem wirklichen und schweren Leben, ins Hintertreffen geraten würden, das braucht ja kaum bewiesen zu werden. —

Ein besonders eklatantes Beispiel einer Kollision zwischen Phantom und Wirklichkeit, und zwar des Kampfes eines TV-Phantoms mit einem Londoner Bürger, ging neulich durch die Presse. Hier ist es:

Da lebte — oder da lebt — also eine Frau in London, eine kleinbürgerliche Hausfrau, die von einem apollohaften TV-Star derartig fasziniert war, daß sie keine Chance, ihn bei sich zu sehen, ungenutzt verstreichen ließ. Da gab es keinen Ausverkauf, der sie noch hätte locken, kein Drohwort ihres Mannes, das sie hätte einschüchtern können — jeden Vormittag um eine bestimmte Zeit wurde, nachdem sie sich, wenn auch nur für einen Geliebten in effigie, mit ihrer Sonntagsseife gewaschen und ihr Bestes angezogen hatte, ihre armselige Wohnküche eine himmlische Viertelstunde lang zur sturmfreien Bude; und die Sache war höchst real für sie.

Daß sie ihn mit hunderttausend anderen Frauen zu teilen hatte, hätte sie, zur Rede gestellt, zwar wohl kaum geleugnet; aber da sie ihn niemals anders als privat, also in „solistischem Massenkonsum" gesehen hatte, war die Erfahrung des gemeinsamen Besitzes (die sich im Theater oder im Kino unvermeidlicherweise hätte ausbilden müssen) ganz rudimentär geblieben. Kurz, sie „hatte" etwas mit ihm; was für sie um so schmeichelhafter war, als *er* es ja gewesen war, der angefangen, der sie angesprochen hatte; *er*, der täglich zu ihr kam und zu ihr sprach, wenn sie es auch andererseits nicht hätte leugnen können, daß die Affaire voyeurhaft geblieben war, und daß ihre Liebesbeteuerungen von ihm niemals zur Kenntnis genommen worden waren — man sieht: die Angelegenheit ist jetzt bereits kompliziert und durchaus gespensterhaft. Dazu kam nun aber, daß es sich um einen Liebhaber handelte, mit dessen Herrenhaftigkeit, dessen Charme, dessen immer guter Laune, dessen niemals versiegenden Flirt-Ideen in Wettbewerb zu treten, ihr wirklicher Mann (ein kleiner, geplagter Angestellter im Gaswerk, mit dem sie vorher zwar nicht gerade enthusiastisch, aber auch nicht sonderlich schlecht zusammengelebt hatte) natürlich nicht die geringste Aussicht hatte. Ehe sie begriff, wie es um sie stand, hatte dieser Wirkliche begonnen, ihr auf die Nerven zu gehen; ja bald begann sie ihn regulär zu hassen, nicht zuletzt deshalb, weil er, offensichtlich aus Bosheit, gerade dann von der Arbeit nach Hause zu kommen und ausgehungert nach seinem Essen zu rufen pflegte, wenn ihr Geliebter (der auf Grund seiner Phantomhaftigkeit die konkurrenzlosen Tugenden besaß, niemals Essen zu verlangen und sie niemals anzuschreien) sein Nachmittagsrendezvous gerade erst angetreten hatte. Der Wirkliche und das Phantom standen also einander gegenüber, die *Kollision* war da; wenn auch selbst wieder eine phantom- oder halbphantomhafte: denn der Wirkliche knirschte zwar mit den Zähnen, das Phantom dagegen flötete unbekümmert weiter und behandelte ihn als Luft; der Richtige mußte zwar mit ansehen, wie seine Frau an den Lippen des anderen hing, das Phantom dagegen mußte garnichts; der Wirkliche war zwar wehrlos, weil der andere nur ein Phantom war; das Phantom dagegen blieb aus dem gleichen Grunde souverän. Damit war die Szene für die Clowneske zwischen Mann und Frau vorbereitet. Daß er den Verhaßten ausknipste, sie ihn wieder einschaltete — und dies nicht einmal, sondern wiederholt, war nur die regelmäßige spielerische Ouvertüre für das, was sich bald zum Furioso entwickeln sollte. Die Versuchung, es ihm zu „zeigen", und zwar ein für alle Male, war natürlich groß; aber dieser Versuchung nachzugeben, war er doch nicht fähig, denn der TV-Apparat war ja schließlich seiner, und nicht nur das, sondern sein bestes Stück, sein Stolz, sein Reputationsmöbel, dazu noch nicht einmal zur Hälfte abgestottert; ganz davon zu schweigen, daß er auch ihm als ausschließliche Beschäftigung, ja als einziger Trost seiner Abende diente. Durch Befriedigung seiner Wut hätte er sich also ins eigene Fleisch geschnitten. Da aber nichts so boshaft macht wie der stumm tobende Kampf zwischen Zerstörungs- und Besitzlust, nichts so wilde Wut schürt wie gehemmte Wut, kurz: da irgendwohin eben doch geschlagen werden mußte, am besten auf etwas, was zugleich weniger wertvoll und doch haltbarer war als der Apparat, schlug er auf sie ein. Aber auch das blieb vergeblich, denn sie ließ die Prügel stumm, mit einem Märtyrerblick in Richtung auf ihren Geliebten (der freilich wenig Notiz davon nahm und sanft weiterflötete) über sich ergehen, was sie um so eher vermochte, als, wie die späteren Aussagen vor Gericht bewiesen, der Prügelnde offenbar niemals ganz vergaß, daß auch ihre Haltbarkeit limitiert, und auch ihr Wert nicht zu unterschätzen war, also die Wucht seiner Prügel dosierte. Ihr die Besuche des Phantoms zu verbieten, gelang ihm daher nicht; und ihr die alte Liebe zu ihm wieder einzuprügeln, erst recht nicht. —

Vermutlich wäre dem so vergeblich Wütenden ein leibhaftiger Nebenbuhler, ein Konkurrent aus der anständig-reellen Welt, selbst einer, der seine Frau wirklich verführt hätte, aber den er auch wirklich die Treppe hätte herunterwerfen können, hundertmal lieber gewesen als dieser Ungreifbare, für den Hausfriedensbruch nicht verboten war, der ihm das Haus verleidete, der, selbst nichts essend, ihn um sein Essen brachte, selbst nicht liebend, ihm seine Ehe zerstörte, und selbst nichts sehend, seine vorher so alltägliche Frau in ein augengieriges Wesen verwandelte. Kein Wunder daß dem Verzweifelten schließlich nichts anderes übrig blieb, als das verfluchte Phantom vor ein Ultimatum zu stellen, d. h.: ihm einen Erpresserbrief zu schreiben „get out or . . .“ Da die Alternative in einer Morddrohung gipfelte, und da der Postbote, unvertraut mit der subtilen Unterscheidung zwischen Phantomen und wirklichen Menschen, den Brief an den Schauspieler X ablieferte, der von der

Existenz seiner Liebhaberin nie etwas gehört hatte, um sein nichtphantomhaftes Leben hingegen ernsthaft besorgt war, folgte das gerichtliche Nachspiel, das durch die englische Presse ging. Das Urteil steht noch aus.

§ 16

Durch sein Kleinformat verwandelt TV jedes Ereignis in eine synchrone Nippesszene

„Unernsten Ernst" im Konsumenten zu erzeugen, hatten wir gesagt, und „ernsten Unernst", sei die positive Absicht der Produktion: Denn nur, wenn man den Konsumenten heimlich an diesen unentschiedenen und oszillierenden Zustand gewöhne, könne man auch seiner als Massenmenschen gewiß sein; nämlich als eines Menschen, der nun auch keiner Entscheidung mehr fähig sei. Die Unentschiedenheit zwischen Sein und Schein, an sich vielleicht eine zufällige phänomenologische Eigentümlichkeit der Sendungen, werde als moralisch opportuner Effekt benutzt.

Wie sich Fiktives in Schreckliches oder Halbernstes verwandelt, hatten die für Phantome häkelnden Parzen und das Orson Welles-Hörspiel bewiesen; wie Fiktives als Halbernstes mit dem Wirklichen in Konflikt gerät und dadurch sogar ernste und wirkliche Konsequenzen nach sich ziehen kann, hatte das Beispiel der Phantom-Erpressung illustriert. Nun soll umgekehrt gezeigt werden, wie Wirkliches in Unernstes und Harmloses verwandelt, also wie es *„verbiedert"* wird. Damit nehmen wir also kurz noch einmal das uns bereits vertraute Phänomen auf. Aber im Unterschied zur ersten Analyse sollen hier keine generellen Feststellungen über die „Verbiederung" gemacht werden, vielmehr soll ein technischer Verbiederungstrick gezeigt werden. Der Trick, den wir im Auge haben, ist das *Kleinformat* der Bilder, die auf dem Bildschirm erscheinen.

Natürlich wird man einwenden, das Kleinformat sei kein technischer Trick, sondern ein technischer Mangel; und zwar ein ganz vorläufiger, einer, den man gewiß beheben könne. Sicher kann man das. Aber ob man das tun will, ob man das tun wird, ist zweifelhaft.* Und zwar deshalb, weil sich die Winzigkeit, obwohl ursprünglich nicht beabsichtigt, doch als höchst opportun, als ein *willkommener Defekt* erwiesen hat, weil ihr eine ganz bestimmte Aufgabe zugewachsen ist: eben die, den *Makrokosmos als Mikrokosmos auszugeben und jedes Weltereignis in eine Nippes-Szene zu verwandeln.** Ich sage „Nippes", weil das Miniaturformat des Bildschirms heute jene Funktion übernommen hat, die ehemals Nippesfiguren ausgefüllt haben. Jene porzellanenen Napoleonköpfchen z. B., die auf den Kaminsimsen unserer Urgroßväter standen, haben ja mehr dafür getan, die Katastrophe der großen Armee zu verwischen als die dickleibigsten Geschichtsfolianten. Nur ist man heute eben rascher bei der Hand: Denn wenn man heute jemandem ein harmloses Dasein in einer harmlosen Welt einreden will, serviert man ihm die verharmlosende Version nicht erst nachträglich, sondern gleichzeitig mit dem Geschehen, als „*synchrones Nippes*" (wenn nicht sogar, besonders „zuvorkommend" und aus Prophylaxegründen, schon vor dem Geschehen). Sitzen wir vor der winzigen Fläche, dann sind uns plötzlich Augen eingepflanzt, die, umgekehrten Operngläsern gleich, uns befähigen, jede Szene dieser Welt als harmlos und human zu sehen; oder richtiger — denn die meisten heutigen Geschenke sind ja getarnte Verhinderungen — die uns unfähig machen, auf andere Weise zu sehen; uns also verhindern, zu erkennen, daß die Welt, die Ereignisse, die Entschlüsse, die Niedertrachten, zu deren Zeugen und Opfern wir gemacht werden, unübersehbar und unabsehbar sind. Was man uns gibt, ist eine falsche *Übersicht*; die falsch nicht etwa deshalb ist, weil wir durch sie diese oder jene Einzelheit „übersähen" (im Sinne von „nicht-sehen"), sondern umgekehrt, weil sie uns einredet, durch sie die Unabsehbarkeit der Welt zu „übersehen" (im Sinne von „geistig beherrschen"). Selbst wenn der Schirm optisch dasjenige leisten könnte, was früher philosophische Systeme zu leisten versuchten: nämlich uns das Ganze der Welt zu bieten — ihr „Ganzes" wäre nicht, hegelisch, das „Wahre", und zwar gerade deshalb nicht, *weil* es das Ganze wäre; d. h. weil es die Größe unserer Welt und die Unabsehbarkeit unserer Handlungen durch die Tatsache des übersehbaren Modells unterschlagen würde. Gewiß sind Fernsehschirme nicht die einzigen Geräte, die solche Proportionsunterschlagung begehen: Landkarten scheinen sich der gleichen Unterschlagung schuldig zu machen. Aber Landkarten treten schließlich ehrlich und deutlich als verkleinerte Übersichtsmodelle auf, während TV-Szenen, zugleich mit dem Geschehenen abrollend, vorgeben, die Ereignisse selbst zu sein. —

Viel zu wenig betont man in der heutigen Kulturkritik, daß es neben dem, gewiß charakteristischen, Sensationalismus auch den, mit ihm aufs engste alliierten und nicht minder gefährlichen Antisensationalismus gibt, der wo jener falsch aufbauscht, falsch beschwichtigt; und wo jener jede Mücke zu einem Elefanten aufbläst, aus jedem Elefanten eine Mücke macht. Sitzt man vor dem Bildschirm, so ist es tatsächlich schwierig, sich der durch den Trick der Verkleinerung vollkommen gemachten Phantomisierung der Welt zu entziehen; und mühselig selbst für den, der den Vorgang durchschaut. Wer einmal das zweifelhafte Vergnügen gehabt hat, einem auf dem Bildschirm stattfindenden marionettenhaften Auto-Rennen beizuwohnen, wird nachher ungläubig festgestellt haben, daß selbst der tödliche Unglücksfall gar nicht so schlimm wirkte: zwar weiß man, daß, was man da soeben miterlebt hat, sich wirklich soeben, im selben Augenblick, da man es auf dem Schirm sah, abgespielt hat; aber man *weiß* es eben nur; das Wissen bleibt doch ganz unlebendig; das winzige Bild mit dem irgendwo dort hinten Geschehenden, das hiesige Jetzt mit dem dortigen in Kongruenz zu bringen; also das Jetzt als wirklich gemeinsames, als ein und dasselbe *dort-und hier-Jetzt* aufzufassen, gelingt nicht; also bleibt auch unsere Erschütterung klein und imaginär; beträchtlich kleiner sogar, als Erschütterungen, in die uns nur fiktive, auf der Bühne stattfindende Katastrophen versetzen.

Aber diese Kongruenz *soll* ja auch gar *nicht* gelingen. Was gelingen soll und effektiv gelingt, ist vielmehr, daß wir durch das vorgespiegelte Bild der Fähigkeit beraubt werden, an dieses Wirkliche zu denken, ja überhaupt zu bedenken, daß „außerdem", außer dem gelieferten, auch noch das wirkliche Geschehen existiert. Die Absicht der Bildlieferung, ja die Lieferung des ganzen Weltbildes, besteht eben — hier greifen wir auf eine Formulierung aus dem Eröffnungsparagraphen zurück — darin, das Wirkliche abzudecken, und zwar mit Hilfe des angeblich Wirklichen selbst; also die Welt unter ihrem Bilde zum Verschwinden zu bringen.

Gewiß sind wir außerstande, uns eine Atomexplosion vorzustellen. Aber ebenso gewiß ist es, daß die scheiternde Phantasie, oder die Verzweiflung über deren Scheitern, der Maßlosigkeit dieses Ereignisses ungleich näher kommt und angemessener ist, als die scheinbar augenzeugenhafte Wahrnehmung des TV-Bildes, das, weil es übersichtlich ist, das Unabsehbare verfälscht; und weil es uns überhaupt ins Bild setzt, uns betrügt.

III

DIE NACHRICHT

„Als was", hatten wir zu Beginn des vorigen Abschnittes gefragt, „als was für Gebilde erreichen uns die ins Haus gelieferten Ereignisse?" Und hatten die zweideutige Antwort darauf gegeben: „Als Phantome" — womit wir anzeigten, daß sie weder als sie selbst ankommen, noch als bloße Bilder der Ereignisse, sondern als etwas Drittes.

Aber ist das wirklich etwas so Erstaunliches? Ist das nicht sogar ein ganz alltäglicher Vorgang, dem wir nur eben durch einen fremden Ausdruck ein fremdes Aussehen verleihen? Findet nicht Ähnliches jeden Augenblick statt? Und zwar in jeder *Benachrichtigung*?

Was heißt das?

Unterstellen wir einmal, unser Kohlenkeller sei leer. Davon werde uns Mitteilung gemacht. *Was* wird uns da mitgeteilt? Was „ins Haus geliefert"? Der Gegenstand selbst? Der leere Kohlenkeller?

Ein Bild des leergewordenen Kohlenkellers?

Weder noch. Denn was wir erhalten, ist ein ‚Gegenstand' sui generis, ein ‚dritter Gegenstand', der auf eigentümliche Weise außerhalb dieser Alternative liegt: nämlich, *daß* der Kohlenkasten leer ist; eine *Tatsache* also. Daß diese Tatsache mit dem leeren Kohlenkeller selbst nicht identisch ist, ist eine evidente phänomenologische Feststellung: die Tatsache selbst ist ja nicht leer; aber ebenso evident ist es, daß die Tatsache, die uns durch die Nachricht übermittelt wird, sich nicht im Bild-Sein erschöpft.

Auch was die Nachricht bringt, ist also weder das Ding noch dessen Bild. Liegt es nicht auf Grund dieser Strukturähnlichkeit nahe, in Sendungen einfach Nachrichten zu vermuten?

Um diese Frage zu beantworten, haben wir abzuschweifen, nämlich erst einmal die *Natur von Nachricht* überhaupt zu untersuchen. Eine solche Abschweifung ist um so dringlicher, als unsere bisherigen Argumente den Anschein haben erwecken können, als plädierten wir mit unerlaubter Ausschließlichkeit für das Alleinrecht der Unmittelbarkeit.

§ 17

Pragmatistische Urteilstheorie: Der Benachrichtigte ist frei, da er über Abwesendes verfügt; unfrei, da er statt der Sache selbst nur deren Prädikat erhält

Was also ist Nachricht? Worin besteht ihre Leistung?

Darin, daß sie dem Benachrichtigten über *Abwesendes* Bescheid gibt, und zwar so, daß dieser, der Adressat, nun indirekt, ohne eigene Erfahrung, auf Grund stellvertretender Wahrnehmung über das Abwesende Bescheid wisse. — Das Auftauchen des Wortes „Abwesendes" bestätigt uns, daß wir unseren Fragenkreis, zu dem ja das Problem der Zweideutigkeit von An- und Abwesenheit gehört, nicht verlassen haben. — Die Definition der Nachricht verlangt weitere Aufklärung.

Sprechen heißt: von Abwesendem sprechen: heißt: dasjenige, was nicht zur Stelle ist, jemandem, der nicht zur Stelle ist, vorstellen.

Sogar schon der nicht-mitteilenden, direktesten Form der Rede: dem Imperativ, kommt ein Verhältnis zu Abwesenheit und Anwesenheit zu: denn der Imperativ ruft ja den Abgewendeten, also

Abwesenden, zum Hinhören und Mitmachen auf, mithin in die Anwesenheit. Aber während der Imperativ den Angeredeten aus der Abwesenheit heranzitiert, ruft die Mitteilung dasjenige aus der Abwesenheit, *wovon* die Rede ist. Es gibt in der Tat keine Rede, die, wäre das Beredete nicht abwesend, mehr als Geschwätz wäre; keine, die nicht hinter dem Rücken der besprochenen, der „dritten", grundsätzlich abwesenden, „Person" oder Sache stattfände; keine, die eine andere Absicht verfolgte als die, das Abwesende anwesend zu machen. — Dieses Verhältnis zum Abwesenden hat die Sprache natürlich vom Zeigen geerbt: dico — δείκνυμι. Denn der Zeigende weist ja grundsätzlich nur deshalb auf Anwesendes, weil dieses abwesend ist (abwesend nämlich von der Sicht oder Aufmerksamkeit dessen, dem gezeigt wird); allein zu dem Zwecke, um diesen in die Anwesenheit des Gegenstandes zu bringen; um ihm die Chance zu geben, den Gegenstand direkt zu erfahren oder effektiv zu ergreifen.

Diese Chance scheint nun freilich dem Benachrichtigten nicht gegönnt: Weder wird er durch die Nachricht zum Gegenstande noch der Gegenstand zu ihm gebracht. Oder doch?

Doch. Denn auch durch die Nachricht wird nun etwas anwesend gemacht. Nicht zwar der Gegenstand selbst. Aber doch etwas *vom* Gegenstande; etwas *über* diesen; ein höchst sonderbarer neuer Gegenstand, der nicht zufällig, da er aus dem alten Gegenstand ‚gemacht' ist, „factum" heißt. „Sonderbar" aber ist der neue Gegenstand deshalb, weil er, im Unterschied zum ersten, grundsätzlich mobil und übermittelbar ist. Trotz dieses Unterschiedes aber hat derjenige, der den neuen Gegenstand: das „factum", empfängt, also der Adressat, auch den alten; oder richtiger: er hat durch diesen etwas *vom* alten. Und zwar außerordentlich viel:

Die das „factum" vermittelnde Nachricht setzt den Adressaten nämlich *instand, sich so zu benehmen, als wäre der Gegenstand anwesend*: ihn nämlich in seine praktischen Dispositionen einzukalkulieren und einzubauen. *Der Daseinsgrund der Nachricht besteht darin, dem Adressaten die Möglichkeit zu geben, sich nach ihr zu richten.*

Pragmatistisch gesehen, macht sie den Gegenstand daher wirklich bei ihm „anwesend", bzw. ihn bei ihm. Der Adressat weiß nun bescheid über ihn. Und dieses Wörtchen „*über*" ist nicht etwa nur eine Caprice der Sprache. Vielmehr zeigt es ein wirkliches darüber-Stehen an, die Verfügungsgewalt, die der Adressat nun *über* den Gegenstand und *über* die durch den Gegenstand veränderte Situation hat. Auf Grund der Nachricht: „Der Kohlenkeller ist leer" verfüge ich nun die Bestellung neuer Kohle. — In anderen Worten: Wenn der Adressat statt des abwesenden Gegenstandes selbst nur etwas „von ihm", nur etwas Losgelöstes empfängt, so ist das Empfangene kein mangelhafter Ersatz; sondern gerade dasjenige, was mit dem Gegenstande „los ist"; dasjenige Moment am Gegenstande, das den Adressaten wirklich oder angeblich angeht; dem nachzugehen, er wirklich Ursache hat; dasjenige, wonach er sich richten soll.* Was ihn angeht, ist also in der Nachricht bereits ausdrücklich gemacht, für ihn bearbeitet und präpariert; und in diesem präparierten Zustande wird es ihm zugestellt. In der Sprache der Logik, die diese erstaunliche Leistung ungezählte Male behandelt, aber viel zu selten bewundert hat, heißt dasjenige, was „los ist", dieses Präparat — „*Prädikat*". Das *Prädikat* ist also eine für den Empfänger bereits hergestellte *Fertigware*. Da die Nachricht diese bearbeitete Fertigware, diese, vom ursprünglichen Gegenstande abgeteilte „Tatsache" zustellt, setzt sie eine *Teilung* voraus: die Aktion dieses Teilens heißt: „*Urteilen*". Deshalb zerfällt die Nachricht in die zwei Teile S und p. Statt des *einen Gegenstandes* „Kohlenkeller" erfährt der Adressat also das *zweiteilige Faktum:* „Der Kohlenkeller ist leer." — Aber die Nachricht ist nicht etwa deshalb zweiteilig, weil sie ein Urteil wäre; sondern das Urteil ist zweiteilig, weil es eine Nachricht ist. —

In anderen Worten: das Prädikat, das gewöhnlich nur in der formalen Logik behandelt worden war, ist von weit allgemeinerem Interesse. Wie unsere Betonung des „über" bereits angedeutet hat, zeigt es *Freiheit* (des Verfügens) an: Wer auf Grund des empfangenen Prädikats über Abwesendes verfügt, wer dieses einkalkulieren, wer nach diesem sich richten kann, der hat ja seinen Anwesenheits- und Machthorizont erweitert; der ist von dem kontingenten Orte seines Aufenthaltes unabhängig gemacht; der hält sich nun hier *und* dort auf. Wer durch die Nachricht das Relevante (dasjenige, was „los ist") bereits als losgelöstes, isoliertes, präpariertes, prädiziertes Stück, als *Fertigware des* λέγειν, empfängt, ohne sich mit jenem Gewicht von Irrelevantem, das jeder Wahrnehmungsgegenstand mit sich herumschleppt, beladen zu müssen, der ist entlastet und von eigener Arbeit *befreit.*

Andererseits aber — und erst dieser zweite Gesichtspunkt ist der für uns entscheidende — stellt die Nachricht auch eine *Freiheitsberaubung* dar. Und zwar überraschenderweise aus dem gleichen Grunde, aus dem sie ein Freiheitsgerät ist: also wiederum deshalb, weil sie nicht das Abwesende selbst bietet, sondern etwas „über dieses", etwas „an diesem". Aber nun erhält diese Tatsache eine andere Akzentuierung. Nun betonen wir: die Nachricht bietet *nur einen Teil* des abwesenden Gegenstandes; ausschließlich jenen Teil, nach dem das Urteil „Ur-Teil" heißt; *nur* das Präparat, das „Prädikat" heißt. Anderes stellt die Nachricht dem Adressaten nicht zur Verfügung. Also richtet sie diesen, noch ehe er sich selbst ein Urteil bilden kann, bereits auf eine Auswahl aus; also legt sie ihn a limine auf diese fest; also präpariert sie ihn. Für den Hörer der Nachricht geht also nicht das Prädikat im Subjekt unter, vielmehr erschöpft sich das Subjekt im Teil, im Prädikat. Jede Nachricht ist also als Teil-Lieferung schon ein *Vor-Urteil,* das wahr, aber auch falsch sein kann; jedes Prädikat schon ein *Präjudiz*; und durch jeden Inhalt der Nachricht wird der Gegenstand selbst, da er hinter dem allein gelieferten Prädikat im Dunkel zurückbleibt, dem Adressaten *vorenthalten.* Dieser wird also, da er in eine bestimmte Perspektive (in die des Prädikats) hineingezwungen ist, und da ihm der Gegenstand, den das Urteil angeblich enthält, vorenthalten wird, *unselbständig* gemacht.

„Take it or leave it" scheint die Nachricht zum Adressaten zu sprechen. „Entweder akzeptierst du den Teil des Abwesenden, das Abwesende in seiner bereits geteilten, geurteilten Fertigwaren-Version; oder du bekommst gar nichts." Der Bote ist der Herr des Herrn.

Gewöhnlich bleibt nun der Unterschied zwischen unmittelbarer und vermittelter Erfahrung absolut deutlich. Da die unmittelbare Erfahrung, also die Wahrnehmung, vor-prädikative Bilder aufnimmt; die mittelbare, die durch Nachricht, dagegen in die „S ist p"-Form auseinanderbricht, ist Zweifel über die Erfahrungsart oder Verwechslung der beiden eigentlich kaum möglich. Selbst der Bücher- oder Zeitungswurm, der im Horizont vermittelter Erfahrungen lebt und sich von diesen nährt, kommt doch, mindestens im Erfahrungsvollzug selbst, nur selten auf den Gedanken, daß er das Vermittelte unmittelbar (oder gar umgekehrt) erfahre; wenn er auch nachträglich, wenn ein Inhalt in den Vorratskeller seines Wissensbestandes abgesunken ist, ins Ungewisse darüber geraten mag, ob er diesen einer direkten oder einer indirekten Erfahrung verdanke. —

Damit sind wir bei dem Punkt, auf den wir lossteuerten.

§ 18

Sendungen löschen den Unterschied zwischen Sache und Nachricht aus. Sie sind verbrämte Urteile

Denn das eigentümlich Zweideutige an Rundfunk- und Bildfunksendungen besteht darin, daß sie den Empfänger von vornherein und prinzipiell in einen Zustand versetzen, in dem der Unterschied zwischen Erleben und Benachrichtigtsein, zwischen Unmittelbarkeit und Vermittlung ausgelöscht ist; in dem es unklar ist, ob er vor einer Sache stehe oder vor einer Tatsache, vor einem Gegenstand oder vor einem Faktum. Was heißt das?

Wie wir gesehen hatten, besteht das Charakteristische der Fakten, im Unterschiede zu den meisten Gegenständen, in deren Mobilität: Während der Bote das brennende Haus nicht transportieren kann, kann er die Tatsache, daß es brennt, zum Adressaten spedieren und ihm übergeben. Nun werden ja in den Sendungen die Gegenstände selbst, mindestens deren Phantome, spediert: was mich erreicht, ist ja die Symphonie; nicht die Tatsache, daß man sie spielt; der Redner; nicht das Faktum, daß er redet. *Die Transportabilität*, *zu-*

vor die Eigenschaft der Tatsachen, scheint die Gegenstände selbst infiziert zu haben. Hat sie diese dadurch nicht in Tatsachen verwandelt?

Die Frage klingt befremdlich. Denn Tatsachen, mindestens die die Tatsachen transportierenden Nachrichten, zerfallen ja doch als Urteile in ihre zwei Teile S und p. Die gesendeten Gebilde tun das doch aber offenbar nicht. Der Redner, den ich höre, ist doch „er selbst" und nicht „etwas über ihn". Oder doch?

Doch. —

Nehmen wir einmal an, auf dem Fernsehschirm trete ein Kandidat Smith auf, um sich den Wählern vorzustellen. Es versteht sich von selbst, daß dieser Smith zeigen wird, was für eine pleasing personality er ist; daß er verpflichtet ist, uns so charmant wie möglich zuzulächeln. Aber mit dieser einfachen Feststellung ist sein Auftreten nicht zulänglich beschrieben. Seinen Charme wird er nämlich als ausschließliche Eigenschaft in den Vordergrund schieben, um uns vergessen zu machen, daß er in noch anderem als diesem seinem Lächeln bestehe. Was auf dem Bildschirm erscheinen wird, wird also, obwohl sich scheinbar der ganze Senatskandidat Smith präsentiert (nennen wir ihn S.), ausschließlich die Tatsache oder die Prätention sein, daß er eine „pleasing personality" ist (nennen wir sie p); also ausschließlich: „S ist p"; bzw. das p statt des S. — Was wir zu sehen bekommen werden, wird also — hier können wir die Formel einsetzen, die wir eben bei der Analyse des Urteilscharakters der Nachricht verwendeten — „das in seinem Prädikat sich erschöpfende Subjekt" sein. — Ja, wir mögen sogar recht haben, nur noch dieses p zu sehen: denn nicht selten geschieht es, daß dieses qui pro quo von Subjekt und Prädikat Wirklichkeit wird; daß also S. am Ende in sein eigenes Prädikat verwandelt, nichts mehr als dieses ist, nichts mehr als dieses sein kann; also zum p-Sein verurteilt, effektiv als professioneller Lächler herumläuft. Oft endet die Lügengeschichte in der wahr-gelogenen Lüge.

Die Vorstellung des Kandidaten vollbringt also genau dasselbe wie die Nachricht. Nein, sogar mehr. Sie ist nämlich eine Nachricht, die die Tatsache, daß sie ein bereits gefälltes Urteil darstellt, zu *verbrämen* versteht. Und das ist leistungsmäßig ein gewaltiges Plus, denn damit sind jene Effekte, die, wie sich eben gezeigt hatte, grundsätzlich zum Urteil gehören: also das Vorurteilhafte und die Freiheitsberaubung, mit versteckt. *Um dem Konsumenten einzureden, daß ihm nichts eingeredet werde, verzichtet das in ein Bild verwandelte Urteil auf seine Urteilsform*; verwandelt es sich scheinbar in den handelnden S., von dem es handelt, in den S., dessen Lebendigkeit die Zerfällung in S und p nicht verrät, auf keinen Fall so aufdringlich wie das normale Urteil.

Der Vorgang, obwohl alltäglich, ist philosophisch höchst merkwürdig. Denn er stellt eine Inversion der normalen Reihenfolge dar. Während gewöhnlich, im Grundfall, die Nachricht dem Faktum, das sie meldet, nachfolgt und sich nach diesem richtet, richtet sich hier das Faktum nach dem Urteil. Den Primat hat der gewünschte Satz: „Senator Smith is a pleasing personality"; ihm kommt nun S. nach, beziehungsweise S.'s Bild, das nun so tut, als sei es der Mann selbst, also etwas noch nicht Urteilshaftes. In Wahrheit dagegen ist dieser Mann, das S, nichts als sein p, aber eben in einer Verbrämung, die die Urteilsstruktur nicht mehr durchscheinen läßt. Was das ins Bild verwandelte Urteil vorgibt (im Sinne von „vorschützen") ist also, nichts vorzugeben (im Sinne von „präparieren", „prädizieren", „präjudizieren"). Darum trifft auch der Ausdruck „verbrämen" nicht völlig zu, denn die *Verbrämung*, die es durchführt, *ist eine negative: das Urteil drapiert sich* in scheinbare Nacktheit; es behängt sich *mit dem Schmuck fehlender Prädikate.* —

§ 19

Waren sind getarnte Urteile. Phantome sind Waren. Phantome sind getarnte Urteile

Nun wird man unser Beispiel ganz uncharakteristisch finden. Nicht jedes Phantom, wird man einwenden, sei die Exhibition eines p; nicht jedes — denn in diese Klasse gehört ja unser Beispiel — sei *Reklame*; also auch nicht jedes ein Urteil bzw. ein Vorurteil. — Daß nicht jedes auf so penetrante Weise Reklame macht wie der zu diesem Zwecke erfundene Kandidat Smith, sei zugegeben. Aber was bleibt, ist, daß alle Phantome, da sie ins Haus geliefert werden, *Waren* sind. Und das ist ausschlaggebend. *Denn als solche sind sie Urteile.*

Das klingt von neuem sonderbar. Was soll das Urteil, das in die Logik gehört, mit der Ware, deren Platz in der Oekonomie ist, gemein haben?

Die Antwort lautet: Das *Prädikat.*

Jede Ware ist nämlich, sofern sie ausgestellt ist und sich anbietet — und nur als solche, nur als Angebot ist sie ja Ware — bereits *ihre eigene Beurteilung; und zwar ihr Eigenlob.* Im Auftreten empfiehlt sie sich bereits; im Schaufenster liegt sie bereits als sichtbares Vorurteil ihrer eigenen Qualität. Gewiß: in den Satz „S ist p“ zerlegt sie sich so wenig wie unser Kandidat Smith; ausgesagt wird ihre Qualität nicht, jedenfalls nicht notwendigerweise (wenn auch oft genug im Reklametext); auf jeden Fall aber wird sie *arrangiert.* Und Arrangement besagt, daß ihr p (also das, was mit ihr „los ist“, ihre wirkliche oder vorgebliche Qualität) so von ihr losgelöst und als Lock-Eigenschaft derart herausgehoben und vorgeschoben wird, daß nun eigentlich diese, und nicht die Ware als ganze sichtbar wird. Was dem Betrachter geboten wird, ist also primär die Perspektive, unter der er die Ware „in Betracht ziehen“ soll; diese ist festgelegt und, noch ehe die Ware selbst geliefert ist, bereits vorgeliefert.

Der Urteils-Charakter der Ware ist also unbestreitbar. Wenn wir im vorigen Paragraphen feststellten, daß die negative Leistung der Nachricht darin bestehe, die Freiheit des Adressaten zu beschneiden, diesen auszurichten, den Gesichtspunkt, aus dem er das Abwesende in Betracht ziehen soll, durch das Prädikat festzulegen und diesen Gesichtspunkt bereits als Fertigware mitzuliefern, so ist damit zugleich auch die Leistung der ausgestellten Ware bezeichnet. Statt des Adressaten tritt nun der Kunde auf, der, durch die Scheibe von der Ware noch getrennt, noch „abwesend“, aus dieser seiner Abwesenheit durch das ausgestellte p herausgelockt werden soll, um Käufer zu werden. Aber diese Differenz tut der Parallelität keinen Abbruch.

Daß die in Phantome verwandelten und ins Haus gelieferten Ereignisse Waren sind, hatten wir schon zu Beginn unserer Untersuchung festgestellt. Was von jeder Ware gilt: daß sie ein Urteil, wenn auch ein verbrämtes ist, gilt auch von ihnen.* Auch sie sind also Aussagen *über* die Ereignisse, obwohl sie, „in Nacktheit gehüllt und behängt mit dem Schmuck fehlender Prädikate" sich als die Ereignisse selbst geben. Da kein Urteil so unverdächtig, so unscheinbar, so verführerisch ist wie dasjenige, das angeblich nichts ist als die Sache selbst, liegt in ihrem Verzicht auf das ausgebildete „S ist p-Schema" ihre betrügerische Kraft. Was wir, vor dem Radio oder dem Bildschirm sitzend, konsumieren, ist statt der Szene deren Präparierung, statt der angeblichen Sache S deren Prädikat p, kurz: ein in Bildform auftretendes *Vorurteil*, das, wie jedes Vorurteil, seinen Urteilscharakter versteckt; aber, da es heimlicherweise eben doch eines ist, den Konsumenten davon abhält, seinerseits noch einmal die Mühe des Urteilens auf sich zu nehmen. Wirklich zieht er diesen Gedanken auch nicht in Betracht, nicht mehr als anderen präparierten Waren gegenüber, als etwa gegenüber der bereits abgekochten Fruchtkonserve, die er ja kauft, um sie nicht selbst abkochen zu müssen. — Was von der Nachricht gilt: daß sie uns unfrei mache, weil sie uns das Abwesende nur in seiner vorgegebenen, präparierten, prädizierten Fertigwaren-Version zeigt oder gar nicht, das gilt um so mehr von der Sendung: Des eigenen Urteils sind wir enthoben; und um so gründlicher, als wir uns nicht dagegen wehren können, das gelieferte Urteil als die Wirklichkeit selbst entgegenzunehmen.

IV

DIE MATRIZE

§ 20

Das Ganze ist weniger wahr als die Summe der Wahrheiten seiner Teile — Realistische Tarnung der Schablonen bezweckt Schablonisierung der Erfahrung

Letztlich freilich ist, was präpariert wird, um verkauft zu werden, nicht die einzelne Sendung. Diese ist unter Umständen sogar unpräpariert und objektiv wahr; viele von ihnen sind es tatsächlich; und da die Lüge nichts so liebt wie das Alibi der Wahrheit, mindestens der Teilwahrheit, sind sie es sogar gerne. Keine Lüge, die etwas auf sich hält, enthält Unwahres. Was letztlich präpariert wird, ist vielmehr das *Weltbild als Ganzes*, das aus den einzelnen Sendungen zusammengesetzt wird; und jener *ganze Typ von Mensch*, der ausschließlich von Phantomen und Attrappen genährt ist. Auch wenn man alles einzelne als solches wahrheitsgetreu senden würde, könnte man doch das Ganze, allein schon dadurch, daß man vieles Wirkliche *nicht* zeigt, in eine präparierte Welt, und den Konsumenten des Ganzen in einen präparierten Menschen verwandeln. *Dieses Ganze ist* dann *weniger wahr, als die Summe der Wahrheiten seiner Teile*; oder, in Abwandlung des berühmten Hegelsatzes: „*Das Ganze ist die Lüge; erst das Ganze.*" Die Aufgabe derer, die uns das Weltbild liefern, besteht also darin, aus vielen Wahrheiten ein Ganzes für uns zusammenzulügen.

Was man als Ganzes beabsichtigt, ist nun freilich kein theoretisches, sondern ein *pragmatisches Weltbild*; und dieser Ausdruck soll nicht nur bedeuten, daß das, was man nun anstelle von Wahrheiten als angebliche Welt bietet, auf eine bloß „subjektive Weltanschauung" hinauslaufe*, sondern daß es ein praktisches Gerät darstelle, ein Übungsgerät, das darauf abzielt, unser Handeln, unser Erdulden, unser Benehmen, unser Unterlassen, unseren Geschmack, mithin unsere gesamte Praxis überhaupt, zu formen; allerdings eben ein Gerät, das gleichzeitig, um diese seine Gerätbestimmung zu verbergen, als „Welt" verkleidet auftritt. Es ist ein *Instrument in Form eines pseudo-mikrokosmischen Modells, das seinerseits die Welt selbst zu sein vorgibt.*

Diese Formel klingt reichlich dunkel. Aber eine Analogie wird sie deutlicher machen. In Planetarien haben wir nämlich Gegenstände des gleichen Typs vor uns: denn diese sind einerseits, da sie unsere Kenntnis (der Sternenwelt) und unsere Praxis (der Sternfindung) einüben wollen, Geräte; aber andererseits treten sie als mikrokosmische Modelle auf und versuchen als Mikromodelle, freilich arglos, die Illusion hervorzurufen, der Sternenhimmel selbst zu sein. — Vollends treffend wäre der Vergleich mit einem Pseudo-Planetarium, etwa einem astrologischen, das uns, obwohl zu Unrecht prätendierend, Modell des Sternenhimmels zu sein, darin einüben wollte, die wirkliche Sternenwelt nach seinem Bilde zu sehen. Ein Gegenstand dieses eigentümlichen Typs also ist die „Welt", die durch die Sendungen aufgebaut und uns vermittelt wird: ein *Reizmodell* also, auf das wir uns einspielen, mit dessen Hilfe wir „behavior patterns", Muster von Verhaltensweisen, einüben und „reflexes" eingleisen sollen; und zwar so tief eingleisen, daß wir nun durch diese Geleise außerstandegesetzt sind, uns in der wirklichen Welt anders zu benehmen als vor dem Reizmodell; und uns von der Welt anders nehmen und verwenden zu lassen als von diesem. Beabsichtigt ist also eine *Kongruierung der wirklichen Welt und des Modells.* Diese Kongruierung soll aber wiederum nicht in Form einer theoretischen Identitätsaussage vor sich gehen, da diese ja bereits eine vorausliegende Verschiedenheit konzedieren würde, sondern als *„pragmatische Gleichung"*: also als effektive Haltung in der Welt und als Behandlung der Welt, in der der Verdacht, daß die Welt mit dem Reizmodell nicht kongruiere, mit diesem nicht identisch sei, überhaupt erst gar nicht auftauchen, oder wo er auftaucht, letztlich nicht wirksam werden kann. Ein Beispiel für solche „pragmatische Gleichung" ist aus dem nationalsozialistischen Deutschland bekannt: Für den Leser des „Stürmers", der durch die dort veröffentlichen Judenmodelle und durch das Modell der „verjudeten Welt" sein „conditioning", seine Prägung, erfahren hatte, war der Unterschied zwischen den wirklichen Juden und deren Reizmodell nicht etwa nur unbeträchtlich, sondern einfach nicht da; die Tatsache der Zweiheit von Wirklichkeit und Bild hatte er so wenig aufgefaßt, daß er nun die wirklichen Juden so behandeln konnte und tatsächlich so behandelte, als wären diese eben nichts als ihre Bilder. Den Vorgang könnte man geradezu als *„invertierte Magie"* bezeichnen: denn während der magische Zauber dem Bilde dasjenige antut, was den Abgebildeten treffen soll, wollte man hier, sofern die Unterscheidung noch gilt, das Bild im Wirklichen treffen.*

In gewissem Sinne waren nun freilich diese Stürmer-Bilder noch recht altertümlich, durchaus nicht auf der psychotechnischen Höhe, die der Nationalsozialismus sonst bereits erreicht hatte; und es ist durchaus nicht undenkbar, daß die Verachtung, die sich Streicher sogar von jenen zuzog, die seine Liquidierungs-Ziele tatsächlich durchführten, letzten Endes dieser Rückständigkeit seiner Methode galten. Bei der Fabrikation von Reizmodellen und schablonisierten Reaktionen ist ja nichts so wichtig wie die erfolgreiche Unterschlagung der Tatsache, daß es sich um Fabrikate handelt. Diese Unterschlagung aber hatte der Stürmer nicht durchgeführt; d. h.: er hatte es aus (leider berechtigter) Verachtung für die Ansprüche seiner Konsumenten noch nicht einmal der Mühe für wert gehalten, zu verbergen, daß er log; eine Bequemlichkeit, mit der er eben sogar bei Massenmördern Anstoß erregte. — Positiv ausgedrückt: es liegt im *höchsten Interesse der Schablonen-Industrie, ihren Schablonen ein Höchstmaß an Realismus zu verleihen.* Soll das schablonenhafte Reizmodell als Ganzes wirksam sein, so muß es als „Wirklichkeit" dargeboten werden. Tatsächlich hat ja der Nationalsozialismus sonst dieses Prinzip auch befolgt; und die von ihm für seine Zwecke montierten Photos gehören zum klassischen Bestand realistisch lügender Reizmodelle.

Heute sind nun die obsoleten Modelle vom Streicher-Typ schon fast vollkommen außer Kurs.* Daß Schablonen ihr Maximum an Wirkung nur dann erreichen, wenn sie sich mit einem Maximum an Realismus auftakeln, ist als Produktionsprinzip durchweg anerkannt; und es gibt fast kein illustriertes Blatt, fast keinen Film, gewiß keine Wochenschauen, in denen dieses Prinzip nicht befolgt wäre. *Nicht im Zeitalter des Surrealismus leben wir, sondern in dem des Pseudo-Realismus; im Zeitalter der Verbrämungen, das sich als Zeitalter der Enthüllungen verbrämt.* Wo man lügt — und wo täte man das nicht? — lügt man nicht mehr wie gedruckt, sondern wie photographiert; nein, nicht *wie* photographiert, sondern effektiv photographiert. Das Medium der Photographie ist als solches derart glaubwürdig, derart „objektiv", daß es mehr Unwahrheit absorbieren, sich mehr Lügen leisten kann als irgend ein anderes Medium vor ihm. Wer also die Realität schablonenhaft machen will, tarnt, mit dem Mittel der Photographie, seine Schablone realistisch. Um das aber tun zu können, um die Wirklichkeit mit einem angeblichen Bilde des Wirklichen abblenden zu können, braucht man doch wieder auch ein spezielles Bild vom Wirklichen, ein überwirkliches, wenn man will: „surreales", auf jeden Fall ein blendendes, kurz: das *Sensationsbild*, das, obwohl unter Umständen an sich wahr, eben doch deshalb durch und durch unwahr ist, weil es abblendet und zusammen mit anderen Sensationsbildern zu jenem Gesamtbild der Welt beiträgt, dem nichts in der Wirklichkeit entspricht. *Das Sensationelle wird daher gerade dort, wo Schablonen hergestellt werden sollen, zum Inbegriff der Realität.* Das mag merkwürdig klingen, da man sich unter einer „Schablone" gewöhnlich etwas Ödes vorstellt. Aber so einfach ist das nicht. Das Sensationelle gehört vielmehr zur Schablone wesentlich; und zwar nicht nur deshalb, weil es als deren Deckung und Abblendung dient; sondern auch deshalb, weil es selbst dazu inkliniert, Schablone zu werden; weil es nämlich nichts Stereotyperes gibt als das angeblich täglich Neue, und nichts, was dem super-mysteriösen Mord von gestern auf so ununterscheidbare Weise gliche wie der super-mysteriöse Mord von heute. Wahrhaftig, würde ein Historiker in hundert Jahren versuchen, sich aus der Blütenlese, die die illustrierten Blätter als „Wirklichkeit von heute" anbieten, ein Mosaik unserer heutigen Zeit zusammenzusetzen, er würde nicht nur zu einem im allgemeinen absurden, nicht nur zu einem viel zu haarsträubenden, sondern zugleich auch zu einem viel zu langweiligen Ergebnis kommen. —

Aber obwohl, wie gesagt, die Schablonenfabrikanten ihren sensationellen Pseudo-Realismus nur zu dem Zweck in Gang setzen, um die Tatsache, daß sie eine Schablonenwelt herstellen wollen, zu verbergen, also um zu verhindern, daß der Kunde Verdacht schöpfe, er werde mit Schablonen abgespeist, erwartet, ja verlangt doch auch *der* bereits ganz bestimmte Typen von „Surrealität", von schreiender Wirklichkeit, also Schablonen. Was wenig verwunderlich ist, da die Art der täglich gelieferten Stanzformen die Nachfrage des Kunden eben bereits geprägt hat. Auch der verlangt also Sensation *und* Schablone, und zwar immer beide zugleich, ja beide zugleich im selben Objekt. Was der Käufer der illustrierten Zeitungen verlangt, ist *das gute alte Noch-nie-da-gewesene*, das Unerhörte von der Art, wie er es gestern und vorgestern gehört hat, und jene limitierteste, sich aus Mördern, Stars, „Untertassen" und anderem planetarischem Geschirr zusammensetzende Allerwelts-Welt, die sich die „halbe", die „weite", die „bunte", die „große" nennt, obwohl ihr Ingrediens an Welt noch nicht einmal infinitesimal ist. Wer immer versucht — und solche Versuche sterben ja glücklicherweise niemals aus — den numerus clausus dieser Themen und dieser Präsentierungsart zu durchbrechen, hat sich daher nicht nur auf den erbitterten Widerstand der Schablonenfabrikanten, gegen deren Spielregeln er verstößt, gefaßt zu machen; sondern auch auf den der Kunden selbst, deren Erwartungshorizont eben gleichfalls schon erstarrt ist, und die alles, was aus dem Rahmen der als typisch gewohnten Ungewöhnlichkeiten herausfällt, als Zumutung oder als unwahr empfinden oder es überhaupt nicht mehr rezipieren: denn zumeist bleibt das Untypische völlig „ungegeben". Und die Frage, welche Methode die Wahrheit einschlagen sollte, um mit der Lüge zu konkurrieren, nämlich um *auch* geglaubt zu werden: ob sie sich, da sich die Lügenwelt aus Wahrheiten zusammensetzt, als Lüge auftakeln dürfte (wenn sie es könnte) — die ist bis heute nicht nur nicht beantwortet, sondern auch nicht ausreichend gestellt. —

Aber selbst die Formel: man lüge nicht mehr wie gedruckt, sondern wie photographiert, nein nicht mehr *wie* photographiert, sondern effektiv photographiert, ist heute bereits überholt. Das Höchstmaß an Pseudo-Realismus ist natürlich dem Fernseh-Phantom vorbehalten, da dieses ja seinen Konsumenten einreden kann, keine Abbildung der Realität, sondern die Realität selbst zu sein. Und wie könnte, denkt der Konsument gedankenlos, wie könnte die Realität selbst unrealistisch sein? Wie könnte sie gegen sich selbst zeugen? — Ein besseres Gerät hat die Lüge also noch niemals besessen: *nicht mehr mit Hilfe falscher Bilder lügt sie nun gegen die Wirklichkeit, sondern mit deren eigener Hilfe.**

War früher die „pragmatische Gleichung", also die Identifizierung von Reizmodell und Wirklichkeit, noch gewissen Reibungen und Zweifeln ausgesetzt gewesen — denn ein Minimum an Skepsis kann ja jedes Bild als Bild im Beschauer erzeugen— so funktioniert sie nun mit geradezu idealer Reibungslosigkeit. Das Modell anblickend, glaubt der Konsument, die Welt selbst zu sehen; auf das Modell reagierend, auf die Welt selbst zu reagieren. Erbittert oder enthusiasmiert von Modellphantomen, hält er sich für erbittert oder für enthusiasmiert vom Wirklichen; so daß er, wenn die Welt nun wirklich an ihn herantritt — und als Übungsgeräte für diesen Fall werden die Schablonen ja fabriziert — nichts anderes in dieser sieht, als was die Schablonen ihn zu sehen gelehrt hatten; nichts anderes ihr gegenüber fühlt, als was die Schablonen an Gefühlen in ihm vorgezeichnet hatten. Die Schablonen sind also *apriorische Bedingungs-Formen*; aber nicht nur solche der Anschauung; nicht nur solche des Verstandes; nicht nur solche des Gefühls; sondern auch solche des *Benehmens und Handelns* — also Matrizen von einer Anwendungsbreite und Leistungs-Universalität, wie sie selbst spekulativste Philosophen niemals vorausgesehen hatten; zu allerletzt für das Zeitalter des Empirismus, in dem wir doch angeblich leben.

Die einzige Mentalität, die mit dieser verglichen werden könnte, ist die von „Primitiven", die ja (sofern die Voraussetzungen Frazers, Lévy-Bruhls, Cassirers usw. zu Recht bestehen) in einem so endgültig eingeengten und festgelegten Anschauungs- und Sittenkodex lebten, daß sie, was ihnen durch diesen nicht vorgegeben war, weder theoretisch noch praktisch „in Betracht ziehen" konnten.

Natürlich darf die Rede von „apriorischen Bedingungs-Formen" nicht wörtlich, also nicht im Sinne Kants, verstanden werden. Züge, die weniger „angeboren" wären, als sie, die hergestellt und dem Menschen eingeprägt werden, sind ja nicht denkbar. Aber, „apriorisch" sind sie trotzdem, sofern sie als Gußformen, also als Bedingungen, dem Erfahren, dem Fühlen und dem Benehmen vorausliegen und diese „condition", also „konditionieren". Und da diese Bedingungen ja nicht nur darüber präjudizieren, *wie*, sondern selbst darüber *was und was nicht* erfahren, gefühlt usw. wird, ist ihre Kraft von außergewöhnlicher Stärke und ihr Zuständigkeitsbereich von außergewöhnlicher Breite. Wer durch sie geprägt ist, der ist nun für nichts anderes mehr bereit, als für dasjenige, worauf ihn die Sendungen zu Hause vorbereitet haben. Nur das sieht er, nur das denkt er, nur das fühlt er, nur das liebt er, nur das tut er. In dieser Matrizen- und Vorbereitungsleistung besteht die Abzweckung der Sendungen. Da aber, wie wir gesehen haben, die Matrizenformen nicht verraten dürfen, daß sie Matrizen sind, müssen *die Bedingungen in Form von Dingen, die Matrizen als Weltstücke* auftreten.

Diese letzte Feststellung ist nun aber für das Ganze unserer Untersuchung von grundsätzlicher Wichtigkeit. Dies aus zwei Gründen:

1. Jene angebliche „ontologische Zweideutigkeit" der Sendungen, die Phantomhaftigkeit, die uns anfangs beschäftigt hatte, ist damit nämlich ihrer Rätselhaftigkeit entkleidet: Da der Matrizenfabrikant unterschlagen will, daß die Schablonen Schablonen, die Bedingungsformen Bedingungsformen sind, bietet er sie als „Welt" und als „Dinge" an. Das heißt aber: als Phantome. *Denn Phantome sind ja nichts anderes als Formen, die als Dinge auftreten.* Die Phantomhaftigkeit der Sendungen entpuppt sich also als ein gewünschter Effekt; und deren angeblich „ontologische Zweideutigkeit" nur als die Erscheinungsform einer moralischen: eben einer Irreführung.

2. Jener Begriff von „Idealismus", den wir zu Beginn unserer Untersuchung eingeführt hatten, erfährt durch unsere Überlegung eine notwendige Ergänzung. Wie erinnerlich, hatten wir als „idealistisch" dort jede possessive Attitüde der Welt gegenüber bezeichnet, jede Attitüde, durch die die Welt deshalb als „nur meine Welt" erscheint, weil ich sie mir effektiv aneigne. Aber es ist ein fundamentaler Unterschied, ob ein Eroberer (oder, wie bei Hegel: ein fressendes Tier) sie zu seiner *macht*; oder ob sie zu meiner *gemacht wird;* und *wie* sie zu meiner gemacht wird. „Mein" kann manches sein: selbst die eingebrannte Häftlingsnummer auf dem Arm des Konzentrationärs. Wenn, wie es eben beschrieben wird, dem Massenmenschen die Welt in Form einer Schablonen-Totalität geliefert wird, tritt zwar an die Stelle von Welt eine Vorstellungs-Totalität, aber doch eine, die „seine" nur deshalb ist, weil sie ihm aufgeprägt wird. *„Meine Vorstellung sei euch Welt"*, spricht der Wille dessen, der Matrizen herstellt. So sprach Hitler. Ein Hitleranhänger, der behauptet hätte: „Die Welt ist meine Vorstellung", wäre undenkbar gewesen. Und zwar nicht nur deshalb, weil er als Massenmensch seine Vorstellung eben für seine Welt hielt, sondern weil ihm, was ihm als „Welt" galt, von einem Anderen vorgestellt, ja ins Haus zugestellt wurde.*

§ 21

Die Prägung der Bedürfnisse. Angebote – die Gebote von heute. – Die Waren dürsten, und wir mit ihnen

Was man uns präsentiert, sind also vorgeprägte Objekte, deren Prätention es ist, zusammen „die Welt" zu sein; und deren Abzweckung darin besteht, uns nach ihrem Bilde zu prägen. Damit ist nun aber nicht behauptet, daß diese Prägung gewalttätig vor sich gehe; jedenfalls nicht, daß Gewalttätigkeit, wo solche am Werk ist, als solche spürbar oder auch nur als Druck erkennbar sein müsse. Zumeist ist uns der Prägungsdruck so wenig spürbar wie Tiefseefischen der Druck des auf ihnen lastenden ozeanischen Gewichtes. Je unbemerkter der Prägungsdruck sich vollzieht, desto gesicherter sein Erfolg. Am günstigsten wird es daher sein, wenn die prägende Matrize als *gewünschte Matrize* empfunden wird. Soll dieses Ziel erreicht werden, dann ist es also nötig, zuvor die Wünsche selbst zu prägen. Zu den Standardisierungs-, ja zu den Produktionsaufgaben von heute gehört demnach nicht nur die *Standardisierung* der Produkte, sondern auch die der (nach den standardisierten Produkten dürstenden) *Bedürfnisse*. Weitgehend geschieht das freilich automatisch, nämlich durch die täglich gelieferten und konsumierten Produkte selbst: denn die Bedürfnisse richten sich (wie wir gleich sehen werden) nach dem täglich Angebotenen und Konsumierten. Aber doch nicht vollständig. Eine gewisse Kluft zwischen angebotenem Produkt und Bedürfnis bleibt stets offen; restlose Kongruenz der Nachfrage mit dem Angebot gibt es niemals. So daß, damit diese Kluft geschlossen werde, eine Hilfskraft mobilisiert werden muß. Und diese Hilfskraft ist die *Moral*. Freilich muß auch diese, wenn sie als Hilfskraft tauglich sein soll, vorgeprägt werden; und zwar so, daß als „unmoralisch", nämlich als nichtkonformistisch, derjenige gelte, der nicht dasjenige wünscht, was er erhalten soll; und so, daß der Einzelne durch die öffentliche Meinung (bzw. durch deren Sprachrohr: sein „eigenes" individuelles Gewissen) gezwungen werde, dasjenige zu wünschen, was er erhalten soll. Und das ist heute der Fall. Die Maxime, der wir alle jeden Augenblick ausgesetzt sind und die zwar wortlos, aber ohne Widerspruch zu dulden, an unser „besseres Ich" appelliert, lautet (oder würde lauten, wenn sie formuliert werden würde): *„Lerne dasjenige zu bedürfen, was dir angeboten wird!"*

*Denn die Angebote sind die Gebote von heute.**

Was wir zu tun und zu unterlassen haben, wird, sieht man von noch überlebenden Sittenresten aus früheren Epochen ab, heute definiert durch dasjenige, was wir zu kaufen haben. Uns vom Minimum jener Käufe, die als sogenannte „musts", also „Muß-Käufe", angeboten und geboten werden, auszuschließen, ist nahezu unmöglich. Wer es versucht, exponiert sich der Gefahr, als „introvertiert" zu gelten, sein Prestige einzubüßen, seine beruflichen Chancen zu verspielen, sich als mittellos zu dekuovieren; ja sogar der, sich moralisch und politisch suspekt zu machen. Denn eigentlich gilt nicht-Kaufen als eine Art von Absatz-Sabotage, als eine Bedrohung der legitimen Ansprüche der Ware; mithin nicht nur als ein nicht-Tun, sondern als ein positives, dem Diebstahl verwandtes, Vergehen. Wenn nicht sogar als ein noch skandalöseres: Denn während der Dieb durch seine (ihrer Art nach gewiß unerwünschte) Aneignung immerhin bezeugt, daß er, nicht anders als jedermann, eben als jeder andere Kunde, die Lock-Qualität und das Gebot der Ware loyal anerkennt, sich also als Konformist bewährt; und, wenn erwischt, unzweideutig zur Verantwortung gezogen werden kann; wagt es ja der nicht-Käufer, sich gegen den Ruf der Ware taub zu stellen, den Warenkosmos durch seinen Verzicht zu beleidigen; und dann sogar scheinheilig auf das Alibi der Negativität zu pochen, nämlich darauf, überhaupt nichts getan zu haben; und sich dadurch wirklich dem Arm der Gerechtigkeit zu entziehen. „Lieber zehn Diebe als *ein* Asket."(Molussisch)

Die bloße Tatsache, daß ich keinen Wagen besaß, also in flagranti des nicht-gekauft-Habens bzw. des nicht-Bedürfens ertappt werden konnte, brachte mich im Jahre 41 in Kalifornien in die folgende Verlegenheit:

Tagebuch

Als ich gestern weit außerhalb von L. A. einen highway entlangwanderte, sauste mir ein motorisierter Polizist nach und stoppte.

„Say“, rief er mich an, „what's the matter with your car?“

„Meinem car?“ fragte ich ungläubig.

„Sold her?“ (ihn verkauft?)

Ich schüttelte den Kopf.

„In Reparatur?“

Ich schüttelte weiter meinen Kopf.

Der Cop dachte nach. Aber einen dritten Grund für Autolosigkeit zu finden, schien unmöglich. „Warum benutzen Sie ihn denn dann nicht?“

„Ihn? Aber ich habe doch gar keinen.“

Diese schlichte Mitteilung überstieg seine Auffassungskraft gleichfalls.

„Ich habe nämlich“, erläuterte ich, um ihm nachzuhelfen, „niemals einen besessen.“

Schlimmer hätte ich mich nicht in die Nesseln setzen können. Die reinste Selbstbezichtigung. Der Mund des Polizisten klappte auf. „Sie haben nie?“

„Na sehen Sie!“ sprach ich, seine Auffassungskraft lobend. „That's the boy.“ Und fröhlich und arglos grüßend, versuchte ich, meine Wanderung wieder aufzunehmen.

Aber davon konnte nun keine Rede mehr sein. Im Gegenteil. „Don't force me, sonny“, meinte er nun nämlich und zog sein Büchlein, „keine Geschichten gefälligst!“ Die Freude darüber, die knatternde Langeweile seines Berufs durch den Fang eines „vagrant“ unterbrechen zu können, machte ihn geradezu treuherzig. „Und warum haben Sie nie einen besessen?“

Selbst ich glaubte nun zu begreifen, was ich nicht antworten durfte. Statt zu sagen: „Weil es für einen Car nie bei mir gelangt hat“, antwortete ich also, und zwar schulterzuckend und so beiläufig wie möglich: „Weil ich halt nie einen nötig hatte.“

Diese Antwort schien ihn fröhlich zu machen. „Is that so?“ rief er dann, geradezu enthusiastisch. Mir schwante, daß ich einen zweiten, und noch schlimmeren, Fehler begangen hatte. „Und warum hat sonnyboy keinen Wagen nötig?“

Sonnyboy zuckte ängstlich mit den Achseln. „Weil er anderes eben nötiger braucht.“

„Zum Beispiel?“

„Bücher."

„Aha!" machte der Cop ominös und wiederholte: „Bücher." Offenbar war er seiner Diagnose nun sicher. Und dann: „Don't act the moron!" — womit er meinte, er habe sonnyboy nun als einen ‚Imbezillität simulierenden highbrow' durchschaut, der, um nicht zu zeigen, daß er die Anerkennung der Angebote als Gebote verweigerte, den Idioten spielte. „We know your kind", meinte er, mir einen freundschaftlichen Puff vor die Brust versetzend. Und dann, mit einer Bewegung, die den völlig ortlosen Horizont bestrich: „Und wohin wollen Sie eigentlich?"

Das war die Frage, die ich am meisten gefürchtet hatte. Denn die Straße führte zwar in 40 Meilen nach San L; vorher aber nirgendwohin. Hätte ich ihm aber die Ziellosigkeit des Wanderns zu definieren versucht, ich hätte mich endgültig als „vagrant" ausgeliefert. Weiß der Himmel, wo ich jetzt säße, wenn nicht in diesem Augenblick L., wahrhaftig als deus in machina, nämlich in seinem imposanten Sechssitzer, angebraust gekommen wäre, sofort angehalten und mich mit Hallo in seinen Wagen hineingebeten hätte — was den Cop nicht nur verdutzte, sondern wohl seine „Philosophy" ernstlich beschädigte.

„Don't do it again!" rief er mir zu, als er unseren Wagen überholte.

Was sollte ich nicht noch einmal tun?

Offensichtlich nicht noch einmal unterlassen, das zu kaufen, was zu kaufen die Angebote jedem gebieten. —

Hat man in den Angeboten die Gebote von heute einmal erkannt, dann ist man auch nicht mehr darüber erstaunt, daß sich auch diejenigen, die sich die Anschaffung eigentlich nicht leisten können, die angebotenen Waren dennoch anschaffen. Was sie eben deshalb tun, weil sie es sich noch weniger leisten könnten, die Gebote nicht zu befolgen, also sich die Waren nicht anzuschaffen. Und seit wann hätte denn auch der Ruf der Pflicht die Mittellosen verschont? Und seit wann das Sollen haltgemacht vor den have-nots? So wie man, nach Kant, seine Pflicht auch dann zu erfüllen hat, ja gerade dann, wenn sie der Neigung widerspricht, so hat man sie heute eben zu erfüllen, auch wenn sie dem eignen „Haben" widerspricht; ja gerade dann. Auch die Gebote der Angebote sind kategorisch. Und wenn sie ihr „must" verkünden, dann ist die Berufung auf die eigene prekäre Soll-und-Haben-Situation reine Sentimentalität.

Gewiß, diese Analogie ist eine philosophische Übertreibung; aber sie übertreibt doch in Richtung Wahrheit. Denn unmetaphorisch wahr ist es, daß es heute kaum etwas gibt, was im Seelenleben des Zeitgenossen eine so fundamentale Rolle spielte wie die *Differenz zwischen dem, was er sich nicht leisten kann und dem, was er nicht zu haben, sich nicht leisten kann;* und daß sich diese Differenz als ein ‚Kampf' verwirklicht. Wenn es einen für den heutigen Menschen charakteristischen „*Konflikt der Pflichten*" gibt — dieser wild und zermürbend in der Brust der Kunden und im Schoße der Familien tobende Kampf ist es. Jawohl, „wild tobend" und „zermürbend". Denn mag uns das Kampfobjekt auch albern und der Kampf selbst wie eine possenhafte Variante edlerer Konflikte vorkommen — gegen seine Schärfe besagt das nichts; und als Grundkonflikt eines bürgerlichen Trauerspiels von heute würde er ausreichen.

Gewöhnlich endet er, wie man weiß, mit dem Siege des „Gebotes des Angebotes"; also mit der Anschaffung der Ware. Aber der Sieg ist teuer erkauft; denn nun beginnt für den Kunden die versklavende Verpflichtung, das erworbene Objekt *abzustottern.**

Aber gleich, ob bezahlt oder noch abzustottern: *Hat* der Käufer erst einmal das Objekt, dann will er sein Haben auch genießen. Und da er sein Haben nur genießen kann, wenn er das Objekt verwendet, verwendet er es, *weil* er es hat; und wird dadurch dessen Kreatur. Aber nicht nur deshalb. Da er die Ware nun einmal hat, kommt es *moralisch* natürlich nicht in Frage, sie zu haben, ohne das Maximum dessen, was sie bieten könnte, auszunützen. Im Prinzip wäre das ja nichts anderes, als Brot zu kaufen, ohne es zu essen. Den Fernseh-Apparat nur zuweilen anzuschalten, das Radio nur gelegentlich zu benutzen, würde ja bedeuten, auf etwas bereits Angezahltes oder Bezahltes freiwillig und niemandem zu nutze zu verzichten, also es zu *vergeuden.* Und das kommt natürlich nicht in Frage. Wenn man die von den Apparaten angebotenen Lieferungen pausenlos über sich ergehen und sich pausenlos von ihnen prägen läßt, so also mindestens auch aus sittlichen Gründen.

Aber damit nicht genug. Denn *was man einmal hat*, das verwendet man nicht nur; *dessen bedarf man nun auch.* Ist ein Verwendungs-Geleise erst einmal eingefahren, dann will es auch weiter befahren sein. *Nicht was man benötigt, hat man schließlich; sondern was man hat, das benötigt man schließlich.* Der jeweilige Eigentumsstand gerinnt und etabliert sich psychologisch zum Normalstand. Das heißt: Fehlt ein einmal besessener Markenartikel, so entsteht nicht einfach eine Lücke; vielmehr entsteht *Hunger.* — Nun fehlt aber immer etwas: Denn alle Waren sind ja zum Glück (und durch die Kalkulation) der Produktion Güter, die, wenn auch nicht Konsumgüter im engsten Brot- und Buttersinne, im Gebrauch verbraucht werden; für deren Fehlen der Gebraucher also selbst Sorge trägt. Hatte er also einen Gegenstand, und hat er ihn verbraucht, dann braucht er ihn wieder: *das Bedürfnis folgt dem Konsum auf dem Fuße.* Und in gewissem Sinne ist „*Sucht*" das Modell des heutigen Bedürfnisses; womit gesagt ist, daß die Bedürfnisse ihr Da- und So-sein der faktischen Existenz bestimmter Waren verdanken.

Unter diesen Waren sind nun aber die raffiniertesten diejenigen, die durch ihre Qualität *akkumulierende Bedürfnisse* erzeugen. Daß Gott oder die Natur dem Menschen ein „basic need", ein „Grundbedürfnis", nach Coca Cola eingepflanzt habe, wird man ja selbst im Herstellungsland nicht behaupten. Aber auf Coca Cola hat sich drüben der Durst nun einmal eingespielt; und das — hier kommen wir zur Hauptsache — obwohl dessen heimliche letzte Funktion gar nicht im Durst-Löschen besteht, sondern in Durst-Erzeugen; und zwar im Erzeugen eines Durstes, der zum spezifischen Durst nach Coca Cola wird. — Hier ist also die Nachfrage das Produkt des Angebotes; das Bedürfnis das Produkt des Produktes; zugleich aber funktioniert das durch das Produkt erzeugte Bedürfnis als Sicherung der weiteren akkumulierenden Produktion des Produktes. —

Dieses letzte Beispiel zeigt, daß man sich, bezeichnet man die Angebote als die ‚Gebote von heute‘, von deren Imperativ-Charakter keine zu geringe Vorstellung machen darf. Nicht nur in den ausgesprochenen Imperativsätzen liegt das eigentlich Imperativische; nicht nur in dem lärmenden Reklame-Befehl: „Kauf deine Mozart-Unterwäsche! Kauf sie sofort! Sie ist ein must!“, dem man ja schließlich, obwohl man antizipierend bereits als Eigentümer angesprochen ist, mit etwas Selbstbeherrschung doch noch Widerstand leisten kann. Vielmehr liegt das Imperativische im Besitz der Produkte selbst. Deren Befehle, obwohl stumm, dulden in der Tat keinen Widerspruch. *Jede einmal erworbene Ware verlangt*, um verwendbar zu bleiben, mindestens um nicht sofort unbrauchbar zu werden (auch aus Prestige-Gründen: um von ihr ebenbürtigen Gegenständen umgeben zu sein) *den Kauf weiterer Waren; jede dürstet nach einer anderen, nein, nach anderen.* Und jede macht auch uns durstig auf andere: Waren kaufen ist nicht schwer, Waren haben aber sehr. Denn der Eigentümer der Ware hat nun deren Durst (nach Seifenflocken, nach Gasolin) zum eigenen Durst zu machen. Und wie schwer es ihm auch fallen mag, die akkumulierenden Mäuler seiner Eigentum gewordenen Objekte zu stopfen, es bleibt ihm gar nichts anderes übrig, als deren Bedürfnisse zu übernehmen; und er tut es, ehe er es noch weiß. Wer A braucht, muß auch B brauchen, und wer B braucht, auch C. Er benötigt also nicht nur (wie im Coca Cola-Falle) A immer wieder; vielmehr ganze Generationen von Waren: B, das von A verlangt, C, das von B gefordert, D, das von C herbeigerufen wird, und so in infinitum. Mit jedem Kauf verkauft er sich: Jedes ist eine Art von Einheirat in eine kaninchenhaft fortzeugende und akkumulierende Warenfamilie, die finanziell von ihm unterhalten zu werden verlangt. Das bedeutet zwar auf der einen Seite eine gewisse Bequemlichkeit: nämlich, daß man sich kaum mehr Gedanken über seine Lebensführung zu machen, kaum mehr eigene Entscheidungen zu treffen braucht, da einem ja, was es von Tag zu Tag zu tun gilt, jeweils von den dürstenden Mitgliedern der Warenfamilie zugerufen wird; und „time goes on“. Aber andererseits doch auch, daß man von diesen tausend Familienmitgliedern, die einen in Gang halten, angestellt, bevormundet, gejagt wird; daß man sein Leben unter einem Diktat verbringt; daß über die Auswahl der künftigen Bedürfnisse immer schon verfügt ist; also daß man niemals Zeit oder Freiheit findet, ein eigenes Bedürfnis anzumelden, nein auch nur zu verspüren. —

Der Naive wird davor warnen, sich auf derartige „dürstende Waren" einzulassen — aber das ist natürlich lächerlich, da es nichtdürstende Waren nicht gibt. Und zwar gibt es diese deshalb nicht, weil es gar nicht das einzelne Stück Ware ist, das dürstet; sondern das Warenuniversum als ganzes; weil, was wir den „Durst der Dinge" nennen, nichts anderes ist als die Interdependenz der Produktion, also die Tatsache, daß sich alle Produkte auf einander beziehen und auf einander angewiesen sind. Sich aus diesem Waren- und Produktionskosmos herauszuhalten, ist natürlich undurchführbar, genau so undurchführbar, wie es der Versuch wäre, sich aus der Welt herauszuhalten: also zwar zu *sein*, aber *nicht in der Welt* zu sein. Und wenn ein Narr das Experiment unternähme, sich auch nur von einigen jener Geräte oder jener Kräfte, die unsere Welt konstituieren, also z. B. von der Elektrizität, unabhängig zu machen, er würde rasch zugrundegehen. Lücken im System, an dem man als heute Geborener nolens volens teilnimmt, kann man sich nicht leisten, da man dadurch des ganzen Systems verlustig gehen würde.

Die Tatsache, daß jede als „gebotene" uns angebotene und so gekaufte Ware wiederum Bedürfnisse birgt, die *unsere* Bedürfnisse werden, stellt den *Klimax des Matrizenphänomens* dar. Denn *unsere Bedürfnisse sind nun nichts anderes mehr als die Abdrücke oder die Reproduktionen der Bedürfnisse der Waren selbst*. Und wessen wir morgen bedürfen werden, das steht weder in den Sternen geschrieben, noch in der eigenen Brust; noch nicht einmal in unserem eigenen Magen; sondern im Eisschrank, den wir vorgestern, im Radio, das wir gestern, im Fernsehapparat, den wir heute gekauft haben; und auf deren Bedürfnisdiktate wir morgen klopfenden Herzens horchen werden.

§ 22

Das erste Axiom der Wirtschafts-Ontologie: Das nur Einmalige ist nicht. – Exkurs über das Photographieren

Wir sagten eben: Die Tatsache, daß nicht nur unsere Erfahrungen modelliert werden, sondern sogar unsere Bedürfnisse, stelle die Maximalleistung der Matrize dar. Und das ist, solange wir nur uns selbst als Objekte, bzw. Opfer der Modellierung im Auge haben, gewiß zutreffend, da es ja eine tiefer liegende Schicht als die unserer Bedürfnisse wohl kaum gibt. Aber vollständig ist damit die Matrizenleistung noch nicht bezeichnet.

Und zwar deshalb nicht, weil die Matrizen nicht nur uns prägen, sondern auch die Welt selbst. Diese Behauptung klingt erst einmal, da sie nur die Tatsache der Serienproduktion anzuzeigen scheint, selbstverständlich. Wie wenig selbstverständlich sie aber ist, wird in dem Augenblicke deutlich, in dem wir uns wieder zu unserem ursprünglichen Beispielsgebiete: zur Phantomproduktion in Rundfunk und Fernsehen, zurückwenden. Dann bedeutet nämlich unsere Behauptung, daß die künstlichen Modelle von „Welt", als deren Reproduktionen die Sendungen uns erreichen, nicht nur uns und unser Weltbild prägen; sondern die Welt selbst, die wirkliche Welt; daß die Prägung einen bumerang-haften Effekt hat; daß die Lüge sich wahrlügt, kurz: *daß das Wirkliche zum Abbild seiner Bilder wird.*

Um den eigentümlichen Vorgang zu verstehen, durch den das Wirkliche zum Abbild seiner Bilder wird, haben wir ziemlich weit zurückzugreifen.

Zu Beginn hatten wir ja festgestellt, daß die ins Haus gelieferten wirklichen oder angeblichen Ereignisse durch diese ihre Lieferung zu Waren, und zwar, da jedes Ereignis in zahllosen Exemplaren ins Haus geliefert wird, zu Massenwaren werden. Das Verhältnis zwischen Ereignis und Sendung ist also ein Unterfall des spezifischen Verhältnisses zwischen *Modell* und *reproduzierter Ware.*

Fragt man nun aber, was von den beiden: Modell oder Reproduktion real sei — „real“ im wirtschaftlichen Sinne —, so lautet die Antwort: die Reproduktion, die reproduzierte Ware. Denn nur dieser zuliebe existiert ja das Modell. Und zwar ist die Ware um so realer, in je mehr Exemplaren sie sich verkaufen läßt; deren Modell ist wiederum nur insofern real, als es auf Grund seiner Vorbildqualität die „Realisierung“ maximaler Verkäufe seiner Reproduktionen möglich macht. Gäbe es eine ausgebildete *Wirtschafts-Ontologie*, also eine Lehre vom Sein, wie dieses aus der Perspektive heutiger Produktion, und heutigen Absatzes erscheint, so würde deren erstes Axiom lauten: *„Realität wird durch Reproduktion produziert; erst im Plural, erst als Serie, ist ‚Sein‘.“* — Und in seiner Kehrform: *„Einmal ist keinmal; das nur Einmalige ‚ist‘ nicht; der Singular gehört noch zum Nichtsein.“**

Das Axiom klingt widersinnig und ist tatsächlich schwer zu verstehen. Und zwar deshalb, weil, was es als „seiend“ anerkennt, weder das „Allgemeine“ ist, noch das „Einzelne“, sondern etwas Drittes: die *Serie*; weil es also zu der klassischen Nominalismus-Realismus-Alternative, die uns vertraut ist, quer steht. Aber das verhindert nicht, daß das Axiom uns Heutigen, und gerade den Unphilosophischsten unter uns, tief in den Knochen sitzt:

Wer Gelegenheit hatte, Reisende, namentlich solche aus höchst industrialisierten Ländern, unterwegs, in Rom oder Florenz, zu beobachten, der wird bemerkt haben, in welchem Grade es sie irritiert, *Einmaligkeiten* zu begegnen*; also jenen großen historischen Gegenständen, die als einzige Exemplare in der Serienwelt herumstehen. Tatsächlich tragen diese Reisenden auch durchweg ein Mittel gegen diese Störung bei sich; eine Art von Spritze, deren Applikation ihnen die sofortige Wiederherstellung ihrer Seelenruhe verbürgt; genauer: ein Gerät, mit dessen Hilfe sie Einmaliges, wenn es sie durch Schönheit oder Unklassifizierbarkeit zu stark irritieren sollte, sofort zum „sujet“ machen können, und das sie instand setzt, jeden allzu bestimmten Artikel in einen „unbestimmten Artikel“ zu verwandeln, das heißt: in einen solchen, der im Reproduktions-Universum einen rechtmäßigen Bestand als Reproduktion haben kanr — kurz: sie sind alle mit einem *photographischen Apparat* ausgerüstet. Und als Magier, die es noch nicht einmal nötig haben, ihre Gegenstände zu berühren, durchziehen sie nun in Schwärmen die Welt, „pour corriger sa nature“: um den Defekt, den jedes Stück durch die Tatsache seiner Einzigkeit innerhalb des Serien-Universums darstellt, zu beheben; um es in das Serien-Universum, von dem es bis dahin ausgenommen gewesen war, durch Reproduktion aufzunehmen, also um es *photographisch „aufzunehmen“*. Haben sie das knipsend getan, dann sind sie beruhigt.

Dieses „Aufnehmen“ bedeutet nun aber auch ein *„bei sich Aufnehmen“*. Denn was diese Magier durch ihr Reproduzieren erreichen, ist zugleich, daß sie die Gegenstände nun *„haben“*. Man ergänze nicht: „nur in effigie“. Der Modus, in dem sie diese Gegenstände nun „haben“, ist vielmehr gerade derjenige, in dem zu „haben“ sie gewöhnt sind. Nur weil sie die Gegenstände in effigie haben, „haben“ sie sie. Da ihnen ein anderer Aufenthalt als der zwischen effigies nicht mehr bekannt ist — die Serienwaren ihrer Welt, zwischen, mit und von denen sie leben, sind ja durchweg Reproduktionen, durchweg Nachbilder von Modellen — *sind Nachbilder für sie eben das Wirkliche.* So wenig sie dasjenige photographieren, was sie sehen — denn was sie sehen, das sehen sie nur, um es zu photographieren; und was sie photographieren, das photographieren sie nur, um es zu haben — so wenig ist ihnen das, *was* sie photographieren, das „Wirkliche“. „Wirklich“ ist für sie vielmehr die Aufnahme, das heißt: die in das Serien-Universum aufgenommenen und zu ihrem Eigentum gewordenen Exemplare der Reproduktions-Serie. Ontologisch ausgedrückt: Das „esse = percipi“ haben sie durch ein „esse = haberi“ ersetzt.* *„Wirklich“* ist für sie nicht eigentlich der in Venedig liegende Marcusplatz; sondern derjenige, der in ihrem Photo-Album liegt, in Wuppertal, Sheffield oder Detroit. Womit zugleich gesagt ist: *Nicht dort zu sein, zählt für sie, sondern allein, dort gewesen zu sein.* Und das nicht nur deshalb, weil dort gewesen zu sein, ihr heimisches Prestige hebt, sondern eben, weil nur Gewesenes einen sicheren Besitz darstellt. Während nämlich Gegenwärtiges, auf Grund seiner Flüchtigkeit, nicht „gehabt“ werden kann; ein unhaltbares, unreelles, unrentables Gut bleibt, eben nicht *bleibt*, ist das Gewesene, da es als Bild zum Dinge und damit zum Eigentum geworden ist, das allein Wirkliche. Ontologisch formuliert: *„Nur Gewesen-sein ist*

Sein". — Befände sich unter diesen Magiern — was freilich sehr unwahrscheinlich ist, denn Photographieren und Philosophieren scheinen einander auszuschließen — einer, der nicht nur mittäte, sondern der sich im Klaren darüber wäre, was er täte, er würde sein mit Knipsen verbrachtes Leben so rechtfertigen: „Da ich jedes Gewesene in eine Reproduktion und damit in ein physisches Objekt verwandelt habe; die meisten schwarz auf weiß, einige bunt, und ein paar sogar in Bewegung nach Hause getragen habe, so daß ich sie nun immer weiter haben kann, ist nichts in meinem Leben vergeblich, nichts vergeudet, nichts unprofitabel gewesen. Jedes *ist* nun, weil es bleibt; jedes *ist* nun, weil es Bild ist." „Sein" bedeutet also: Gewesensein und Reproduziertsein und Bildsein und Eigentum sein. —

Der engen Beziehung, die zwischen der Reproduktionstechnik und der (nicht zu Unrecht „reproduzierend" genannten) Erinnerung besteht, weiter nachzugehen, würde zu weit führen. Hier nur soviel, daß sie zweideutig ist: Einerseits werden wir durch Photos zwar erinnert; aber andererseits — und das ist wichtiger — haben die zu Dingen gewordenen Souvenirs das Erinnern als Stimmung oder als Leistung zum Verkümmern gebracht und ersetzt. Sofern der Zeitgenosse überhaupt noch Wert darauf legt, sich als „Leben" aufzufassen, ein autobiographisches Bild seiner selbst zu gewinnen, setzt er dieses aus den Photos zusammen, die er geknipst hat. Berufen zu werden brauchen die Bilder des Gewesenen nicht mehr: sie werden aufgeschlagen; und aufzusteigen haben sie nicht nötig: höchstens aus der Tiefe des Albums. Dort und dort allein liegt seine Vergangenheit, nicht anders als die Marcuskirche. Nur mit Hilfe der dort eingeklebten und dadurch unverlierbaren Momentaufnahmen rekonstruiert er seine Vergangenheit; nur in dieser Album-Form führt er Tagebuch. — Daß sich sein so rekonstruiertes Leben fast ausschließlich aus Ausflügen und Reisen zusammensetzt, und alles andere als „Leben" nicht zu rechnen scheint, nur am Rande. —

Im Grunde genommen ist es das Museums-Prinzip, das nun als autobiographisches Prinzip triumphiert hat: jedem begegnet sein eigenes Leben in Form einer Bilder-Serie, als eine Art von *„autobiographischer Galerie"*; damit aber eigentlich auch nicht mehr als ein Gewesenes, da alles Gewesene in die *eine* Ebene des verfügbaren und gegenwärtigen Bildseins projiziert ist. Zeit, wo ist dein Stachel?

Würde man Herrn Schmid oder Mr. Smith eine Italienreise anbieten, aber unter der Bedingung, unterwegs auf keinen Fall zu photographieren, also keinerlei Erinnerungen für übermorgen vorzubereiten, er würde wohl die Einladung als Vergeudung, also als eine beinahe unmoralische Zumutung, ablehnen. Zu einer solchen Reise gezwungen, würde er unterwegs in Panik geraten, da er eben nicht wüßte, was er mit der Gegenwart und mit all den „zum Knipsen bestellten" Sehenswürdigkeiten anfangen — kurz: wo er mit sich hin sollte. — Daß die Reisebüros nicht mit der Aufforderung locken: „Visit lovely Venice", sondern mit der: „Visit unforgettable Venice" ist durchaus konsequent. Schon ehe man es gesehen hat, gilt es als unvergeßbar. Nicht weil es schön ist, soll man es besuchen, sondern weil es unvergeßbar ist; so wie man eine Hose deshalb kaufen soll, weil sie unzerreißbar ist. Nicht weil es schön ist, ist es unvergeßbar; sondern weil es garantiert unvergeßbar ist, kann sich der Reisende darauf verlassen, daß es auch schön sei. Wer aber auf diese Art reist, für den ist die *Gegenwart* zum Mittel für das *„es wird gewesen sein"* degradiert; zur, selbst nicht der Rede werten, Ausrede für die allein gültige Reproduktionsware des Futurum II; also zu etwas Unwirklichem und Phantomhaften. — Zu betonen, daß man so nicht nur *reist*, ist wohl überflüssig.

§ 23

Das zweite Axiom der Wirtschafts-Ontologie: „Unverwertbares ist nicht"

So gering, in den Augen der unterstellten Wirtschaftsontologen, die Würde ist, die dem einzigen Exemplar zukommt, so *gering ist die ontologische Dignität nicht-hergestellter Dinge* überhaupt, d. h. also die der *Naturobjekte*; namentlich die jener natürlichen unverwertbaren Elemente, die im Vollzug der Serienproduktion abfallen. Diese gelten als Totgewichte, die, da sie wirtschaftlich nichts taugen, auch nichts besseres verdienen, als nicht zu sein, also effektiv vernichtet zu werden. Das zweite Axiom der Wirtschaftsontologie lautet daher: „*Unverwertbares ist nicht; oder nicht wert zu sein.*“ Daß alles und jedes, je nach Wirtschaftssituation, zu solchem Unwert, also dazu verurteilt werden kann, eine Liquidationsschlacke zu werden: Menschen nicht anders als radiumverseuchter Atommüll, beweist ja unsere Epoche mit ausreichender Deutlichkeit.

Verglichen mit der reellen Existenz der in Serien hergestellten Fertigprodukte, die für die Bedürfnisstillung vorgesehen sind (oder die selbst Bedürfnisse, die sie stillen, „vorsehen“), fällt also, in den Augen des Wirtschafts-Ontologen, die Natur als ganze, trotz ihrer Immensität, außerhalb des Bereiches des Vorgesehenen; außerhalb des Bereichs, der für ihn den der „Vorsehung“ darstellt. An sich ist sie für ihn nur κατὰ συμβεβηκός, nur zufällig; wenn ihr auch, als Rohstoff für die Produkte, „Sein“ und „Wert“ zukommt. Aber beides ist ihr doch nur verliehen, eben vor-verliehen von den Produkten, die sich aus ihnen gewinnen lassen. Was aber die Natur an wirklich Unrentablem birgt: jene Stücke also, die der Produzierende nicht nur nicht verwenden, sondern noch nicht einmal liquidieren kann, das Vielzuviel des Universums, also z. B. die Milchstraße, die stellen in seinen Augen, sofern er sie konzediert, einen metaphysischen Skandal dar, einen durch nichts entschuldbaren, ohne jede Motivation installierten, und gewissermaßen nur aus kosmischer Geschäftsinkompetenz erklärbaren Materialhaufen. Vermutlich bringt die heutige nihilistische Klage über die „Sinnlosigkeit der Welt“, mindestens auch, den *Weltschmerz des Industriezeitalters* zum Ausdruck; einen Weltschmerz, der eben in dem Verdacht gründet, letztlich sei das Vielzuviel des Universums unverwendbar, unrentabel, überflüssig, vergeudet, für nichts da; und habe offenbar nichts besseres zu tun, als sich in jenem Raum, der ihm aus unerfindlichen Gründen zur Verfügung gestellt sei, metaphysisch herumzufläzen.*

Aber ich hatte eingeschränkt: „Sofern er Unverwertbares konzediert.“ Denn zumeist wird die Existenz des Unverwertbaren eben gar nicht eingeräumt, genau so wenig wie die Tatsache des κακὸν in den klassischen Theodizee-Systemen, etwa in dem Plotins, wo dieses eben an einen bestimmten Systemplatz „*eingeräumt*“, und dadurch seiner negativen Qualität entkleidet, wird.* Natürlich soll diese

Analogie nicht besagen, daß die Wirtschaftsontologie eine reguläre Theodizee ausgebildet, daß sie ein „es gibt nichts Unverwertbares" als Lehrsatz ausgesprochen hätte. Von ausgesprochenen Lehrsätzen kann bei ihr ja keine Rede sein. Aber ihr Tun, beweiskräftiger als jede mögliche These, scheint doch von einem geradezu sportlichen Ehrgeiz befeuert, die Natur zu überlisten: von dem Ehrgeiz, es ihr zu „zeigen", ihr nachzuweisen, daß ihr ihre metaphysische Herumfaulenzerei letztlich eben doch nichts nutze; daß ihre Ziererei, ihr sich-Sträuben, ihre Prätention auf Unabhängigkeit vom Produktionskosmos vergeblich sei; von dem Ehrgeiz, sie zu vergewaltigen, ihr Kinder zu machen, ihr ihre Fruchtbarkeit abzuzwingen und ad oculos zu demonstrieren, daß man — und wäre es durch Erfindung und Herstellung der absurdesten Bedürfnisse, die man sogar ihrem Abfall anmessen würde — sie bis aufs Letzte verwerten könne. So unüberbietbar selbstsicher und titanenhaft diese herausfordernde Haltung zu sein scheint, völlig frei von Furcht und Zittern ist auch sie nicht. Auch dem Titanen ist der Weltschmerz des Industriezeitalters beigegeben; auch ihm die Angst davor, der Überfülle dessen, was er herausfordert, nicht gewachsen zu sein; davor, daß sich die Überfallene (obwohl vielleicht frigide und höhnisch das Maximum ihrer Fruchtbarkeit zurückhaltend) durch ein Übermaß von Nutzeffekt rächen könnte. Der von solcher Angst begleitete Kampf nimmt dann hektische Formen an; und da die Vergewaltigte: eben die Welt der Natur, aus jeder Umarmung in neuer Jungfräulichkeit hervorzugehen scheint und an jedem Morgen, so, als entsänne sie sich dessen, was man ihr angetan, nicht im mindesten, steigert sich der Kampf sogar zu sisyphushafter Wut. —

Aber lassen wir dieses heikle und nicht ganz glaubhaft mythologisierende Bild. Die Maxime, die hier effektiv wirksam ist, lautet jedenfalls: „*Es darf nichts Unverwertbares geben.*" Deren positive Imperativfassung: „*Mache alles verwertbar!*" In gewissem Sinne ist die Wirtschafts-Ontologie also zugleich eine Ethik; eben eine, die sich die Erlösung des Weltchaos aus seinem Zustand der Rohstofflichkeit, der „Sündigkeit", der „Uneigentlichkeit" zur Aufgabe setzt, also darauf abzielt, das „Uneigentliche" in ein „Eigentliches" zu verwandeln, das Chaos in einen Kosmos der Produkte — kurz:

eine aetas aurea der Fertigwaren heraufzuführen, so daß am „Ende der Tage das Chaos mit Millionen reifen, feinen, goldenen Formen (als) ein ganz ausgegorenes und durchglühtes apollinisches Gebilde dastehe."*

Daß die Wirtschaftsontologie damit auch eine Rechtfertigungslehre ist, ist schon durch die hier verwendeten Ausdrücke nahegelegt: was zuvor als nur kontingente, unfertige Welt bestanden hatte, ist nunmehr, da diese sich als unentbehrliches Material des Verfertigens und der Fertigwaren herausstellt, *gerechtfertigt*. Und damit auch die Existenz des produzierenden Menschen selbst, da ohne dessen im Schweiße seines Angesichts durchgeführte Arbeit die Verwandlung und die Rettung der Welt eben nicht zustande käme. Es ist also in den Augen des Wirtschaftsontologen unsere Mission, die Welt „zu sich zu bringen" und sie, um sie dieser ihrer Bestimmung zuzuführen, zu uns zu bringen: in die Hochöfen, Fabriken, Elektrowerke, Atommeiler, Radio- und Fernsehstationen. Diese sind die „Häuser des Seins", in denen der Mensch die Welt als Ganze der Transformierung zu unterziehen sucht: eine Aufgabe von solcher Ungeheuerlichkeit, daß die klassische homo faber-Definition auf den von diesem Transformierungsfieber ergriffenen Menschen nun schon nicht mehr paßt. Der klassische homo-faber hatte sich ja damit beschieden, Weltstücke zu verwenden, um seine eigene, von der Welt selbst nicht vorgesehene, Welt herzustellen, und darin seine Bestimmung und seine Freiheit gesehen. Was er dafür nicht benötigte, das ließ er intakt. Während der heutige Mensch in der Welt als ganzer eo ipso nur Material sieht; sich selbst lieber neue Bedürfnisse aufzwingt, als Seiendes intakt und unverwendet zu lassen; und die Welt als Ganze verarbeiten, verwandeln, „fertig machen" will. Sein Anspruch ist gewiß um nichts geringer, um nichts weniger universal als der religiöse oder der philosophisch-systematische. Er ist der Schmied des Seins; mindestens dessen Hirte.

Vermutlich wird es überraschen, hier in diesem, gewiß nicht heideggerisierenden Zusammenhange auf diesen Ausdruck Heideggers zu stoßen; und gewiß ist die Kluft zwischen „Hirte" und „Schmied", zwischen Heidegger, der dem „Sein" die „Sprache" als „Haus" zuweist* und der Wirtschaftsontologie, die die Welt in den oben genannten Transformations-Zucht- und Schlachthäusern unterbringt, unabmeßbar breit. Aber etwas Gemeinsames ist doch unbestreitbar: Eben die höchst eigentümliche Grundunterstellung, daß *das Sein unserer Hilfe bedarf*, daß es von sich aus nötig habe, „eingehaust" zu werden, daß es ohne uns keinen Nu leben, mit sich selbst nicht fertig werden könne, erst bei uns seinen Stall und seine Stelle finden müsse. Hier wie dort ist man bemüht, dem „Idealismus" (im Sinne unserer Definition) eine realistische Wurzel und Rechtfertigung zu verschaffen: und zwar eben dadurch, daß man der Welt oder dem Sein selbst das Bedürfnis unterschiebt, *meine* Welt zu werden. Beiden Philosophien liegt der Wunsch zugrunde, dem Menschen eine metaphysische Mission zuzuschanzen; ihm einen Auftrag weiszumachen; bzw. dasjenige, was er ohnehin tut, ex post als Auftrag zu rechtfertigen. Unbegreiflich ist dieser Wunsch allerdings nicht. In beiden Fällen handelt es sich um verzweifelte Proteste gegen die heutige „Stellung des Menschen im Kosmos" oder richtiger: gegen die Tatsache, daß der Mensch eben *keine* Stellung im Kosmos einnimmt, daß er, durch den Naturalismus zu einem Stück Natur unter Milliarden anderen Stücken Natur degradiert, der Illusion seines anthropozentrischen Privilegs beraubt worden ist. Beide Philosophien bezeugen, wie unsäglich schwer es ist, dieser Privileglosigkeit gewachsen zu bleiben, sie auszuhalten: denn in beiden wird eben der Versuch unternommen, eine Sonderstellung, eine Mission, eine *Unentbehrlichkeit des Menschen für die Welt* durch eine Hintertüre einzuschmuggeln. Der „Hirte" ist eben Zentrum der Herde; als solcher selbst kein Schaf. Ist der Mensch „Hirte des Seins" oder der Welt, dann „ist" er eben auch nicht nur im gleichen Sinne wie die Welt, sondern in einem speziellen anderen; und der Schild seiner metaphysischen Ehre ist wieder blank. Das gleiche gilt vom „Schmied der Welt". — In beiden Philosophien handelt es sich nun freilich um *verschämten Anthropozentrismus*, um eine neue Spielart, denn was sie behaupten, ist ja nicht eigentlich, daß die Welt für den Menschen, sondern umgekehrt *der Mensch für die Welt da* sei. In beiden ist die dem Menschen zugewiesene Rolle die eines *kosmischen Altruisten*, die eines *kosmischen Managers*, dem, was er besorgt, nicht selbst gehört, und dem nur das Beste von Welt und Sein am Herzen liegt. —

Aber wie faszinierend es auch sein mag, zu erkennen, daß so disparate Philosophien von heute als Philosophien *von heute* Grundthesen teilen, die sie mit keiner früheren Philosophie gemeinsam haben — entscheidend für unser Thema ist natürlich allein die Wirtschaftsontologie: also die Überzeugung, daß die Welt, so wie sie ist, keine fertige Welt, keine wahre Welt ist, eigentlich noch nicht *ist*; daß sie wahr und wahrhaft seiend erst dadurch werde, daß sie, von uns bearbeitet, fertiggemacht und in Zirkulation versetzt, *als* Welt also eigentlich zum Verschwinden gebracht wird.

Daß es Ereignisse gibt, die nicht ausgenutzt, nicht bearbeitet, nicht in Zirkulation gesetzt, nicht an den Mann gebracht, anonym, für nichts auftauchen, abrollen und wieder ins Nichts vergehen, ist für diese Philosophie ein einfach unerträglicher Gedanke; auf ähnliche Weise unerträglich, wie für uns etwa der Gedanke, daß es irgendwo vielleicht Weizenfelder oder Obstplantagen geben könnte, die, ohne abgeerntet zu werden, der Verfaulung entgegenreifen. Was nur ist, ist wie Nichtseiendes. Was nur ist, ist vergeudet. Soll es *sein*, so muß es geerntet werden. Und diese Ernte, die Ernte des Geschehens und der Geschichte, findet zum großen Teil in den Sendungen statt: der Sterbende, wenn übertragen, ist gerettet; die Niederlage, wenn vervielfältigt, gewonnen; das einsame Gebet, wenn millionenfach reproduziert, erhört. Nun erst, hier erst, *sind* sie. Was sie aber, ehe sie gemein geworden, gewesen, das verdämmert in wesenlosem Scheine. —

§ 24

Die Phantome sind nicht nur Matrizen der Welterfahrung, sondern der Welt selbst. Das Wirkliche als Reproduktion seiner Reproduktionen

„Wirklich seiend“ im Sinne der Wirtschaftsontologie ist also weder das Einzelne noch die Natur; sondern nur die Summe der in Reproduktionsreihen existierenden fertigen Produkte. Wesentlich für diese Produkte ist, daß sie versuchen, nichts zu sein als ihre Leistung (der Bedürfnisbefriedigung); aus nichts anderem zu bestehen, als aus derjenigen Qualität, die sie verkäuflich und verwendbar macht. Vollkommen wird dieses Ziel von keinem Produkte erreicht: jedes schleppt, schon durch Volumen, Gewicht und Bedienungszumutung, eine Sündenlast von Attributen mit sich herum, auf die die Nachfrage nicht aus ist, die der Käufer in Kauf zu nehmen hat. In einem gewissen skurrilen Sinne scheint sich jedes, der Seele gleich, zu schämen, an einen Leib gekettet zu sein, der Natur zuzugehören. Das Ideal, das es verfolgt, ist, diesen leiblichen Rest auf ein infinitesimales Minimum herabzudrücken, ein gewissermaßen engelhaftes Dasein zu erreichen.*

Das gilt nicht nur von physischen Produkten, sondern von allen; nicht nur von dem physischen Stoff, aus dem physische Produkte hergestellt werden; sondern von jedem, der bearbeitet wird. Also auch von dem Stoff, der in „Sendungen" verarbeitet wird: also von den *Ereignissen*.

So wie diese „von Natur aus" und als Einzelgeschehnisse passieren, taugen sie nichts; sind sie Rohstoff; schleppen sie eine Sündenlast von Attributen mit sich herum, die unverwendbar ist; können sie die Zensur der Wirtschafts-Ontologie nicht „passieren". Um etwas zu taugen, müssen sie vervielfacht, und da die Vervielfachung des Rohzustandes sinnlos wäre, „passiert werden", gewissermaßen erst durch die Passiermaschine getrieben, also gesiebt werden. Allein in diesem „passierten" Zustande sind sie nun gültig. Die Frage, was oder wie das Ereignis „in Wahrheit" sei oder gewesen sei, ist, da es sich eben um eine Ware handelt, unsachlich gefragt. Vor der gebrauchsfertigen Marmelade fragte man ja auch nicht, welche ursprünglichen Früchte durch die Passiermaschine getrieben worden waren, um als Marmelade herauszukommen. Vielmehr findet man vor dem Produkt: „das ist das Wahre", wenn es in der Verwendung funktioniert; sich als dasjenige herausstellt, was man braucht, und wenn es, in dieser Brauchbarkeit aufgehend, sich bewährt.

Dieser Wahrheitsbegriff des Produkts und der Ware, also der der *Bewährung*, wird nun durch die, im „passierten Zustande" als Radio- oder TV-Sendungen ankommenden Ereignisse auf das vollkommenste befriedigt. Da ist kein Totgewicht, von dem sie belastet wären; und nichts, was die Konsumenten in Kauf zu nehmen brauchten; weder Wege noch Anstrengungen noch Gefahren. Ja, die Perfektion geht soweit, daß sogar auch *nach* dem Konsum nichts als Rest bleibt, kein Kern, kein Haar und kein Knochen. Nicht einmal das Produkt selbst bleibt (etwa wie das Buch nach der Lektüre). Das Konsumgut ist pillengleich im Konsum aufgegangen, also verschwunden. Abgesehen von dem unsichtbaren Effekt, der darin besteht, daß der Konsument durch die Ware von neuem zum Massenmensch gemacht ist, ist alles beim alten. Nichts braucht fortgeräumt oder gewaschen zu werden; nichts ist geschehen, nichts geblieben, nichts bleibt; die Folgenlosigkeit ist vollkommen. Der Gefahr, daß dem Konsumenten eine unerwünschte Aufstapelung von Kulturgütern zugemutet werden könnte, ist jeder Riegel vorgeschoben. Keine Bildung droht. —

Aber diese Darstellung ist noch unzulänglich. Nicht erst unser Brot ist ein künstliches Produkt, sondern bereits dessen Rohmaterial, das Getreide, das ja, obwohl noch wachsend, doch bereits so wächst und als eine solche Art wächst, wie es für dessen Verwendung als Produkt am günstigsten ist. Wesentlich für Kultur, namentlich für die heutige Massenproduktion, ist nicht nur die nachträgliche Bearbeitung des vom Schicksal geschenkten Stoffes, sondern bereits die Lenkung dieses Stoffes selbst. In der Tat gibt es keine Produktion, die nicht versuchte, in den Rohstoff *so früh wie möglich* einzugreifen, d. h.: ihm gar keine Zeit zu lassen, überhaupt „nur Rohstoff" zu sein; und die sich nicht bemühte, auch ihn schon einzuspannen und auch sein Werden schon zum ersten Stadium der Produktion zu machen. Und das gilt auch von dem Produktionszweig „Sendungen". Ihr Rohmaterial besteht zum großen Teile aus Ereignissen. Daher versucht man, auch diese bereits zu züchten, sie also so geschehen zu lassen, daß sie fit für ihre Fertigwarenfunktion sind; ihnen so früh wie möglich, oder von vorneherein, eine *optimale Reproduktionseignung* zu verleihen; also dafür zu sorgen, daß sie ihren Reproduktionen ohne Schwierigkeit als Unterlage dienen können. *Das Wirkliche — das angebliche Vorbild — muß also seinen eventuellen Abbildungen angemessen, nach dem Bilde seiner Reproduktionen umgeschaffen werden.* Die Tagesereignisse müssen ihren Kopien zuvorkommend nachkommen. Wirklich gibt es bereits zahllose Geschehnisse, die nur deshalb so geschehen, wie sie geschehen, damit sie als Sendungen brauchbar seien; ja solche, die überhaupt nur deshalb geschehen, weil sie *als* Sendungen erwünscht oder benötigt sind. Wo in solchen Fällen die Realität aufhört und das Spiel anhebt, ist nicht mehr zu beurteilen. „Wenn Richter, Zeugen und Anwälte . . . ihre Tätigkeit im Bewußtsein der Tatsache ausüben müssen, daß vielleicht zehn Millionen Menschen ihnen zusehen, dann muß die Versuchung, Theater zu spielen, allmächtig werden." (Ausspruch des Judge Medina, zitiert nach New York Herald, 13. Sept. 1954.) Ja, die Frage, wo die Wirklichkeit aufhöre und der Schein anhebe, ist bereits falsch gestellt: denn Radio und Bildschirm und der Phantomkonsum sind selbst soziale Realitäten von solcher Massivität, daß sie mit den meisten anderen Realitäten von heute den Kampf aufnehmen können, daß sie, „was wirklich ist", „wie es wirklich passiert", selbst bestimmen. Die Karl Kraus'schen Zeilen, in denen er bereits einen Skandal zu geißeln glaubte:

„Im Anfang war die Presse,
und dann erschien die Welt"

sind also bereits harmlos geworden. Denn heute müßte es heißen:

„Im Anfang war die Sendung,
für sie geschieht die Welt."

Völlig unbekannt ist uns dieses invertierte, um nicht zu sagen pervertierte, Verhältnis von Modell und Reproduktion freilich nicht: neben ihren tausend Projektionen gelten die Modelle: die wirklichen Filmstars, nichts; und wie sie, die „wirklichen", in Hollywood als Fleisch und Blut herumlaufen, sind sie eigentlich auch nur noch die erbärmlichen Gespenster ihrer Reproduktionen; Gespenster, die vergeblich versuchen, ihren Großaufnahmen gewachsen zu bleiben.

Weitgehend gleichen ihnen heute bereits viele Ereignisse: die Fußballmatches, Gerichtsverhandlungen, ja politischen Demonstrationen, die eigentlich bereits, im Vergleich zu ihren millionenfach gehörten und gesehenen Übertragungen, unscheinbar und unwirklich geworden sind; dies jedenfalls wären, wenn nicht eben ihre Faktur bereits dadurch bestimmt wäre, daß sie reproduziert und übertragen werden. Statt für die angeblichen Originalbeteiligten und Originalzuhörer sind sie schon *von vornherein* für die

Millionen von Reproduktionslauschern und -zuschauern gemeint. Viele von ihnen sind nicht etwa so wichtig, daß sie übertragen werden, sondern werden erst durch die Übertragung wichtig, gedeihen erst durch diese zu geschichtlicher Realität, werden, nur weil die Übertragung wichtig ist, arrangiert. Theatrum mundi. –

Im weitesten Umfange ist heute also das „original Wirkliche" nichts anderes als die Ausrede für seine Kopien. Und an solchen „Originalen" „wirklich" teilzunehmen, reizt den, selbst schon zur Kopie gemachten, Zeitgenossen so wenig, wie es den Leser reizt, an die gegossene Matrize der Buchseite heranzukommen; oder den platonischen Höhlenbewohner, der Idee habhaft zu werden.*

* * *

Da sitzen wir nun also, wir die Brüderschaft des Lynkeus von heute, „zum Sehen geboren, zum Schauen bestellt", und schauen. Aber nicht Lynkus scheint unser Patron, nicht er unser Vorbild. Und nicht wie *er* schauen wir. Sondern, da wir unser Haus nicht verlassen, da wir lauern, daß die Beute uns ins Netz falle, wie die Spinne. Zur Falle ist unser Haus geworden. Nur was in ihr sich verfängt, ist uns Welt. Außerhalb ist nichts.

Da sitzen wir also, und ein Bissen Welt fliegt uns ins Netz und ist unser.

Aber was uns da zuflog, flog nicht, sondern es wurde uns zugeworfen. Aber was uns da zugeworfen wurde, war kein Bissen Welt, sondern ein Phantom. Aber das Phantom war kein Nachbild der Welt, sondern der Abzug von einer Matrize. – Und *unser* ist dieser Abzug nur deshalb, weil er uns nun zur Matrize werden soll, weil wir uns nun umschaffen sollen nach seinem Bilde. Und umschaffen sollen wir uns, damit wir nichts anderes „*unser*" nennen und keine andere Welt haben neben ihr. –

Da sitzen wir nun also vor dem Abzug, der behauptet, ein Phantom zu sein, das behauptet ein Abbild zu sein, das behauptet, die Welt zu sein. Und verzehren ihn und werden wie er.

Wenn aber einer unter uns wäre, der doch noch lynkeushaft: „zum Sehen geboren, zum Schauen bestellt", sich loszureißen suchte von diesem Truge und sich aufmachte, um wirklich „in die Ferne zu blicken“ und „in der Nähe zu sehen“ — rasch würde er seine Suche aufgeben, um als völlig Betrogener zurückzukehren. Denn draußen würde er nun nichts anderes mehr vorfinden, als die Vorbilder jener Bilder, die seine Seele schablonenhaft hatten prägen sollen; nichts anderes als die diesen Bildern nachgebildeten Vorbilder, nichts anderes als die für die Herstellung der Matrizen benötigten Matrizen. Und befragt, wie es um das Wirkliche nun wirklich bestellt sei, würde er antworten, dessen Bestimmung sei nun keine andere mehr, als wirklich wirklich zu werden in der Unwirklichkeit seiner Abzüge. —

V

SPRUNG INS ALLGEMEINERE

„Laß mich scheinen, bis ich werde“ (Mignon)
„Laß mich werden, bis ich scheine“ (V.)

§ 25

Fünf Konsequenzen:
Die Welt ist „passend“ — Die Welt verschwindet — Die Welt ist postideologisch — Geprägt werden immer nur Geprägte — Das Dasein in dieser Welt ist unfrei

Fassen wir die Matrizenleistung noch einmal zusammen: Wie wir gesehen hatten, prägen die Matrizen nach zwei Seiten:

1. prägen sie die wirklichen Ereignisse: die nun von vornherein *als* Reproduktionsunterlagen stattfinden, da ihnen soziale Realität erst als reproduzierten zukommt; da sie „wirklich“ erst werden *als* reproduzierte.

Und 2. prägt dieses Wirkliche nun seinerseits (als ‚Tochtermatrize‘)* die Seelen der Konsumenten. —

Wenn nun die Ereignisse von vornherein geprägt stattfinden; und wenn andererseits der Konsument von vornherein geprägt, also warenreif, bereitsteht, so ergeben sich daraus folgende fünf, für die Schilderung der Epoche entscheidende, Konsequenzen:

I. *Die Welt „paßt" dem Menschen*; der Mensch der Welt; so wie der Handschuh der Hand, die Hand dem Handschuh; die Hose dem Leib, der Leib der Hose.

Die Bezeichnung heutiger Produkte oder Menschen als „von der Stange gekaufter Konfektionsware" ist ja üblich. Aber unser Vergleich mit Kleidung zielt auf etwas anderes; auf Grundsätzlicheres: nämlich auf die Bestimmung der Gegenstands-Klasse, der die heutige Welt zugehört.

Zum Wesen der Kleidung gehört es nämlich — und dieses Merkmal macht sie zu einer eigenen Klasse — daß sie uns nicht ‚gegenübersteht', sondern uns „*sitzt*"; und zwar so passend, so angegossen, so *widerstandslos*, daß sie *als* Gegenstand in der Benutzung nicht mehr gespürt oder erfahren wird. —

Bekanntlich hat Dilthey die Tatsache des ‚*Widerstandes*' als Argument für die ‚Realität der Außenwelt' herangezogen. Da sich das Verhältnis des Menschen zur Welt als Zusammenstoß und als mehr oder minder pausenlose Friktion vollzieht, nicht als neutraler Bezug auf ein Etwas, (das sich, nach Descartes, auch als ein uns weisgemachtes Phantom entpuppen könnte) ist die Betonung des „Widerstandscharakters" der Welt außerordentlich wichtig.

Um so wichtiger, als sich aus dieser Tatsache alle Aktivitäten des Menschen herleiten lassen: nämlich als immer neue Versuche, die Friktion zwischen Welt und Mensch auf ein Mindestmaß zu reduzieren, also eine Welt herzustellen, die dem Menschen besser oder vielleicht sogar schlechthin, mithin kleidartig, „paßt".

Und diesem Ziele scheint man nun so nahe gekommen wie nie zuvor. Jedenfalls ist die Anpassung des Menschen an die Welt und die der Welt an den Menschen nun so vollständig, daß der „Widerstand" der Welt unspürbar geworden ist; daß

II. *die Welt als Welt verschwindet.* — Diese neue Formel macht es nun freilich deutlich, daß selbst unser Hinweis auf die Gegenstandsklasse „Kleid" nur als ein vorläufiger Hinweis dienen kann. Denn gehört es auch zum Wesen der Kleidung, als Gegenstand unspürbar zu bleiben — effektiv verschwindet sie in der Benutzung ja nicht. Effektiv verschwinden nur die Gegenstände einer einzigen

Gegenstandsklasse: die der *Genußmittel*, die zu keinem anderen Zwecke da sind, als zu dem, vernichtet bzw. absorbiert zu werden: Und dieser Klasse gehört die gesendete Welt nun an. –

Die Idee einer Welt, die als ganze dieser Klasse zugehört, ist nicht neu. Als materialistische aetas aurea-Phantasie sogar uralt. Ihr Name ist „*Schlaraffenland*".

Dieses Schlaraffenland ist, wie man sich erinnert, *im ganzen eßbar*, mit Haut und Haaren, weil sie eben ‚Haut und Haare', das heißt: ungenießbare Reste, schon nicht mehr enthält. Und jener letzte ‚Widerstand', den die räumliche oder geldliche Distanz der Ware vom Konsumenten gewöhnlich darstellt, ist dort gleichfalls vernichtet, weil sich die Gegenstände, die ‚gebratenen Tauben', selbst ‚senden', nämlich in die bereits offenen Mäuler hineinfliegen. Da die Stücke dieser Welt keinen anderen Zweck haben als den, einverleibt, verzehrt und assimiliert zu werden, besteht der Daseinsgrund der Schlaraffenwelt ausschließlich darin, *ihren Gegenstandscharakter zu verlieren*; also nicht *als* Welt dazusein.

Und damit ist die heutige ‚gesendete' Welt beschrieben. Wenn diese in unsere Augen oder Ohren hineinfliegt, soll sie als „*eingängige*" widerstandslos in uns untergehen; unsere, ja sogar ‚*wir selbst*' werden.*

III. *Unsere heutige Welt ist ‚post-ideologisch'*, das heißt: ideologie-unbedürftig. – Womit gesagt ist, daß es sich erübrigt, nachträglich falsche, von der Welt abweichende, Welt-Ansichten, also Ideologien, zu arrangieren, da das Geschehen der Welt selbst sich eben bereits als arrangiertes Schauspiel abspielt. *Wo sich die Lüge wahrlügt, ist ausdrückliche Lüge überflüssig.*

Was sich hier abspielt, ist gewissermaßen die Umkehrung dessen, was *Marx*, als er auf einen post-ideologischen Zustand hoffte, in seiner wahrheits-eschatologischen Spekulation geweissagt hatte: während er damit gerechnet hatte, daß es die verwirklichte Wahrheit sein würde, die der Philosophie (und das bedeutete für ihn eo ipso: der „Ideologie") ihr Ende bereiten würde, hat sich nun umgekehrt die triumphierende Unwahrheit verwirklicht; und was ausdrückliche Ideologie überflüssig gemacht hat, ist die Tatsache, daß unwahre Aussagen über die Welt – „Welt" geworden sind. –

Natürlich klingt die Behauptung, daß „Welt" und „Ansicht von

Welt", daß Wirkliches und Deutung von Wirklichem nicht mehr zweierlei sein sollen, sehr befremdlich. Aber diese Befremdlichkeit verliert sich sofort, wenn man sie im Zusammenhange mit anderen analogen Zeiterscheinungen sieht. Etwa mit der, daß Brot und Brotschnitte (da das Brot bereits geschnitten verkauft wird) nicht mehr zweierlei sind. So wenig wir das bereits gebackene und geschnittene Brot zuhause noch einmal backen und schneiden können, so wenig können wir das Geschehen, das uns in ideologisch bereits „vorgeschnittenem", in vorgedeutetem und arrangiertem Zustande erreicht, ideologisch noch einmal arrangieren oder deuten; oder von dem, was ab ovo als ‚Bild' geschieht, uns zuhause noch einmal „ein Bild machen". Ich sage: wir *können* es nicht: denn ein solches „zweites Arrangement" ist nicht nur überflüssig; sondern undurchführbar. —

Dieses „Nichtkönnen" ist nun aber eine höchst eigentümliche Art von Unfähigkeit; eine ganz neuartige:

Wenn wir früher unfähig waren, dieses oder jenes Stück Welt aufzufassen oder zu deuten, so deshalb, weil das Objekt sich uns entzog oder uns einen Widerstand entgegensetzte, den wir nicht brechen konnten. Daß hier von solchem Widerstande keine Rede sein kann, haben wir ja gesehen. Aber es ist überraschenderweise gerade diese *Widerstandslosigkeit* der gesendeten Welt, die deren Auffassung und Deutung verhindert. Oder vielleicht gar nicht so überraschender Weise: Die glatte Pille, die widerstandlos herunterrutscht, fassen wir nicht auf; wohl aber das Stück Fleisch, das wir erst kauen müssen. Und derart pillen-artig ist die gesendete, „leicht eingängige" Welt. — Oder, in einem anderen Bilde: Da sie sich zu leicht macht (gewissermaßen als eine ‚réalité trop facile', analoge zu ‚femmes faciles'), da sie zu entgegenkommend ist, da sie sich im Augenblick ihres Auftretens auch schon gegeben hat, kommen wir gar nicht dazu, sie eigens zu ‚nehmen'; oder gar dazu, um sie und ihren Sinn erst zu werben.

IV. *Geprägt werden immer schon Geprägte.* — Was von der gesendeten Welt gilt: daß in ihr die gewöhnlich als selbstverständlich unterstellte Zweiheit überholt sei, das gilt auch von uns, den Konsumenten der vorgeprägten Welt. Zu der Konformismus-Situation von heute gehört ja, daß der Mensch der Welt „passe", genau so, wie daß die Welt dem Menschen „passe"; das heißt: die Unterscheidung zwischen einem erst einmal bestehenden tabula rasahaften Zustande des Konsumenten und einem Vorgang, in dem das Weltbild in diese Platte eingedrückt würde, erübrigt sich. Immer ist der Konsument bereits vorverbildet, immer schon vorbildbereit, immer schon matrizenreif; mehr oder minder entspricht er immer schon der Form, die ihm aufgeprägt werden wird. Jede einzelne Seele liegt der Matrize passend auf, gewissermaßen wie ein Tiefrelief einem ihm korrespondierenden Hochrelief; und so wenig der Matrizenstempel die Seele noch eigens „beeindruckt" oder gar in diese einschneidet, weil die Seele auf ihn eben bereits zugeschnitten ist; so wenig hinterläßt die Seele in der Matrize Spuren, da diese eben bereits gespurt ist. —

Das Hin und Her zwischen Mensch und Welt vollzieht sich also als ein zwischen zwei Prägungen sich abspielendes Geschehen, als Bewegung zwischen der matrizengeprägten Wirklichkeit und dem matrizengeprägten Konsumenten; auf höchst gespensterhafte Weise also, da in ihm Gespenster mit (von Gespenstern hergestellten) Gespenstern umgehen. Aber daß das Leben durch diese seine Gespensterhaftigkeit unwirklich würde, kann man trotzdem nicht behaupten. Es ist sogar furchtbar wirklich. Ja, wirklich furchtbar.

V. *Denn das Dasein in der Welt des post-ideologischen Schlaraffenlandes ist total unfrei.*

Wie unbestreitbar es auch sein mag, daß uns heute tausende von Geschehnissen und Weltstücken in Ohr und Auge fliegen, von denen unsere Ahnen ausgeschlossen gewesen waren; ja, daß es uns sogar vergönnt ist, uns auszuwählen, welche Phantome wir uns zufliegen lassen wollen — da wir der Lieferung, ist sie erst einmal da, ausgeliefert sind; da uns die Freiheit, ihr näherzukommen oder ihr gegenüber gar Stellung zu nehmen, geraubt ist, sind wir betrogen. Und zwar auf die gleiche Weise betrogen wie durch jene Grammophonplatten, die uns nicht nur diese oder jene Musik vorspielen, sondern zugleich auch den Applaus und die launischen Zwischenrufe, in denen wir unseren eigenen Applaus und unsere eigenen Zwischenrufe erkennen sollen. Da uns diese Platten nicht nur die Sache zustellen, sondern auch unsere Reaktion auf die Sache, sind wir durch sie *mit uns selbst beliefert.*

Was im Falle dieser Grammophonplatten ohne jede Scham geschieht, mag zwar in anderen Sendungen etwas diskreter vor sich gehen; aber der Unterschied ist nur einer der Deutlichkeit; das Gleiche geschieht in jeder Sendung: es gibt kein gesendetes Phantom, dem nicht sein „Sinn", also das, was wir von ihm denken und dabei fühlen sollen, als integrierendes und von ihm nicht mehr ablösbares Element bereits innewohnte; keines, das uns nicht die uns abverlangte Reaktion als Rabatt gleich mitlieferte. — Was wir freilich nicht merken. Und zwar deshalb nicht, weil die tägliche und stündliche Überfütterung mit Phantomen, die als „Welt" auftreten, uns daran hindert, jemals Hunger nach Deutung, nach eigener Deutung, zu verspüren; und weil wir, je mehr wir mit arrangierter Welt vollgestopft werden, diesen Hunger um so gründlicher verlernen.

Aber die Tatsache, daß uns die Unfreiheit selbstverständlich vorkommt, daß wir sie *als* Unfreiheit überhaupt nicht spüren; oder wenn, dann als sanft und bequem, macht den Zustand um nichts weniger verhängnisvoll. Im Gegenteil: Da der Terror auf Taubenfüßen geht, da er jede Vorstellung eines möglichen anderen Zustandes, jeden Gedanken an Opposition endgültig ausschließt, ist er in gewissem Sinne fataler als jede offene und als solche erkennbare Freiheitsberaubung. —

Wir hatten unserer Untersuchung eine Fabel vorangestellt: die Fabel von dem König, der seinem, gegen seinen Willen durch die Gegend streifenden Sohne Wagen und Pferde schenkte, und dieses Geschenk mit den Worten begleitete: „Nun brauchst du nicht mehr zu Fuß zu gehen." Der Sinn dieser Worte war gewesen: „Nun darfst du es nicht mehr." Dessen Folge aber: „Nun kannst du es nicht mehr."

Und dieses Nichtkönnen hätten wir nun also glücklich erreicht.

§ 26

Die tragikomische Abwehr:
Der Zeitgenosse stellt Widerstände als Genußgegenstände her

Wir sagten: Da die Schlaraffenwelt bereits in bearbeiteter Version, in genußfertigem Zustande bei uns eintreffe, seien wir verhindert, sie noch einmal zu bearbeiten.

Aber obwohl bequem, ohne weiteres ertragbar und akzeptabel ist diese Verhinderung nicht. Schließlich sind wir von Natur aus bedürftige Wesen, also konstitutiv auf eine uns passende Welt, auf ein Schlaraffendasein, nicht eingerichtet; vielmehr darauf, unsere Bedürfnisse erst zu stillen; das Mangelnde erst zu erwerben; die unfertigen und widerspenstigen Dinge erst einmal zurechtzuschneidern, *damit* sie uns „passen". *Nicht nur mit dem Bedürfnis nach Sattsein werden wir geboren, sondern mit dem „zweiten Bedürfnis" nach der Durchführung der Sättigung.* Nicht nur ohne Speise zu leben, ist uns unerträglich; sondern auch ohne deren Beschaffung.

Gewöhnlich wissen wir freilich von diesem „zweiten Bedürfnis" nichts. Werden wir aber von dessen Stillung ausgeschlossen; werden wir so befriedigt, daß die Befriedigung des ersten Bedürfnisses nicht mehr das Ergebnis unserer eigenen Tätigkeit ist, dann fühlen wir uns getäuscht, nicht um die „Frucht unserer Arbeit", sondern *um die „Arbeit für unsere Frucht";* dann wissen wir nichts mit uns anzufangen, da wir vom Leben erwarten, daß es sich weitgehend als Lebensmittelbeschaffung abspiele — kurz: dann bricht das „zweite Bedürfnis", der „zweite Hunger" aus: nicht Hunger nach Beute, sondern nach Mühsal; nicht nach Brot, sondern nach dessen Beschaffung; nicht nach dem Ziel; sondern nach dem, nun zum Ziel werdenden, Wege.

Daß in „Muße-Klassen", die ihrer Mühen enthoben waren, stets *Gier nach Mühe* ausgebrochen ist, ist ja bekannt. Aber trophäensüchtig war weder der Fuchsjäger noch der Sonntagsangler; jedenfalls nicht an erster Stelle; sondern beschaffungs-gierig. Nicht nach Beute jagten sie, sondern nach der Chance, jagen zu dürfen. Und wenn sie Fuchs, Hirsch oder Hecht töteten, so oft nur deshalb, weil sich ohne Zielscheibe der Genuß des Zielens, ohne Beute-Tier der Genuß der Beschaffung eben nicht beschaffen ließ. Das Ziel war die Ausrede für die Mühe und den Weg.

Diese Situation ist heute nun allgemein geworden. Und zwar dadurch, daß heute (so unglaubhaft das auch klingen mag) jeder, auch jeder Arbeiter, zur „leisure class" gehört. Was nicht falsch verstanden werden darf: denn gemeint ist damit lediglich, daß ihm das, was er zum Leben braucht, fertig zur Verfügung gestellt wird. Selbst der ärmste Baumwollpflücker im Süden kauft ja seine Bohnen in vorgebackenem Zustande, also genußfertig. Ja, gerade er. So wahr es auch heute noch ist, was das Neunzehnte Jahrhundert ausschließlich betont hatte: daß der Arbeitende an der Frucht seiner Arbeit nicht teilnehme; nicht minder wahr ist es heute im Zwanzigsten — und ohne Betonung dieses Pendants bliebe das Bild unseres Jahrhunderts unvollständig — daß er an der Arbeit, die ihm die Genußobjekte (vor allem die Muße-Objekte) ins Haus liefert, gleichfalls nicht teilnimmt. *Sein Leben* — unser aller Leben — ist *doppelt entfremdet: Nicht nur aus Arbeit ohne Frucht besteht es, sondern auch aus Frucht ohne Arbeit.* „Um Fische zu essen", heißt es in einem molussischen Spruch, „muß man Hasen jagen; und um Hasen zu essen, auf Fischfang ausziehen. Es ist nicht überliefert, daß irgendeiner, der Hasen gejagt hat, jemals Hasen gegessen hätte."

Diese zweite Entfremdung zwischen der Arbeit und ihrer ‚Frucht' ist das charakteristische Trauma unserer Schlaraffensituation. Kein Wunder also, daß in ihr die Gier nach Mühe ausbricht; das Bedürfnis, zuweilen oder mindestens einmal eine Frucht zu genießen, die man selbst gezogen; ein Ziel zu erreichen, das man selbst erwandert; einen Tisch zu verwenden, den man selbst gezimmert hat; die Gier nach einem Widerstande, und nach der Anstrengung, diesen zu brechen.

Und diese Gier stillt der Zeitgenosse nun. Und zwar auf künstlichste Weise: Nämlich dadurch, daß er, um Widerstände überwinden und deren Überwindung genießen zu können, Widerstände eigens herstellt, bzw. für sich herstellen läßt. *Widerstände sind heute zu Produkten geworden.*

Unbekannt ist dieser Vorgang ja nicht. Weitgehend hatte ja bereits der Sport (der nicht zufällig als Zwillingsbruder der Industrie großwurde) als ein solches Genußmittel gedient. Den unerkletterbaren Gipfel (der uns ja durchaus nicht im Wege stand, im Gegenteil. zu dem wir erst hinreisen mußten), ernannten wir zum Hindernis, *um* ihn zu überwinden und um die Überwindung genießen zu können.

Ungleich charakteristischer für heute ist aber jener verhältnismäßig junge Hobby, der unter dem Slogan *„do it yourself“* grassiert: Millionen verbringen nun nämlich ihre Muße damit sich Steine in den Weg zu legen: sich technische Schwierigkeiten zu bereiten, auf die „facilities“ des Zeitalters zum Spaß zu verzichten oder die Dinge, die sie an der nächsten Ecke kaufen könnten, selbst zu basteln. Schon im Jahre 41 war ich in einer Werkstätte angestellt, in der man maschinell als Massenartikel „hand weaving looms“, also Handweberahmen, herstellte, die von denjenigen Frauen gekauft wurden, die danach hungerten, am Feierabend endlich einmal den Genuß der schwierigen Arbeit auszukosten. Den Männern aber ist jede elektrische Störung im Haus, jede Schraubenlockerung im Wagen willkommen, weil sie ihnen eine bittere Mühe verspricht, die ihren Sonntag versüßen wird. Und nicht zufällig ist der Taschenuhr-Zerleger eine häufige Figur in Witzblättern: Die einzige Methode, die diesem erbarmungswürdigen Sohn unserer Epoche übriggelassen ist, um einmal selbst ein Ding zu machen, besteht eben darin — anderen Rohstoff bietet ihm seine Fertigwarenwelt nicht mehr — ein fertiges Produkt auseinanderzunehmen; und nachdem er so, zur Demolierung verurteilt, „Rohstoff“ aus dem fertigen Dinge hergestellt, dieses Ding in zweiter Schöpfung noch einmal herzustellen; wodurch er sich die kleine Freude verschafft, es selber oder mindestens beinahe selber gemacht zu haben. Die Art der Schwierigkeit, die er sich in den Weg legt, ist identisch mit der von Puzzlespielen, denn auf mehr als Zusammensetzen aus fertigen Elementen à la Hume läuft sein Schöpfungsakt ja auch nicht heraus. Und die Beliebtheit dieser auch von Erwachsenen gespielten Spiele gehört in den gleichen Zusammenhang.

Vollkommenes Glück erhofft er aber (und er hätte Recht auf dieses Glück, denn was kann er schon für sich selbst, für die unselige Epoche, in die er hineingeboren, und was für die Jämmerlichkeit seiner Rettungsversuche?) — vollkommenes Glück, wenn er am Wochenende im Wagen herausfahren kann, um mit Hilfe irgendeines nagelneuen und „garantiert auf primitivste Weise" Funken schlagenden Gerätes „selbst" Feuer zu machen; um robinsonhaft an diesem Feuer seine auf Trockeneis mitgebrachten ‚Frankfurter' „selbst" zu rösten; oder um pionierartig sein Zelt „selbst" aufzuschlagen; oder um sogar den Tisch für sein portable Radio aus den vorgebohrten Holzblöcken „selbst" zusammenzuschrauben.

Daß diese Jugendbewegung der Erwachsenen, diese Gier, zwecks Erholung von Belieferung mit Fertigwaren, in eine frühere Produktionsstufe zurückzuspringen (die zu den wenigen tragikomischen Zügen der Epoche gehört und die ein echtes sujet für eine heutige Posse abgeben könnte) erfolglos bleiben muß, hat unsere Schilderung ja schon deutlich genug gemacht. Die Millionen plagen sich nach ihrer Plage ganz umsonst ab. Denn natürlich hat sich die Industrie dieser, durch sie selbst hervorgerufenen, Abwehrbewegung genau so prompt bemächtigt wie jeder anderen Bewegung, die auf Grund neuer Bedürfnisse den Verkauf neuer Produkte in Aussicht stellt. Noch ehe der „do it yourself-Furor" seinen Höhepunkt erreicht hatte, hielten daher die Firmen eigens zu diesem Zwecke als Fertigwaren fabrizierte Werkteile wie „camping gadgets" und dergleichen bereit: also Stücke, deren paradoxer Zweck darin bestand, den Hobbyisten, die den Drang verspürten, sich selbstbehindernd und selbsttuend auszutoben, diese ihre Tätigkeit so bequem wie möglich zu machen. Und natürlich konnten die über Nacht in Selbsthersteller transformierten Kunden die ihnen tief in den Knochen sitzende Gewohnheit, das als das „Praktischste" Angekündigte, also das Zeit und Mühe am besten Sparende, nicht sofort loswerden: Also kauften sie die für ihre neue Tätigkeit angeblich „praktischsten" Fertigwaren wirklich, wodurch nun natürlich der Genuß ihres selber-Tuns im Nu verspielt war. Denn hokuspokusfidibus stand nun, da alle für ihr selber-Tun bestimmten Werkteile vorfabriziert in ihrer Hand lagen, und da ihr Beitrag auf ein bloßes, aus der Gebrauchsanweisung abzulesendes Baukastenspiel reduziert war, ihr Pionierzelt fix und fertig da.

Sie hatten nichts mehr zu tun. Das vacuum umgab sie von neuem. Und es war ein wahrer Segen, daß sie ihr Radio bei sich hatten, und daß sie ihre Phantome wie eh und je wieder zu sich zitieren konnten. — Wenn das nicht „Dialektik" ist, dann weiß ich nicht, was das Wort bedeutet.

In den gleichen Zusammenhang gehört die schon seit längerem bestehende Bewegung für „Creative Self-Expression", z. B. für „schöpferisches Malen" oder „schöpferisches Schreiben"*; eine Bewegung, die Tausende dazu ermutigt, nach der Arbeit oder am Sonntag oder im hohen Alter (wenn man für einen job ohnehin nicht mehr in Betracht kommt, gleichviel: „life begins at seventy") selbst etwas zuwege zu bringen; also sich so zu beschäftigen, daß nun endlich einmal „Arbeit" und „Frucht der Arbeit" einen sichtbaren Zusamenhang bilden. — Natürlich ist auch diese Bewegung eine Gegenmaßnahme gegen die pausenlose Belieferung mit fertigen Produkten, namentlich mit fertig gedeuteten Weltbildern; auch sie ein Versuch, ein ganz klein wenig tröstliche Mühe in die Hoffnungslosigkeit des Schlaraffendaseins einzuschmuggeln. Aber auch sie ist natürlich zum Tode verurteilt. Davon, daß die Jünger dieser Bewegung, die teils aus Langeweile, teils aus hygienischen Gründen, teils einfach deshalb, weil es als ein ‚must' gilt, plötzlich „schöpferisch" geworden sind, gar kein Werk haben können, auf das es ihnen ankommt; daß es ihnen vielmehr einzig am Herzen liegt, eines auszudrücken, davon will ich gar nicht sprechen. Entscheidend ist, daß das „schöpferisch-Sein" in Massen-, ja Fernkursen über den Rundfunk gelehrt wird („how to get creative"); also auch die Elemente der Schöpferischkeit vor-fabriziert ins Haus geliefert werden. Kurz, diese Tragi-Komödie unterscheidet sich in nichts von der des Kunst-Robinsons. Auch sie ist eine, mit allem Fertigwaren-Luxus der Neuzeit unternommene Exkursion des antiquierten Menschen in eine antiquierte Produktions- und Daseinsstufe; eine Exkursion, die natürlich, da Art und Stil der Reise dem Reiseziel widersprechen, niemals ankommen kann. —

§ 27

Noch einmal: Das Wirkliche als Abbildung seiner Abbildungen – Die Metamorphose der Schauspielerin V. in eine Reproduktion ihrer Reproduktion

Die befremdlichste Behauptung unserer ganzen Untersuchung war wohl die Schlußthese gewesen, daß sich heute das Wirkliche bereits in Hinblick auf seine Reproduktionen, ja diesen zuliebe, abspiele; daß es seinen Abbildungen entgegenkommen müsse, da diesen eben die massivere soziale Realität zukomme, und daß es damit zur Abbildung seiner Abbildungen werde.

Um zu zeigen, daß es sich bei dieser Behauptung nicht um ein theoretisches Paradox handele, schließe ich mit der Schilderung eines ganz konkreten Vorfalls. Daß dieser Fall: die Metamorphose der Schauspielerin V. in eine Reproduktion ihrer Reproduktion, nicht aus dem Beispielskreis Radio oder Fernsehen stammt, sondern aus dem des Film-Betriebs, macht keinen wesentlichen Unterschied mehr aus. Schon in unseren letzten Paragraphen hatten wir ja unseren Beispielhorizont immer wieder durchbrochen; und zwar absichtlich: weil es nämlich irreführend gewesen wäre, die Kategorien „Phantom" und „Matrize", auf die allein es uns ja ankommt, als Monopol-Kategorien von Radio und Fernsehen, von denen wir sie ursprünglich abgelesen hatten, zu betrachten. Der Anwendungsbereich dieser Kategorien ist sehr viel breiter; die Geltung unserer Ergebnisse sehr viel allgemeiner, als wir es zu Beginn der Spezialuntersuchung vorausgesehen hatten.

Ich zitiere aus meinem Kalifornischen Tagebuch.

1941

„Als der Produzent M. vor einem halben Jahr V.s Probeaufnahmen gesehen hatte, hatte er gemeint: ‚Erst einmal, meine Liebe, werd mir *more photogenic*. Dann werden wir sehen.' Womit er meinte: ehe du unsere Phantome nicht erfolgreicher als Matrizen deines wirklichen Aussehens verwendet hast, ehe du dich nicht nach deren Vorbild umgeprägt hast, kommst du als zu betrachtendes Phantom nicht in Betracht.

V. war zwar immer sehr stolz auf ihr durchaus einmaliges Aussehen gewesen, aber ihre Gier nach der Phantom-Karriere stellte sich als ungleich vehementer heraus. Unter Aufbietung der letzten finanziellen Reserven ihrer längst vergessenen Familie und ihrer seit langem schon verleumdeten Ex-Freunde, unter Hintansetzung jeder Lebensfreude, mit asketischster Ausschließlichkeit machte sie sich damals also an ihre Umpräge-Arbeit. Und zwar nahm sie — denn allein kann das niemand — die Hilfe all jener kunstgewerblichen Spezialisten (sie bilden hier eine ganze Berufsgruppe) in Anspruch, die den wirklichen Menschen als ein schlechtes und verbesserungsbedürftiges Material, das Phantom dagegen als das Gesollte betrachten; also all jener, die aus der Differenz zwischen Wirklichkeit und Phantom ihr täglich Brot machen, und die ihr Geschäft auf der tollen Gier jener, die sich, wie V., diese Differenz fortoperieren zu lassen wünschen, aufgebaut haben. V. begann also, vom Schönheitssalon zum Masseur, vom Masseur zum Schönheitssalon zu laufen; lieferte sich Reduktionsanstalten und Augenwinkelfaltenspezialisten aus, selbst Chirurgen ans Messer — zu ihrem Verderben, wie ich schwor, und zu deren Gedeih; ließ sich von außen und innen, von vorne und von hinten bearbeiten; schlief nach der Uhr im Schweiße ihres Angesichts Pflichtstunden, einmal in dieser, einmal in jener Lage; wog, statt es sich schmecken zu lassen, Salatblätter ab; lächelte, statt mir, dem Spiegel zu; statt aus Vergnügen aus Pflicht — kurz: so schwer hatte sie ihr Lebtag noch nicht gearbeitet; und daß die Initiationsriten, die die Jungfrauen der Weddas zu absolvieren hatten, grausamer gewesen sind als die, denen V. sich zwecks feierlicher Aufnahme in die Phantomwelt zu unterziehen hatte, ist mir zweifelhaft. Kein Wunder, daß sie bald nervös wurde, um nicht zu sagen unausstehlich, daß sie, so als hätte sie bereits die Privilegien eines Phantoms, sich an der Mitwelt zu rächen begann, uns eigentlich bereits als Luft behandelte, wenn auch als Luft, die ein- und auszuatmen sie jedes Recht hatte. Nachdem sie dieses Leben ein halbes Jahr geführt und ihren alten Adam oder ihre alte Eva so hatte bearbeiten lassen, bis von dieser wirklich nichts mehr da war; und als nun in ungeahntem Glanze der neue Mensch: das Phantom, aus ihr aufgestiegen war — die Epiphanie trat etwa vor vierzehn Tagen ein — da machte sie sich nun also zum zweiten Male auf den Weg zu ihrem Phantomhändler. Daß *sie* es war, die da loszog, ist freilich keine ganz genaue Aussage. Mit ihrem neuen Haar, ihrer neuen Nase, ihrer neuen Figur, ihrem neuen Gang, ihrem neuen Lächeln (oder vielmehr mit altem, längst gesehenen Haar, mit überall gesehener Nase, mit überall gesehenem Lächeln) war sie eine Fertigware, ein unbestimmter Artikel, eine völlig andere; „alle anderen".* „Um so besser", behauptete sie, und sie hatte wohl recht. Denn daß, wie sie nun nach ihrer zweiten Probeaufnahme erzählte, der Phantomhändler sie nicht wiedererkannt habe, sei ihr sofort als günstiges Vorzeichen vorgekommen und habe (wenn dieser Ausdruck hier noch am Platz ist) ihr „Selbstbewußtsein" bei der Prüfung enorm gehoben. — Und heute, nach vierzehn Tagen, siehe da, heute ist es nun also so weit, die Nachricht ist da, das Unwahrscheinliche ist geschehen, die neue Probe als o. k. akzeptiert, der Traum ihres Lebens erfüllt, und die Erfüllung wird ihr kontraktlich bestätigt werden. In andern Worten: *Sie ist zum Range einer Matrize für Matrizen aufgestiegen*, darf als Matrize jener Filmbilder dienen, die ihrerseits wieder als Matrizen unseres Geschmacks dienen werden. — Natürlich behauptet sie, wahnsinnig glücklich darüber zu sein. Ich weiß nicht recht. Die Umpräge-Prozedur hat sie so ernstlich beschädigt, daß es mir schwer fällt, zu behaupten, *sie* sei es, die glücklich sei. Die andere, die neue, die ist es vielleicht; aber die kenne ich nicht, und die kann mir gestohlen bleiben. Und da nur die noch existiert, da das Mädchen, das auf der Straße neben mir geht, sich bereits so bewegt wie das auf dem akzeptierten Probebild, und so wie man es auf den künftigen von ihr erwartet; da sie also schon heute zum Abbild ihres Bildes, zur Reproduktion ihrer künftigen Reproduktionen geworden ist, ist sie verschwunden; und das endgültige Goodbye, das sie, wenn auch noch nicht ausgesprochen, so doch schon vollzogen hat, ist vermutlich eine Frage von Tagen."

§ 28

Nicht der Betrachter, der Betrachtete ist beträchtlich

Obwohl, wie gesagt, diese Metamorphose nicht in unser ursprüngliches Beispielsgebiet hineingehört, ist sie doch, da sie die Anerkennung des Primats des Bildes vor dem Wirklichen als lebendiges Handlungsmotiv, und die Verwandlung in ein Matrizenbild als einen Lebensvorgang vorführt, besonders lehrreich. Die in unserer Untersuchung vertretene These, daß Bildsein heute als „seiender" gelte als Sein, wird durch den Fall vollends deutlich; weshalb wir weiter bei ihm verweilen.

V.s Gier nach Bildwerdung einfach mit den Worten ‚Eitelkeit' oder ‚Ruhmsucht' abzufertigen, wäre zu einfach. Eitelkeit und Ruhmsucht: die Sucht danach, in anderer Leute Munde und Auge zu sein; und die Hoffnung darauf, durch dieses bei-Anderen-Sein mehr oder überhaupt erst zu s e i n — erklären ja nichts; sind ja vielmehr selbst Probleme, und zwar sehr undurchsichtige. —

Wie abertausend Andere war V. in einer Welt aufgewachsen, in der nur Phantome (‚pictures') als erheblich angesehen worden waren, und die Phantom-Industrie (nicht zu Unrecht) als eine sensationell reelle Industrie gegolten hatte. Von dieser Welt, von der Matrizenkraft dieser Phantome und von deren Prestige, war sie geprägt worden. Innerhalb dieser Welt von Bildern zwar irgendwie zu „sein"; aber eben als Nicht-Bild, als Nicht-Vorbild, war für sie von früh auf eine Marter gewesen und bald zur Ursache eines nicht endenden Minderwertigkeits- und Nichtigkeitsgefühls geworden. Man mache sich die Ätiologie dieses Minderwertigkeitsgefühls klar, denn sie ist in der Geschichte erstmalig; und (auch wenn sie von der Individualpsychologie, die von nichts als Minderwertigkeitsgefühlen handelt, noch nicht entdeckt ist) deren heute entscheidende Spielart: Denn *nicht aus Mitmenschen besteht heute die Vorbild-Welt, die den Unsicheren einschüchtert, sondern aus Mensch-Phantomen* und sogar aus Dingen.* Nicht vor der bedrohlichen Folie ihrer Eltern oder Geschwister, ihrer Nebenbuhlerinnen in der Schule oder am Strande, hatte V. sich als inferior gefühlt, sondern vor der Folie reproduzierter Bilder. Und nicht Zeichen einer mangelnden ‚gesellschaftlichen' Adaptiertheit war ihre Neurose gewesen, sondern — schon in der Einleitung hatten wir auf einen analogen Fall hingewiesen — Symptom einer mangelnden technischen Adaptiertheit an die Bildwelt. Auf ähnliche Weise, wie es für einen Bürger eine Qual gewesen sein mag, als anonymer und ‚nicht zählender' Nicht-Aristokrat in einer ausschließlich aristokratischen Welt zu leben, war es für sie unerträglich, innerhalb der Welt der vorbildlichen Phantome zu leben.* Ständig litt sie unter dem Gefühl, eine quantité négligeable, wenn nicht sogar ein Nichts zu sein; unter der Angst davor, eines schönen Tages (sofern sie ihren Aufstieg, ihre Phantomwerdung nicht durchsetzte) feststellen zu müssen, niemals dagewesen zu sein — kurz: sie litt unter *fehlendem ontologischen Prestige.* Wenn sie also ihren Berufskampf, ihren Kampf um Phantomwerdung, aufnahm, so um *seiender*, um überhaupt erst seiend zu werden. In Umkehrung der Mignon-Zeile „Laß mich scheinen, bis ich werde", hätte sie sagen dürfen: „Laß mich werden, bis ich scheine". Um als scheinende sein zu dürfen.

Deutlicher als sie selbst es mit zwei drei hingeworfenen Wortbrocken tat, können wir ihre Gier nach Sein durch Schein gar nicht formulieren:

Tagebuch

„Kaum war ihr die Selbstverwandlung geglückt, als sie (mit einer Verachtung gegen ihr früheres Leben, die bewies, auf wie hoher ontologischer Sprosse sie nun arriviert zu sein glaubte) ausrief: „Mein Gott, was war ich vorher schon gewesen!" — Was sie meinte, war natürlich: ein *Nichts*; und zwar ein Nichts deshalb, weil sie früher eben ‚nur *gewesen*', ‚nur *dagewesen*' war; immer nur als sie selbst, immer nur in der Einzahl, und immer nur dort, wo sie gerade existiert hatte. Weil sie, negativ ausgedrückt, als nicht-Bearbeitetes und nicht-Reproduziertes nicht dafür in Betracht gekommen war, betrachtet zu werden; weil sie keine Verifizierung für ihr Sein gefunden hatte; weil es keinen Konsumenten gegeben hatte, der den Empfang ihres Daseins quittiert; keine Vielzahl von

Konsumenten, die, von ihr geprägt, en masse ihr Dasein bestätigt hätten. Kurz: sie war kein Vorbild gewesen, keine Massenware, kein „Was"; sondern letztlich nur ein anonymer „Wer". Und innerhalb der Welt, von der sie umgeben war, hatte sie ja recht damit: gemessen am Seinsrang eines „Was" ist eben in der Hollywood-Welt, wer nur ein „Wer" ist, ein Nichts und nicht „da".

In diese Worte gekleidet hatte V. das natürlich nicht. Aber in ihren Ohren wären diese Argumente eben ‚truisms' gewesen: Trivialitäten, die eigens zu formulieren, sich erübrigt. Und wenn man als Axiom der Wirtschaftsontologie akzeptiert, daß „Unverarbeitetes nicht ist" bzw. daß „Realität erst durch Reproduktion erzeugt wird", verstehen sie sich ja wirklich von selbst. Was V. getan hatte, war in der Tat nichts als die Anwendung dieser Axiome gewesen, deren Wahrheit zu beargwöhnen sie keine Ursache hatte, da diese in ihrer Welt unbedingt gegolten, und da sie reibungslos funktioniert hatten.

Daß ich ihren Ausruf: „Was war ich vorher schon gewesen!" nicht unerwidert ließ, sie vielmehr stichelte, weil sie ‚eigentliches Dasein' erst in demjenigen Augenblick gewonnen zu haben glaubte, in dem sie sich ent-eignet, also ihres eigenen Selbst beraubt hatte, war gewiß nicht ganz fair gegen ihre Arbeitsleistung: Wer es, wie sie, im Schweiße des Angesichts endlich zuwege gebracht hat, ein „Was" zu sein statt ein „Wer", für den muß natürlich derjenige, der sich noch immer als bloßer „Wer" herumtreibt und sich sogar etwas darauf zugutehält, als ein lächerlicher Wicht dastehen. Und als den verspottete sie mich nun. „Du mit deinem Selbst!" höhnte sie nämlich zurück. „Wer fragt danach schon?" Da sie mit ihrer letzten Redensart die *Nachfrage zum Maßstab des Wertes* und zum Kriterium des Seins machte, stopfte sie mir den Mund. –

Ich sagte: sie habe sich in der Bilderwelt gefühlt wie ein Bürger in einer ausschließlich feudalen Welt; als ‚Luft', als ‚niemand'. Und wirklich bietet sich, wenn ich mir den neuen Stil ihres Auftretens: ihre Gestik, ihren Stimmfall, ihren Schritt zurückzurufen versuche, kein anderer Vergleich an als der mit dem *Snob*, der seine Zugehörigkeit zum Adel durchgesetzt hat und diese nun übertreibt. Daß das griechische Wort für ‚adlig', ἐσθλός, von der griechischen Stammsilbe für „Sein" abgeleitet, denjenigen bezeichnet, der als ‚seiend' zählt, dessen Seins-Grad höher ist als der der Anderen, ist ja kein Zufall. Und höher als der der Anderen war V.s Seins-Grad nun also, da sie als bearbeitetes Produkt, als prospektives Vorbild zahlloser Kopien, als Massenware, da war, während sie vorher, in ihrer blamablen Vorzeit, als unbearbeiteter Rohstoff und als unseliger Singular nur der dunklen Tiefe, nur der armseligen Plebs der Konsumenten zugehört hatte.

Daß es ihr Aufstieg in den Rang der Massenware gewesen war, was ihr den Adel verschaffte, klingt natürlich befremdlich. Masse und Adel widersprechen einander. Aber ob wir formulieren: „Ihr Aufstieg in die Matrizenwelt", in der sie Vorbild wird; oder: „Der in die Bilderwelt"; oder „Der in die Welt der Massenware", läuft auf eines heraus. Denn nur Vorbilder werden eben Bilder; und Bilder werden sie eben durch ihre massenhafte Vervielfältigung.*

Im übrigen hat die Ranghöhe der Massenprodukte noch eine andere Wurzel: Ein beträchtlicher Teil heutiger Waren ist ja nicht eigentlich unsertwegen da; vielmehr sind wir dazu da, um als Käufer und Konsumenten deren Weiterproduktion zu sichern. Wenn aber unser Konsumbedürfnis (und in dessen Gefolge unser Lebensstil) zu dem Zwecke geschaffen, mindestens mitgeprägt, wird, *damit* die Waren abgesetzt werden, dann sind wir ja nur *Mittel*: und als Mittel sind wir den Zwecken ontologisch unterlegen. Wer es aber, wie V., durchsetzt, sich aus dieser dunklen Tiefe in jene lichten Höhen aufzuschwingen, in denen er, statt von Konsumgütern zu leben, selbst als Konsumgut in Betracht kommt, der wird nun ‚beträchtlich', der gehört nun einer anderen Seinsart an.

Dieses in-Betracht-Kommen, das Beträchtlichwerden, war ja in V.s Falle besonders plausibel, weil sie nun, als Teil der Picture Industry, zu etwas geworden war, was wirklich *betrachtet* werden sollte. —

Tagebuch

„Da sie nun also dafür in Betracht kommt, betrachtet zu werden, kann sie einen Wicht wie mich, der im besten Falle, aber selbst das selten genug, als Phantom-Konsument in Frage kommt, natürlich nicht mehr anerkennen. Die Verbindung mit einem Wirklichen ist für ein Phantom eben eine glatte Mésalliance, die einer Ware mit einem Konsumenten einfach ‚unmöglich'. Um Gesellschaft zu finden, wird sich V. daher nun wohl unter ihresgleichen: unter Phantomen, umsehen müssen; oder nicht ‚müssen', denn der Kreis der Phantome ist ja eine (zwar allen sichtbare, aber niemandem erreichbare) Welt für sich; und in ihr wird sie ja nun automatisch aufgenommen werden. Kein Zweifel, daß sie dort jemanden finden wird, „etwas" finden wird, was gleichfalls ein ‚was' ist; etwas, das, ihr gleich, ausschließlich für das allgemeine Betrachtetwerden lebt, eine gleichfalls larvenhaft fühlende Brust, mit der sie nun e i n Warenherz und e i n e Warenseele sein kann und der nun als ‚beträchtlicher' match für sie gelten wird. —"

Wenn in solchen Fällen einfach formale Intelligenz entschiede, wäre V. durchaus nicht unfähig gewesen, zu verstehen, was ich meinte: denn an Intelligenz fehlt es ihr nicht. Aber Verstehen hängt nicht nur von Verstand ab, sondern von dem Stand, den man einnimmt. Der Adelsstand, dem sie nun zugehörte, verbot ihr nun, derartiges n o c h zu verstehen: wenn es ‚beyond her' war, so nicht, weil es ‚above her' gewesen wäre, sondern umgekehrt, weil es ‚below her' war; das heißt: weil sie bereits zu weit oben war, als daß sie mich noch hätte verstehen *dürfen*. Deshalb wäre es auch unfair gewesen, ihr schlechten Willen vorzuwerfen oder ihr zu zürnen. Nicht *sie* war es ja, die agierte; sie tat nur ‚mit'. Und es wäre geradezu Anmaßung gewesen, wäre sie gegen den Strom geschwommen, hätte sie die Unterstellung abgelehnt, die alle Welt in ihrem Umkreis als Selbstverständlichkeit anerkannte: Daß, *Ware zu werden, eine Beförderung*; und *als Ware genossen zu werden, einen Seinsbeweis darstelle.*

SEIN OHNE ZEIT

Zu Becketts Stück „En attendant Godot"*

Jene negativen Aufklärer, die uns einreden wollen, daß in jedem Stück bedeutender Literatur Religion zu entdecken seriöser sei, als, wie es unsere Väter getan, in jedem sakralen Texte Literatur, sind außerordentlich betriebsam. Kaum haben sie in voreiliger Frömmigkeit dem großen Werke Kafkas zugesetzt, und schon beginnen sie auch Becketts Clownerie auf den Leib zu rücken, um diese mit einem falschen Ehrenkleide zu investieren. Vielleicht gelingt es diesmal, den schiefen Interpretationen rechtzeitig einen Riegel vorzuschieben. Wie wenig die Ehre, die es verdient, dem Stück vorenthalten werden soll, beweisen die nachfolgenden Bemerkungen.

§ 1

Das Stück ist eine negative Parabel

Daß es sich um eine *Parabel* handelt, darüber sind sich alle Kommentatoren einig. Aber der Streit um die Auslegung der Parabel ist in vollem Gange, ohne daß auch nur einer von jenen, die darüber streiten, *wer* oder *was* Godot sei, und die diese Frage (als handele es sich um das kleine Einmaleins des Nihilismus) prompt mit „Tod" oder „Lebenssinn" oder „Gott" beantworten, sich den Kopf darüber zerbrochen hätte, welchem Mechanismus Parabeln gehorchen, also auch die Parabel Becketts. Der Mechanismus heißt *„Inversion"*. Was bedeutet „Inversion"?

Als Aesop oder Lafontaine sagen wollten: Menschen sind wie Tiere — zeigten sie Menschen als Tiere? Nein. Sondern sie tauschten — und darin besteht der eigentümlich belustigende Verfremdungseffekt von Fabeln — die beiden Elemente der Gleichung, Subjekt und Prädikat, aus; das heißt: sie behaupteten, Tiere seien Menschen. Das gleiche tat vor einem Vierteljahrhundert Brecht, als er in der „Dreigroschenoper" mitteilen wollte: Spießer sind Räuber; auch er machte das Subjekt zum Prädikat und umgekehrt, stellte also Räuber als Spießer vor. Dieses quid pro quo der Fabeldichter muß man durchschaut haben, ehe man an Becketts Fabel herantritt. Denn Beckett verwendet es gleichfalls. Und zwar auf äußerst raffinierte Weise:

Denn um die Fabel von derjenigen Daseinsform, die Form oder Prinzip nicht mehr kennt, und in der das Leben nicht mehr weitergeht, zu erzählen, zerstört er Form und Prinzip der Fabel: die zerstörte, nämlich die nicht weitergehende Fabel wird nun zur angemessenen Fabel vom nicht weitergehenden Leben. Will man daher Becketts „Inversion" zurückübersetzen, so bedeutet seine sinnlose Parabel vom Menschen die Parabel vom sinnlosen Menschen. Gewiß: dem klassisch-formalen Ideal der Gattung Fabel entspricht diese Fabel nicht mehr. Da sie aber die Fabel von demjenigen Leben ist, das keine „Moral" mehr kennt, und das in Fabelform nicht mehr kondensiert werden kann, ist eben ihr Defekt und ihr Scheitern ihre Moral; wenn sie sich Inkonsequenz erlaubt, so, weil Inkonsequenz ihr Gegenstand ist; wenn sie es sich leistet, keine „Handlung" mehr zu erzählen, so, weil sie vom nicht-handelnden Leben handelt; wenn sie es sich herausnimmt, keine „Geschichte" mehr zu bieten, so, weil sie den geschichtslosen Menschen darstellt. Daß die Ereignisse und Redefetzen, aus denen das Stück sich zusammenstoppelt, unmotiviert auftauchen, unmotiviert abreißen oder sich einfach wiederholen (sogar auf so perfide Art, daß die Beteiligten die Tatsache der Wiederholung oft noch nicht einmal bemerken), all das braucht also niemand zu leugnen: denn diese Unmotiviertheit ist motiviert durch ihren Gegenstand; und dieser Gegenstand ist das Leben, das keinen Motor mehr kennt und keine Motive. –

Obwohl sie also gewissermaßen eine *negative Fabel* ist, bleibt sie doch noch immer eine Fabel, so wie ein Lichtbild totaler Sonnenfinsternis doch noch immer ein Lichtbild bleibt. Schon deshalb, weil sie sich, trotz dieses Mangels an einer abziehbaren Lehre, doch noch immer in der Ebene der *Abstraktion* hält. Hatten sich die Romane der letzten 150 Jahre damit begnügt, formloses Leben einfach nachzuerzählen, so stellt sie die *Formlosigkeit als solche* dar; und nicht nur dieses ihr Thema ist abstrakt, auch die Figuren sind es: ihre „Helden" Estragon und Wladimir sind durchaus als „Menschen überhaupt" gemeint; ja, sie sind „abstrakt" im grausamsten Wortsinn: nämlich abs-tracti, das heißt: Abgezogene, Abgerissene. Da sie, abgerissen von der Welt, auf dieser nichts mehr zu suchen haben, finden sie auch nichts mehr auf ihr, auch sie wird also abstrakt: darum befindet sich auch auf der Bühne nichts mehr; nichts außer dem für den Fabelsinn unentbehrlichen Fabel-Utensil, nämlich dem Baum in ihrer Mitte, der, Pendant zum biblischen „Baum des Lebens", die Welt als ständig bestehendes Gerät für möglichen Selbstmord darstellt oder die Gleichung von „leben" und „sich nicht aufhängen". *Die beiden „Helden sind also nur noch am Leben, nicht mehr in der Welt"*. Und dies ist mit so erbarmungsloser Folgerichtigkeit durchgeführt, daß andere Darstellungen weltlosen

Daseins — und die zeitgenössische Literatur, Philosophie und bildende Kunst ist ja nicht arm an Darstellungen solchen Daseins — daneben geradezu tröstlich wirken. Döblins Franz Biberkopf stand doch noch immerhin im Wirbel jenes Weltgetriebes, das ihn nichts mehr anging; Kafkas Landvermesser K. suchte doch noch immerhin in sein „Schloß" hineinzugelangen; ganz zu schweigen vom Ahnherrn des heutigen Geschlechtes, von Michael Kohlhaas, der sich durchaus noch mit dieser Welt herumschlug, wenn er sie auch behandelte, als sei sie das kantische Reich der Moral. Irgendwie hatten sie also alle noch „Welt": zu viel und darum keine bestimmte Welt Biberkopf; Welthoffnung K.; eine falsche Welt Kohlhaas. Angekommen in der Nicht-Welt waren sie noch nicht. Dort angekommen sind erst Becketts Geschöpfe. Erst in ihren Ohren ist das Dröhnen des Weltbetriebes, das Biberkopf noch betäubt hatte, verstummt; erst sie vergessen, in das Schloß der Welt auch nur hineinzuwollen; und erst sie haben darauf verzichtet, die Welt mit dem Maßstab einer andern zu messen. Daß diese wirkliche Weltlosigkeit, wenn sie literarisch oder theatralisch abgebildet werden soll, ungewohnte Mittel erfordert, liegt auf der Hand. Da es, wo es keine Welt mehr gibt, auch *Kollision mit der Welt* nicht mehr geben kann, ist die *Möglichkeit des Tragischen verlorengegangen.* Oder richtiger: das Tragische an diesem Dasein besteht darin, daß ihm noch nicht einmal mehr Tragik vergönnt wird, daß es immer zugleich als Ganzes Farce ist (nicht nur, wie die Tragödie unserer Ahnen, von Farcen durchsetzt ist): also daß man es nur als Farce darstellen kann: als *ontologische Farce; nicht als Komödie.* Und das tut Beckett.

Wie eng Abstraktion und Farce zusammengehören, hat uns schon Don Quichotte gezeigt. Aber Don Quichotte hatte ja nur vom Sosein der Welt abstrahiert; nicht von der Welt als solcher. Philosophisch gesehen, ist daher Becketts Farce „radikaler": seine farcenhafte Komik erzeugt er nicht dadurch, daß er Menschen in eine ihnen nicht passende Welt oder Situation versetzt, mit der sie nun kollidieren, sondern dadurch, daß er sie hinsetzt, ohne sie überhaupt irgendwohin zu setzen. Damit werden sie zu Clowns, denn die metaphysische Komik von Clowns besteht ja in der grundsätzlichen Verwechslung von Seiendem und Nichtseiendem, darin, über nicht existierende Stufen zu stolpern oder Stufen so zu behandeln, als wären sie nicht da. Aber im Unterschiede zu diesen Clowns (zu denen auch Chaplin noch gehört), die ja, um immer wieder erneutes Gelächter zu erzeugen, pausenlos geschäftig sind und geradezu grundsätzlich kollidieren, sind Becketts Helden *faule oder gelähmte Clowns*. Da für sie nicht nur dieser oder jener Gegenstand, sondern die Welt als ganze nicht mehr da ist, lassen sie sich auf sie eben gar nicht mehr ein. Damit ist der Typ seiner fabulae personae, die er als Vertreter der heutigen Menschheit wählt, festgelegt: es können nur *clochards* sein, aus dem Weltplan (nämlich aus dem Schema der bürgerlichen Gesellschaft) herausgefallene Wesen; Kreaturen, die nichts mehr zu tun haben, weil sie nichts mehr mit ihr zu tun haben.

§ 2

Die Losung: ich bleibe, also erwarte ich etwas

Nichts mehr zu tun. — Seit Döblin vor mehr als zwanzig Jahren in Biberkopf den zum Nichtstun verdammten und darum weltlosen Menschen dargestellt hat, ist durch geschichtliche Entwicklungen verschiedenster Art das „Tun" noch dubioser geworden als damals; nicht etwa, weil die Zahl der Arbeitslosen zugenommen hätte, was nicht der Fall ist; sondern weil Millionen, die effektiv noch etwas tun, dabei das Gefühl haben *„getan zu werden"*: nämlich tätig sind, ohne sich das Ziel ihrer Arbeit selbst vorzunehmen oder ohne deren Ziel auch nur durchschauen zu können; oder in dem Bewußtsein tätig sind, selbstmörderische Arbeit zu leisten — kurz: *die Gängelung ist so total, daß auch das Tun zu einer Variante der Passivität geworden ist und selbst dort, wo es tödlich anstrengt oder gar tödlich ist, die Form eines Tuns für nichts oder eines Nichtstuns angenommen hat.* Daß Estragon und Wladimir, die absolut nichts tun, für Millionen tätiger Menschen repräsentativ sind, wird wohl niemand leugnen können.

So stellvertretend sind sie freilich nur deshalb, weil sie trotz ihrer Untätigkeit und der Sinnlosigkeit ihrer Existenz doch *„weiter-*

machen" wollen, also nicht zu tragischen Selbstmordkandidaten überhöht sind. Dem lärmenden Pathos der Desperadoheroen der Literatur des neunzehnten Jahrhunderts sind sie ebenso ferne wie der Hysterie Strindbergscher Figuren. Sie sind wahrer: nämlich so unpathetisch und inkonsequent wie durchschnittliche Massenmenschen eben sind. Denn diese machen ja auch im Sinnlosen nicht Schluß, selbst die Nihilisten unter ihnen wollen noch leben, mindestens „nicht nicht-leben" — wenn nicht sogar diese negativ-voluntaristische Formel noch zu doktrinär ist: denn im Grunde leben die Estragons und die Wladimirs gerade deshalb weiter, *weil* sie sinnlos leben, weil nämlich der Entschluß zum Nichtweiterleben, die Freiheit zum Schlußmachen, durch die Gewohnheit an das Nichtstun bzw. das Nicht-selbst-Tun bereits gelähmt ist.* Oder letztlich, ohne jedes spezielle Motiv: sie leben weiter, weil sie nun einmal da-sind; und weil anderes als dazusein für das Leben nicht in Betracht kommt.

Von dieser Art „Leben": vom Menschen, der bleibt, weil er nun einmal da ist, berichtet also Becketts Stück. Aber es berichtet davon auf eine Art, die von allen bisherigen literarischen Darstellungen der Verzweiflung grundsätzlich abweicht.

Die Devise, die man allen klassischen Desperadofiguren (einschließlich Faust) in den Mund hätte legen können, hätte gelautet: „*Wir haben nichts mehr zu erwarten, also bleiben wir nicht.*" Estragon und Wladimir dagegen benützen „Inversionsformen" dieser Losung: „*Wir bleiben*", scheinen sie zu sprechen, „*also warten wir.*" Und: „*Wir warten, also haben wir etwas zu erwarten.*"

Diese Devisen klingen positiver als die ihrer Ahnen. Aber sie klingen nur so. Denn daß die zwei auf etwas Bestimmtes warteten, davon kann gar keine Rede sein. Das tun sie tatsächlich so wenig, daß sie einander daran erinnern müssen, daß und worauf sie warten. Eigentlich warten sie also auf gar nichts. Aber angesichts und auf Grund ihres täglichen Weiterexistierens, ist es ihnen unmöglich, nicht zu schließen, *daß* sie warten; und angesichts ihres täglichen „Wartens" können sie nicht umhin, zu schließen, daß sie *auf etwas* warten. So wie wir angesichts von Leuten, die wir im nächtlichen Regen an einer Haltestelle stehen sehen, nicht umhin können, zu schließen, daß sie Wartende seien, und daß das, worauf sie warten, „nicht auf sich warten lassen“ werde. Zu fragen, wer oder was der erwartete Godot sei, ist daher sinnlos. *Godot ist nichts als der Titel für die Tatsache, daß Dasein, das sinnlos weitergeht, sich selbst als „Warten“, „etwas Erwarten“ mißversteht.* Die Positivität der beiden läuft also auf eine doppelte Negation hinaus: auf die *Un-fähigkeit, die Un-sinnigkeit anzuerkennen*; nicht auf etwas simpel Positives — womit wir eigentlich nur wiederholen, was Beckett selbst über den Titel seines Stückes mitgeteilt hat: daß es ihm nämlich nicht auf Godot ankomme, sondern ausschließlich auf das „attendant“.

§ 3

Beckett zeigt nicht nihilistische Menschen, sondern die Unfähigkeit der Menschen, Nihilisten zu sein

Französische Kommentatoren haben zur Charakterisierung dieses Lebens, in dem man nur deshalb weiter wartet, weil man nun einmal da ist, den Heideggerschen Ausdruck „Geworfenheit“ verwendet. Zu Unrecht. Denn während Heidegger mit seinem Terminus die Zufälligkeit des eigenen Daseins zugesteht und unverblümt bezeichnet (um dann diesen Zufall trotzig in die Hand zu nehmen und aus ihm den eigenen „Entwurf“ zu machen), tun die beiden Helden des Beckettschen Stückes weder das eine noch das andere, sowenig wie die Millionen, für die sie stehen. Weder erkennen sie ihr Dasein als kontingent an; noch denken sie daran, die Kontingenz aufzuheben, also das ihnen Zugeworfene in einen positiven „Entwurf“ umzumünzen. Sie sind ungleich unheldischer als Heideggers Dasein, ungleich vertrauensseliger, ungleich „realistischer“. So wenig sie vor einem Stuhl oder einem Haus zugeben könnten, daß diese nichts als „da“ oder „für nichts“ da seien, so wenig kommt es für sie in Betracht, ihre eigene Existenz als „nichts“ oder nichtig aufzufassen. Vielmehr sind sie „Metaphysiker“: *nämlich außerstande, auf den Sinn-Begriff zu verzichten.* Heideggers Ausdruck ist die ausdrückliche Dethronisierung des Sinnbegriffs; *Wladimir und Estragon dagegen sind*, da sie aus ihrem Dasein auf etwas Erwartetes schließen, *Großsiegelbewahrer des Sinnbegriffs in der manifest sinnlosen Situation.* Daß sie (so hat man sie bezeichnet) „Nihilisten" repräsentieren, ist daher nicht nur falsch, sondern die glatte Umkehrung dessen, was Beckett zeigen will. Vielmehr sind sie, da sie letztlich ihre Hoffnung nicht verlieren, sie zu verlieren nicht imstande sind, naive und hoffnungslos optimistische Ideologen. *Was Beckett vorführt, ist also nicht Nihilismus, sondern die Unfähigkeit des Menschen, selbst in der unüberbietbar hoffnungslosen Situation Nihilist zu sein.* Ein Teil der erbärmlichen Traurigkeit, die das Stück ausstrahlt, entspringt nicht so sehr der aussichtslosen Lage der zwei Helden, als eben der Tatsache, daß sie, als immer weiter Wartende, dieser Lage so gar nicht gewachsen, also daß sie *nicht* Nihilisten sind. Und dieser ihrer Unfähigkeit verdanken sie die Stärke ihrer Komik.

Daß nichts komischer ist als die total ungerechtfertigte totale Vertrauensseligkeit, hat ja die Komödiendichtung in ihrer mehr als zweitausend Jahre alten Praxis bewiesen; nämlich durch ihre Vorliebe für die Figur des gehörnten Ehemanns, also des Mannes, der trotz der Evidenz, daß er zu Unrecht vertraut, gewissermaßen konstitutionell daran verhindert ist, zu mißtrauen. Und dessen Brüder sind in der Tat Estragon und Wladimir: sie gleichen jenen „maris imaginaires" aus dem französischen Märchen, die, da sie als „geborene Ehemänner" zur Welt gekommen waren, jeden Abend, obwohl sie auf einer menschenleeren Insel leben und niemals verheiratet gewesen waren, von neuem auf das Kommen ihrer Gattinnen warten. — Und wie sie sind in Becketts Augen wohl wir alle. —

§ 4

Die Gottesbeweise „ex absentia"

Nein, daß sie kommen werden; daß es „Godot" gibt, und daß dieser kommen werde, das hat Beckett mit keinem einzigen Wort nahegelegt. So gewiß der Name „Godot" das englische Wort für „Gott" verbirgt, so endgültig handelt doch das Stück nicht von ihm, sondern eben nur vom *Gottesbegriff*; kein Wunder also, wenn das Bild Gottes ausdrücklich vage bleibt: was Gott tue, heißt es in den theologischen Passagen, wisse man nicht; vom Hörensagen nehme man an, er tue überhaupt nichts; und das einzige, was sein täglich eintreffender Botenjunge, der Bruder des Kafkaschen Barnabas mitzuteilen hat, ist eben, daß Godot heute leider nicht, morgen aber bestimmt kommen werde — womit Beckett deutlich genug zu verstehen gibt, daß es gerade Godots *Nichtkommen* ist, was das Warten auf ihn und das Glauben an ihn in Gang hält. „Komm wir gehen. — Wir können nicht. — Warum nicht? — Wir warten auf Godot. — Ach ja. —"

Die Ähnlichkeit mit Kafka ist unverkennbar; unmöglich, nicht an die „Botschaft des toten Königs" zu denken. Aber ob es sich hier um direkte literarische Abhängigkeit handelt, ist gleichgültig, denn die beiden sind eben des enfants du même siècle, gespeist von der gleichen vor-literarischen Quelle. Ob Rilke, ob Kafka, ob Beckett — *ihre religiöse Erfahrung stammt* paradoxerweise stets *aus der religiösen Vergeblichkeit, aus der Tatsache, daß sie Gott nicht erfahren, also paradoxerweise aus einer Erfahrung, die sie mit dem Unglauben teilen.* Bei Rilke aus der Unerreichbarkeit Gottes (1. Duineser Elegie); bei Kafka aus der Unerreichbarkeit auf der Suche („Das Schloß"), bei Beckett aus der Unerreichbarkeit im Warten. Für sie alle lauten die Gottesbeweise: *„Er kommt nicht, also ist er."* *„Die Parusie geschieht nicht, also gibt es ihn."* Die Negativität, die wir aus der „negativen Theologie" kennen, scheint hier ins Religiöse selbst hinübergewandert zu sein — wodurch sie sich ungeheuerlich steigert: war es in der negativen Theologie nur die *Abwesenheit von Attributen* gewesen, die man zur Umschreibung Gottes verwandt hatte, so ist es hier die *Abwesenheit von Gott selbst*, die man zum Zeugnis seines Seins macht. Daß das auf Rilke und Kafka zutrifft, ist wohl kaum zu leugnen. Ebensowenig wohl, daß Heideggers Hölderlin entlehnte Devise, wo Gefahr sei, wachse das Rettende auch, dem gleichen Typ des *Beweises ex absentia* zugehört. Und zu ihnen gehören nun auch Becketts Geschöpfe. Seine Geschöpfe, Beckett selbst freilich nicht. Denn er selbst nimmt eine Sonderstellung ein; und zwar dadurch, daß er den Schluß aus dem Nichtkommen Godots auf dessen Existenz, den er seinen Geschöpfen in den Mund legt, nicht mitmacht, ihn sogar als absurd darstellt. *Sein Stück ist* also gewiß *nicht religiös; höchstens handelt es von Religion.* „Höchstens“: denn was er darstellt, ist eigentlich nur der Glaube, der an nichts glaubt als an sich selbst. Und das ist kein Glaube.

§ 5

Das Leben wird zur Zeitvertreibung

Fragt man sich, wie ein solches zersetztes und dennoch nicht aufgegebenes Leben in concreto „vor sich gehe“, so fragt man nach der *Gangart* seiner Zeit. Ich sage Gangart, weil (wie der Sprachgebrauch weiß), was unmöglich ist, nicht mehr „geht“; oder positiv: weil Zeit nur für dasjenige Leben vorwärtsgeht, das selbst einem Ziel nach- und auf etwas losgeht. Und das tut eben das Leben des Estragon und Wladimir nicht mehr. Darum tritt Becketts Stück mit Recht auf der Stelle; darum beginnen (nicht anders als Straßenpassanten im Theater, die links die Bühne verlassen, um sie von rechts als angeblich andere wieder zu betreten) die Geschehnisse und Gespräche zu zirkulieren; Vorher und Nachher werden wie Rechts und Links, also zeitneutral; nach einer Weile wirkt die Zirkulation stationär, die Zeit scheint zu stehen und wird, wenn man der Hegelschen „schlechten Unendlichkeit“ den Ausdruck nachbilden darf, zur „schlechten Ewigkeit“.

Das führt Beckett so folgerichtig durch, daß er (wohl ohne Präzedenz in der Geschichte des Dramas), statt eines zweiten Aktes den ersten, wenn auch in leiser Variierung, einfach noch einmal bringt und wider Erwarten niemals Unerwartetes präsentiert ... wodurch er nicht nur eine absurd verblüffende Wirkung erzielt, sondern jenes Entsetzen in uns erregt, das uns jede Begegnung mit *Amnesie* einflößt. Denn (bis auf eine) wissen seine Figuren von dieser Wiederholung nicht das mindeste; und selbst wenn sie auf sie aufmerksam gemacht werden, bleiben sie unfähig, an irgendetwas zu erkennen, daß, was sie da erleben oder reden, wirklich nur die Rekapitulation dessen ist, was sie gestern oder vorgestern erlebt und geredet hatten. Aber die Einführung dieser Amnesie ist völlig konsequent: denn wo es keine Zeit gibt, gibt es auch keine Erinnerung. Und dennoch ist die Zeit nicht so „versteinert" wie oft bei Kafka.* Da Beckett nämlich ein Minimum von Tätigkeit noch übrigläßt — welcher Art dieses Rudiment ist, wird sich gleich zeigen —, gibt es eben doch auch noch ein Minimum von Zeit. Diese ist zwar kein Fluß; aber ihr Stoff läßt sich doch noch irgendwie zurückdrängen, beiseiteschieben und zur „Vergangenheit" machen: sie ist also gewissermaßen ein stagnierender *Zeitbrei*. Diesen in Bewegung zu setzen, gelingt freilich auch immer nur für Sekunden, höchstens für Minuten; zieht man die Hand, die die Zeit in Bewegung hält, auch nur einen Moment lang heraus, so gleitet alles wieder ineinander, und nichts verrät, daß etwas geschehen war. Aber vorübergehend hatte man doch immerhin „Zeit" produziert und genossen.*

Die rudimentäre Tätigkeit, die den Zeitbrei vorübergehend doch noch in Bewegung setzen kann, ist freilich kein rechtes „Tun" mehr; denn sie hat keine Abzweckung, außer eben der, die Zeit in Bewegung zu bringen, was im „normal" tätigen Leben nicht Ziel, sondern Folge des Tuns ist; ist also reine *Zeitvertreibung*. Ist „Konsequenz", im Sinne von „Abfolge von Zeit", einzige Absicht der Tätigkeit, so hat sie auf jede andere Art von Konsequenz verzichtet. Spielen die beiden „Fortgehen", so bleiben sie; spielen sie „Helfen", so rühren sie doch kaum einen Finger. Selbst ihre guten Regungen oder die Empörungen verpuffen so plötzlich, daß dieses Nicht-mehr-Dasein stets als *negative Explosion* wirkt. Und trotzdem sind sie immer neu „tätig", weil eben die Tätigkeit die Zeit in Gang hält, ein paar Meter Zeit hinter sie schiebt und sie dem angeblichen Godot entgegenspielt. —

Das geht so weit — und hier erreicht das Stück wahrhaft herzzerreißende Töne —, daß die beiden sogar Gefühle und Gemütsbewegungen zu agieren vorschlagen, ja sich effektiv um den Hals fallen, weil eben auch Gemütsbewegungen Bewegungen sind und als solche den Schlamm der stehenden Zeit etwas zurückschieben. „Wie wär's", schlägt Estragon vor, „wenn wir uns freuten? Es ist doch schon etwas?" Und als Wladimir zurückfragt, was dieses „etwas" bedeuten solle, antwortete Estragon: „Etwas weniger", womit er sagen will: Die Zeitstrecke, die uns von Godot trennt, wird dadurch etwas kürzer. In der Tat besteht das tröstlichste Mittel, um die Windstille zu ertragen, in der Aktivierung des Beisammenseins, in der immer neuen Wiederaufnahme der Chance, daß sie das Sinnlose zu zweien bestehen. Ohne ihre rührende und verzweifelte gegenseitige Anhänglichkeit, ohne den Leerlauf ihrer Unterhaltung, ohne ihr sich-Streiten, sich-Verlassen, sich-Wiederfinden, das ja Zeit in Anspruch nimmt, wären sie tatsächlich verloren. Daß Beckett uns ein Paar vorführt, ist also nicht nur technisch motiviert, hat nicht nur darin seinen Grund, daß das Stück eines *Robinsons der Erwartung* zum bloßen Bilde gerinnen müßte, sondern darin, daß es zeigen will, daß jeder des anderen Zeitvertreib ist; daß die Geselligkeit über die Sinnlosigkeit des Daseins hinweghilft, diese mindestens verdeckt. Freilich, eine absolute Bürgschaft für das Weiterfließen der Zeit ist auch sie nicht; nur Hilfe hie und da. Und wenn auf die Frage: „Was habe ich mit meiner Pfeife getan?“ der Partner repliziert: „Reizender Abend“, dann gleichen die monologischen Stichworte und Repliken den Stößen zweier blinder Duellanten, die, solistisch irgendwo ins Dunkel hineinstechend, sich ein Duell einzureden versuchen.

Daß es „Zeitvertreibung“ auch im „normalen Dasein“ gibt, während der Freizeit-Intermezzos, wird niemand leugnen. Der geläufige Ausdruck „Zeitvertreib“ weist ja darauf hin, daß wir durch das Spielen von Tätigkeit, also durch Spiele, die Zeit, die sonst zu stagnieren droht, fort- mindestens vorwärtszutreiben suchen. Aber das tun wir doch, wird man einwenden, nur in der Freizeit — Ernst und Spiel sind schließlich säuberlich geschieden; während es eben den Ernst, mindestens die Misere und, gemessen an der Realität, die abstruse Irrealität des Estragonschen und Wladimirschen Lebens ausmache, daß sie die Zeit pausenlos in Gang halten, daß sie pausenlos spielen müssen. — Aber ist diese Unterscheidung zwischen ihnen und uns denn wirklich gerechtfertigt? Existiert denn wirklich noch eine erkennbare Grenzlinie zwischen unserem Ernst und unserem Spiel? —

Wir glauben nicht. Der jämmerliche Kampf, den die beiden um

Scheintätigkeit führen, ist wohl nur deshalb so eindrucksvoll, weil er unser, also das Schicksal des Massenmenschen, abspiegelt. Einerseits hat sich nämlich heute die aller Zielsichtbarkeit beraubte maschinelle Arbeit von dem, was man illusionistisch *„menschliche Handlung“* nennt, so meilenweit entfernt, daß sie selbst zu einer Art von Scheintätigkeit geworden ist. „Wirkliche“ Arbeit und scheinhafteste „Notstandsarbeit“ unterscheiden sich weder strukturell noch psychologisch in irgendeinem Punkte. Anderseits ist der Mensch durch diese Art von Arbeit derart aus dem Gleichgewicht geraten, daß er sich nun gezwungen sieht, zur Equilibrierung, zur „Erholung“ und zum „Zeitvertreib“ das „Hobby“ zu erfinden, also paradoxerweise gerade in seiner Freizeit scheinbar wirkliche Ziele zu setzen und die freie Zeit dadurch zu genießen, daß er spielend wirklich arbeitet . . . was er zum Beispiel durch ausdrücklichen Regreß in eine im Vergleich zur Geldverdienstarbeit obsolete Produktionsart bewerkstelligt, also in Form von Laubsäge- oder Schrebergartenarbeit. — Wenn ihn nicht die Gängelung der Alltagsarbeit sogar endgültig ruiniert, also der Fähigkeit beraubt hat, die Freizeitgestaltung, das „Spiel“, die „Vertreibung der Zeit“, selbst in die Hand zu nehmen, so daß er nun auf das Fließband des Radio angewiesen ist, damit die Zeit für ihn vertrieben werde. Beweiskräftiger aber als alle theoretischen Vergleiche oder als die Gleichung zwischen heutiger Tätigkeit und Untätigkeit ist die Tatsache, daß beides heute *zugleich* stattfindet, nämlich in den Millionen Heimen und Werkstätten, wo der Fluß von Arbeit und der der Radiosendung zu einem *einzigen* Fluß werden. Kurz: nur weil im heutigen Leben Arbeitszeit und Freizeit, Tätigkeit und Nichtstun, Ernst und Spiel so hoffnungslos ineinander verfilzt sind, wirkt auf uns der läppische Ernst, mit dem Estragon und Wladimir um den Schein von Tätigkeit ringen, so entsetzlich ernst und so phantastisch aktuell.

Die Zeit fortzutreiben, ist zwar jede Tätigkeit, auch jede Scheintätigkeit, gleich gut geeignet; aber jede ist auch gleichermaßen schwer in Gang zu setzen, weil etwas zu tun, ohne es zu meinen, oder so zu tun, als tue man etwas, gerade diejenige Freiheit erfordert, die durch die Passivität des Estragonschen und Wladimirschen Lebens bereits gelähmt ist. Es ist daher völlig konsequent, wenn Beckett die beiden zwar spielen läßt, aber vergeblich: nämlich so, daß sie der Aufgabe der „Freizeitgestaltung" nicht mehr gewachsen sind.

Sie sind es freilich um so weniger, als sie noch nicht, wie wir, über festgelegte und anerkannte Spielformen der Freizeitgestaltung verfügen, nicht über Sport oder Mozartsonaten; vielmehr gezwungen sind, ihr Spielen erst zu *erfinden*, also Tätigkeiten aus dem Arsenal der Alltagsbeschäftigungen herauszugreifen, um diese, zwecks Zeitvertreibung, in Spiele zu verwandeln. In jenen Situationen, in denen wir Begünstigteren Fußball spielen und, sind wir fertig, von neuem beginnen, spielt Estragon das Dacapospiel „Schuh aus — Schuh an", und zwar eben nicht, um sich als Narren zu zeigen, sondern um *uns* zu narren, nämlich um uns durch das Rezept der „Inversion" zu zeigen, daß auch unser Spielen (dessen Sinnlosigkeit durch öffentliche Anerkennung bereits verdeckt ist) um nichts besser ist als seines. Der Inversions-Sinn der Szene „Estragon spielt Schuh aus — Schuh an" lautet: „Auch unser Spielen ist ein ‚Schuh-aus-Schuh-an'-Spiel", etwas Phantomhaftes, ein Tun, als ob man täte. Ja schließlich bedeutet die Szene sogar in totaler Winkeldrehung: „Unser *wirkliches* ‚Schuh-aus-Schuh-an', also unser *Alltag*, ist nichts als Spiel, ist clownesk, folgenlos, und entspringt einzig der Hoffnung, die Zeit zu vertreiben." Und: „wir sind wie die beiden zu Luxus und Misere der Konsequenzenlosigkeit verflucht" — nur daß die beiden Clowns wissen, *daß* sie spielen; wir aber nicht. Damit sind die zwei die Ernsthaften geworden; und *wir* die Farcenspieler. Und das ist der Triumph der Beckettschen „Inversion".

§ 6

Die Antipoden treten auf

Es liegt auf der Hand, daß ihnen das Los derer, die es nicht nötig haben, den Zeitbrei selbst in Fluß zu halten; oder die dies mit

Selbstverständlichkeit tun, weil sie gar nicht wüßten, wie sie anderes tun könnten, beneidenswert erscheinen muß. In dem Paar *Pozzo-Lucky* begegnen ihnen diese Gegenspieler.

Die Versuche, diese beiden zu dechiffrieren; auszufinden, wer sie seien und was sie bedeuten, hat die Interpreten nicht weniger beschäftigt als die Frage nach der Identität von Godot. Aber alle Dechiffrierungsversuche waren deshalb schief angelegt, *weil das Paar selbst eine Dechiffrierung ist.* Was heißt das?

Das bedeutet, daß Beckett in ihnen etwas, was zuvor in begrifflicher Version bestanden hatte, aus diesem seinem spekulativen Chiffre-Dasein wieder befreit und ins Sinnliche zurückübersetzt; also nicht eine sinnliche Realität zur abstrakten Chiffre gemacht hat. Was?

Seit den frühen dreißiger Jahren, in denen Hegels Dialektik und die Klassenkampftheorie Marxens sowohl die Literatur wie die Philosophie des jungen Frankreich in Aufregung zu setzen begann, hat sich das berühmte Bild des Paares *„Herr und Knecht“* aus der „Phänomenologie des Geistes“ so tief in das Bildungsbewußtsein der um 1900 Geborenen eingegraben, daß man heute wohl sagen darf, es nehme nun denjenigen Platz ein, den im 19. Jahrhundert das Bild des *„Prometheus“* eingenommen hatte: es ist zum *Bilde des Menschen* überhaupt geworden. Sartre ist der Kronzeuge für diesen Wechsel: im „Orest“ seiner „Mouches“ hatte er noch einmal, zum letzten Male, die typische Prometheus-Figur (wie sie von Goethe ab über Shelley, Byron bis zu Ibsens „Brandt“ üblich gewesen war) auf die Beine gestellt; um danach dieses Sinnbild endgültig durch das Hegelsche Bild zu ersetzen. Entscheidend für das neue Symbol ist *„Pluralisierung“* und *„Antagonismus“*: also die Tatsache, daß *„der Mensch“* nun durch ein *Menschenpaar* verkörpert wird; daß der Einzelne (der als metaphysischer selfmademan prometheisch gegen die Götter gekämpft hatte) nun durch *Menschen* abgelöst ist und zwar durch solche, die *miteinander* um die Herrschaft kämpfen. *Sie* gelten nun als das *Wirkliche:* denn was „ist“, ist Herrschaft und Kampf um Herrschaft; und sie allein — und damit sind wir am entscheidenden Punkte — als Motor der *Zeit*: denn Zeit ist Geschichte; und Geschichte verdankt, in den Augen der dialektischen Philosophie, ihre Bewegung ausschließlich dem Antagonismus (zwischen Mensch und Mensch oder Klasse und Klasse); so ausschließlich, daß sie in dem Augenblick, da der Antagonismus aufhörte, gleichfalls ihr Ende finden würde.

Diese Hegelsche Denkfigur für das Prinzip der weiterschreitenden Geschichte zieht nun in den Figuren Pozzo und Lucky über die Bühne, auf der vorher nichts als das „Sein ohne Zeit" agiert, oder eben nicht agiert hatte. Daß das Auftreten des neuen Paars den Zuschauer intrigiert, ist aus mehreren Gründen begreiflich. Einmal aus ästhetischen: Die Stagnation, die der Zuschauer, nachdem er sie zuerst als Zumutung abgelehnt hatte, schließlich als „Gesetz der Godot-Welt" akzeptiert hat, wird nun durch den Einbruch wirklich agierender Figuren aufs empfindlichste gestört. Es ist, als verwandelte sich vor unseren Augen ein Bild in einen Film. — Dazu kommt aber die Schwierigkeit der Allegorie als solcher: Denn diese unterscheidet sich von fast allen, die wir aus der Überlieferung kennen. Während nämlich die uns geläufigen Allegorien (der Tugend, Freiheit, Fruchtbarkeit usw.) das Abstrakte sinnlich ausschmückten und einkleideten, hat hier die Allegorie die Aufgabe, das Abstrakte seines Schmuckes zu entkleiden, die Gemeinheit und die Misere, die in der philosophischen Formel „Herr und Knecht" nicht penetrant genug gewesen war, in ihrer ganzen Nacktheit anzuprangern. *Entkleidung ist also der Sinn dieser Einkleidung, Desillusionierung die Funktion dieser theatralischen Illusion.* Der Auftritt, in dem Dialektik vorgeführt wird, ist selbst dialektisch: und wenn er einen so intrigierenden Eindruck macht — nicht nur auf uns, sondern auch auf Estragon und Wladimir, die während der Begegnung eine gewisse Scheu niemals überwinden können —, so ist das ausreichend begründet.

Aber wie scheu die zwei dem neuen Paar auch begegnen mögen, eines können sie nicht verbergen: Daß es ihnen beneidenswert erscheint. Dies zu erklären, ist nicht mehr nötig; der Kreis der Deutung schließt sich ja nun von selbst. Daß in den Augen derer, die zum „Sein ohne Zeit" verurteilt sind, die Statthalter der Zeit, selbst die höllischsten, als die Begünstigten erscheinen müssen, ist ja, nachdem wir das Höllenbild zeitlosen Daseins nachgezeichnet haben, evident. Pozzo, der Herr, ist beneidenswert, weil er es nicht nötig hat, allein „Zeit zu machen" oder allein vorwärtszukommen oder gar Godot entgegenzuwarten: denn Lucky zieht ihn ja ohnedies vorwärts. — Und Lucky, der Knecht, ist beneidenswert, weil er nicht nur vorwärts traben „kann", sondern sogar muß, denn Pozzo ist ja hinter ihm, hinter ihm her und sorgt dafür. Und ziehen sie auch an den beiden Zeitlosen vorbei, ohne selbst zu wissen, daß sie es schon gestern getan hatten — also gewissermaßen noch als „*blinde Geschichte*", die ihrer Geschichtlichkeit noch gar nicht bewußt ist —, so sind sie doch, ob gezogen, ob gejagt, jeder durch den andern, beide bereits in Bewegung und beide, in den Augen Estragons und Wladimirs, bereits glückselige Wesen. Daß sie in Pozzo (obwohl dieser den Namen ihres Geschlechtes niemals gehört hat und ihn aus Prinzip falsch ausspricht) *Godot* selbst vermuten, ist also durchaus begreiflich, denn hinter Pozzos Peitsche könnte ihr Warten ein Ende finden. Aber ebensowenig zufällig ist es, daß Lucky, das Frachttier, „der Glückliche" heißt: denn ist ihm auch alles aufgeladen, trägt er auch sein Lebtag lang nur sandgefüllte Säcke umher, so ist er doch auch völlig entlastet; und dürften sie an seiner Stelle stehen, sie brauchten nicht mehr auf der Stelle zu treten, sie könnten weiter, weil sie weiter müßten, ihre Hölle hätte ihren Stachel verloren, und zuweilen fiele für sie sogar ein Knochen ab.

Der Versuch, diesem Bild von Mensch und Welt doch noch irgendwelche positive oder gar tröstliche Züge abzuzwingen, liefe nach alledem auf bloße Beteuerung hinaus. Und trotzdem unterscheidet sich Becketts Stück in einem Punkte von fast allen jenen nihilistischen Dokumenten, in denen sich die Gegenwart literarisch ausspricht: im *Ton*. Der Ton dieser Dokumente ist nämlich gewöhnlich entweder von jenem Ernst, der (da er die humane Wärme des Humors noch nicht kennt) mit Recht „tierisch" heißt; oder er ist (da es ihm auf den Menschen schon nicht mehr ankommt) zynisch, also wieder inhuman. Der Clown aber — und inwieweit das Stück clownesk ist, haben wir ja gezeigt — ist weder tierisch ernst noch zynisch; sondern von einer Traurigkeit, die, da sie das traurige Los des Menschen überhaupt abspiegelt, die Herzen aller Menschen solidarisiert und durch diese ihre Solidarisierung erleichtert. Daß keine Figur unseres Jahrhunderts so viel Dankbarkeit erregt hatte wie die jämmerliche des frühen Chaplin, war kein Zufall. Die Farce scheint zum Refugium der Menschenliebe geworden zu sein; die Komplizenhaftigkeit der Traurigen zum letzten Trost. Und ist, was da auf dem trostlos dürren Grunde der Sinnlosigkeit sprießt: der bloße *Ton* der Menschlichkeit, auch nur ein winziger Trost; und weiß auch die Tröstung nicht, warum sie tröstet und auf welchen Godot sie vertröstet — sie beweist, daß Wärme wichtiger ist als Sinn; und daß es nicht der Metaphysiker ist, der das letzte Wort behalten darf, sondern nur der Menschenfreund. —

ÜBER DIE BOMBE
UND DIE WURZELN UNSERER APOKALYPSE-BLINDHEIT

„Mut? Phantasielosigkeit!“
(Molussische Redensart)

„L'imagination assez pleine et assez étendue pour embrasser l'univers comme une ville.“ *(Montaigne)*

§ 1

Bagatellisierte Gegenstände erfordern übertreibende Formulierungen

Wer an eine terra incognita verschlagen wird, der kann nicht sogleich mit deren Vermessung und kartographischer Aufzeichnung beginnen. Erst einmal wird er sich dem Zufall überlassen, sich treiben lassen, sich herumtreiben müssen. Zunächst wird er auf dasjenige lossteuern, was ihm zuerst ins Auge fällt: auf einen Baum etwa oder auf einen Gipfel. Aber daß er sein Ziel auf kürzestem Wege erreiche, ist äußerst unwahrscheinlich; vielmehr wird er sich auf seinem weglosen Wege verlaufen; hier nicht weiterkommen, gezwungen sein, seine Richtung zu wechseln; und dort sogar umkehren müssen; und wenn er sein Ziel dabei nicht vergißt, aus den Augen verlieren wird er es sicherlich. — Und dennoch wird diese Landstreicherei nicht ohne Wert sein: nur durch sie kann er das Gelände kennenlernen, Stück für Stück; nur durch sie die Möglichkeit finden, dieses oder jenes Terrain von mehreren Seiten in Sicht zu bekommen oder sogar die Chance, plötzlich an einem Punkte anzulangen, von dem aus sich ihm ein erster, alles zusammenfassender, Rundblick auftut. Keine Frage, er hätte diesen Punkt viel direkter erreichen können. Wenn es einen Weg gegeben hätte. Aber den Weg wird es eben erst auf Grund dieses Umweges geben.

Als philosophisches Terrain ist die *Bombe* — oder richtiger: *unser Dasein unter dem Zeichen der Bombe*, denn dies ist unser Thema — ein völlig unbekanntes Gelände. Es sofort kartographisch aufzunehmen, ist nicht möglich. Erst also werden wir uns einmal herumtreiben lassen und uns damit zufrieden geben müssen, in die Augen stechende Einzelheiten zu beobachten und zu markieren. Deren Reihenfolge wird zunächst zufällig bleiben, deren Zusammenhang noch dunkel. Aber im Verlaufe dieses Ganges wird sich dessen

Natur verändern. Da sich manches zeigen wird, dies und jenes vielleicht schon von mehreren Seiten, anderes vielleicht bereits in vorläufigem Zusammenhange, wird, ohne daß sich der Augenblick, in dem der Gang nun wegartiger oder gar methodischer würde, genau angeben ließe, das Terrain an Profil gewinnen. Freilich nur „gewinnen", denn denjenigen Aussichts-Punkt erreicht zu haben, von dem aus eine gültige kartographische Aufnahme durchführbar wäre, beanspruche ich nicht.

Aber mag auch das Bild im ganzen noch verwischt bleiben, die Konturen der Einzelstücke habe ich doch, und zwar vom ersten Schritte an, mit aller möglichen Schärfe aufzuzeichnen, also so prononciert wie nur irgend möglich zu formulieren versucht. Und diese Überpointierung der Konturen erfordert, da sie sonst mißverstanden werden könnte, ein paar Worte der Erläuterung.

Sie entstammt nicht der Lust an Pointen, die dem Thema ja furchtbar unangemessen wäre; ist vielmehr ausschließlich motiviert durch die eigentümliche Unsichtbarkeit, in der der Gegenstand sich befindet: Er, der uns eigentlich ohne Unterbrechung mit bedrohlicher und faszinierender Überdeutlichkeit vor Augen stehen müßte, steht umgekehrt gerade im *Mittelpunkt unserer Vernachlässigung;* von ihm fortzusehen, fortzuhören, fortzuleben, ist das Geschäft der Epoche; und ihn nicht zu erwähnen, scheinen die Zeitgenossen sich verschworen zu haben. Einen solchen Gegenstand einfach „schlicht zu beschreiben", ist natürlich nicht möglich. Wenn es zur Situation eines Gegenstandes wesentlich gehört, daß er verundeutlicht, bagatellisiert oder verdrängt wird, dann gehört es umgekehrt zu dessen Darstellung — das macht deren Wahrheit dann aus — diese Verundeutlichung wieder gutzumachen und den Umriß zu *übertreiben*; und zwar um so viel, wie dieser gewöhnlich „*untertrieben*" wird. —

In anderen Worten: Wenn es so schwierig ist, über unseren Gegenstand zu sprechen, so also nicht nur deshalb, weil er eine „terra incognita" ist, sondern auch deshalb, weil er systematisch im Inkognito gehalten wird: weil die Ohren, für die man über ihn zu sprechen versucht, im Augenblicke taub werden, in dem man den Gegenstand auch nur erwähnt. Und wenn es überhaupt eine Chance gibt, das Ohr des Anderen zu erreichen, so eben nur dann, wenn man seine Rede so scharf wie möglich zuspitzt. Dies also der Grund für die Überpointiertheit meiner Formulierungen. Die glückliche Zeit, in der man es sich leisten kann, nicht zu überspitzen, und nicht zu übertreiben: die Zeit der Schlichtheit, haben wir noch nicht erreicht.

Indirekt ist damit bereits gesagt, daß, mindestens in seinen Hauptstücken, der Aufsatz nicht akademisch ist. Es gibt Themen, die man bereits dadurch verfehlt, daß man sie falsch adressiert. Da die Bombe nicht über unseren Universitätsgebäuden hängt, sondern über unser aller Häuptern, wäre es ja auch nicht angemessen, einer Fachgruppe etwas über die mögliche Apokalypse in einem Fachidiom vorzuphilosophieren. Im übrigen scheint mir die akademische Philosophie auch am wenigsten „interessiert" an diesem „Thema", da sie sich ja gewöhnlich erst dann bequemt, die Schläge, die die Wirklichkeit auf uns niederfallen läßt, in „Probleme" zu verwandeln, wenn die Opfer dieser Schläge nicht nur schon tot, sondern auch schon vergessen sind. Noch heute sind in den akademischen Ethiken die Liquidations-Installationen eine unentdeckte Sache der Zukunft.

Worauf es ankommt, ist also, einen Ton zu finden, der in einem breiteren Kreise vernehmlich sein könnte; also populär zu philosophieren. Und damit sind wir bei unserer zweiten Schwierigkeit. Denn „populäres Philosophieren" gibt es nicht.

Und zwar deshalb nicht, weil Massenwege zu philosophischen Problemlösungen so wenig existieren wie „Königswege"; und weil Philosophieren „eine Sache schwer machen" bedeutet. Das ist dem Schreiber nicht weniger bekannt als jenen Philosophen, deren Beruf in Unerbittlichkeit besteht.

Aber dieses Bedenken gilt hier nicht mehr. Schließlich steht anderes heute auf dem Spiele als die Ehrenrettung des Schwierigen.

Daß das philosophische Ideal des Schwermachens ohnehin Verachtung des Mitmenschen voraussetzt; Verachtung dessen, der als „man" lebt und es sich als solcher zu leicht macht; und daß man sich über das Unglück derer, die zum „man"-Sein verurteilt sind, gewöhnlich nicht weiter seinen ontologischen Kopf zerbricht, davon will ich hier gar nicht reden. Aber gegenüber dem heutigen Menschen, der sich in apokalyptischer Gefahr befindet, wird nun dieses Ideal des „Schwermachens" zur Spielerei. Einem Gefährdeten kann man nicht mit Erschwerungen kommen, sondern nur mit Worten, die ihn vielleicht zur Besinnung bringen könnten. In einem Moment, in dem derartiges *nötig* ist, ist die Frage, ob es *möglich* sei, falsch, weil unerlaubt. Schwermachen hin, Schwermachen her — wer Moralist ist, muß sich da irgendwie durchschwindeln, also ein Idiom finden, das nicht nur in bestimmten Gebäuden: in den Universitäten, verstanden wird. Und wenn es ihm dadurch passieren sollte, daß seine Betrachtungen nicht als „philosophisch" klassifiziert werden, dann wird ihm das bei der Wichtigkeit seiner Aufgabe nicht viel ausmachen; um so weniger, als es, (wie es in einem molussischen Spruche heißt) „den wirklichen Philosophen definiert, daß ihn nichts so kalt lasse, wie die Klassifizierung seiner Überlegungen".

Ob die Ausdrücke „Moral", „moralistisch", „Ethik" u. dgl. für die nachfolgenden Überlegungen noch passen, ist ungewiß. Vor der monströsen Größe des Gegenstandes klingen sie kraftlos und unangemessen. Denn als Moralprobleme waren bis heute ja diejenigen Fragen bezeichnet worden, die sich darauf bezogen hatten, *wie* Menschen Menschen behandeln, *wie* Menschen zu Menschen stehen, *wie* Gesellschaft funktionieren solle. Abgesehen von einer Handvoll verzweifelter Nihilisten des vorigen Jahrhunderts hat es kaum je einen Moraltheoretiker gegeben, der die Voraussetzung, *daß* es Menschen geben werde und solle, jemals bezweifelt hätte. Sie zur Debatte zu stellen, wäre noch vor kurzem sinnlos gewesen. Aber durch die Bombe, bzw. durch unsere Stellungnahme oder Nichtstellungnahme zu ihr, *ist* diese Frage akut geworden.

Das heißt: an die Stelle der *„Wie-Fragen"* ist die *„Ob-Frage"* getreten; die *ob* die Menschheit weiterbestehen werde oder nicht. Die Frage klingt plump; und der Zeitgenosse, in seiner Apokalypse-Blindheit, in seiner Angst vor der Angst, vor der eigenen und der der Anderen; und in seiner Scheu davor, sich selbst und andere morituros kopfscheu zu machen, will sie nicht wahrhaben.

Aber wahr ist sie trotzdem, denn sie ist nichts anderes als das Gerät selbst.

Dieses ungeheure „Ob" dürfen wir nicht überhören. Bedrohlich und ominös hängt es über den Worten dieser Schrift; die Alten hätten gesagt: wie ein „blutender Mond". Und ich hoffe, daß es dem Leser, mindestens während der Stunde der Lektüre, nicht gelingen werde, das Ding zu vergessen, das über uns verhängt ist. —

I

ERSTE SCHRECK-FESTSTELLUNGEN

§ 2

Das heutige Unendliche sind wir — Faust ist tot

Wenn es im Bewußtsein des heutigen Menschen etwas gibt, was als absolut oder als unendlich gilt, so nicht mehr Gottes Macht, auch nicht die Macht der Natur, von den angeblichen Mächten der Moral oder der Kultur ganz zu schweigen. Sondern *unsere* Macht. An die Stelle der, omnipotenzbezeugenden, *creatio ex nihilo* ist deren Gegenmacht getreten: die *potestas annihilationis*, die reductio ad nihil — und zwar eben als Macht, die in unserer eigenen Hand liegt. Die prometheisch seit langem ersehnte Omnipotenz ist, wenn auch anders als erhofft, wirklich unsere geworden. Da wir die Macht besitzen, einander das Ende zu bereiten, sind wir die *Herren der Apokalypse. Das Unendliche sind wir.* —

Das sagt sich leicht. Ist aber so ungeheuerlich, daß alle Wechselfälle der bisherigen Geschichte daneben beiläufig zu werden, und die bisherigen Epochen zur bloßen „Vorgeschichte" zusammenzuschrumpfen scheinen: denn wir sind nun nicht einfach nur Vertreter einer neuen geschichtlichen Generation von Menschen, sondern, obwohl anatomisch natürlich unverändert, durch unsere völlig veränderte Stellung im Kosmos und zu uns selbst, *Wesen einer neuen Spezies*; Wesen, die sich vom bisherigen Typus „Mensch" nicht weniger unterscheiden, als sich etwa, in Nietzsches Augen, der Übermensch vom Menschen unterschieden hätte. Positiv ausgedrückt — und das gilt unmetaphorisch: *Wir sind Titanen*. Mindestens für die mehr oder minder kurze Frist, in der wir omnipotent sind, ohne von dieser unserer Omnipotenz endgültig Gebrauch gemacht zu haben.

Wirklich ist in der kurzen Zeit unserer Herrschaft die Kluft zwischen uns Titanen und unseren Vätern, den Menschen von gestern, so breit geworden, daß diese uns bereits fremd zu werden beginnen. Kronbeispiel ist die Figur, in der die letzten Generationen unserer Vorfahren ihr „Wesen" erkannten: *Faust*, der verzweifelt Titan zu sein begehrte. Es mag wie ein Sakrileg gegen Goethe und gegen sein (ohnehin sakrilegisch zum Stolzobjekt und Kulturgut-Beispiel erniedrigtes) Werk klingen, aber gegen Goethe besagt es wirklich nicht das Mindeste, wenn ich den Verdacht ausspreche, daß die Figur *Faust* heute schon beinahe *unnachvollziehbar* geworden ist. Zu fühlen, was der sogenannte „faustische Mensch" meinte, wenn er darüber klagte, „nur endlich" sein zu müssen, das sind wir kaum mehr instande. Die unendliche Sehnsucht nach dem Unendlichen, die fast ein Jahrtausend lang tiefste Leiden verursacht und höchste Leistungen befeuert hatte, verliert sich durch das „Unendliche", das wir in Händen halten, so rapide, daß wir eigentlich nur noch von ihr „*wissen*", nur noch wissen, *daß* es sie gegeben hat. Das Wichtigste, was von unseren Eltern, den „letzten Menschen", gegolten hatte, ist für uns Söhne, die „ersten Titanen", ungültig geworden; ihre liebsten Gefühle sind uns bereits fremd; und die Alternativen, mit deren Hilfe sie sich verstanden und ihr Dasein artikuliert hatten, schon außer Kurs.*

Freilich, eine gewisse „unendliche Sehnsucht" existiert auch heute; und sogar eine, die leicht zur Epidemie werden könnte; aber sie ist keine, die heute *noch* lebendig wäre, sondern eine, die gerade erst auszubrechen beginnt: das grenzenlose Heimweh nämlich nach der „guten alten" Weltzeit, in der wir rechtschaffen endlich waren; also der verzweifelte maschinenstürmerische Wunsch, das über Nacht erworbene (oder uns aufgeladene) Titanentum wieder abzuwerfen und, wie in der aetas aurea von gestern, wieder

Mensch sein zu dürfen — eine höchst zweifelhafte, äußerst gefährliche Sehnsucht also, weil sie, solange sie nichts als Gefühl bleibt, den Fühlenden nur schwächt, die Position jener dagegen, die die Allmacht effektiv in Händen halten, bestärkt und kräftigt.

Aber wer hätte in jenen Zeiten, da Maschinenstürmerei als wütender Protest hungernder Heimarbeiter gegen die konkurrierenden Apparate anhob, vorausgesehen, daß, was so begonnen, einmal ein Ausmaß annehmen würde, das in anderen als mythologisierenden Worten nicht würde formuliert werden können? Denn in einer anderen Formel als in der: *„Der Titan, der verzweifelt wieder Mensch sein will“*, könnte man diese heutige Sehnsucht kaum mehr in Worte fassen. —

So befremdlich es klingt: erst durch ihre Übersiedlung in unsere Hände scheint die Omnipotenz wirklich gefährlich zu werden. Immer hatte es früher einen Noah gegeben, immer einen Loth. Jede bisherige Übermacht hatte sich, gleich, ob sie in unseren Augen als natural oder als supranatural galt (selbst diese Unterscheidung scheint nun zweitrangig geworden) als gnädig erwiesen: jede uns immer nur partiell bedroht, jede nur Einzelnes ausgelöscht: „nur“ Menschen, „nur“ Städte, „nur“ Reiche, „nur“ Kulturen; aber *uns* — wenn wir unter „uns“ die Menschheit verstehen — doch immer weiter verschont. Kein Wunder, daß der Gedanke einer totalen Gefahr eigentlich nicht existierte; außer bei einer Handvoll von Naturphilosophen, die mit der Idee einer kosmischen (etwa Kältetod-) Katastrophe spielten; und bei jener Minorität von Christen, die das Weltende noch immer (aber eben nicht schon wieder) erwarteten.

Wie weit sich das geändert hat, also wie weit die Menschheit heute wirklich apokalypse-bewußt ist, ist zwar zweifelhaft; aber daß sie es sein müßte, das ist keine Frage. Denn von uns, den kosmischen Parvenus, den Usurpatoren der Apokalypse, zu erwarten, daß auch wir jene Gnade walten lassen werden, die, gleich ob aus Freundlichkeit, Indifferenz oder Zufall, die Übermächte bis heute hatten walten lassen, dazu haben wir wenig Ursache; vermutlich gar keine, da ja jene Männer, die nun faktisch Herren des Unendlichen sind, diesem ihrem Eigentum phantasie- oder gefühlsmäßig genau so wenig gewachsen sind wie wir, die prospektiven Opfer; und da sie unfähig bleiben, ja unfähig bleiben müssen, in ihrem Gerät etwas anderes zu sehen als ein Mittel für endliche Interessen, wenn nicht sogar für endlichste Parteiziele. Da wir Heutigen die ersten Menschen sind, die die Apokalypse beherrschen, sind wir auch die ersten, die pausenlos unter ihrer Drohung stehen. Da wir die ersten Titanen sind, sind wir auch *die ersten* Zwerge oder *Pygmäen*, oder wie immer wir uns kollektiv befristete Wesen nennen wollen, die nun nicht mehr als Individuen sterblich sind, sondern als Gruppe; und deren Existenz nur bis auf Widerruf gestattet bleibt. —

§ 3

An die Stelle des Satzes „Alle Menschen sind sterblich" ist heute der Satz getreten: „Die Menschheit als ganze ist tötbar"

Eine Zeit liegt hinter uns, in der der natürliche Tod der unnatürliche, mindestens der unalltägliche war; und in der der Sterbende, der einfach verschied, als ein beneidenswerter Mann galt, der sich (offenbar auf Grund von Geheim-Konnektionen mit kosmischen Fremdmächten, die dem diktatorialen Terror nicht unterstanden) dem allgemeinen Schicksal des Umgebracht-Werdens zu entziehen wußte, und sich also, selbst in apokalyptischer Zeit, den Friedensluxus eines individuellen Todes leisten konnte. Und wenn es auch hie und da die ganz andere Perspektive gab, aus der gesehen der natürliche Tod bereits wie ein Zeugnis der Freiheit und Unabhängigkeit aussah, wie ein Bruder des stoischen Selbstmordes; und der seinen natürlichen Tod Sterbende wie der letzte souveräne Mensch — auch aus dieser Perspektive schien „natürlich" bereits der gewaltsame, der unnatürliche Tod; Getötetwerden die primäre Form des Sterbens; und Modell unserer Endlichkeit Abel, nicht Adam. —

Was auf den Alltag des Krieges zutraf, galt natürlich erst recht für jene Installationen, die sich (als die Frontlinien im herkömmlichen militärischen Sinne verschwanden) als die äußersten Frontlinien des Terrors abzeichneten: also für die Vernichtungslager, in denen die Tötungsmaschinerien mit so absoluter Verläßlichkeit arbeiteten, daß unwirtschaftliche Reste von Leben schon nicht mehr übrigblieben. In ihnen hatte der respektable Satz „Alle Menschen sind sterblich" seinen Sinn endgültig eingebüßt, er hatte sich bereits lächerlich gemacht. Hätte man ihn statt des Schildes „Brausebad", das man, um die Promptheit der Arbeit zu gewährleisten, verwendete, über den Eingangsportalen zu den Liquidations-Installationen angebracht, er hätte Hohngelächter erregt, und zwar ein Hohngelächter, in dem sich, in höllischem Unisono, die Stimmen der Todeskandidaten mit den Stimmen jener vereinigt hätten, die die Todeskandidaten hineineskortierten. Seine Wahrheit hatte der alte Satz eben bereits an einen neuen weitergegeben. Und dieser neue Satz hätte zu lauten gehabt: *„Alle Menschen sind tötbar."*

In diesem neuen Satz hat sich die Wahrheit nun seitdem eingenistet. Wie vieles sich auch seit zehn Jahren geändert haben mag, die Bombe, unter deren Bedrohung wir leben, hat dafür gesorgt, daß sie auch heute noch in diesem Satze haust. Und wenn sich etwas verändert hat, dann nur zum Böseren, weil es ja *die Menschheit als ganze* ist, was heute tötbar ist, und nicht nur *„alle Menschen"*.

Diese Veränderung ist es, die die Geschichte in ihr neues Zeitalter vorgeschoben hat. Die den einzelnen Zeitaltern zukommenden Titel hätten also zu lauten:

1. Alle Menschen sind sterblich.
2. Alle Menschen sind tötbar.
3. Die Menschheit als ganze ist tötbar.

§ 4

An Stelle des Salomonischen Satzes: „Alles wird gewesen sein" wird der Satz treten: „Nichts ist gewesen"

Damit ist nun erst unsere Sterblichkeit wirklich Sterblichkeit geworden.*

Ausgenommen von ihr hatte sich zwar auch früher niemand.

Aber jeder hatte sich doch als sterblich innerhalb eines Größeren betrachtet: innerhalb der Menschenwelt, die zwar niemand für ausdrücklich unsterblich gehalten hatte, aber eben doch für das Dauerhaftere, das einen überlebte. Und nur weil es diesen überlebenden Raum gegeben hatte, über dessen Tod oder Todlosigkeit man sich nicht weiter den Kopf zerbrach; diesen Raum, in dem und in den hinein man starb, hatte es auch die merkwürdigen Bemühungen geben können, selbst zu überleben, also Unsterblichkeit durch Ruhm zu gewinnen. Gewiß, sehr erfolgreich waren diese Bemühungen auch nicht gewesen: denn sich bei selbst Unberühmten berühmt, und bei selbst Sterblichen unsterblich zu machen, stellt ja keine sehr reelle metaphysische Investition dar. Und so hatten selbst die Berühmten schon immer jenen Schiffspassagieren aus Tausend und Eine Nacht geglichen, die an Deck zwar höchste Reputation genossen, aber doch letztlich völlig anonym blieben, da das Schiff selbst auf dem Festland unbekannt war.

Und dennoch: Im Vergleich zur heutigen Situation war die damalige noch immer tröstlich gewesen. Denn dem Sterblichen hatte eben der morgige Ruhm, den er „ewig“ nannte, die Ewigkeit aufgewogen; und der Ruhm *im* Schiff den Ruhm *des* Schiffes. – Und um dieses Schiff ist er nun eben gebracht.

Denn in wessen Munde er heute die Erinnerung an sich deponieren soll, da sich seine Todesangst nun auf das Schiff selbst bezieht, auf die Menschheit als ganze, die, wenn sie unterginge, alle Erinnernden und alle möglichen Erinnernden von morgen und übermorgen mit ins Dunkel risse, ist unerfindlich. So daß es ihn nicht gegeben haben wird. Und nicht nur ihn nicht, sondern nichts, das nicht vergeblich gewesen wäre: kein Volk, keinen Menschen, keine Sprache, keinen Gedanken, keine Liebe, keinen Kampf, keinen Schmerz, keine Hoffnung, keinen Trost, kein Opfer, kein Bild, kein Lied, kurz: nichts, das nicht nur „gewesen“ gewesen wäre.

Selbst uns Heutigen, uns noch Lebendigen in der noch stehenden Welt, scheint das Gewesene, das nichts mehr ist als „gewesen“, als tot. Aber selbst *diesen* Tod würde dieser Sturz nun mit sich hinabreißen und zwingen, seinen *zweiten Tod* zu sterben, so daß das Gewesene sogar *nicht einmal mehr Gewesenes* sein würde — denn worin sollte sich denn, was nur gewesen ist, von niemals Gewesenem unterscheiden, wenn es niemanden gibt, der des Gewesenen gedächte? Und würde auch das Künftige nicht verschonen, das tot sein würde, ehe es die Stunde seines Lebens erreicht hätte, so daß anstelle des alles verschlingenden Futurum II aus den Predigten Salomonis, anstelle des trostlosen „Es wird gewesen sein" das noch trostlosere „*Nichts war*" seine von niemandem registrierte und darum gültige Herrschaft antreten würde.

§ 5

Was die Verhinderung verhindert

Angenommen, die Bombe würde eingesetzt:

Von „Tun" hier noch zu reden, wäre unangemessen. Der Vorgang, durch den eine solche Tat schließlich ausgelöst werden würde, wäre so vermittelt, so undurchsichtig; würde sich aus so vielen Schritten und vermittelnden Teilschritten so vieler Instanzen zusammensetzen, von denen keiner *der* Schritt wäre, daß am Ende jeder nur irgendetwas, *es* aber keiner „getan" hätte. Am Schluß wird es niemand gewesen sein. —

Um der letzten Gefahr eines Gewissensrufes vorzubeugen, hat man sich Wesen konstruiert, auf die man die Verantwortung abschieben kann, Orakelmaschinen also, *elektronische Gewissens-Automaten* — denn nichts anderes sind die kybernetischen Computingmaschinen, die nun, Inbegriff der Wissenschaft (damit des Fortschritts, damit des unter allen Umständen Moralischen), schnurrend die Verantwortung übernehmen, während der Mensch danebensteht und, halb dankbar und halb triumphierend, seine Hände in Unschuld wäscht.

Die Frage, ob das Ziel, das durch Hebelkombinatorik eingeschaltet wird, verantwortbar, nein auch nur sinnvoll ist, spielt natürlich für denjenigen, der die Apparatur bedient oder bedienen läßt, bereits im Augenblick, da der Apparat zu rechnen beginnt, überhaupt keine Rolle mehr; nein, die Frage ist überhaupt vergessen.

Und der Antwort mißtrauen, hieße dem Prinzip der Wissenschaften mißtrauen; und wo käme er hin, wenn er einen solchen Präzedenzfall schüfe? Daß er durch diese Verlagerung der Verantwortung in das (für „objektiv" gehaltene) Objekt und durch die *Ersetzung der „responsibility" durch einen mechanischen „response"* das Gesollte in ein bloß schach-mäßig „Richtiges", das Verbotene in etwas schach-mäßig Unrichtiges verwandelt hat, diese Veränderung flößt ihm keinen Schrecken ein. Dabei ist sie natürlich das Entscheidende. Denn da die Leistung des Orakels in nichts anderem bestehen kann als darin, auszuzählen, welche Mittel in einer durch die Faktoren A B C — N bestimmten Situation lohnen, bzw. welche Verluste sich auszahlen; und da bei der Abwägung von Verlusten und Gewinnen nur *endliche* Größen eingesetzt werden können, ist auch *unser Leben eo ipso als eine endliche*, also aufwiegbare, *Größe eingesetzt*: was bedeutet, daß wir bereits durch die Methode selbst „vernichtet" worden sind, ehe wir noch effektiv vernichtet werden.

Aber selbst wenn es keine Roboter gäbe — allein die Tatsache, daß das Monströse durch tausendfach untergeteilte und vermittelte Arbeit vorbereitet werden würde, allein die *Kompliziertheit* der modernen Organisation würde die Durchführung *erleichtern*. Das klingt paradox. Ist es aber deshalb nicht, weil die vielverschlungenen Wege von Organisationen die moralischen Hemmungsenergien schwächen oder restlos absorbieren, also ähnliche Funktion ausüben wie elektrische Widerstände.

Dazu kommt, daß, wenn eine Organisation funktioniert, die Idee der Moralität der Handlung automatisch durch die der Glätte der Funktion ersetzt wird. Ist die Organisation eines Unternehmens „in Ordnung" und sauber in Gang, dann scheint auch dessen Leistung selbst in Ordnung und sauber. Und sauber nicht nur deshalb, weil das Ganze so gut funktioniert, sondern zugleich auch, weil das Ganze *als* Ganzes überhaupt nicht in Sicht ist. Da jeder der zahllosen in den Vorgang eingeschalteten Spezialarbeiter nur denjenigen Schritt sieht, den er selbst zu tun hat; und da jeder solange als gewissenhaft gilt, als er diesen seinen Schritt gewissenhaft tut, gibt es für ihn weit und breit keine Unmoral. Oder anders ausgedrückt: Es gibt deshalb für ihn weit und breit keine Unmoral, weil es für ihn kein „Weit und breit" gibt. „Schmutz geteilt durch tausend ist sauber" (molussisch).

Daß die Summe der spezialisierten Gewissenhaftigkeiten die monströseste Gewissenlosigkeit ergeben kann, kommt ihm also, da ihm der Zusammenhang seines Schrittes mit den anderen ungegeben bleibt, gar nicht zu Bewußtsein. Natürlich kann man für dieses „nicht-zum-Bewußtsein-Kommen" das alte Wort „Gewissenlosigkeit" verwenden. Aber das Wort kann dann nicht bedeuten, daß der Tuende etwas gegen sein Gewissen tue — diese unmoralische Möglichkeit wäre ja noch tröstlich human, da sie ja noch immer ein Wesen voraussetzen würde, das Gewissen haben könnte — sondern allein, daß er *von der Möglichkeit von Gewissen ausgeschlossen* bleibt. Was ihm fehlt, ist nicht nur Moral, sondern auch Unmoral. Ihm Gewissenlosigkeit vorzuwerfen, wäre so sinnlos, wie einer Hand Feigheit vorzuwerfen; das heißt: sinnlos deshalb, weil das Subjekt, über das man die Aussage macht, gar nicht als Subjekt derartiger Aussagen in Frage kommt.

Der Herstellung und dem Einsatz des Dinges steht also nichts im Wege: Denn es ist gerade die große Zahl der Mitbeteiligten und die Kompliziertheit des Apparates, was die Verhinderung verhindert.

II

WAS DIE BOMBE NICHT IST

§ 6

Die Bombe ist kein Mittel — Das Absolute ist erreicht, der Komparativ müßig

Natürlich gibt es niemanden, der nicht irgendwie wüßte, was die Bombe „ist". Aber die meisten „*wissen*" es doch eben nur: auf leerste Art; ohne, was sie wissen, wirklich aufzufassen. Ja in gewissem Sinne wissen sie sogar *Falsches*. Womit ich nicht meine, daß sie unrichtig oder unzulänglich informiert seien. Was Einzelheiten angeht, mag das zwar der Fall sein; aber was die Hauptsache angeht, nicht. Und zu denen, die „Falsches wissen", gehören nicht etwa nur wir mehr oder minder unzulänglich Informierten, sondern auch die Eingeweihten und diejenigen, die über die Bombe verfügen. Was meine ich?

Daß wir die Bombe, wenn wir sie auch nur denken, in einer falschen Kategorie denken. —

Irgendeiner Art von Begrifflichkeit haben wir uns schließlich, wenn wir über sie reden oder sie auch nur meinen, zu bedienen. Und daß wir dabei unbedenklich nach Kategorien greifen, die wir zu verwenden gewöhnt sind, und mit deren Hilfe wir uns in unserer Welt orientieren, das ist ganz natürlich. Die Frage ist nur, ob es auch ganz berechtigt ist. Jedenfalls wird es auf keinen Fall schaden, wenn wir die Möglichkeit ins Auge fassen, daß die Bombe ein ganz abnormer Gegenstand ist; nämlich ein Gegenstand sui generis, das heißt: das einzige Exemplar ihrer Gattung; wenn wir uns also darauf gefaßt machen, vor einer Aufgabe zu stehen, die es in dieser Art zuvor nicht gegeben hat — es sei denn, wir denken an die Theologie, da diese ja einen Gegenstand behandelt, der per definitionem ein „einziger Gegenstand" ist. So wie diese, um zu vermeiden, ihrem einzigen Gegenstande ontologisch inadaequate Attribute zuzuschreiben, sich als „negative Theologie" damit beschied, das, was ihr Gegenstand *nicht* ist, aufzuzählen, so werden wir uns vielleicht mutatis mutandis — und der Vergleich ist natürlich rein methodisch — damit bescheiden müssen, auszufinden, was die Bombe *nicht* ist, damit wir sie nicht von vornherein durch Klassifizierung falsch klassifizieren.

Unter den Kategorien, zu denen wir, wenn wir an die Bombe denken, greifen, gehört vor allem das Begriffspaar „Mittel-Zweck". Und dieses Paar, namentlich den Begriff „Mittel", habe ich im Auge, wenn ich sage, wir verwenden falsche Begriffe. Denn *die Bombe ist kein „Mittel"*.

Daß sie kein „Mittel" sein soll, ist nicht nur deshalb schwer zu verstehen, weil sie ja als Waffe hergestellt wird; und Waffen offensichtlich „Mittel" sind; sondern weil die Kategorie „Mittel" heute eine Geltungs-Universalität gewonnen hat, die ihr nie zuvor zugekommen war: die Welt, in der wir leben, fassen wir ja geradezu als eine *„Welt von Mitteln"* auf, als ein Universum, in dem es eigentlich anderes als Mittel nicht gibt; und in dem paradoxerweise sogar die Zwecke (da sie im Unterschiede zu diesen Mitteln „zwecklos" erscheinen) als zweitrangig in den Hintergrund verwiesen sind. Zu verstehen, daß es in einer solchen Welt etwas geben soll, und dazu noch etwas Menschgemachtes, das kein Mittel ist, das ist den Massenmenschen von heute — und zu denen gehören eben auch jene, in deren Händen die Bombe liegt — kaum zuzumuten.

Warum ist die Bombe kein Mittel?

Zum Begriff des „Mittels" gehört es, daß es, seinen Zweck „vermittelnd", in diesem aufgehe; daß es in diesem ende wie der Weg im Ziel; daß es also als eigene „Größe" verschwinde, wenn das Ziel erreicht ist. — Trifft das auf die Bombe zu?

Nein.

Warum nicht?

Weil sie als eigene Größe nicht verschwindet.

Warum verschwindet sie nicht?

Weil sie *absolut zu groß* ist.

Was heißt: sie ist „absolut zu groß"?

Daß ihr geringster Effekt, wenn sie eingesetzt würde, größer wäre als jeder noch so große von Menschen gesetzte (politische, militärische) Zweck; daß *„effectus transcendit finem"*; und daß ihr Effekt nicht nur größer wäre als ihr angeblicher Zweck, sondern daß er aller Voraussicht nach jede weitere Setzung von Zwekken überhaupt in Frage stellen würde; also auch jede weitere Verwendung von Mitteln; mithin das *Mittel-Zweck-Prinzip als solches auslöschen* würde.

Einen derartigen Gegenstand ein „Mittel" zu nennen, wäre absurd.

Aber damit nicht genug. Unterstellt selbst (was nicht der Fall ist), jemand verfolgte das herostratische Ziel, die Welt auszulöschen: Selbst dann wäre die weitere Herstellung atomarer Waffen keine Herstellung von „Mitteln"; heute jedenfalls nicht mehr. Und zwar deshalb nicht, weil — darin sind sich alle Sachverständigen einig — die Quantität in die Qualität bereits umgeschlagen ist. Das heißt: weil die virtuelle Gewalt der heute aufgestapelten Bomben bereits absolut ist. Und das heißt wiederum, daß sie bereits ausreicht, um dieses „kosmisch-herostratische" Ziel zu erreichen. Aus diesem Grunde scheint es letztlich auch sinnlos, daß man die Größe oder den Brisanzkoeffizienten oder die Zahl der Bomben immer weiter steigert. Die absolute Gefahr, die man in Händen hält; der Effekt, den man auslösen kann, ist nicht mehr steigerbar. Jedenfalls ergäbe die Steigerung des Mittels nichts Neues; nichts Neueres als der Komparativ des Eigenschaftswortes „tot".

Das ist etwas Erstmaliges, das ist in der Geschichte der Produktion noch nicht dagewesen. Für den „Geist der Industrie", der unter der Zwangsidee steht, daß jedes technische Produkt zur Steigerung, also zum Komparativ, verpflichtet sei, ist die Tatsache, daß dieser Komparativ zwar möglich ist, aber keinen Sinn hat; daß sich Kaliber und Wirkungsradius des Dinges zwar „verbessern" lassen, dessen Wirkung aber nicht, einfach unbegreiflich. „Es war einmal", könnte es bei einem Swift von heute heißen, „ein hoher Administrator der Atomwaffenproduktion, dessen Amt darin bestand, für die tägliche Steigerung des Brisanzkoeffizienten der Wasserstoffbombe Sorge zu tragen. Als sich dieser Mann, der lange Monate versucht hatte, diesen Gedanken abzuwehren, eines Tages der Einsicht nicht mehr verschließen konnte, daß sich mit der Steigerung seines Produktes dessen Wirkung nicht mehr mitsteigerte, da begann sich sein Geist zu verdunkeln, ja er wurde gemütskrank. „Aber begreifen Sie doch, Doktor!" rief er, „aber begreifen Sie doch! Ein Mittel, das sich steigern läßt — und dessen Effekt dennoch konstant bleibt! Hat man so etwas schon einmal gehört? Immer nur der gleiche Effekt, sage ich Ihnen, immer nur das gleiche Ende der Welt! Ja, ist denn das nicht zum Wahnsinnigwerden? Ist das nicht ein Skandal? Ist denn das nicht wirklich das Ende der Welt?" —

Aber lassen wir solche Swiftiaden. Das Wirkliche ist phantastisch genug. Prägen wir uns den Hauptpunkt ein:

Wenn jemand die Bombe in der törichten Hoffnung verwenden würde, damit ein bestimmtes endliches Ziel durchzusetzen, die Wirkung, die er erzielen würde, würde mit seinem Ziele keine Ähnlichkeit mehr haben. Was eintreten würde, wäre nicht, daß der Weg im Ziel, bzw. das Mittel im Zweck aufginge, sondern umgekehrt, daß der Zweck in der Wirkung des angeblichen „Mittels" sein Ende fände. Und zwar nicht in *einer* Wirkung, sondern in einer unabsehbaren Wirkungskette, in der das Ende unseres Lebens vermutlich nur ein Kettenglied unter anderen wäre. —

Von einem „Mittel" zu reden, wäre also nur dann sinnvoll, wenn jemand in wirklich herostratischer Absicht auf dieses „Ende aller Dinge" abzielte.

§ 7

Fortsetzung — Die Mittel heiligen die Zwecke

Der Degenerationsprozeß, den das Begriffspaar „Mittel-Zweck" durchgemacht hat, hat sich von langer Hand vorbereitet.* Was immer die Phasen dieses Prozesses gewesen sein mögen, heute sind nun Mittel und Zweck geradezu ausgetauscht: *Die Herstellung von Mitteln ist zum Zweck unseres Daseins geworden.* Und oft geschieht es (und zwar in allen Ländern, denn die Entwicklung ist allgemein), daß man Dinge, die früher als Zwecke gegolten hatten, nun dadurch zu rechtfertigen sucht, daß man nachweist, wie gut auch sie sich als Mittel einsetzen lassen und sich als solche bewähren können: zum Beispiel als hygienische Mittel, die den Erwerb oder die Herstellung weiterer Mittel fördern oder erleichtern. (So Muße und Liebe; selbst Religion.) Der Titel des amerikanischen Büchleins „Is sex necessary?" ist, obwohl natürlich ironisch gemeint, symptomatisch.

Was sich als Mittel nicht ausweisen kann, dem ist der Zutritt in den heutigen Ding-Kosmos versagt. Deshalb: eben weil sie keine Mittel sind, gelten *Zwecke* als *zwecklos*. Jedenfalls Zwecke als solche. Zwecklos sind sie, wie gesagt, ausschließlich dadurch, daß auch sie sich als Mittel bewähren können. Und zwar als Mittel in der Potenz; also dazu tauglich sind, Mittel zu vermitteln, z. B. diese verkäuflich zu machen. *Der Zweck von Zwecken besteht heute darin, Mittel für Mittel zu sein.* Das ist eine schlichte Tatsache; nur weil diese paradox ist, ist auch die Formulierung paradox.

Besonders deutlich wird diese „Mittel"-Rolle bei *„angehängten Zwecken"*. Darunter verstehe ich solche Zwecke, die man Dingen ex post zuweist, um ihnen ihren rechtmäßigen Platz im Gemeinwesen der Mittel zu verschaffen, also gewissermaßen um sie „ehrlich zu machen". Wenn bei einem chemischen Prozeß ein Derivat abfällt, dann besteht die Aufgabe darin, für dieses Derivat einen Zweck zu finden, notfalls dazu zu erfinden, um dem Derivat die Chance zu geben, zum Mittel aufzusteigen. In der Tat ist die Zahl der Fälle, in denen es nicht gelingt, durch Zwangsmodellierung der Nachfrage einen solchen Zweck zu finden oder zu erfinden, sehr gering. Der Zweck des dazuerfundenen Zweckes besteht also darin, den Stoff, der als *„Nichtsnutz"* zur Welt gekommen war, in etwas zu überführen, das im Gemeinwesen der Mittel seinen Mann stehen kann. „Dinge an sich" darf es nicht geben; sondern nur Mittel, mindestens virtuelle.

Es liegt auf der Hand, daß niemand dem Interesse der Mittelerzeuger so obstruktiv widerspricht wie der Kritiker, der nicht nur ein hergestelltes Mittel, sondern den Zweck eines hergestellten Mittels ablehnt. Die angeblich unbeschränkte Freiheit der Kritik ist faktisch aufs engste eingeschränkt: nämlich auf Kritik der Eignung eines Mittels; und nur diese Art von Kritik existiert; nicht die Zweck-Kritik. Denn *die Kritik eines Zweckes würde* ja *die Produktion des diesem Zwecke dienenden Mittels stören* und damit einen höchst gefährlichen Präzedenzfall schaffen. Schließlich besteht ja der Zweck von Zwecken darin, der Mittelerzeugung ihre raison d'être zu verschaffen. Wird durch Zweckkritik diese raison d'être in Zweifel gezogen, so ist damit das Prinzip der sakrosankten Mittelerzeugung als solcher attackiert. In anderen Worten: *Die Mittel heiligen die Zwecke.*

Die Mittel heiligen die Zwecke. Diese Formel ist nicht als Scherz gemeint, noch nicht einmal als ‚philosophische Übertreibung'. Sie, die Umkehrung der berüchtigten Devise, ist tatsächlich die Geheim-Losung unserer Epoche. Und mit ihr ist der Rahmen bezeichnet, in dem, als angebliches Mittel unter Mitteln, die Bombe das Licht der Welt erblickt hat; und in dem wir: die erschreckte Welt, das blendende Licht der Bombe zum ersten Male erblickt haben.

Ist sie ein Mittel, dann muß von ihr gelten, was von allen Mitteln gilt:

Dann muß ihr, damit sie legitim bleibe, ein Zweck zukommen. — Eine Warnung vor ihrem Zweck (gar eine, die ihre Abschaffung zur Folge hätte) würde einen untragbaren Präzedenzfall darstellen. Ginge diese Warnung durch, der Warnung vor Zwecken anderer Mittel stünde gleichfalls nichts mehr im Wege, die Gefahr würde rapide anwachsen; und schließlich könnte die „ganze Welt" der Mittel, das heißt: das Prinzip dieser Welt, durch Warnungen unterminiert werden. Daß für die Verwalter des Mittel-Kosmos dieser Gedanke zum Angsttraum werden muß, ist evident. Wenn sie die Warnung vor der Bombe zu unterbinden suchen, so also (so absurd das klingt), weil sie befürchten, der Präzedenzfall der Warnung setze ihre *„ganze Welt"* aufs Spiel. Von der Tatsache, daß die Bombe, wenn sie *nicht*, und nicht mit Erfolg kritisiert wird, die Welt (und zwar die wirkliche „ganze Welt": unser aller Leben, auch das ihre) aufs Spiel setzt, müssen sie also abzusehen, und von ihr unsere Blicke abzuziehen, versuchen. Deshalb gehört es auch zu ihrer typischen, gewiß weitgehend unbewußten, *Taktik*, zwischendurch ihren *Gegenstand immer wieder klein zu machen*, dessen Neuartigkeit zu bagatellisieren, dessen anarchischen Charakter zu verharmlosen, ihn als Mittel unter anderen Mitteln hinzustellen — kurz: die Tatsache zu bestreiten, daß, was ihren altbewährten Kosmos der Mittel gefährdet oder sprengt, ihr eigenes Produkt ist. Der Lieblingstrick, den sie im Zuge dieser Bagatellisierung anwenden, besteht darin, das Element des Anarchischen, das sie ganz nicht ableugnen können, zu *verlagern*, nämlich auf die Warner abzuladen: diese also als anarchistisch, als revolutionär, pauschal: als *Verräter*, hinzustellen; so daß unter

„Verrätern“ nun diejenigen Ehrenmänner verstanden werden, die den Betrogenen: der verratenen und verkauften Menschheit, die Wahrheit verraten. Daß vorübergehend diese „Verlagerung“ gelingt, braucht, da als „schuldig“ ja immer zuerst die Nennenden gelten, nicht die Tuenden, niemanden zu verwundern.

Aber es gelingt doch eben nur vorübergehend. Auf die Dauer ist die Tatsache, daß das anarchistische Element nicht in den Warnenden sondern in der Bombe selbst steckt, nicht zu verbergen. Denn die Menschheit spürt eben doch, auch wenn sie es gewöhnlich nicht formulieren kann, und sie spürt es voll Unbehagen und Mißtrauen, daß der Gegenstand, mit dem sie da konfrontiert wird, aus dem, was ihr sonst als „Welt“ vorgesetzt wird: also aus der „Welt der Mittel“, aufs Unheimlichste herausfällt; daß er ein Unikum ist. Was sie meinen, ist eben: „Die Bombe ist kein Mittel“.

Diese Feststellung, die man nicht oft genug wiederholen kann, ist nicht etwa nur negativ. Sie ist die positive und fundamentale Feststellung einer Negativität. Und durch die Gegenfrage, „was sie denn sonst sein soll?“ nicht entwertet. Um so weniger, als der Bedrohte dem Bedroher ja keine Definition der Bedrohung schuldet.

In der Tat könnte diese Gegenfrage, „was sie denn sonst sein soll?“ auch von niemandem beantwortet werden. Und zwar deshalb nicht, weil sie sinnlos ist. Könnte man sie beantworten, so würde das ja, wie wir schon zu Beginn andeuteten, besagen, daß es andere Gegenstände der gleichen Klasse gebe, der man sie nun als Exemplar zurechnen könnte. Gerade das aber ist nicht der Fall. Klassifizieren kann man die Bombe nicht. Sie ist ontologisch ein Unikum. Und das macht ihren anarchischen Charakter aus.

Wesen, die man nicht klassifizieren konnte, nannte man früher „monströs“; das heißt: als „monstra“ hatten Wesen gegolten, die, obwohl sie kein „Wesen“ hatten, doch da-waren und, der Frage, was sie seien, ins Gesicht lachend, ihr Unwesen trieben.*

Ein solches Wesen ist die Bombe. Sie ist da, obwohl wesenlos. Und ihr Unwesen hält uns in Atem.

§ 8

Nicht nur der Mörder, auch der moriturus ist schuldig

Wie die meisten Mittel, ist auch dieses nicht-Mittel denen, die nun über es verfügen, in den Schoß gefallen. Daß das Gerät geplant worden ist, kann zwar nicht bestritten werden*: daß aber auch die Situation, die sich aus der Existenz des Geräts ergeben hat, geplant gewesen wäre, läßt sich, bei der Phantasielosigkeit des Menschen, nicht behaupten.

In der Tat sind diejenigen, denen die Macht in den Schoß gefallen ist, „auch nur Menschen": womit gemeint ist, daß sie um nichts weniger beschränkt sind als unsereins; und daß sie, zugeschnitten und eingestellt auf Endliches, wie wir es sind, außerstande bleiben, zu begreifen, daß, worüber sie da verfügen, mit einem „Mittel" nicht das mindeste mehr zu tun hat.

Damit ist gesagt, daß die Bombe niemandem eindeutig zugerechnet werden kann; daß die moralische Lage ganz undurchsichtig bleibt. Was das Gerät nur noch gefährlicher macht. Denn eindeutig bereinigen lassen sich nur diejenigen moralischen Probleme, bei denen Schuldige und Unschuldige unzweideutig auseinandergehalten werden können.

Deutlich scheint allein, wer *nicht* schuldig ist. In der Tat haben solche Wendungen, wie auch wir sie schon ein paar Male benutzt haben wie: „Wir gehen der selbstgemachten Apokalypse entgegen" oder: „Den von uns selbst gemachten Geräten sind wir nicht gewachsen", in denen wir pauschal *uns* (= „uns Menschen") als Handlungs- oder Zurechnungs-Subjekte unterstellt haben, kein Recht. Zu behaupten, daß „*wir*": die Mehrzahl aller Menschen, das apokalyptische Gerät gewünscht, geplant, gemacht hätten, wäre natürlich sinnlos. Und nicht nur sinnlos, sondern gefährlich, weil solche Wendungen denjenigen, die nun das Unglück haben, die effektiven „Subjekte" des Geräts geworden zu sein, nämlich über dessen Herstellung und Verwendung wirklich zu verfügen, außerordentlich gelegen kommen können. Die Rede vom „Selbstmord der Menschheit" verschafft der Verantwortung eine ideal breite

Basis, ein herrliches Alibi; niemanden stellt sie als aktuell schuldig, jeden als virtuell mitschuldig hin.

Und das ist eben doch unberechtigt. Aktuell Schuldige gibt es eben doch. Und zwar deshalb, weil, wie undeutlich die Zurechnungsfrage bis jetzt auch gewesen sein mag: die wirkliche Schuldfrage nun erst beginnt. Nun erst, weil wir nun erst wissen, was die Bombe bedeutet. Wie unschuldig bis heute einer auch gewesen sein mag, nun *wird* er schuldig, wenn er denen, die noch nicht sehen, die Augen nicht öffnet, und denen, die noch nicht verstehen, die Ohren nicht vollschreit. *Nicht in der Vergangenheit liegt die Schuld, sondern in der Gegenwart und in der Zukunft. Nicht nur die möglichen Mörder sind schuldig; sondern auch wir, die möglichen morituri.*

§ 9

Die Versuche gelingen, das Versuchen mißlingt

Wir hatten den § 5 mit den Worten eröffnet: „Angenommen, die Bombe würde eingesetzt."

Der Eröffnungssatz war falsch. Er war zu optimistisch.

Denn die Bombe *ist* eingesetzt. Sie wird *ständig* eingesetzt.

Was meine ich?

Nicht die beiden ersten Abwürfe. Nicht die Zerstörung Hiroshimas und Nagasakis. Sondern die Verwendung der Bombe in der Nachkriegszeit. In dieser Epoche wurde sie in doppeltem Sinne eingesetzt.

1. Als *Druckmittel.* — Das gilt von den acht Jahren bis zur Explosion der ersten russischen H-Bombe im Hochsommer 53. — Die Behauptung „sie wurde als Druckmittel eingesetzt" ist freilich irreführend; denn um aus der Bombe ein Druckmittel zu machen, war es für den Eigentümer des Monopols völlig überflüssig, ein „wenn nicht, dann" auszusprechen. Was noch Hitler in grauer vor-atomarer Urzeit getan hatte, als er die Prager Regierung mit seinem erpresserischen Ultimatum konfrontierte, erübrigte sich nun. *Ihre bloße Existenz*, ihr bloßer Besitz, die bloße

Möglichkeit ihrer Verwendung *machte die Bombe automatisch ultimativ*; sie war eine Ding gewordene Erpressung, sie war es ihrem Wesen nach, gleich, ob man sie als solche einsetzen wollte, einsetzte oder nicht; und Erpressung wäre sie selbst gewesen, wenn sie in den Händen eines heiligen Franziskus geruht hätte. — Damit ist freilich nicht bestritten, daß es beträchtliche Machtgruppen und wichtige Persönlichkeiten gegeben hat, die die Bombe auch ausdrücklich, und sogar mehr oder minder offiziell, als Druckmittel verwendeten und auch heute noch so verwenden. Was begreiflich ist. Nicht nur aus psychologischen Gründen, nicht nur deshalb, weil es fast unerträglich ist, ein Machtmittel, das man besitzt, und dazu noch ein solches, lediglich zu „haben"; sondern auch aus wirtschaftsmoralischen Gründen: weil Nichtverwendung eines Produkts, dazu eines, in das man so ungeheuer viel investiert hat, als Vergeudung, also als ein geschäftlich unmoralischer Zustand, gelten muß. — Nicht zu betonen, daß unter diesen Umständen in der Nachkriegsepoche, also in der Zeit des amerikanischen Bombenmonopols, *nur* verbaler und kein handfesterer, Gebrauch von der Bombe gemacht worden ist, wäre äußerste Unfairness. Aber diese Tatsache zu preisen, ist gleichfalls unerlaubt. Denn wenn man das nicht-Morden, wo Morden möglich oder möglich gewesen wäre, als moralisch positive Tat wertete, wo käme man da hin? — Jene Männer freilich, die sich damit bescheiden, die Bombe ausschließlich als Erpressungsmittel einzusetzen, statt sie ihrer „idealen" Verwendung als Waffe wirklich zuzuführen, die glauben gewiß voll Selbstgerechtigkeit, „idealistisch" gehandelt zu haben. Der von Hitler eingeführte Usus, sich dadurch als Heiland zu empfehlen, daß man diejenigen, die man hätte umbringen können, aber schließlich eben doch nicht umgebracht hat, als „Gerettete" aufzählt, dieser Usus ist heute nach wie vor im Schwange. Und wenn die, aus einem Konzentrationslager stammende, Definition des Lebens als „noch-nicht ermordet-worden-Sein" ihre Gültigkeit auch heute noch nicht verloren hat, so verdanken wir dieses ihr Fortleben diesen Selbstgerechten, die sich auf ihr nicht-Morden etwas zugute tun.

Zu diesem Typ von Erpressung gehört nun aber noch ein weiterer Zug: Während es nämlich früher sowohl zur wohlanständigen kriminellen Erpressung wie zur konventionellen Waffe gehört hatte, sich darauf zu beschränken, diejenigen zu bedrohen, auf die man abzielte, gehört es nun zur Erpressung durch die Bombe, daß sie immer zugleich die gesamte Menschheit unter Druck setzt. Nicht erst durch ihre strategische Verwendung (wie die Bombenflugzeuge im letzten Weltkriege) ist sie eine „totale Waffe", sondern bereits auf Grund ihrer physikalischen Natur. Womit gesagt ist, daß die „Totalität der Bedrohung" kein Zeichen spezieller „Niedertracht" ist, sondern Zeichen einer Unfähigkeit: nämlich ihrer *Unfähigkeit zu zielen.*

Nichts liegt mir ferner, als ihre ballistische oder Abwurfspräzision anzuzweifeln. Die ist gewiß bewunderungswürdig. Was ich meine, ist allein, daß das Ausmaß ihres Effektes so ungeheuer, der räumliche und zeitliche Streu-Radius so unbegrenzt ist, daß sie grundsätzlich *über ihr Ziel hinausschießen* muß. *Ihre Allmacht ist ihr Defekt.* Ihre Alternative ist endgültig: sie kann nur Alle erpressen oder niemanden; nur das Kind mit dem Bade ausschütten oder gar nichts ausschütten. Und wirklich lebt ja seit ihrer Konstruktion die gesamte Menschheit in erpreßtem Zustande; die amerikanische Bevölkerung nicht weniger als die irgend eines anderen Landes, wenn nicht sogar unter noch stärkerem Druck, da sie ja durch die Einführung von Atomkrieg-Proben bereits „H-bomb-conscious" gemacht worden ist.

Da die Erpressung wesensmäßig eine Erpressung Aller ist, ist sie also zugleich auch *„Selbst-Erpressung"*. Und auch das ist, wenn man von dem Giftgas-Intermezzo des ersten Weltkrieges absieht, etwas Erstmaliges. Das hysterische „entweder. . . . oder ich bring uns um", das bisher nur in privatester Sphäre bekannt gewesen war, hat nun eine schauerlich globale Nachahmung gefunden.

2. Aber es gibt noch einen weiteren Grund für unsere Behauptung, die Bombe *sei* bereits eingesetzt. Als wir von ihrer „Ziel-Unfähigkeit" sprachen, waren wir diesem zweiten Grunde bereits ganz nahe.

Die Redensart: „Angenommen, sie werde eingesetzt", bejaht nämlich implizit eine Grenzziehung, die heute nicht mehr gilt; sie macht nämlich die bis gestern in Experimentalphysik und Technik gültige Unterscheidung zwischen „Vorbereitung“ und „Anwendung“, zwischen „*Probe*“ und „*Ernstfall*“. Das Charakteristische der Bombe besteht aber gerade darin, daß sie diese Unterscheidung auslöscht.

Zum Wesen der technischen Probe hatte die *Insularität des Probefeldes* gehört: Immer war der Probevorgang limitiert und abgedichtet, die Wirklichkeit selbst von ihm unberührt geblieben. Jedes Experiment hatte ein isoliertes System konstituiert, einen Vorgang in einem konstruierten Mikrokosmos, dessen Effekt auf den Makrokosmos gleich Null oder uninteressant blieb, wie weittragend auch (da das festgestellte Faktum ja ein „Gesetz“ etablierte) die Schlüsse sein mochten, die man aus dem Ergebnis des mikrokosmischen Modellgeschehens ziehen durfte. Auch dem Konzept der *Maschine* lag dieser Begriff des konstruierten, in sich geschlossenen und von der Welt abgeschlossenen, mikrokosmischen Spiel-Feldes zugrunde. Dieser Charakter „geschlossenes Feld“ war geradezu Bedingung der wissenschaftlichen Arbeit gewesen: er hatte ja nicht nur (negativ) die Abdrosselung der unzähligen unberechenbaren und unbeherrschbaren Determinanten der Welt bedeutet, sondern eben zugleich (positiv) die jeweilige Dekretierung einer endlichen Anzahl von Voraussetzungen; und durch deren Beherrschbarkeit die Beherrschbarkeit der Effekte. Der Erfolg der Entwicklung der Technik war eine Konsequenz dieser (die Wirklichkeit total umbauenden) Methode gewesen, künstliche, nämlich abgedichtete, Mikro-Welten innerhalb der Welt herzustellen. Durch seine Insulierung hatte jeder Experimentalvorgang zugleich etwas „*Spiel-artiges*“ an sich: die Abgeschlossenheit seines Feldes ist ja, gleich ob wir ans Schachspiel denken oder an den Fußballplatz, das Charakteristikum jedes Spiels; zugleich dessen Logik, wie dessen Escapismus-Chance. Daher konnten manche Experimente sogar „schön“ heißen: „Schön“ waren sie eben wie perfekt durchgespielte Partien; oder wie in sich geschlossene, von der Welt abgeschlossene und stimmige Kunstwerke. Zu geschichtlichen Realitäten wurden Experimente, da sie in ihrem Experimentalstadium von der Wirklichkeit abgeschlossen blieben, erst durch ihre technische Auswertung, erst durch ihre industrielle Anwendung.

Das alles gilt nun heute nicht mehr. Das heißt: *die nuklearen „Experimente" sind heute keine Experimente mehr.*

Daß man sie „insel-artig" auf Korallenriffen oder irgendwo sonst im Weltmeer durchführt; daß man also zuguterletzt, um das Prinzip der Isolierung zu retten, auf „Insularität" im geographischen Ur-Sinne zurückgreift, ist zwar sehr charakteristisch. Aber diese letzten Isolierungsversuche, das heißt: die verzweifelten Bemühungen, noch „Versuche" zu machen, bleiben vergebens. Wie großartig *die Versuche* auch *glücken* mögen — *das Versuchen mißlingt,* weil jedes Versuchen sofort umschlägt, sofort mehr wird als Versuchen. Die Effekte sind so ungeheuer, daß im Moment des Experiments das „Laboratorium" ko-extensiv mit dem Globus wird. Das aber bedeutet nichts anderes, als daß zwischen „Probe" und „Durchführung" zu unterscheiden, seinen Sinn verloren hat; daß jedes „Experiment" zu einem „Ernstfall" geworden ist. Tatsächlich haben ja die zahlreich durchgeführten „Experimente" bereits ihre Effekte gehabt: daß das erste Opfer der Wasserstoffbombe, der japanische Fischer Aikichi Kuboyama, der im August 1954 starb, experimentell verschieden sei, wird man ja wohl nicht behaupten können*; und ebensowenig, daß der japanische Kutter Fikuryumaru, der 130 km vom Detonationszentrum entfernt, verseucht wurde, sich experimenti causa dort herumgetrieben habe. Aber Einzelfälle zu nennen, ist beinahe schon irreführend. Denn die Verseuchung durch die „Experimente" ist heute ja schon allgemein: Schon jetzt sind ja Luft, Meer, Regenwasser, Erde, Pflanzenwelt, Tierwelt, Menschenwelt und Nahrungsmittel affiziert und infiziert — abzuschätzen, in wie hohem Maße, ist heute offenbar noch gar nicht möglich. Da aber gewisse „Halbwertzeiten" (also die Fristen, in denen die Hälfte ursprünglicher Radioaktivität emittiert wird), mit den Maßen menschlicher Dauer gemessen, fatal lang sind, ist der Effekt der angeblichen Experimente auch zeitlich unbegrenzt: Was man heute experimentell „spielt" kann für Söhne, Enkel oder Urenkel zum erbbiologischen „Ernstfall" werden; vielleicht zum letzten. Die Geiger-Prüfung des radioaktiven Gehaltes der Schilddrüsen (die das radioaktive Jod 131 aufspeichern) in weitestem Umkreis von Testing-grounds (1500 Meilen) hat bereits das Hundertfache der normalen Radioaktivität ergeben.* Die Rolle der für kommende Geschlechter fatalen Verseuchung, die noch vor kurzem (z. B. bei Ibsen) die *Syphilis* gespielt hatte, hat nunmehr die *Radioaktivität* übernommen.

Was man „Experimente" nennt, sind also *Stücke unserer Wirklichkeit;* unserer *geschichtlichen Wirklichkeit.* Ob wir sagen: „Experimente sind keine Experimente mehr" oder: „Sie sind geschichtliche Ereignisse", läuft auf Eines heraus.

Denn Geschichte kennt keinen Spaß und kein „einmal ist keinmal". Zu widerrufen weigert sie sich, das Wort „Versuch" ist ihr unbekannt. Herumexperimentieren gibt es in ihr nicht, weil alles, was sich mit der bescheidenen Beteuerung, sich nur als Experiment abzuspielen, ankündigt, sofort „ein für alle Male" geschieht, sich also als „Ernstfall" abspielt. Damit ist natürlich nicht gesagt — das wäre absurd — daß man künftighin „überhaupt nichts mehr versuchen" sollte; sondern allein, daß man sich bei Vorgängen, die man in Gang bringt, ohne sie gegen die Welt abdichten zu können, im Klaren darüber sein muß, daß diese nun im Indikativ stattfinden, nicht im Konjunktiv; daß sie sich nicht nur *innerhalb* der Welt abspielen, sondern *als* Weltvorgänge; daß sie Faktisches sind, und nicht nur Experimentelles. Experimentell sind sie aber deshalb nicht, weil sie *bleiben,* das heißt: weil sie Konsequenzen haben. Das gilt nicht weniger als für die privateste Geschichte für die Geschichte im breitesten Sinne: So wenig es eine nur experimenti causa durchgeführte Probe-Ehe gibt, die aus dem Leben derer, die „nur einmal hatten probieren wollen" ausgestrichen werden könnte; so wenig es eine „nur einmal" versuchte Fascisierung eines Landes gibt, da das Versuchte zum Schicksal, das Gewesene zum unausstreichbaren Stück Geschichte wird; so wenig es Massensterilisierungsexperimente gibt, weil die so Behandelten, sofern sie weiterleben, faktisch ruiniert sind — so wenig, oder noch viel weniger, gibt es „nur einmal" oder gar „nur ein paar mal" experimenti causa durchgeführte Atomexplosionen. Dem, was wir mit dem Wörtchen „nur" bezeichnen, dem entspricht in der Wirklichkeit nichts mehr. Nichts ist nur „nur"; und „nur gewesen" nichts. Jedes Einmal wird sofort zu einem „ein für alle Male". Und jedes zu einem *nunc stans.* Denn die Differenzen der Zeiten sind gleichfalls gelöscht: Keine Vergangenheit, die nicht Gegenwart, keine

Gegenwart, die nicht Zukunft wäre; und keine Zukunft, die nicht als tödlichen Keim das Futurum II, unser „wir werden gewesen sein" in sich bärge. Wie kurzfristig jeder einzelne von uns auch sein mag, wir sind *„größer als wir selbst"*: die Produkte, die wir herstellen, die Effekte, die wir auslösen, sind so langfristig, daß sie nicht nur uns konfrontieren können, sondern auch unsere Enkel und unsere Urenkel, um diesen eines Tages mit erhobener Hand ihr „Halt!" entgegenzurufen.

Wir waren also höchst zurückhaltend, als wir eben von den Experimenten behaupteten, sie seien aus ihrer altbewährten hermetischen Isolation, in der sie sich noch zur Zeit unserer Väter abgespielt hätten, in die Dimension der geschichtlichen Realität eingebrochen. Vielmehr ist die Kraft der Experimente, die ihres Experimentalcharakters entkleidet sind, so elementar, daß die geschichtliche Welt im Augenblicke dieses Einbruchs auch schon mit zu zerbrechen droht. *Nicht nur „geschichtlich" sind die Experimente geworden, sondern „geschichtlich überschwellig"*.

§ 10

Erläuterung des Ausdrucks „geschichtlich überschwellig"

Daß es Millionen Tatsachen gibt, die *„geschichtlich unterschwellig"* sind: deren Bedeutung also zu gering ist, als daß sie vom Politiker in seine Pläne miteinkalkuliert oder vom Historiker mitberücksichtigt werden könnten, ist plausibel. Mein Nachmittagsschlaf heute vor drei Jahren mag zwar ein Stück der geschichtlichen Situation gewesen sein. Nichtsdestoweniger gehört es zum Wesen der Geschichte, daß sie über derartige Stücke ihrer selbst zur Tagesordnung übergeht, sie *als* Geschichte ausläßt, sie nicht überliefert. Geschichte *ist* nur, sofern sie sich selbst *siebt*.

Umgekehrt aber gibt es Ereignisse, die so unberechenbar groß sind, daß sie die Dimension dessen, was wir als geschichtlichen Zustand auch nur meinen können, hinter sich lassen. Deutlich ist das der Fall bei Naturkatastrophen. Der Untergang von Atlantis (unterstellt, er habe stattgefunden) war keine geschichtliche Katastrophe, keine Katastrophe *in* der Geschichte; vielmehr als Ende *von* Geschichte, etwas was in Geschichte nicht mehr eingehen konnte: *„geschichtlich überschwellig“*.

Analoges gilt von den Atomexperimenten; von Atomkriegen zu schweigen. Deren Vorbereitung mag zwar der Dimension der Geschichte noch angehören, da deren Initiatoren diese ja in der Hoffnung treffen würden, damit bestimmte geschichtliche Zukunfts-Ziele zu erreichen. Im Augenblicke aber, da sie an die Verwirklichung dieses Zieles gingen, also im Moment des Kriegsbeginns, wäre es mit der Geschichte aus. Am Tage der ersten Explosionen würde die Dimension der Geschichte mit-explodieren. „Am Ende des Weges zeichnet sich immer deutlicher das Gespenst der allgemeinen Vernichtung ab.“ (Einstein in seiner Botschaft an die italienischen Atomwissenschaftler.) Was übrigbliebe, wäre keine geschichtliche Situation mehr; sondern ein Trümmerfeld, unter dem alles, was Geschichte einmal gewesen, begraben läge. Und wenn der Mensch doch überlebte, dann nicht als geschichtliches Wesen, sondern als ein erbärmlicher Überrest: als verseuchte Natur in verseuchter Natur. —

Wenn es jemanden gibt, wenn es jemanden gegeben hat, der die Kompetenz besaß, die Lage zu beurteilen, so war es Einstein. So also beurteilte er die Lage. Und wir lesen es in den Zeitungen.

Und wie reagieren wir darauf?

Eben so, wie wir auf Zeitungsnachrichten reagieren: Gar nicht.

Und warum reagieren wir nicht? Aus Mut? Aus Stoizismus?

„Mut?“ lautet eine molussische Redensart, „Phantasielosigkeit!“

Aus Phantasielosigkeit. Weil wir *„apokalypse-blind“* sind.

Und warum sind wir „apokalypse-blind“?

Die Antwort darauf soll im nächsten Teil versucht werden.

III

DER MENSCH IST KLEINER ALS ER SELBST

§ 11

Wir leben im Zeitalter der Unfähigkeit zur Angst

So also ist die Situation. So beängstigend.

Aber wo ist unsere Angst?

Ich finde keine. Noch nicht einmal eine Angst mittlerer Größe kann ich finden. Noch nicht einmal eine, wie sie etwa bei der Gefahr einer Grippe-Epidemie aufträte. Sondern eben überhaupt keine.

Wie ist das möglich?

Über die Berechtigung, die Zeit der Diktatur und des Krieges, der Lager, der Besatzungen, der brennenden Städte, das „Zeitalter der Angst“ zu nennen, auch nur ein Wort zu verlieren, wäre unerlaubt. Aber unterdessen, in den zehn Jahren, die der Schlußkatastrophe gefolgt sind, hat der Ausdruck eine merkwürdige Karriere gemacht, eine höchst unreelle. Ginge man heute in Wien, in Paris, in London, in New York — wo immer die Redensart „*Age of Anxiety*“ geläufig ist, auf die Suche nach Angst, nach *wirklicher* Angst — die Ausbeute würde äußerst bescheiden ausfallen. Gewiß: das gedruckte Wort „Angst“ würde man finden, in Schwärmen sogar, in Ballen von Publikationen, von denen Hunderte täglich in die Makulatur wandern, um von anderen Hunderten ersetzt zu werden. Denn Angst ist heute zur Ware geworden; und *über* Angst spricht heute jedermann. Aber *aus* Angst sprechen nur sehr wenige.

Denn unterdessen hat man sich daran erinnert, daß vor hundert Jahren das Wort in den Terminus-Stand erhoben wurde — durch Kierkegaard, also eine hochphilosophische und hochliterarische Vergangenheit hat; und in Anknüpfung an ihn und an Heidegger hat man das Wort nun zur publizistischen Marktware gemacht, die nicht nur in jeder auf Bütten geschöpften Zeitschrift erscheint, sondern (da heute nichts exoterischer geworden ist als das Esoterische) auch und mit der gleichen Selbstverständlichkeit in den Schlafmittelreklamen von Provinzblättern — kurz: Angst genügt heute, um sich das Gefühl zu verschaffen, up to date zu sein und, wo auch immer, „dazuzugehören". —

Heute im Zeitalter der Bombe, ist die Redensart also nicht nur unwahr, sie ist auch unwahrhaftig geworden. Auf das jämmerliche bißchen Angst, das wir gelegentlich, und zumeist nur dann, wenn wir gestoßen werden, aufbringen, sollten wir uns nichts einbilden. Den Zeitgenossen, über dem die Sturzwelle der Bedrohung zusammengeschlagen wäre, und der von ihr betäubt worden wäre, den habe ich noch nicht gesehen. Im besten Falle Einige, die erschraken: aber eigentlich nicht sosehr *vor* Angst, sondern weil sie plötzlich einsahen, wie ohnmächtig *zur* Angst sie blieben; und einige Wenige, die sich schämten, daß sie, nachdem sie im Anlauf zur Angst steckengeblieben waren, und die Zeitung fortgelegt hatten, sich auch schon wieder gehen lassen konnten; oder eben nichts anderes konnten, als sich gehen zu lassen, das heißt: in die ihnen gewohnten Größenverhältnisse und in die Sorgen von morgen und übermorgen zurückzukehren.

Nein; gemessen an dem Quantum an Angst, das uns ziemte, das wir eigentlich aufzubringen hätten, sind wir einfach *Analphabeten der Angst*. Und wenn man unsere Zeit durchaus mit einem Kennwort versehen muß, dann sollte man es am besten das „*Zeitalter der Unfähigkeit zur Angst*" nennen.

Freilich der Augenblick, in dem die Bombe auftauchte, der war, wenn man so sagen darf, der regiemäßig ungünstigste, der dafür hatte gewählt werden können. Denn es war eben gerade jener Augenblick in der Abschlußphase des Krieges, in dem sich die aktuelle Angst, die Diktatur und Krieg mit sich gebracht hatten, zum ersten Male zu entspannen begann; der Augenblick, in dem Millionen sich nach Jahren zum ersten Male wieder ohne Angst vor Polizei oder Nachtangriff schlafen zu legen wagten; der Augenblick, in dem man sich, in weniger mitgenommenen Teilen der Welt, zum ersten Male wieder daran machte, „good old life" erneut aufzunehmen. Und in diesem Momente des Aufatmens hätte man sich auf eine neue Gefahr, auf eine von angeblich unvergleichlich größerem Maßstabe einstellen sollen? Mindestens auf die *Möglichkeit* einer solchen ungeheuren Bedrohung? Das wehrte man ab; das war undurchführbar. Eine Gefahr, die man nicht als Bedrohung der kommenden Nacht zu verstehen brauchte, war damals lächerlich. Also faßte man sie nicht auf. — Was man aber im ersten Augenblicke aufzufassen versäumt hatte, das nachzuholen war nicht mehr möglich. Nach einem Jahre war die Gefahr bereits etwas Vertrautes, etwas hundert Male Gelesenes, etwas Langweiliges. Und heute ist sie nun schon ein „good old danger", ein liebes altes Stück unseres Nachkriegslebens. —

Als Roosevelt in der Aufzählung der unabdingbaren Freiheiten „Freedom from Fear" nannte und damit die Unvereinbarkeit von Freiheit und Angst formulierte, tat er das (obwohl die Formel als solche zuvor nicht existiert hatte), weltgeschichtlich gerechnet, bereits fünf Minuten nach Zwölf: In demjenigen Augenblicke nämlich, in dem die Forderung ihre Gültigkeit gerade zu verlieren begann, weil eine neue Aufgabe auftauchte, beinahe die entgegengesetzte, nämlich die (wie es in Grimms Märchen heißt) *„das Fürchten zu lernen"*. Denn was uns vor allem fehlt, ist „freedom *to* fear", das heißt: die Fähigkeit, *angemessene Angst*, dasjenige Quantum an Angst aufzubringen, das wir leisten müßten, wenn wir uns von der Gefahr, in der wir schweben, wirklich frei machen, also die „freedom from fear" wirklich gewinnen wollen. Worum es geht, ist also: to fear in order to be free; *Angst zu haben, um frei zu werden;* oder um überhaupt zu überleben.

Daß uns diese Angst fehlt, beweist nicht etwa, daß wir Zeitgenossen der Bombe extra-mutige Leute wären.* Der Defekt hat andere Wurzeln. Und zwar mehrere und sehr verschiedenartige; Wurzeln, die wir, wenn wir die Indolenz, mit der wir der Selbstvernichtung entgegentreiben, überwinden wollen, aufdecken müssen. Das also soll in den nachfolgenden Paragraphen geschehen; mindestens soll der Versuch gemacht werden, einige dieser Wurzeln unserer Apokalypse-Blindheit bloßzulegen. Daß die Liste vollständig sei, wird nicht beansprucht.

Wir teilen die Wurzeln der Blindheit in zwei Gruppen: Zuerst gehen wir einer philosophisch-anthropologischen Wurzel nach, einer Eigentümlichkeit also, die unser *Menschsein* betrifft; und dann geschichtlichen Wurzeln, die also mit unserem *heutigen Sosein* zu tun haben.

§ 12

Die Hauptwurzel unserer Apokalypse-Blindheit: Das „Prometheische Gefälle“ — Der Mensch ist größer und kleiner als er selbst

Daß uns die erste Wurzel die wichtigere zu sein scheint, haben wir schon dadurch bewiesen, daß wir sie in unserer Einleitung vorweggenommen haben. Sie besteht im „*Prometheischen Gefälle*“. Was meinen wir mit diesem Ausdruck?

Die Tatsache, daß unsere verschiedenen Vermögen (wie Machen, Denken, Vorstellen, Fühlen, Verantworten) sich von einander in folgenden Hinsichten unterscheiden.

1. *Jedes dieser Vermögen hat ein* ihm eigenes *Verhältnis zu Größe und Maß. Ihre „Volumina“*, ihre „Fassungskräfte“, ihre „Leistungskapazitäten“ und „Griffweiten“ *differieren.* Beispiel: *Die Vernichtung einer Großstadt können wir heute ohne weiteres planen und mit Hilfe der von uns hergestellten Vernichtungsmittel durchführen. Aber diesen Effekt vorstellen*, ihn auffassen *können wir nur ganz unzulänglich.* — Und dennoch ist das Wenige, was wir uns vorzustellen vermögen:* das undeutliche Bild von Rauch, Blut und Trümmern, *immer noch sehr viel, wenn wir damit das winzige Quantum dessen vergleichen, was wir bei dem Gedanken der vernichteten Stadt zu fühlen oder zu verantworten fähig sind.* — Jedes Vermögen hat also seine Leistungsgrenze, jenseits derer es nicht mehr funktioniert, bzw. Steigerungen nicht mehr registrieren kann; die Griffweiten der Vermögen befinden sich nicht in Kongruenz. „Ermorden“ hatten wir in der Einleitung gesagt, „können wir Tausende; uns vorstellen vielleicht zehn Tote; beweinen oder bereuen aber höchstens Einen“. Und was vom Beweinen oder Bereuen gilt, gilt von den Emotionen überhaupt, also auch von der Angst: sie ist den Leistungen der anderen Vermögen nicht gewachsen; und wenn sie versucht, mit diesen sich gleichzuschal-

ten, sich „angemessen“ zu benehmen, dann versagt sie. Der sich ängstende Mensch meistert nur geringere Aufgaben als der produzierende Mensch. Und insofern ist *„der Mensch kleiner als er selbst“*.

„Diese Differenz“, wird man einwenden, „ist altbekannt“.* Sie ist eben die Differenz zwischen „Abstraktion“ (die, vom Einzelfall absehend, in die Breite geht) und der nur auf Konkretes abzielenden und sich auf die Enge ihres Blickfeldes beschränkenden Wahrnehmung. — Daß es eine gewisse Beziehung zwischen diesem Unterschiede und dem „Gefälle-Phänomen“, das wir hier im Auge haben, gibt, braucht nicht bestritten zu werden; vermutlich ist die Leistung der Abstraktion überhaupt nur im Rahmen einer ausgeführten Gefälle-Theorie wirklich zu verstehen. — Aber identisch sind die beiden Differenzen nicht: Denn die Vernichtung einer Stadt (die wir offensichtlich leisten können) ist keine Abstraktionsleistung; und die Vorstellung, die wir nicht leisten können, ist kein Wahrnehmungsakt. —

An sich ist die Tatsache des „Gefälles“ natürlich kein Defekt. Im Gegenteil: vermutlich wäre es sogar biologisch unvorteilhaft oder gar sinnlos, wenn die verschiedenen Vermögen zu gleich viel fähig, wenn ihre Kapazitäten und „Griffweiten“ gleich groß wären; und daß sie es nicht sind, wird gewiß in den spezifischen Aufgaben begründet sein, die jede von ihnen im Leben zu erfüllen hat.

Entscheidend ist aber, daß die Differenzen zwischen den Leistungen so übermäßig anwachsen können, daß die Vermögen einander aus den Augen verlieren; daß sie nun unfähig werden, sich auf gleiche Gegenstände zu beziehen, daß das Band zwischen ihnen nun endgültig zerreißt. Und das ist heute eben der Fall; was jener Bombenflieger beweist, der, nach seiner Rückkehr von einem Interviewer gefragt, woran er denn nun bei seinem Fluge gedacht habe, gleich ob aus Zynismus oder aus Naivität, antwortete: „Ich konnte und konnte mir den Gedanken an die $ 175, die ich für den Refrigerator zuhause noch nicht abbezahlt habe, nicht aus dem Kopf schlagen.“ — So weit auseinandergerissen sind heute Tun und Gewissen; so verschieden deren Gegenstände. —

Daß, und in welchem Sinne, unsere Vernunft „begrenzt“ ist, hat Kant uns gelehrt. Aber daß auch unsere Phantasie, ja sogar unser

Gemüt, das doch gerade vor der Folie des in seine Grenzen zurückgewiesenen Vermögens als „überschwänglich“ galt, durch engste Grenzen eingeengt und unfähig sein soll, diese seine Grenze zu überschwingen, das haben wir uns gewöhnlich nicht klar gemacht. Aber offenbar untersteht das Gemüt einem ähnlichen Schicksal wie die Vernunft; offenbar ist auch ihm eine (zwar elastische, aber doch eben begrenzt elastische) Kapazität zugeteilt. Und das gilt wiederum nicht nur von der Angst, sondern von allen Emotionen.

Also — und damit variieren wir nur die schon mehrfach verwendete Formel, aber diese ist eben das Leitmotiv unserer Überlegungen.

Zehn Ermordete zu bereuen oder zu beweinen, sind wir unfähig. Sich so „auszudehnen“, um zehn Ermordete „meinen“ zu können, ist die Reue unfähig.

Vorstellen können wir die zehn Toten vielleicht. Zur Not.

Aber töten — können wir Zehntausende. Ohne weiteres. Und die Leistungssteigerung wäre und ist kein Problem.

oder:

Vor unserem eigenen Sterben können wir Angst haben.

Schon die Todesangst von zehn Menschen nachzufühlen, ist uns zuviel.

Vor dem Gedanken der Apokalypse aber streikt die Seele. Der Gedanke bleibt ein Wort. —

Eine „Kritik des reinen Gefühls“ — nicht im Sinne moralischen Richterspruchs, sondern in dem kantischen einer Nachzeichnung des begrenzten Leistungsumfanges unseres Fühlens — hätte dem nachzugehen. Was uns heute — im Unterschied zu Faust — aufregen müßte, ist jedenfalls nicht, daß wir nicht allmächtig sind oder allwissend; sondern umgekehrt, daß wir im Vergleich mit dem, was wir wissen und herstellen können, zu wenig vorstellen und zu wenig fühlen können.* Daß wir fühlend kleiner sind als wir selbst. —

Welche „Etagenstücke“ wir beim Blick auf das „Gefälle“ ins Auge fassen, ist ziemlich gleichgültig. Immer bleibt es das gleiche Gefälle. Nicht weniger wichtig als das zwischen „Machen“ und „Fühlen“ ist z. B. das zwischen „Wissen“ und „Begreifen“: Daß wir „wissen“, welche Folgen ein atomarer Krieg nach sich ziehen würde, kann nicht bestritten werden. Aber wir „wissen" es eben nur. Und dieses „nur" besagt eben, daß dieses unser „Wissen" in der nächsten Nachbarschaft des Nichtwissens bleibt, mindestens des Nichtbegreifens; diesem viel näher als dem Begreifen. Wenn wir nicht letztlich sogar nur deshalb „ich weiß, ich weiß!" rufen, um um Gottes Willen nicht *noch* mehr wissen zu müssen, und um uns, geschützt durch das Alibi des angeblichen Wissens, ins Nichtwissen wieder zurückziehen zu können.

Da mag es zwar welche geben, die über die Bombe mehr wissen als die anderen; sogar solche, die viel mehr wissen. Aber wie viel einer auch immer wissen mag, keiner von uns „weiß" im Sinne wirklich angemessenen Vollzuges: der Oberstkommandierende so wenig wie der Infantrist, der Präsident so wenig wie der Kumpel. Denn das Gefälle zwischen Wissen und Begreifen besteht ohne Ansehen der Person und ohne Unterscheidung von Rängen; keiner von uns ist von ihm ausgenommen. Womit also gesagt ist, daß es Kompetente hier nicht gibt; und daß die Verfügung über die Apokalypse grundsätzlich in den Händen von Inkompetenten liegt. —

„Prometheisch" nenne ich aber die Differenz nach dem Grundfall des Gefälles; also nach demjenigen Gefälle, das zwischen unserer „prometheischen Leistung": den von uns, den „Söhnen des Prometheus" selbst gemachten Produkten und allen übrigen Leistungen besteht; nach der Tatsache, daß wir dem „Prometheus in uns" nicht gewachsen sind. Nicht zuletzt wählte ich den Ausdruck im Hinblick auf das Thema unseres ersten Aufsatzes, auf das Phänomen der „prometheischen Scham", also um die Enge des Zusammenhanges der beiden Aufsätze deutlich zu machen.

2. Dem entspricht nun — und vermutlich handelt es sich dabei lediglich um eine andere Akzentuierung des selben Tatbestandes —, daß die *Elastizitäts-* bzw. *Starre-Grade* der Vermögen differieren; daß also nicht nur das Volumen dessen, was wir herstellen, tun oder denken können, größer ist als das Volumen dessen, was unsere Vorstellung oder gar unser Fühlen leisten kann; sondern daß das Volumen des Machens und Denkens ad libitum *ausdehnbar* ist, während die Ausdehnbarkeit des Vorstellens ungleich geringer

bleibt; und die des Fühlens im Vergleich damit geradezu starr zu bleiben scheint.

Diese Um-Akzentuierung ist uns aber deshalb wichtig, weil durch sie angezeigt ist, daß jedes der Vermögen ein anderes Verhältnis zur *Geschichte* hat. Daß wir zur Geschichte vor allem unsere, sich verändernden Taten, Produkte und Gedanken rechnen, ist ja kein Zufall: sie haben eben in einem ganz anderen Tempo ihre Leistungen und Leistungsgrenzen geändert als die anderen Vermögen, die nun hinterherhumpeln, gewissermaßen als Vermögen, die geschichtlich nicht synchronisiert sind. Umgekehrt ist es kein Zufall — diesen Gedanken werden wir bald noch einmal aufnehmen — daß es niemals eine, der Geschichte der „res gestae" oder der Geistesgeschichte analoge „*Geschichte der Gefühle*" gegeben hat; ja, daß das emotionale Leben auf Grund seiner Langsamkeit geradezu als „Natur", als das Konstante und Ungeschichtliche im Menschen gelten konnte. Mit welchem Recht, werden wir bald sehen.

IV

DIE AUSBILDUNG DER MORALISCHEN PHANTASIE UND DIE PLASTIZITÄT DES GEFÜHLS

§ 13

Über das heute notwendige Exerzitium

Da es also die Tatsache des Gefälles gibt; da wir als Fühlende noch immer im rudimentären Heimarbeiter-Stadium stecken, in dem wir zur Not einen einzigen Selbsterschlagenen bereuen können, während wir als Tötende oder gar als Leichenproduzenten bereits das stolze Stadium industrieller Massenproduktion erreicht haben; da sich die Leistungen unserer Herzen: unsere Hemmungen, unsere Ängste, unsere Vorsorge, unsere Reue im umgekehrten Verhältnis zum Ausmaß unserer Taten entwickeln (also proportional zu deren Zuwachs zusammenschrumpfen) — sind wir, sofern die Folgen dieses Gefälles uns nicht tatsächlich vernichten, die zerrissensten, die in sich disproportioniertesten, die inhumansten Wesen, die es je gegeben hat. Verglichen mit diesem heutigen Riß, waren die Antagonismen, mit denen der Mensch sich bisher hatte abfinden müssen, tatsächlich harmlos. Ob es der Antagonismus zwischen „Geist und Fleisch" war, oder der zwischen „Pflicht und Neigung" — wie furchtbar der Streit in uns auch getobt haben mochte, jede Differenz war doch insofern noch immer eine humane Tatsache gewesen, als sie sich eben *als Streit* verwirklicht hatte; miteinander streitend waren die Kräfte doch noch aufeinander eingespielt gewesen; mindestens als Schlachtfeld der beiden fechtenden Mächte hatte der Mensch seine Existenz noch unangefochten bewahrt; daß es *derselbe* Mensch war, der sich in den einander bekämpfenden Kräften bekämpfte, das hatte außer Frage gestanden. Und da die Kämpfenden einander nicht aus den Augen verloren hatten, die Pflicht nicht die Neigung, und die Neigung nicht die Pflicht, war Fühlungnahme und Zusammengehörigkeit der beiden eben doch verbürgt, war der Mensch noch dagewesen.

Nicht so heute. Selbst dieses Minimum an Sicherung der Identität ist nun verspielt. Denn das Entsetzliche am heutigen Zustande besteht ja gerade darin, daß von einem Kampf gar keine Rede sein kann, daß vielmehr alles friedlich und in bester Ordnung zu sein scheint; und daß ein kollektives smiling die Situation zudeckt. Da die Vermögen sich von einander entfernt haben, sehen sie schon einander nicht mehr; da sie einander nicht mehr sehen, geraten sie schon nicht mehr aneinander*; da sie nicht mehr aneinander geraten, tun sie einander schon nicht mehr wehe. Kurz: der Mensch als solcher existiert überhaupt gar nicht mehr, sondern nur der Tuende oder Produzierende hier, der Fühlende dort; der Mensch *als* Produzierender oder *als* Fühlender; und Realität kommt allein diesen spezialisierten Menschfragmenten zu. Was uns vor zehn Jahren mit solchem Grauen erfüllt hatte: daß derselbe Mensch Angestellter im Vernichtungslager *und* guter Familienvater sein konnte, daß sich die beiden Fragmente nicht im Wege standen, weil sie einander schon nicht mehr kannten, diese *entsetzliche Harmlosigkeit des Entsetzlichen* ist kein Einzelfall geblieben. Wir alle sind die Nachfolger dieser im wahrsten Sinne *schizophrenen* Wesen.

Wenn dem so ist, dann besteht, sofern nicht alles verloren sein soll, *die heute entscheidende moralische Aufgabe in der Ausbildung der moralischen Phantasie*, d. h. in dem Versuche, das „Gefälle" zu überwinden, die Kapazität und Elastizität unseres Vorstellens und Fühlens den Größenmaßen unserer eigenen Produkte und dem unabsehbaren Ausmaß dessen, was wir anrichten können, anzumessen; uns also das Vorstellende und Fühlende mit uns als Machenden gleichzuschalten. —

Es hatte eine ganze Generation, die der heute Fünfzigjährigen, fasziniert, als Rilke in seinen letzten Dichtungen in bezug auf Fühlen von „*leisten*", namentlich von „nicht leisten" oder dunkel in eine Zukunft verweisend, vom „noch nicht leisten" sprach. (So z. B. vom „Leisten der Liebe" in den „Duineser Elegien".) Was Rilke damit hatte sagen wollen, hatte zwar mit der von uns gemeinten Tatsache: daß wir unseren eigenen Produkten und deren Folgen phantasie- und gefühlsmäßig nicht gewachsen sind, gar nichts zu tun; und wenn er klagte, so auf Grund anderer Erfahrungen. Aber der Gedanke, daß man auch *fühlen können* müsse, war im zeitgenössischen Schrifttum sonst nirgends ausgesprochen worden. Und wenn wir von seiner Vokabel fasziniert waren, so deshalb, weil wir, ohne den Grund zu durchschauen, spürten, daß mit dem Hinweis auf unzureichendes Fühlen wirklich ein entscheidender heutiger Defekt, und mit dem auch wirklich „geleistetes Fühlen" eine entscheidende Aufgabe von heute getroffen war. —

Ob, was uns zu „leisten" heute aufgegeben ist, überhaupt geleistet werden kann; ob es möglich ist, das „Gefälle" zu überwinden, also das Volumen unserer Vorstellung und unseres Fühlens willentlich zu erweitern, das wissen wir erst einmal nicht. Vielleicht besteht die Voraussetzung der Unmöglichkeit, also die, daß die Kapazität unseres Fühlens starr (mindestens nicht beliebig erweiterbar) sei, zu Recht. Wenn das zutrifft, ist die Lage hoffnungslos. Aber der Moralist kann diese Unterstellung nicht einfach akzeptieren. Vielleicht liegt ihr Faulheit zugrunde; vielleicht eine ungeprüfte Theorie des Fühlens. Selbst wenn er die Durchbrechbarkeit der Grenzen für ganz unwahrscheinlich hält — mindestens von sich selbst muß er den Versuch einer solchen Durchbrechung verlangen. Denn nur im wirklichen Experiment kann über Möglichkeit oder Unmöglichkeit entschieden werden. Überlegungen darüber, ob es willentliche Erweiterungen oder gar Neuschöpfungen von Gefühlen auch früher schon gegeben hat, kann er nachher anstellen; und das wird er auch tun. Erst einmal aber kommt es ausschließlich darauf an, daß er mit dem Experiment beginne, also *„moralische Streckübungen“* versuche, *Überdehnungen seiner gewohnten Phantasie- und Gefühlsleistungen*, kurz: daß er *Exerzitien* durchführe, um die angeblich festliegende „proportio humana“ seiner Vorstellung und seines Fühlens zu transzendieren. —

Der Schreiber dieser Zeilen ist sich völlig im Klaren darüber, daß diese Stelle in seinem Text keinen „Text“ im üblichen Sinne mehr darstellt; und daß er den Leser hier nicht mehr einfach als „Leser“ anspricht. Aber letztlich gibt es wohl überhaupt keine Texte, deren raison d'être nicht in etwas bestünde, was mehr wäre als Text. Die raison d'être unseres Textes haben wir hier erreicht. —

Daß seine Aufforderung gewalttätig ist, ist ihm gleichfalls klar. In der Tat erinnert sein Verlangen, der Mensch solle seine Vermögen willentlich erweitern, frappant an jene gewalttätigen Überforderungen, die er bei der Erörterung des „Human Engineering“* geschildert und so heftig abgewiesen hatte. Aber er sieht nicht, daß anderes übrigbleibt. Die Waffen des Angreifers bestimmen die des Verteidigers. Wenn es unser Schicksal ist, in einer (von uns selbst hergestellten) Welt zu leben, die sich durch ihr Übermaß unserer Vorstellung und unserem Fühlen entzieht und uns dadurch tödlich gefährdet, dann haben wir zu versuchen, dieses Übermaß *einzuholen*.

Ich sage: „einholen“. Und damit ist ja die Differenz zwischen den Absichten des „Human Engineering“ und denen unserer Versuche deutlich genug bezeichnet. Während das „Human Engineering“ uns zu dem Zweck zu verwandeln sucht, um uns „sicut gadgets“, also der Gerätewelt restlos konform, zu machen; erhoffen wir mit unseren Versuchen, die Gerätewelt „einzuholen“ — und zwar eben „einzuholen“ so wie man eine ausgeworfene Leine „einholt“; das heißt: sie *zurückzuholen*.

Konkrete Anweisungen für die Durchführung dieser Versuche oder auch nur Umschreibungen dessen, was sich in ihnen abspielt, scheinen mir nicht möglich. Sie entziehen sich der Mitteilung. Das Letzte, was sich gerade noch paraphrasieren läßt, ist die *Station auf der Schwelle*, der Augenblick also, der der eigentlichen Aktion noch vorausliegt; der Moment, in dem sich der Experimentierende seine Aufgabe vorsetzt; in dem er sich das bisher Unvorgestellte und Ungefühlte *„vorsagt“*, um den „inneren Schweinehund“: die unwillige Phantasie und das faule Gefühl herauszulocken und zur Bewältigung des vorgesetzten Pensums zu zwingen. Wie der Ausdruck „vorsagen“ anzeigt, handelt es sich also um einen *Anruf*; aber nicht, wie beim Gewissensrufe, um einen primär gehörten, sondern um einen, den man selbst ruft: denn man ruft ja über die Gefälle-Kluft hinüber, so als wären die jenseits der Kluft zurückgebliebenen Vermögen Personen; und sie: die Phantasie und das Gefühl, sind es, die hören sollen, oder denen man überhaupt erst einmal „Ohren machen“ will.

Damit ist aber wirklich auch alles gesagt, was sich darüber in Worte fassen läßt. Denn von dem, was sich nach diesem Schwellen-Augenblick ereignet: von dem eigentlichen Erwachen der Vermögen; von deren tastenden Versuchen, aus sich herauszukommen; von deren Bemühungen, sich den ihnen als Pensen vorgesetzten Gegenständen anzumessen — kurz: von der Selbsterweiterung als solcher läßt sich nichts mehr mitteilen.

Es ist unbestreitbar, daß diese Paraphrasierung an die religiöser Vorgänge anklingt. Der Schreiber leugnet das nicht. Er hätte sogar nichts dagegen, wenn man die Selbstverwandlung mit den, in der Geschichte der Mystik oft beschriebenen Praktiken vergliche, sofern man nur eben das Wort „Mystik“ nicht, wie üblich, vage verwendet, sondern darunter Versuche versteht, sich mit Hilfe von Selbstverwandlungs-Techniken Zugang zu Zuständen, Regionen oder Gegenständen zu verschaffen, von denen man sonst ausgeschlossen bleibt. — Dem Problem werde ich im Anhang (S. 309) genauer nachgehen.

Aber das bedeutet natürlich nicht, daß es sich in unserem Falle um eine echte mystische Aktion handelt. Der Unterschied bleibt trotz der Typus-Ähnlichkeit fundamental: Denn während sich der

Mystiker metaphysische Regionen zu erschließen sucht und in der Tatsache, daß diese ihm gewöhnlich unerreichbar bleiben, selbst etwas Metaphysisches sieht (nämlich die Folge seiner eigenen metaphysisch-inferioren Position); gelten unsere Versuche der Erfassung von Gegenständen, über die wir verfügen; ja von solchen, die wir, wie die Bombe, selbst hergestellt haben; von Gegenständen also, die keineswegs *uns* unerreichbar sind, sondern allein uns *als* Vorstellenden und uns *als* Fühlenden. Was überbrückt werden soll, ist also durchaus keine Transzendenz, sondern höchstens eine „immanente Transzendenz", das heißt: das „*Gefälle*". —

Aber wie immer wir die Anstrengung der Überbrückung bezeichnen, der Beschreibung entzieht sie sich. Und was gilt, ist allein das effektive Versuchen. —

V

GESCHICHTLICHE WURZELN DER APOKALYPSE-BLINDHEIT

§ 14

Man glaubt kein Ende, man sieht kein Ende —
Der Fortschrittsbegriff hat uns apokalypse-blind gemacht

Wenn man bedenkt, welche geringfügigen geschichtlichen Ereignisse (oder auch nur omina) früher ausgereicht hatten, um gewaltige Wellen eschatologischer Erregung, der Angst sowohl wie der Hoffnung, aufzurühren — Massenerregungen, trotz Mangels an Kommunikationsmitteln — dann wirkt die Tatsache, daß heute „eschatologische Windstille" herrscht, obwohl das Ende effektiv in den Bereich der Möglichkeit gerückt ist, und Kommunikationsmittel in beliebigem Ausmaß zur Verfügung stehen, geradezu gespenstig. Sieht man von der Erregung im Kreise der Wissenschaftler ab — übrigens ein erstmaliger Fall: Apokalypse-Angst gerade bei nicht-Religiösen — dann ist nicht die geringste Panik zu registrieren. Die organisierten Massenaktionen, die gegen die Verwendung atomarer Waffen in Bewegung gesetzt worden sind, bestätigen zwar die Akutheit der Gefahr, beweisen aber durchaus keine millionenfach angstvolle Erwartung des Endes. Und dabei wäre es noch nicht einmal richtig, zu behaupten, daß eschatologische Spannung und Bereitschaft in unserem Zeitalter erloschen seien. Die Revolutionen unseres Jahrhunderts sind ja durchaus nicht ohne eschatologische Ambitionen aufgetreten; vielmehr mit dem Anspruch, die Geschichte „aufzuheben" und einen nachgeschichtlichen Zustand, den der klassenlosen Gesellschaft oder den des „Reiches", heraufzuführen. Das eindrucksvolle, der französischen Revolution entlehnte, Symbol der neu beginnenden Zeitrechnung oder die Bezeichnung „tausendjährig" lassen darüber ja gar keinen Zweifel. Aber was diese eschatologisch Gläubigen, also die Revolutionäre, erwarteten, war, trotz der Mythologisierung der Worte „Revolution" und „Umbruch", gewissermaßen „nur" das Reich Gottes; womit ich meine, daß sie nicht auf ein apokalyptisches Ende selbst ausgerichtet waren, nicht auf einen Gerichtstag, der auch für sie ein Gericht sein würde, sondern eben ausschließlich auf den Zustand *nach* dem Ende.

Das ist eine höchst eigentümliche Tatsache. Denn früher war jede eschatologische Hoffnung automatisch von apokalyptischer Angst ergänzt worden; während nun die apokalyptische Seite der Sache verdunkelt, ja sogar ausgelöscht blieb. Das geht so weit, daß man, während man „Heilsbringern" wie Hitler Vertrauen schenkte, keiner Unheilsverkündung Glauben entgegenbrachte; und daß man das Unheil, als es, von den „Heilsverkündern" provoziert, wirklich eintrat, noch nicht einmal auffassen oder nachträglich zur Erfahrung machen konnte.

Was war der Verhinderungsgrund?

Der *Fortschrittsglaube.*

Die Fähigkeit, uns auf „Ende" einzustellen, ist uns durch den generationenlangen Glauben an den angeblich automatischen Aufstieg der Geschichte genommen worden. Selbst denjenigen unter uns, die an Fortschritt schon nicht mehr glauben.* Denn unsere Zeit-Attitüde, namentlich unsere Einstellung auf Zukunft, die vom Fortschrittsglauben geformt worden war, hat diese ihre Formung noch nicht verloren: wir *sind* noch, was wir gestern geglaubt hatten; mit den neuen, unterdessen angenommenen, Gedanken haben sich unsere Attitüden — denn auch zwischen diesen beiden besteht ein „Gefälle" — noch nicht synchronisieren können. —

Vermutlich wäre keine Generation vor dem 18. Jahrhundert, also vor dem Triumphzug der Fortschrittstheorien, auf die Angst-Aufgabe, mit der wir konfrontiert sind, so schlecht vorbereitet gewesen, wie wir es heute sind. Denn für den Fortschrittsgläubigen war die Geschichte a priori *Ende-los*, da er in ihr ein fröhliches Verhängnis sah, einen unbeirrbar und unaufhaltsam vorwärtsgehenden Prozeß des immer-besser-Werdens. Sein Unendlichkeitsbegriff war das Kind des Komparativs und der Zuversicht. Bei einem Gericht (oder bei einer Hölle*) konnte dieser Prozeß natürlich nicht landen, (ja, noch nicht einmal in einem Himmel, da dieser ja als Bestes der Feind des Besseren gewesen wäre und als Endzustand das Besserwerden sistiert hätte). Der Begriff des Negativen war also für den Fortschrittsgläubigen unwirklich geworden, nicht anders als für den Theodizee-Gläubigen. Da nur der Komparativ galt, nur das Bessere, gab es weder „Gutes" noch „Schlechtes"; oder richtiger: sofern es Schlechtes gab, erschöpfte es sich darin, das noch-nicht-Bessere zu sein; damit etwas Überholbares, und zwar ein solches, gegen dessen Überholtwerden kein Kraut gewachsen war; mithin etwas Vergängliches; damit das morgen bereits Vergangene. Tatsächlich relegierte man auch alles, was man als „negativ" einräumte, in die Vergangenheit; wodurch man ihm seinen letzten Rest von Höllischkeit nahm. Kurz: *Auf „schlechtes Ende" war man nicht eingestellt, weil es weder etwas Schlechtes noch ein Ende gab.* Die Vorstellung „schlechtes Ende" fiel seelisch aus; sie war so wenig auffaßbar wie für uns etwa die Vorstellung eines räumlich endlichen Weltalls. —

Daß das Negative dem 19. Jahrhundert gefehlt haben solle, klingt natürlich angesichts der immensen Rolle, die die Dialektik gespielt hat, befremdlich. Aber vergleicht man das in der „Dialektik" gemeinte Negative etwa mit dem im Höllenbegriff gemeinten, dann ist ja deutlich, daß es „positiviert", nämlich in ein *Ferment* verwandelt, ist. Da seine Kraft in der Provozierung neuer Belebung und Bewegung bestand, war es gewissermaßen als „rein negativ" von vornherein negiert. Die Goethesche Charakterisierung

Mephistos: daß er stets das Böse wolle und das Gute schaffe, gilt auch von Hegels Negativität. –

Wenn man es unternähme, die vorhin als Desiderat erwähnte „*Geschichte der Gefühle*" zu schreiben, dieser Verlust der Apokalypse- (und Höllen-) Angst hätte eine beträchtliche Rolle zu spielen. Die Verwandlung, die unsere Vorfahren (und durch sie wir) durch diesen Verlust erfahren haben, war nicht weniger fundamental, als jene Verwandlung, die deren Ahnen durch die „kopernikanische Drehung" erfahren hatten. Ohne diesen „Verlust" hätte sich die Selbstsicherheit des modernen Menschen niemals so steigern können, wie sie sich tatsächlich gesteigert hat; und ohne ihn würde eben unsere heutige Unfähigkeit zur Angst unverständlich bleiben.

Damit soll natürlich keine künstliche Rehabilitierung der Apokalypse- und Höllenangst vorgeschlagen werden. Was ich sagen will, ist allein, daß die Erwartung von Gericht und Hölle es gewesen war, was den Menschen Angst beigebracht hatte; und daß diese Angst vor dem Übermaß der zu erwartenden Qual alles überstieg, was unsereins an „innerweltlicher Angst" vor dieser oder jener Gefahr einschließlich dem eigenen Tode aufbringen kann; und daß sie derjenigen Angst, die heute eben fällig ist, ungleich ähnlicher war als alles, was wir unter Terrorherrschaften oder unter Bombenteppichen ausgestanden haben mögen.* –

§ 15

Selbst das eigene Ende wurde unterschlagen

Zur Fortschritts-Mentalität gehört also eine ganz spezielle Idee von „Ewigkeit", nämlich die Vorstellung des niemals abbrechenden Besser-werdens der Welt; bzw. ein ganz spezieller Defekt: nämlich die Unfähigkeit, ein Ende auch nur zu *meinen*. Aber gleich ob man diesen Charakter eine „Vorstellung" oder einen „Defekt" nennt, ausschlaggebend ist, daß dieses Nicht-Enden für den Fortschrittsgläubigen die Rolle eines Grundgesetzes spielt, also universell gilt, mithin auch für sein eigenes Leben. Das heißt:

auch seinem eigenen Ende blickt er nicht ins Auge, *kann* er nicht ins Auge blicken; *er unterschlägt seinen Tod.* Das ist durchaus folgerichtig, denn die Versuche, Fortschritt und die Blamage des Sterbens unter einen Hut zu bringen, sind zum Scheitern verurteilt. Natürlich, daß weitergestorben wird, kann er nicht verhindern; aber was ihm möglich ist, ist doch, dem Tod seinen Stachel zu nehmen, und die Schande des Sterbens zu vertuschen; positiv ausgedrückt: eine Welt herzustellen, deren Posivität so nahtlos ist, daß sie keine Ritzen für peinliche Fragen über den Tod offenläßt; eine Welt, die durch keines ihrer Elemente an die Blamage mahnt; so daß auch nur möglichst Wenige, und diese Wenigen auch nur so selten wie möglich, an den Tod erinnert werden.*

Zwei völlig beliebig herausgegriffene Beispiele mögen illustrieren, wie diese Unterschlagung des Todes vor sich geht. 1. Von den Vereinigten Staaten kann man behaupten, daß dort der Tod bereits unauffindbar geworden sei. Da nur dasjenige als „wirklich seiend" gilt, was besser und besser wird, kann man mit dem Tode „nichts anfangen", es sei denn, man hänge ihn irgendwo an, wo er an dem universellen Gesetz der Qualitätssteigerung indirekt teilnimmt. Und das tut man. Über die unaufhaltsamen Fortschritte in der Anlegung von Friedhöfen hat Evelyn Waugh das Erforderliche ja berichtet; und daß man heute netter stirbt, als vor fünfzig Jahren, ist unbestreitbar. Was auf diesen Friedhöfen begraben wird, ist eben nicht der Tote, sondern der Tod; da man den Toten ja schminkt und hübsch herrichtet, mithin als Lebenden behandelt. — Da freilich ganz nicht geleugnet werden kann, daß eine gewisse Veränderung mit ihm vor sich gegangen ist, schickt man ihn fort. Und zwar — aus dem französischen „partir c'est mourir un peu" ist ein „mourir c'est partir un peu" geworden — an einen Platz, der, was landschaftliche Reize und bequeme Erreichbarkeit betrifft, nicht anders beschrieben wird als irgendein hübscher Ferienort; und dessen verlockende Vorzüge kennenzulernen, der moriturus durch die Friedhofsreklame auf Autostraßen und in subways reichlich Gelegenheit gehabt hatte. Aber der Ausdruck „moriturus" ist eben falsch. Denn — und das ist der springende Punkt — der Lebende ist kein moriturus, vielmehr gilt der Verstorbene als einer, der nach einem gewissen „change of residence" das hiesige Dasein anderswo fortsetzt. Und mit diesem Ausdruck „das hiesige Dasein anderswo fortsetzen" ist eben der Typ von „Unsterblichkeit", der sich im Raume der optimistischen Fortschrittswelt entwickelt, bezeichnet: Diese „Unsterblichkeit" besteht nicht in „Ewigkeit", sondern im nicht-Enden des hiesigen Lebens. — 2. Wo man den Tod, der ja nicht völlig unterschlagbar ist, zugesteht, wie etwa in der Wissenschaft, da entgiftet man ihn dadurch, daß man ihn zur Hilfskraft des aufsteigenden Lebens ernennt. Ein klassisches Beispiel dafür hat bereits der Darwinismus dargestellt, da dieser ja den Tod, sogar den ganzer Gattungen, als das „Sieb des Lebens" deutete: ihm nämlich das Amt übertrug, dem stärkeren (und „deshalb" legitimeren) Leben zu seinem Alleinrecht zu verhelfen, und zwar dadurch, daß er das schwächere (und „deshalb" lebens-unwertere) Leben durch seine Sieblöcher fallen ließ. Das heißt: Da der Darwinismus das Negativum „Tod" in einen Beitrag zu dem Positivum „Aufstieg des Lebens" ummünzte, erfüllte er die Aufgabe, eine naturalistische Theodizee für den Fortschritt in der Natur beizustellen. —

Natürlich sind diese zwei Illustrationen der Rolle, bzw. der Ableugnung, des Todes ganz beliebig gewählt. Aber um zu zeigen, mit welcher Vollständigkeit und in welcher Breite die Fortschrittsphilosophie ihre Herrschaft ausgeübt hat, schien es mir nicht falsch, zwei Beispiele herauszugreifen, die nicht nur in zeitlicher und geographischer Hinsicht weit auseinanderliegen, sondern zwei völlig verschiedenen Ecken des Daseins zugehören. —

Von einer Menschheit, deren Beziehungen zum Tode noch gestern so unzulänglich und so opportunistisch gewesen waren, zu erwarten, sie könnte ein „Ende" im apokalyptischen Sinne auffassen, oder sich auf ein solches Ende sogar gefaßt machen, das wäre in der Tat ungerecht. —

§ 16

Weitere Aufgabe: Die willentliche Erweiterung unseres Gegenwarts-Horizontes

Obwohl er in seinen technischen „Utopien" die Wahrheit vorwegträumte und außer der Zukunft keine einzige Zeit-Dimension kannte, blieb doch der bürgerliche Fortschrittsgläubige — ich sage: der bürgerliche, im Unterschied zum eschatologisch-revolutionären — mehr oder minder zukunftsblind. In gewissem Sinne kann man sagen, daß er es nicht nötig hatte, in die Zukunft zu blicken, da diese ja „von selber" kam, täglich von selber kam, täglich besser von selber kam. Sein Futurismus war nicht annähernd so intensiv, wie es etwa derjenige des Christen gewesen war, der angstvoll dem apokalyptischen Ende entgegengewartet hatte.* So rasch wir auch in die Fortschrittswelt hineinrannten — wir rannten wie Kurzsichtige, unser aktueller Zukunftshorizont: derjenige Zeitraum, den wir als Futurum in Betracht zogen und als solches auffaßten, blieb doch von geradezu provinzlerischer Enge. Schon das Übermorgen war uns keine Zukunft mehr.

Was wir mit diesem Paradox meinen, ist die einfache Tatsache, daß uns nicht alles, was künftig ist, deshalb auch schon als „Zukunft" gilt. Das Jahr 1967 ist gewiß für uns „Zukunft". Aber das Jahr 2500 als Zukunft und die Menschen des Jahres 2500 als unsere Urenkel aufzufassen, sind wir unfähig: sie „gehen uns nichts an", ihr Zeitort scheint irgendwo im Nebel zu liegen; und gar der Ort des Jahres 10 000 in der archaischen Gegend des Jahres 10 000 *vor* Beginn unserer Zeitrechnung. — Auch im Fortschrittszeitalter lebte man in den Tag hinein; wenn auch in den von Tag zu Tag rapide wechselnden Tag. —

Aber diese schönen Tage sind nun vorüber.

Denn *die Zukunft „kommt" nicht mehr*; wir verstehen sie nicht mehr als „kommende"; *wir machen sie*. Und zwar machen wir sie eben so, daß sie ihre eigene Alternative: die Möglichkeit ihres Abbruchs, die mögliche Zukunftslosigkeit, in sich enthält. Auch wenn dieser Abbruch nicht morgen schon eintritt — durch dasjenige, was wir *heute* tun, kann er übermorgen eintreten oder in der Generation unserer Urenkel oder im „siebten Geschlecht". Da die Effekte dessen, was wir heute tun, *bleiben*, erreichen wir also heute schon diese Zukunft; womit gesagt ist, daß sie in pragmatischem Sinne bereits *gegenwärtig* ist. So gegenwärtig, wie etwa ein Feind „gegenwärtig" ist, wenn er, obwohl, im äußerlichen Sinne abwesend, bereits in Reichweite unserer Waffe ist, also von uns getroffen werden kann.

Wir haben also Macht über eine Zeit, die wir als „Zukunft" gewöhnlich nicht in Betracht ziehen und nicht in Betracht ziehen können. Unsere Tat leistet mehr als unsere Auffassung. *Wir werfen weiter, als wir Kurzsichtige sehen können.* Das heißt: Wiederum stehen wir vor einem „prometheischen Gefälle"; und damit wiederum vor der uns bekannten Aufgabe, das „Gefälle" zu überwinden, nicht „hinter uns selbst zurückzubleiben", uns selbst „einzuholen", damit wir nicht „kleiner bleiben als wir selbst", und uns nicht durch diese Selbst-Unterlegenheit den Untergang bereiten. Alle diese Begriffe sind uns ja aus unserer Darstellung der heutigen Aufgabe bekannt (§ 13).

Wir haben diesen Überlegungen das Montaignesche Wort „embrasser l'univers comme sa ville" vorangestellt.

Diese Montaignesche Losung gilt es nun also ins Zeitliche zu übersetzen. Womit gesagt ist, daß wir zu versuchen haben, uns, über uns selbst hinausgreifend, des zeitlich Fernsten zu versichern und dieses in Evidenz zu halten. „Die Ungeborenen", heißt es im Molussischen, „begrüße als deine Nachbarn".

Wiederum handelt es sich also um die Aufgabe, ein Vermögen zu „erweitern". Diesesmal unser Zeit-Vermögen. Aber was verlangt wird, ist nicht etwa, prophetengleich dies oder jenes vorauszusehen, sondern allein, daß wir versuchen, wie von einer Bergspitze oder von einem Flugzeug aus, den erweiterten Horizont als *unseren* aufzufassen.

So wie Rundfunk und Fernsehen die räumlich entferntesten Dinge auffangen, um sie dem *einen* Orte, dem unseres Aufenthaltes, zuzuleiten, so haben wir die zeitlich entferntesten, die zukünftigsten Geschehnisse, aufzufangen, um sie mit dem *einen* Zeitpunkt, dem Jetzt, als jetzt geschehende zu synchronisieren. Denn jetzt geschehen sie, weil sie vom Jetzt abhängen; und als jetzt geschehende gehen sie uns an, weil wir sie jetzt schon „an-gehen" durch das, was wir jetzt tun. —

Daß damit ein ganz ungewöhnliches Verhältnis zur Zeit postuliert wird, ist unbestreitbar. Denn nicht mehr „*vor* uns" soll die Zukunft nun liegen, sondern von uns eingefangen, „*bei* uns", als uns gegenwärtige. Von heute auf morgen wird sich dieses neuartige Verhältnis zur Zeit gewiß nicht erlernen lassen. Hoffen wir, daß uns Zeit bleibe zur Einübung in unser neues Verhältnis zur Zeit. —

§ 17

Was ich nicht kann, geht mich nichts an

Aber unterbrechen wir einen Augenblick lang, um uns methodisch über das klar zu werden, was wir hier treiben.

Unsere Problemstellung ist höchst unüblich: Während jede halbwegs vernünftige Forschung von faktischen Leistungen, z. B. von Erkenntnisleistungen ausgeht, um deren Mechanismen oder deren Möglichkeits-Bedingungen zu prüfen, suchen wir hier nach den Wurzeln einer *Nicht-Leistung*: nach den Wurzeln unseres Versagens gegenüber der apokalyptischen Situation, in der wir uns vorfinden. Wir beschäftigen uns also mit etwas *Nichtseiendem.*

Das ist absurd. In der Tat bliebe die Untersuchung der Frage: „Was verhindert unsere Auffassung der apokalyptischen Situation?" solange sinnlos, als sie als rein erkenntnistheoretische Untersuchung durchgeführt werden würde. Finge man an zu fragen: „Warum gibt es dies oder jenes *nicht*?", das gäbe kein Ende; denn Nichtseiendes könnte man sich ad libitum ausdenken. Sinnvoll ist die Frage allein deshalb, weil wir das Nichtseiende hier als etwas meinen, was eigentlich nicht nicht-sein dürfte; als ein *Desiderat*; also weil die Frage eine moralische Frage ist. Unsere Untersuchung ist, so befremdlich die Wortverbindung klingen mag, *moralistische Erkenntnistheorie.*

Aber das ist sie noch aus einem zweiten Grund. Deshalb nämlich, weil die für die „Apokalypse-Blindheit" verantwortlichen Faktoren selbst moralischer Natur sind. Was heißt das?

Daß, *ob wir einen Gegenstand* (eine Angelegenheit, eine Situation) *auffassen oder nicht, durch die moralische Situation entschieden* wird, in der wir uns diesem Gegenstande gegenüber befinden; daß unser Sehenkönnen oder Blindsein davon abhängt, ob der Gegenstand uns etwas „angeht" oder nicht; daß uns nichts eingeht, was uns nicht angeht.

Mit diesem Wortspiel ist freilich noch nichts getan. Im Gegenteil: das Problem fängt hier erst eigentlich an. Schließlich besitzen wir ja kein Patentkriterium, mit dessen Hilfe wir entscheiden könnten, was uns angeht und was nicht. Andererseits gibt es ja zahllose Dinge, die uns, obwohl sie uns „eigentlich" angehen oder angehen sollten, subjektiv doch nichts angehen. Zum Beispiel eben die „apokalyptische Situation". Aber natürlich nicht nur diese; sondern tausend *Angelegenheiten, die wir selbst nicht angehen können oder* nicht angehen *dürfen*; in die uns einzumischen, um die uns zu bekümmern, über die zu befinden wir nicht die Möglichkeit haben, weil die faktische Situation (Arbeitsteilung, Eigentumsverhältnisse, Meinungszwang, politische Gewalt usf.) uns davon ausschließen. Sie als unsere, „uns angehende" Angelegenheit anzusehen, haben wir nicht die Chance, nicht die *Freiheit.* Und das war es, was ich meinte, als ich sagte, die moralische Situation sei entscheidend für unser Verstehen oder Nichtverstehen des Gegenstandes: Sind wir nämlich der Möglichkeit beraubt, über einen Gegenstand irgendwie mitzuverfügen, dann wird dieser Gegenstand, sofern wir nicht ausdrücklichen Widerstand leisten, uns bald auch nichts mehr angehen. Nicht nur gilt: „Was ich nicht weiß, macht mich nicht heiß", sondern auch: „Was ich nicht kann, geht mich nichts an". Dem Objekt gegenüber, von dem „abzusehen" wir gezwungen sind, bleiben wir blind. Evident ist das ja in totalitären Staaten, in denen der Mensch diejenigen Maßnahmen, gegen die etwas zu unternehmen, er absolut nicht in Betracht ziehen kann, nun nicht mehr auffaßt. Darum ist z. B. die Frage, ob denn nicht Abertausende etwas von den Liquidierungs-Installationen gewußt hätten, unangemessen gefragt; daß sie gewußt haben, trifft vermutlich zu; aber aufgefaßt haben sie sie eben nicht, weil es von vornherein klar war, daß irgendetwas dagegen zu unternehmen, außer Betracht blieb. Also lebten sie weiter, als wüßten sie nicht. Genau was wir tun, obwohl wir von der Bombe „wissen".

Auch unsere Apokalypse-Blindheit werden wir erst dann ganz durchschauen können, wenn wir sie als ein Stück dieser moralischen Situation des heutigen Menschen sehen: also im Rahmen dessen, was wir dürfen oder nicht dürfen, können oder nicht können, sollen oder nicht sollen. Eine Darstellung dieser unseren moralischen Situation, soweit diese für die Aufklärung unseres Defektes nötig ist, muß daher versucht werden.

§ 18

Die „Medialität": Wir sind nicht mehr „Handelnde", sondern nur Mit-Tuende — Das Telos unseres Tuns ist abmontiert; daher leben wir ohne Zukunft; daher ohne Verständnis von Zukunfts-Ende; daher „apokalypse-blind"

Daß sich der Stil unseres heutigen Machens, also der *Arbeit*, von Grund auf verwandelt hat, darüber gibt es keine Meinungsdifferenzen. Bis auf uncharakteristische Restbestände ist Arbeiten heute zu einem vom Betrieb organisierten und dem Betrieb gleichgeschalteten *„Mit-Arbeiten"* geworden. Ich betone: *„dem Betrieb"*, weil Solo-Arbeit natürlich niemals den Hauptbestandteil der menschlichen Arbeit ausgemacht hat. Aber heute handelt es sich primär eben nicht um Zusammenarbeit mit anderen Arbeitenden, sondern um Mit-Funktionieren mit dem (unübersehbaren, aber für den Arbeitenden verbindlichen) Betrieb; mit dem Betrieb, dem die anderen Arbeitenden gleichfalls nur als Betriebsstücke angehören.

Das ist eine Trivialität. Aber was von unserem Arbeiten gilt, das gilt nun — und diese Tatsache ist weniger trivial, aber nicht weniger wichtig — auch von unserem *„Handeln"*; oder sagen wir lieber: auch von unserem *„Tun"*, denn das Wort „Handeln" und die Behauptung, wir seien „Handelnde", hat in unseren Ohren (was als Hinweis ernst genommen werden muß) bereits den Klang einer Übertreibung angenommen. Abgesehen von einigen wenigen

Sektoren läuft unser heutiges „Tun“, da es sich im Rahmen organisierter, uns nicht übersehbarer, aber für uns verbindlicher Betriebe abspielt, auf konformistisches *Mit-Tun* heraus. Der Versuch, abzuwägen, in welchem Verhältnis die Anteile von „aktiv“ und „passiv“ in diesem oder jenem „Mit-Tun“ dosiert sind; abzugrenzen, wo das Getan-Werden aufhört und das Selber-Tun anfängt, würde ebenso ergebnislos bleiben wie der, eine mit dem Maschinengange konform gehende Bedienungsarbeit in ihre aktiven und ihre nur reaktiven Komponenten zu zerlegen. Die Unterscheidung ist zweitrangig geworden, das heutige Dasein des Menschen ist zumeist weder nur „Treiben“ noch nur „Getriebenwerden“; weder nur Agieren noch nur Agiertwerden; vielmehr „aktiv-passiv-neutral“. Nennen wir diesen Stil unseres Daseins „*medial*“.

Diese „Medialität“ herrscht überall. Nicht etwa nur in denjenigen Ländern, die Konformismus gewalttätig, sondern auch in denen, die ihn sanft erzwingen. In den totalitären natürlich am deutlichsten. Darum wähle ich als Beispiel für „Medialität“ ein typisch totalitäres Verhalten:

Immer wieder konnte man in jenen Prozessen, in denen „Verbrechen gegen die Menschlichkeit“ verhandelt wurden, erleben, daß die Angeklagten gekränkt, bestürzt, ja zuweilen sogar empört darüber waren, daß sie überhaupt als „Personen“ angesprochen, also für die Mißhandlung derer, die sie mißhandelt, und für die Ermordung derer, die sie ermordet hatten, zur Verantwortung gezogen wurden. Diese Angeklagten einfach als zufällige Exemplare von Entmenschten oder von Verstockten aufzufassen, wäre absolut irrig. Wenn sie unfähig waren, Reue, Scham oder was auch immer an moralischen Reaktionen aufzubringen, so nicht, obwohl sie mitgetan hatten, sondern zumeist, weil sie *nur* mitgetan hatten; zuweilen aber geradezu, *weil* sie ja mitgetan hatten, das heißt: weil für sie „Moralisch-Sein“ eo ipso mit hundertprozentiger „Medialität“ zusammenfiel und sie daher (als „mit-getan Habende“) ein gutes Gewissen hatten. Was sie in ihrer „Verstocktheit“ meinten, hätten sie also so ausdrücken können: „Wenn wir nur wüßten, was Ihr von uns wollt! Damals *waren* wir ja in Ordnung (oder wenn Ihr wollt: „moralisch“). Dafür, daß der Betrieb, mit dem wir damals zur Zufriedenheit mit-getan haben, heute durch einen anderen ersetzt ist, dafür können *wir* doch schließlich nichts! Heut ist es eben „moralisch", hier mitzutun; und damals war es eben „moralisch", dort mitzutun." —

Wie grauenhaft die durch diese Attitüde ermöglichten Untaten auch gewesen sind — wer diese als erratische Stücke unserer Epoche anstaunt, versperrt sich deren Verständnis, weil diesen Untaten in ihrer Isoliertheit gar keine Realität zukommt; jedenfalls keine verstehbare.

Denn verstehen kann man diese Untaten erst dann, wenn man sie in ihrem Art-Zusammenhange sieht, das heißt: wenn man sich die Frage vorlegt, welchen Typ von Handlungen sie repräsentieren; nach welchem Vorbild von Tätigkeit sie funktionieren. Und die Antwort darauf lautet, daß sich die Täter, mindestens viele von ihnen, in den Situationen, in denen sie ihre Verbrechen begingen, im Prinzip nicht anders benommen haben, als sie es in ihrem Arbeitsbetrieb, der sie geprägt hatte, gewöhnt gewesen waren.

Das klingt natürlich schockierend. Und vermutlich ist es unvermeidlich, daß die Behauptung erst einmal mißverstanden wird. Schließlich gibt es ja keine Betriebe (jedenfalls keine, die sich „Fabriken" oder „Büros" nennen), in denen Massenmord oder Tortur unterrichtet würde. Was gemeint ist, ist natürlich etwas anderes, etwas viel trivialeres: die ganz alltägliche, aber doch eben bis in ihre letzten Konsequenzen nur selten durchschaute Tatsache, daß (ohne daß irgend jemand persönlich dafür haftbar gemacht werden könnte oder daß sich daraus gewöhnlich entsetzliche oder unmittelbare sichtbare Folgen ergäben) *das „medial"-konformistische Prinzip*, das „aktiv-passiv-neutrale" Mit-Tun *in jedem Betrieb herrscht;* und daß dieser Tätigkeitsmodus überall, gleich ob in Detroit, Wuppertal oder Stalingrad, als selbstverständlich gültig anerkannt ist. Denn zum durchschnittlichen Betrieb, mindestens zum heute ausschlaggebenden Großbetrieb, gehört es eben, daß er (gleich was seine Ziele sein mögen) auf Verbindlichkeit Anspruch macht; und zum Arbeitenden, daß er „mitgetrieben mittreibe"; daß er, obwohl seine einzige raison d'être darin besteht, täglich zur Erreichung der Betriebsziele beizutragen, von deren Bilde ausgeschlossen bleibt; daß er (in Analogie zum Grundproblem des Marxismus formuliert) noch nicht einmal „Eigentümer“ des Zielbildes der Produktion ist, daß diese Ziele ihn nichts angehen. Wenn dem so ist, wenn er also das Ziel *nicht weiß*, nicht zu wissen braucht oder nicht wissen soll, dann braucht er offensichtlich auch *kein Gewissen* zu haben. Vielmehr wird das vom individuellen Gewissen geprüfte oder gar diktierte „Handeln“ suspendiert und durch *Gewissenhaftigkeit* des „aktiv-passiv-neutralen“ Mit-Treibens ersetzt; und wenn es „gutes Gewissen“ im Betrieb gibt, so nur als paradoxe Genugtuung über die hundertprozentig gelungene Abschaltung des eigenen Gewissens; oder sogar als Stolz darauf. Der Fabrikarbeiter oder der Büroangestellte, der der Betriebsmaschinerie seine weitere Mitarbeit mit der Begründung aufsagen würde, das Betriebsprodukt widerspreche seinem individuellen Gewissen oder einem allgemeingültigen Sittengesetz; dessen Verwendung sei unmoralisch, dessen unmoralische Verwendung mindestens möglich, der würde im günstigsten Falle als ein Narr gelten und sehr rasch die Folge seines unusuellen Benehmens zu spüren bekommen.

Während Arbeiten als solches unter allen Umständen als „moralisch“ gilt, gelten in actu des Arbeitens Arbeitsziel und -Ergebnis — das gehört zu den verhängnisvollsten Zügen unserer Zeit — grundsätzlich als *„moralisch neutral“;* gleich, woran man arbeitet, das *Arbeitsprodukt* bleibt *„jenseits von gut und böse“*. Jede andere, jede nicht-nihilistische Bezeichnung wäre bloße Vertuschung. — Auf keinen Fall aber — und das stellt nun allerdings den Klimax des Verhängnisses dar — *auf keinen Fall „olet“ das Arbeiten selbst*. Der Gedanke, daß das Produkt, an dem man arbeitet, und wäre es das verwerflichste, das Arbeiten infizieren könnte, wird psychologisch als Möglichkeit noch nicht einmal in Betracht gezogen. Produkt und Herstellung des Produktes sind, moralisch gesprochen, auseinandergerissen; der moralische Status des Produktes (zum Beispiel von Giftgas oder der der Wasserstoffbombe) wirft keinen Schatten auf den moralischen Status dessen, der arbeitend an dessen Produktion teilnimmt. Gleich, ob es weiß oder nicht weiß, was er tut, Gewissen für das, was er tut, braucht er nicht.* Wie gesagt: diese „Gewissenlosigkeit“ herrscht bereits im Betrieb. —

Der Betrieb ist also der Ort, an dem der Typ des „medial-gewissenlosen" Menschen hergestellt wird; der Geburtsort des Konformisten. Der dort geprägte Mensch braucht nur in einen anderen Aufgabenkreis, in einen anderen „Betrieb", versetzt zu werden, und plötzlich wirkt er, ohne sich wesentlich zu verändern, monströs; plötzlich erfüllt er uns mit Grausen; plötzlich nimmt die Suspension seines Gewissens, die schon zuvor ein fait accompli gewesen, das Aussehen nackter Gewissenlosigkeit, die Suspension seiner Verantwortung das der nackten „moral insanity" an. Solange wir dieser Tatsache nicht ins Auge blicken, also nicht erkennen, daß der heutige Betrieb die Schmiede, der Arbeitsstil das Vorbild der Gleichschaltung ist, bleiben wir unfähig, die Figur des konformistischen Zeitgenossen zu verstehen; also zu verstehen, was es mit jenen „verstockten" Männern auf sich hatte, die sich in den erwähnten Prozessen weigerten, ihre „mit-getanen" Untaten zu bereuen oder zu verantworten.

Man mißverstehe nicht. Es gibt nichts, was dem Schreiber ferner läge, als in diesem Falle „comprendre pour pardonner"; es kann nichts geben, was ihm ferner läge, da er es einem reinen Zufall verdankt, daß er (im Unterschiede zu seinesgleichen) diesen Männern nicht zum Opfer gefallen ist. — Was er zeigen will, ist vielmehr, daß die Untaten, da sie in der „Medialität" des heutigen Arbeitsstils gründeten, aufs engste mit dem Wesen der heutigen Epoche zusammenhängen; daher ungleich furchtbarer und verhängnisvoller waren, als man es damals, als man sich (sehr vorübergehend) mit ihnen auseinanderzusetzen versuchte (z. B. in den Erörterungen der „Kollektivschuld"), gesehen hatte; um so furchtbarer und verhängnisvoller, als ja deren Vorbedingung: eben der heutige Arbeitsstil, geblieben ist, weil dieser heute wie damals, und zwar überall, existiert; und weil uns ja noch nicht einmal eine Richtung bekannt ist, in der wir nach einer möglichen Abhilfe suchen könnten; denn uns einen Produktions-, also einen Arbeitsstil, vorzustellen, der von dem heute herrschenden abwiche, sind wir ja außerstande.* Deshalb halten wir es auch für reinen Selbstbetrug, in den Untaten gewissermaßen „erratische Ereignisse" zu sehen, die sich einmal, aber eben doch nur ein einziges Mal, in den Raum unserer Geschichte verirrt hätten, und für deren Wiederholung nichts spreche. Da umgekehrt „Medialität" und Konformismus in breiterem Umfange herrschen als je zuvor, ist nicht zu erkennen, was der Wiederholung des Entsetzlichen im Wege stehen sollte; und warum ein Herostrat, dem es eines schönen Tages einfiele, einen „Genocid“ oder dergleichen zu veranstalten, Ursache haben sollte, auch nur einen Augenblick lang die verläßliche Mitarbeit seiner Zeitgenossen in Zweifel zu ziehen. Er wird ruhig schlafen können. Sie werden ihn nicht im Stich lassen, sondern in Schwärmen motorisiert zur Stelle sein. *Als* Arbeitende sind die Zeitgenossen auf *Mit-Tun als solches* gedrillt. Und jene Gewissenhaftigkeit, die sie sich anstelle ihres Gewissens angeschafft haben (sich anzuschaffen, von der Epoche gezwungen wurden), kommt einem Gelöbnis gleich; dem Gelöbnis, das Ergebnis der Tätigkeit, an der sie teil nehmen, nicht vor sich zu sehen; wenn sie nicht umhin können, es vor sich zu sehen, es nicht aufzufassen; wenn sie nicht umhin können, es aufzufassen, es nicht aufzubewahren, es zu vergessen — kurz: dem Gelöbnis, *nicht zu wissen, was sie tun.*

Damit ist die Furchtbarkeit des heutigen moralischen Dilemmas bezeichnet. Einerseits erwarten wir vom heutigen Menschen hundertprozentiges Mit-Tun, und zwar als Bedingung seines Arbeitens überhaupt, mindestens als Arbeitstugend; andererseits möchten wir von ihm verlangen (und wir finden, eigentlich müßte die Welt so sein, daß man es von ihm verlangen könnte), daß er sich in der „Sphäre außerhalb der Betriebswelt“ als „er selbst“ benehme, also „unmedial“, kurz: moralisch. Und das ist eine unmögliche Situation. Unmöglich aus zwei Gründen:

1. weil es in demjenigen Augenblick, in dem es darauf ankommt, eine „Sphäre außerhalb der Betriebswelt“ gar nicht gibt; das heißt: weil immer schon dafür gesorgt ist, daß die entscheidenden Aufgaben, die dem heutigen Menschen abverlangt werden, in Form von Betriebsaufgaben auftreten: selbst dafür, daß er als Tötender nicht „handle“, sondern einen job erledige: *Der Angestellte im Vernichtungslager hat nicht „gehandelt“, sondern, so gräßlich es klingt, er hat gearbeitet.* Und da ihn ja Ziel und Ergebnis seines Arbeitens nichts angehen; da seine Arbeit qua Arbeit ja immer als „moralisch neutral“ gilt, hat er also etwas „moralisch Neutrales“ erledigt. —

2. Und weil man vom Menschen (und zwar vom durchschnitt-

lichen Menschen) verlangt, daß er zwei absolut verschiedene Typen von Dasein zugleich verkörpere: sich arbeitend als „Konformist" benehme; „handelnd" dagegen als Nicht-Konformist; daß er also ein *schizophrenes Leben* führe und aushalte, ein Leben, das von einem niemals sich ausgleichenden Gefälle zwischen zwei, einander widersprechenden, Aktionsarten beherrscht wäre. Und dies: *Schizophrenie als Postulat* wäre nun allerdings etwas so Ungeheuerliches, daß im Vergleich mit diesem Postulat alle Forderungen, die Moralen, selbst die am maßlosesten überfordernden, bis heute an den Menschen gestellt haben, zu liebenswürdigen Anregungen zusammenschrumpfen würden. —

Wir sagten: Es sei das „Geheimgelöbnis" des medialen Menschen, „nicht zu sehen, bzw. nicht zu wissen, was er tut"; also das dem Tun innewohnende Eidos oder Telos nicht anzuvisieren, kurz: (in Analogie zu unserem früher verwendeten Ausdruck „Apokalypse-blind") *„Ziel-blind"* zu bleiben. —

Der Ausdruck „Gelöbnis" ist dabei natürlich eine bloße Metapher, denn er unterstellt ja eine Freiheit, die dem medialen Menschen gar nicht mehr zukommt. Wenn wir die Metapher verwendeten, so um durch sie anzuzeigen, daß er nicht wissen *solle*, was er tut; daß sein Nichtwissen im Interesse des Betriebes gewünscht ist. Aber daß er das Bedürfnis hätte, zu wissen, wäre eine falsche Unterstellung. In der Tat wäre, *mindestens in actu des Arbeitens* selbst, der Blick auf das Telos, das ja ohnehin „vorgesehen" ist (oder gar auf dessen Telos: die Verwendung) ganz nutzlos für ihn, ja arbeitsbehindernd. Gewöhnlich bleibt ihm also der Gedanke, das Eidos anzuvisieren, ganz fremd; und sehr häufig *kann* er es gar nicht mehr: und zwar deshalb nicht, weil er ja bei der Absolvierung seiner (Serien)-Arbeit ständig mit ständig neu auftauchenden und wieder verschwindenden Etappenstücken herumzuspielen hat; weil es ja niemals vorkommt, daß seine Arbeit ihr Ende in einem fertigen Produkt findet; weil sie vielmehr immer nur „äußerlich aufhört": eben dann, wenn die Sirene in sein Wiederholungsspiel hineintönt.

Damit ist aber eine radikale Verwandlung des Menschen angezeigt. Von den frühen platonischen Dialogen an bis zu Heideggers Analyse des „Bewandnis-charakters" war ja menschliches Tun und

Machen als Verfolgen eines in der Aktion zu verwirklichenden Eidos beschrieben worden. Dieses Eidos des zu Machenden (oder des im Tun zu Erreichenden) ist im medialen Tun also „abmontiert“; die Tätigkeit geht eidoslos vor sich. — Und wenn Aristoteles das menschliche Tätigsein in zwei Klassen einteilte: in diejenigen, die ein Telos verfolgen (wie Kochen) und diejenigen, die es auf nichts als sich selbst absehen, ihr Telos also in sich selbst tragen (wie Spazierengehen), dann hat die Ziel- und Eidos-Demontage der heutigen Arbeit, und analoge des heutigen Tuns, diese Unterscheidung hinfällig gemacht, weil die Arbeit vor der Maschine oder das gleichgeschaltete Mit-Tun so wenig auf ein Ziel losgeht und so wenig an einem Ziele ankommt wie das Spazierengehen.

Was besagt nun diese Schilderung des medialen Menschen für unser eigentliches Thema? Für die Frage nach den Wurzeln der Apokalypse-Blindheit? Inwiefern ist das „mediale Dasein“ eine dieser Wurzeln?

In der Tat ist der Zusammenhang so eng, daß jeder Einzelzug der Medialität gleich gut als Ausgangspunkt verwendet werden kann. Von jedem führt der Weg mit gleicher Direktheit zur Apokalypse-Blindheit.

1. Da der mediale Mensch „aktiv-passiv-neutral“ ist, bleibt er, trotz der ungeheuren Rolle, die Arbeiten für ihn spielt, ja gerade in actu des Arbeitens, *indolent;* er „überläßt sich“. Das heißt: er rechnet mit einem „Weitergehen“ à tout prix, mit einem Weitergehen, das er selbst nicht zu verantworten braucht.

2. Da seine Tätigkeiten niemals in einem echten Telos, auf das er „aus gewesen“, ihren Abschluß finden, sondern immer nur durch Stoppungen, die seinem Tun selbst zufällig bleiben, hat er kein echtes Verhältnis zur *Zukunft.* Während der wirklich Handelnde und Planende durch sein Handeln einen Zeitraum entwirft, also Zukunft konstituiert, tritt das Tun des „medialen Menschen“ auf der Stelle. Die Tatsache, daß er durch seine Arbeit seine Zukunft sicherstellt, widerspricht dem nicht, denn die Arbeit selbst besteht ja eben in der obstinaten Wiederholung der immer gleichen Schritte. Eigentlich lebt der Mann also „zeitlos“ — „your future is taken

care of" — ohne jenen Horizont also, in dem allein das Ende der Zukunft, also die mögliche Katastrophe auftauchen könnte. Das heißt: den Gedanken an die akute Gefahr des Zukunft-Endes zu fassen, bleibt er deshalb außerstande, weil er keine Zukunft kennt.

3. Da er an Tätigkeit gewöhnt ist, bei der Gewissen zu haben sich erübrigt, ja nicht gewünscht wird, ist er *gewissenlos*. Mit bestem Gewissen. Also sind ihm Skrupel über die Bewandtnis seines Arbeitens fremd; um so fremder, als er ja seine eigene Arbeit für apriori „uninfizierbar" hält.

4. Da er ebensowenig daran zweifelt, daß jedes Produkt „moralisch neutral" bleibt, muß die Behauptung, daß es ein absolut unmoralisches Produkt gebe, gar eines, für dessen Herstellung geradezu eine ganze Produktionswelt sui generis installiert worden ist, notwendigerweise auf ihn den Eindruck der Albernheit machen —

kurz: Alle Elemente des medialen Daseins haben sich verschworen, zu verhindern, daß er auffasse, was es mit der Bombe auf sich hat. Und so arbeitet er sich, ohne Verständnis für den Sinn des Wortes „Ende", hektisch zugleich und indolent, seinem Ende entgegen.

VI

ANNIHILATION UND NIHILISMUS

§ 19

Nicht die Tat ist wie der Täter, sondern der Täter wie die Tat — Der heutige Imperativ: „Habe nur solche Dinge, deren Handlungsmaximen auch Maximen deines eigenen Handelns werden könnten."

Aber gleich, ob wir die Schuld Sehenden zuschreiben oder Blinden — das moralisch entscheidende Faktum besteht natürlich nicht in der Apokalypse-Blindheit, sondern in der *Bombe selbst;* in der Tatsache, daß wir sie *haben*. Und da *„Haben"*, wie wir früher gezeigt hatten (§ 9), in diesem Falle, gleich ob der Habende es wünscht oder nicht, automatisch zum „*Tun*“ wird, bedeutet das, daß das Faktum, um das es moralisch hier geht, die *Bombe als Tat* ist.

Wo es sich aber um eine Tat von solchem Ausmaß handelt, da richtet sich deren moralische Qualität nicht mehr nach der Qualität des Tuenden: nach dessen mehr oder weniger gutem Willen, nach dessen Einsicht oder nach dessen Gesinnung, sondern ausschließlich nach deren *Effekt.* Es gibt eine Grenze, jenseits derer man psychologische Unterscheidungen, auch die gröbsten, rücksichtslos zu suspendieren hat;

jenseits derer es zum akademischen Luxus wird, die Differenz zwischen beabsichtigtem Verbrechen und crimen veniale aufrechtzuerhalten;

jenseits derer der Täter auf jeden Fall, gleich, auf was er angeblich abgezielt hatte, so zu beurteilen ist, *als ob* er, was er effektiv androht oder anrichtet, auch beabsichtigt hätte;

jenseits derer, weil eben der Mensch auf dem Spiel steht, der unmenschlich klingende Satz gilt: „*Nicht die Tat ist so gut oder so schlecht wie ihre Täter, sondern umgekehrt ist der Täter durch sein Tun so gut oder so schlecht wie seine Tat.*“

Für die Beurteilung normaler Taten darf dieser Satz natürlich nicht gelten: die Unterscheidung zwischen beabsichtigten Taten und unbeabsichtigten bleibt unantastbar. Und selbst in unserem Falle ist die Suspendierung der Unterscheidung nur dann verantwortbar, wenn man sie mit einer unermüdlichen didaktischen Aktion verbindet, das heißt: wenn man dem blinden Täter den Effekt seines Tuns pausenlos vor Augen führt und keine Chance ungenützt läßt, um ihn daran zu verhindern, daß er sich schließlich in äußerstem Sinne schuldig mache. –

Ob und wann diese Aktion, die nun ja angelaufen zu sein und in täglich breiterer Front in Gang zu kommen scheint, gelingt, das kann man freilich nicht voraussehen. Die moralische Beurteilung des Täters so lange zu vertagen, bis das Ergebnis dieser Aktion deutlich wird, das ist natürlich nicht möglich. Darum heißt es in diesem Falle – aber auch diesem inhuman klingenden Satze liegt nichts zugrunde als die Sorge um den Menschen: „*In dubio contra reum*“. Das bedeutet: *Solange der Täter das Gerät nicht abschafft;* solange er, einfach dadurch, daß er es *hat*, mit ihm droht; solange er seine Aktionen, die er zu Unrecht „Versuche“ nennt, fortsetzt, *so lange muß er als schuldig angesehen werden.* Und zwar, da der Effekt eines Tuns in *Annihilation* besteht: als schuldig des *Nihilismus;* des Nihilismus in globalem Maßstabe.

Damit ist unsere letzte These erreicht: *Die Herren der Bombe sind Nihilisten in Aktion.*

Das klingt merkwürdig. Denn unter „Nihilisten“ stellen wir uns gewöhnlich Figuren völlig anderer Art vor: entweder jene, in jämmerlichen Einzelaktionen sich verausgabenden Anarchisten, wie sie das vor-revolutionäre Rußland hervorgebracht hatte; oder die radikal-skeptischen europäischen Intellektuellen der gleichen Periode; oder jene Diktatoren und deren Kreaturen, die sich den Beweis ihrer Existenz allein durch das Schreien ihrer Opfer, also durch ein „Ich vernichte, also bin ich“ liefern konnten. –

Und mit diesen Typen sollen nun die Männer, in deren Händen die Bombe liegt, irgendetwas zu tun haben?

Direkt gewiß nicht. Psychologisch ähneln sie keinem dieser Typen. Manche von ihnen werden sogar von Nihilismus kaum je etwas gehört haben, höchstens durch Redensarten wie „Überwindung des Nihilismus“ oder „Kreuzzug gegen den Nihilismus“ oder dgl. Und gewiß sind die meisten von ihnen im Privatleben gutmütige, anständige und philiströse Männer, die weder jener Melancholie noch jenes Zynismus fähig sind, ohne die auch ein mittlerer Nihilist, der seinem Beruf keine Unehre machen will, nicht auskommt; sie sind „positiv“ bis in die Knochen, ihre Konten sind gesund, und ihre Prinzipien sind es nicht minder.

Und dennoch sind sie Nihilisten. Denn mögen sie auch die gesundeste Philosophie und die positivste Religion bekennen, und dies sogar, ohne zu heucheln – vor dem Forum des „objektiven Geistes“ ist ihr Charakter, ihre Philosophie, ihre Religion, ihre ganze Integrität dennoch nur Schmuck und dennoch nur Heuchelei, weil sie, ob sie es wissen oder nicht, ob sie es wollen oder nicht, in Wirklichkeit einer ganz anderen Philosophie und einer ganz anderen Moral anhängen: nämlich der Philosophie und der Moral des Dinges, das ihnen anhängt, und dem sie anhängen. Denn vor dem Forum des „objektiven Geistes“ gilt: *„Jeder hat diejenigen Prinzipien, die das Ding hat, das er hat.“*

Eine dritte befremdliche Formel; und eine, die unsere Denkgewohnheiten noch schroffer brüskiert als die vorangehenden. Erklären wir daher erst einmal, was sie *nicht* meint.

Nichts Marxistisches, nichts Milieu-Theoretisches; *nicht* die zum Allgemeinplatz gewordene These, daß das „Bewußtsein" (Moral, Philosophie, Mentalität) durch das „Sein", also die sogenannten „Verhältnisse", geprägt sei. Auf unseren Fall angewandt: *Nicht*, daß diejenigen, die die Bombe haben, deshalb so „schlecht" seien, weil sie von den schlechten „Verhältnissen" (zu denen eben auch die bedauerliche Verfügungsgewalt über die Bombe gehöre) so schlecht gemacht worden wären; *nicht*, daß ihre „Schlechtigkeit" moralisch eigentlich ungültig und irreal sei, weil sie ja ursprünglich keinem schlechten Willen entspringe, sondern eben nur „Verhältnissen". Nichts dergleichen.

Denn wir glauben ja garnicht, daß diejenigen, die das Ding haben, durch dieses ihr „Haben" wirklich entschieden geprägt, also total schlecht gemacht sind. Umgekehrt halten wir es ja sogar für wahrscheinlich, daß sie privat und subjektiv: in ihren Überzeugungen, in ihren Gefühlen, in ihrer Mentalität, in ihrem Benehmen auch heute noch harmlos, anständig und tugendhaft sind. Während der Milieu-Theoretiker argumentiert:

„Wie schlecht die oder jene auch sein mögen — letztlich sind sie gar nicht so schlecht, weil ja nur die Verhältnisse daran schuld sind, daß sie schuldig wurden",

argumentieren wir:

Sie sind gar nicht schlecht; aber dieses ihr Nichtschlecht-Sein ist keine Tugend, sondern ausschließlich die Folge des „Gefälles", also der Tatsache, daß sie dem Dinge, das sie „haben", nachhumpeln, daß sie zu klein geblieben sind, als daß sie von dem Ungeheuren, das sie in ihrer Hand halten, geprägt werden könnten. Sie sind außerstande, so monströs schlecht zu werden wie die Bombe und deren Taten; das heißt: *ihre Tugend ist allein Symptom ihres Versagens;* und damit, moralisch betrachtet, null und nichtig.

Und 2. *Ihre Tugend* betrifft ausschließlich ihr Benehmen innerhalb eines Lebenshorizontes, in dem die Bombe überhaupt noch nicht „vorkommt"; darum *ist* sie *folgenlos*; und damit null und nichtig.

Nein, wirkliche Tugend bestünde heute in etwas ganz Spezifischem. Wirklich tugendhaft wäre heute allein derjenige, der

einsehend, daß er moralisch nichts ist, als das, was er „hat", also als seine „Habe"

keine „Anstrengung des Begriffs" scheuen würde, dieser „Habe" auch habhaft zu werden, sie in Griff zu bekommen und sie (in jenem Sinne, den wir früher, § 13, bestimmt haben) „einzuholen";

der jede „Habe" zur Rede stellen und dazu zwingen würde, daß sie ihre Geheim-Maxime ausspreche;

der vor jeder dieser Maximen sich selbst prüfen würde, ob er sie zur Maxime seines eigenen Handelns machen könnte — vom „Prinzip einer allgemeinen Gesetzgebung" zu schweigen;

und der entschlossen wäre, jede „Habe", die dieser Prüfung nicht standhielte, zu eliminieren —

der allein dürfte heute „moralisch" heißen. Sein Imperativ, der des Atom-Zeitalters, lautet mithin:

Habe nur solche Dinge, deren Handlungsmaximen auch Maximen deines eigenen Handelns werden könnten. —

Freilich, solche „Gewissensprüfung der Habe" ist dem Zeitgenossen ungewohnt. Wie selbstverständlich es ihm auch sein mag, mit Personen so umzugehen, als wären sie „Sachen" — auf „Sachen" so einzugehen, als wären sie „Personen", das ist ihm fremd. Gerade das aber ist das Gebot der Stunde; weil die ausschlaggebenden „Sachen", diejenigen, die unsere heutige Welt konstituieren und über deren Schicksal entscheiden, gar keine „Sachen" sind, sondern Ding-gewordene Maximen und geronnene Handlungs-Modi. —

Daß wir uns dabei beruhigen, alle Dinge unterschiedslos als „Mittel" zu klassifizieren, das hatten wir schon zu Beginn unserer Untersuchung (6) festgestellt. Fügen wir nun am Schluß hinzu, daß gerade darin unsere Unmoralität besteht.

§ 20

Die Janus-Formel des Nihilismus

Wie freundlich also und wie anständig die Herren der Bombe auch in allen denjenigen Lebensbereichen sein mögen, in denen die Bombe noch nicht vorkommt, *als* Herren der Bombe — und neben dieser Qualifikation schrumpfen alle anderen zum Nichts zusammen — haben sie die Maxime dessen, was sie haben, also der Bombe. Und diese Maxime ist, wie wir schon gesagt hatten: „Nihilismus". Was heißt das? *Was ist eigentlich „Nihilismus"?*

Um diese Frage zu beantworten, müssen wir für einen Augenblick der Bombe den Rücken kehren. Die Antwort finden wir nämlich dadurch, daß wir auf diejenige Situation zurückgehen, in der der „klassische Nihilismus" ausbrach. Wenn ich sage „ausbrach" (und nicht: „großwurde" oder „sich entwickelte" oder dgl.), so ist damit bereits Wichtiges über den Nihilismus angezeigt: denn ihre Ursprungs-Situation war eine *Schock-Situation;* und der Nihilismus der Effekt eines *katastrophenhaften Ereignisses.*

Und zwar bestand dieses katastrophenhafte Ereignis darin, daß der „russische Mensch" ohne die mindeste Vorbereitung, über Nacht, mit dem *„Westen"* — und das bedeutete für ihn damals: mit den *Naturwissenschaften* — zusammenstieß: also mit dem Konzept einer blinden, entgotteten, zwecklosen, rechtlosen, unerlösbaren, erlösungsbedürftigen, kurz: materiellen Naturwelt, der auch er selbst nun zugehören sollte, ja der allein er nun zugehören sollte; und daß ihm jene Frist, die dem Mitteleuropäer, mindestens im 19. Jahrhundert, vergönnt war: dem Leben in einer sinn- und gottlos gewordenen Welt mindestens den Schein und den Firnis eines positiven modus vivendi zu verleihen (z. B. durch „Moral" oder durch „Kultur") versagt blieb.*

Daß dieser Zusammenstoß mit den Naturwissenschaften und die durch diese Kollision ausgelöste Explosion der theokratischen Welt eine Totalverstörung des geistigen und emotionalen Habitus zur Folge hatte, weiß ja jeder, der die „Karamasoffs" gelesen hat.* Die Aufgabe, die Welt, die noch am Vorabend einen ausschließlich religiösen Sinn gehabt hatte, am nächsten Morgen als eine Angelegenheit der *Physik* zu akzeptieren; und an Gottes, Christi und der Heiligen Stelle ein *Gesetz ohne Gesetzgeber*, also ein unsanktioniertes, einfach nur da-seiendes, sinnlos, wenn auch noch so „eisern" herumschwebendes Gesetz, nämlich das *„Naturgesetz"* anzuerkennen — diese Zumutung, die die geschichtliche Konstellation an den damaligen Menschen stellte, war einfach nicht zu bewältigen. Um so weniger, als dieses Gesetz ja ausschließlich das *Seiende* determinierte, dieses aber durch und durch; während es sich über *Gesolltes* (da es derartiges als auffindbar Seiendes ja nicht gab) total ausschwieg — kurz: weil nun alles plötzlich *Eines*, nämlich *„Natur"*, war. In diese Formel *„alles ist Eines"* horche man gut hinein. Denn sie (die früher dem alles, ohne Ansehen der Person, verschlingenden Tode in den Mund gelegt worden war) enthüllt das Wesen des Nihilismus. Sie ist eine „Janus-Formel": sie besagt ein Doppeltes:

Einerseits eben: „Alles ist *einer Art:* nämlich von der Art der *Natur"* — und damit stellt sie die Grundformel des *„metaphysischen Monismus"* dar.*

Andererseits aber besagt sie, da sie eben nur Gesetze des *Seienden kennt:* „Es gibt nichts Gesolltes; alles ist egal; alles ist erlaubt." Und stellt damit die Grundformel des radikalen und programmatischen *Amoralismus* dar.

Die berühmte Frage *Lotzes*, die er in Nachfolge Schellings und Weisses formulierte: „Worin es eigentlich liegt und wie es zugeht oder gemacht wird, daß überhaupt etwas ist und nicht lieber nichts ist"*, erscheint beim Nihilisten, der ja ein desillusionierter Moralist ist, in der Variantenform auf: „was eigentlich daran liegt, daß überhaupt etwas da sein soll und nicht vielmehr nichts."

„Denn warum", hätte der Nihilist argumentieren können, „warum und woraufhin sollte ich selbst denn noch „sollen", wenn es nur Seiendes gibt?* Warum sollte die Welt und ich selbst denn nicht ebenso gut nichtsein wie sein dürfen? Und warum sollte ich denn nicht für das Faktum, daß die Welt und ich selbst, statt gesollt, eben nur „da" und „Natur" ist, Rache nehmen? Und zwar eben dadurch, daß ich das Nichtsein selbst besorge, daß ich die Vernichtung selbst in die Hand nehme? Wäre nicht diese Rache, durch die ich ja immerhin noch eine Konsequenz zöge, die zu ziehen die Natur selbst trotz ihrer Gesetzmäßigkeit offenbar keine Anstalten macht, die einzige mir noch übriggelassene Aktion? Wäre sie nicht die einzige Maßnahme, durch die ich noch irgendwie beweisen könnte, mindestens mir selbst, daß ich doch da und doch etwas anderes bin als Natur?"

So etwa hätten die Fragen des Nihilisten lauten können, wenn dieser in seiner Panik Worte hätte finden können. Kurz: Die Janushaftigkeit der Formel „Alles ist Eins" ist der Schlüssel zum Nihilismus: Denn dieser war *Monismus in Aktion;* oder richtiger: *die Rache des Menschen am Monismus.* (Dazu siehe Anhang II „Portrait des Nihilisten", S. 301.)

Was hat nun diese Janusformel mit unserem Thema zu tun? Mit der Bombe?

Vermutlich hat sich jeder die Antwort bereits selbst gegeben. Dennoch muß sie ausdrücklich ausgesprochen werden. Sie lautet: *Die Geheimmaxime der Bombe ist identisch mit der des Monismus bzw. Nihilismus;* die Bombe benimmt sich wie ein Nihilist. Und zwar insofern, als sie alles, gleich ob Mensch oder Gerät, Brot oder Buch, Haus oder Wald, Tier oder Pflanze als *einerlei* betrachtet und behandelt: als Natur; und das heißt in diesem Falle: als etwas, was der Radiumverseuchbarkeit zugänglich ist. Anderes existiert für sie nicht. Und könnte sie sprechen, ihre Worte wären keine anderen als die des Nihilisten: „Alles ist eins. Auch ob es die Welt gibt oder nicht, ist eins. Warum sollte es sie nicht ebensogut nicht geben?"

Dies ist die Maxime der Bombe. Und da, wie wir wissen, wer ein Ding hat, auch dessen Maxime hat, ist es auch die Maxime derer, die die Bombe haben. Ob sie es wollen oder nicht. Ob sie es wissen oder nicht. Und darum ist es keine bloße Redensart, sondern die schlichte Wahrheit, wenn wir die Herren der Bombe „Nihilisten" nennen.

Stellen wir die Zwei: den Ahnherrn des Nihilismus und den heutigen Nihilisten gegenüber: denn nur diese zwei Herostraten sind einander ebenbürtig; nur sie verdienen es, als die großen Figuren des Nihilismus angesehen zu werden. Was es zwischen diesen beiden Antipoden des Nihilismus gegeben hat: jene, die die Geistesgeschichte gewöhnlich als die Nihilisten bezeichnet: die Indolenten, nicht Vernichtenden, sondern nur Verneinenden oder gar die „Nichtung“ nur Beschreibenden; aber auch jener Große, der sich „Antichrist“ nannte; und sogar jene Blutbeschmierten, die wirklich antichrist-haft gehandelt haben — wie groß, wie schwermütig, wie tiefsinnig, wie grauenhaft inferior sie auch gewesen sein mögen: verglichen mit den zwei Figuren des Ahnherrn und des Enkels, sind sie alle doch nur Zwischenfiguren; denn nur diese Zwei haben einen Bezug auf das *Sein oder Nichtsein der Welt als ganzer.*

Während der Ahn, durch die Rücksichtslosigkeit seiner Fragen, warum Seiendes, wenn ungesollt, denn überhaupt sein solle; und warum und woraufhin *er* denn noch sollen solle; durch seine verzweifelte Gier, die ihm vernichtete Welt wirklich zu vernichten, und durch die Maßlosigkeit seiner Melancholie zur philosophischen Figur ersten Ranges aufrückte — aber der Vernichtung, nach der er fieberte, nicht mächtig war und dadurch direkt in die Geschichte nicht einzugreifen schien —

ist der Enkel ein philosophisch uninteressanter, des Zynismus so wenig wie der Melancholie fähiger bonhomme, eine beschränkte, privat harmlose Figur, der die Totalvernichtung in den Schoß fiel wie irgendeine andere technische Neuerung — aber gerade dadurch geschichtlich von einer Enormität, die alles was bisher als „geschichtlich“ gegolten hatte, in den Schatten stellt, da er der Vernichtung nicht nur mächtig ist; sondern vielleicht sogar unfähig, diese seine Macht *nicht* auszuüben.

„Die Götter der Pest“, heißt es im Molussischen, „sind friedliche Herren und selbst nicht pestkrank.“ — Ihnen gleichen die Gottheiten der heutigen Vernichtung: Nichts ist ihnen weniger anzusehen, als was sie auslösen könnten; und ihr Lächeln ist wohlwollend, und sogar ohne Falsch. Aber es gibt nichts Entsetzlicheres als das ehrlich wohlwollende Lächeln der Gottheiten des Verderbens.

§ 21

Die Bombe und der Nihilismus bilden ein Syndrom

Außer dem millionenfachen Lächeln derer, die durch sie verdorben werden.

Denn zu Nihilisten werden nicht nur sie, die mit der Bombe drohen, sondern auch diejenigen, die durch sie bedroht *werden*. Und das heißt: *Wir alle.*

Vor etwa zehn Jahren hat der Nihilismus ein vollkommen neues Stadium erreicht, nämlich dasjenige Stadium, in dem er, aus seiner Esoterik heraustretend, zum ersten Male das Vulgärbewußtsein der Epoche zu prägen bzw. zu zersetzen begann und zur Massenphilosophie, mindestens zur Massen-Mentalität wurde. Kurz darauf konnte man ja die zwischen 1940 und 50 geschriebenen Nihilismusdokumente sogar als Taschenbücher kaufen, und ein paar Jahre lang „ging" nichts besser als das Nichts.

Daß dieses neue Massenstadium des Nihilismus im gleichen Geschichtsaugenblick erreicht wurde, in dem die Bombe zum ersten Male hergestellt und eingesetzt wurde; daß die den Sinn der Menschheit verneinende Philosophie und das menschenvernichtende Gerät; daß der *Massen-Nihilismus* und die *Massen-Annihilation* geschichtlich zusammenfielen, das ist äußerst frappant. War das reiner Zufall? Oder bestand da ein Zusammenhang?

Nach einer direkten Ursache-Wirkung-Beziehung zwischen den beiden Zeiterscheinungen zu suchen, also eine Brücke zu schlagen zwischen der (dem Bau der Bombe zugrundeliegenden) Equivalenzformel Einsteins und der (den Nihilismus definierenden) „alles ist eins"-Formel, das wäre natürlich müßig. Aber Beziehungen anderer Art gibt es schon. Auf bloße Koinzidenz läuft diese geschichtliche Gleichzeitigkeit nicht heraus. Wir sehen zweierlei Zusammenhänge:

1. liegt beiden eine und dieselbe geschichtliche Tatsache zugrunde: nämlich die des *Nationalsozialismus*.

Daß dieser selbst eine Spielart des Nihilismus gewesen ist, das nachzuweisen, erübrigt sich ja. Tatsächlich war er nihilistisch nicht nur in dem vagen Sinne, in dem man ihn gewöhnlich so nennt; sondern im strikten Sinne, da er jene naturalistische Monismus-Bedingung, die wir als die Quintessenz des Nihilismus kennengelernt haben, erfüllte; das heißt: weil er, als erste politische Bewegung, Menschen, ja Menschenmassen *als* Menschen verneinte, um sie als bloße „Natur", als Rohmaterial oder Abfall effektiv zu vernichten. In einem Ausmaße, das den klassischen Nihilisten vor Neid bleich gemacht hätte, hatte er Philosophie des Nichts und Vernichtung, Nihilismus und Annihilierung bereits so verschmolzen, daß man ein Recht hätte, von *„Annihilismus"* zu sprechen.

Und Auseinandersetzungen mit diesem „Annihilismus" waren nun sowohl die Atombombe wie die neue Spielart des (französischen) Nihilismus. Die Atombombe, weil mit deren Herstellung ursprünglich kein anderes Ziel verfolgt wurde als das, der Ausbreitung des nationalsozialistischen „Annihilismus" zuvorzukommen. — Und der französische Nihilismus, weil die „absurde Existenz", die er schilderte, mehr oder minder auf eine Schilderung des Daseins unter dem nationalsozialistischen Terror herauslief, also auf eine Darstellung des Menschen, der sich als ein „Nichts", als „zu nichts da" und als mir nichts dir nichts vernichtbar erfahren hatte. — In beiden Fällen handelte es sich also um Antworten auf ein und dasselbe geschichtliche Ereignis; und insofern waren sie geschichtlich nicht bloß gleichzeitig. —

2. Aber diese gemeinsame, diese gemeinsam polemische Herkunft des Anniliationsgerätes und des philosophischen Nihilismus ist vielleicht noch nicht einmal die wichtigste Beziehung, die zwischen diesen beiden besteht. Wichtiger, weil folgenreicher ist, daß die beiden, gleich ob ihnen dieses Gemeinsame zugrunde liegt oder nicht, *zueinandergefunden* haben; daß sie heute nun ein *„Syndrom"* bilden. Was heißt das?

Das heißt, daß sie psychologisch zusammengewachsen sind; daß für das Vulgärbewußtsein der Epoche (und mehr noch als für die Vulgärphilosophie, für das Vulgärgefühl) seit etwa einem Jahrzehnt Nihilismus und Bombe einen einzigen Komplex bilden; und zwar einen so unauflöslichen, daß es dem Zeitgenossen, der über die Dinge der Zeit unkontrolliert daherredet, und der durch dieses sein Daherreden die Glaubensstücke der Epoche ausspricht, vollkommen gleichgültig ist, ob er die Existenz der Bombe als Zeugnis für die Sinnlosigkeit des Daseins oder umgekehrt die Sinnlosigkeit des Daseins als Legitimationsgrund für die Existenz der Bombe verwendet; ja daß er sich im jeweiligen Reden überhaupt nicht darüber im klaren ist, ob er gerade so herum rechtfertigt oder andersherum. Diese beliebige Vertauschbarkeit von Voraussetzung und Behauptung, die Tatsache, daß das Argumentieren, wie vor einem Bilde, ebensogut von rechts nach links wie von links nach rechts vor sich gehen kann, ist *das* Kriterium für die „Echtheit" eines „Syndroms"; wobei „Echtheit" nicht etwa bedeutet, daß die Stücke einer gemeinsamen Wurzel entstammen, sondern daß es ihnen, wie zwei Pfropfstücken, nachträglich gelungen ist, in organischen Zusammenhang zu treten. Gleichviel, wo Voraussetzung und Behauptung reversibel sind, handelt es sich um ein unauflösbares, nicht mehr argumentativ widerlegbares, sondern nur noch im ganzen zerstörbares, emotional gültiges, Ideologie-Stück des Zeitalters.* Und in diesem Reversibilitätsverhältnis stehen bereits seit Jahren Bombe und Nihilismus.

Ein kleines Gespräch, dessen Zeuge ich 1952 auf einer Eisenbahnfahrt in Deutschland war — eigentlich nur der Fetzen eines Gesprächs, aber er reichte mir, und als Beispiel reicht er auch hier — wird deutlich machen, daß im Vulgärbewußtsein der Epoche Nihilismus und Bombe wirklich Eines sind. Und in diesem Gespräch war es, wo jenes nihilistische Lächeln der Bedrohten auftrat, von dem ich gesprochen habe.

*

Tagebucheintragung 1952

„Pah", machte einer, als ich kurz vor Frankfurt aus dem Schlaf auffuhr (es war der Knochige, der gestern abend über seine „Erlebnisse" in Polen kein Blatt vor den Mund genommen hatte) „warum sollen sie denn das Ding nicht schmeißen?" Mit „sie" meinte er, wie sich sofort herausstellte, die „Amis"; mit dem „Ding" die Atombombe.

Sein Gegenüber, die Schwedin neben mir, beschränkte sich auf eine „Aber ich bitte Sie"-Handbewegung.

„Können *Sie* mir denn vielleicht verraten", fuhr er lächelnd fort, „wozu die da-sind?"

„Wer — *die*?“ fragte die Schwedin.

Mit einer Kopfbewegung nach rückwärts: „Na *die* natürlich.“

„Die Russen“, erläuterte einer.

„Und *Sie*?“ fragte die Schwedin mit einer Zornesfalte, „wozu *Sie* da-sind, das wissen Sie so genau?“

„Hab ich nicht gesagt. Dasselbe in grün.“

„In was?“ erkundigte sie sich höflich.

„Na was denn sonst!“ meinte er. „*Die* oder *wir!* Jacke wie Hose!“ Und nachdem er sich im Kreise umgeblickt und sich lächelnd der Mitfahrenden versichert hatte: „Zu was sind *Sie* denn schon da?“

Da die Schwedin nicht in Metaphysik reiste, sondern in internationalen Kinderhort-Angelegenheiten, konnte sie mit keiner Antwort dienen. „Sehen Sie“, meinte der Kerl, nun siegreich grinsend. Und da geschah das Unglaubliche (das außer mir freilich niemandem auffiel), daß er sein Argument plötzlich am Schwanz aufzäumte. „Ja glauben Sie denn“, fuhr er nämlich fort, „daß wir noch etwas taugen, wo es das Ding gibt? Oder die Kinderchens, für die Sie da rumgondeln?“ Und warf sich nach hinten, als sei damit das letzte Wort gesprochen und die Dame aus Schweden ein für alle Male blamiert. Niemand im Abteil machte ihm seinen Triumph streitig. Er lächelte.

In diesem vulgärnihilistischen Gespräch, das vermutlich nur ein zufälliges Exemplar eines täglich in tausenden von Exemplaren stattfindenden Gespräches war, sind also das „zu nichts dasein“ des Menschen und dessen Vernichtbarkeit, Nihilismus und Bombe eines und dasselbe. —

Da wir eh zu nichts da sind, ist die Bombe zurecht gekommen, und da die Bombe da-ist, taugen wir ja doch zu nichts, und da wir zu nichts taugen, kann die Bombe ja auch nichts mehr schlimmer machen, da, da, da . . . Übelkeit erregend und Betäubung, Ohnmacht und falschen Triumph, nicht verratend, wo vorn ist und wo hinten, was Voraussetzung sein soll und was Behauptung, kreist das Karussell dieses Scheinargumentes um die Achse des Nichts. Und wer nicht herausspringt, und wer es nicht zerschlägt, der wird lebend nicht davonkommen.

* * *

VII

SCHLUSSWORTE

„Welch ein Segen“, las ich in einem Artikel, „daß die Bombe nicht in den Händen von Nihilisten liegt.“

Dieser Stoßseufzer war der Seufzer eines Gedankenlosen.

In wessen Händen sie liegt, das mag zwar entscheidend sein: dann nämlich, wenn derjenige, in dessen Händen sie liegt, wirklich von ihr Gebrauch macht. Aber wenn er das nicht tut, ist damit noch gar nichts entschieden.

Denn nicht nur über uns hängt die Bombe; nicht nur über uns Heutigen. Sistiert ist die Bedrohung nie. Sondern immer nur verschoben. Was heute vielleicht vermieden werden wird, kann morgen eintreten. Morgen wird sie über unseren Söhnen hängen, und übermorgen genau so über deren Söhnen. Los wird sie keiner mehr. Wie weit in die Zukunft kommende Geschlechter auch vorstoßen mögen, wo immer sie vor ihr hinfliehen werden, immer wird sie mit ihnen mitfliehen. Ja, ihnen voran, als wiese sie den Weg; als dunkle Wolke, der sie nachziehen. Und selbst wenn das Äußerste niemals eintreten sollte, selbst wenn sie über uns hängen bleiben sollte ohne sich zu entladen — von nun an sind wir Wesen, die dazu verurteilt bleiben, im Schatten dieser unentrinnbaren Begleiterin zu leben: also ohne Hoffnung; also ohne Plan; also so, daß es auf uns nicht ankommt.

Es sei denn, wir raffen uns dazu auf, einen Entschluß zu fassen.

Aber nicht nur gedankenlos war der Stoßseufzer des Zeitungsschreibers gewesen, sondern sinnlos. Nicht weniger sinnlos, als wenn er geschrieben hätte: „Welch ein Segen, daß der Schmutz nicht in schmutzigen Händen liegt!“ Als wenn es darauf ankäme, wie die Hände vorher gewesen waren. Nun *sind* sie schmutzig. *Durch* den Schmutz. Das allein rechnet. Und schmutzig werden sie bleiben.

Es sei denn, wir raffen uns dazu auf, einen Entschluß zu fassen.

Es sei denn, Einzelne begännen damit, sich, Kriegsdienstverweigerern gleich, öffentlich und unter Eid und im vollen Bewußtsein möglicher Gefahr zu verpflichten:

niemals, auch nicht unter Druck, unter physischem so wenig wie unter dem der öffentlichen Meinung, an irgendetwas mitzuarbeiten, was auch nur aufs Indirekteste mit der Herstellung, Erprobung und Verwendung des Dinges zu tun haben könnte;

von dem Dinge zu sprechen wie von einem Fluche;

diejenigen, die sich achselzuckend mit ihm abfinden, zu belehren;

und von denen, die das Ding in Schutz nehmen, demonstrativ abzurücken.

Es sei denn, dieser Anfang würde gemacht; und Weitere folgten den Ersten; und diesen weitere. Bis jene, die den Eid verweigerten, vor der Folie der Verschworenen notorisch würden und als Streikbrecher gälten im Kampf der Menschheit um ihren eigenen Fortbestand.

Denn eines hat sie erreicht, die Bombe: ein Kampf der Menschheit ist es nun. Was Religionen und Philosophien, was Imperien und Revolutionen nicht zustandegebracht haben: uns wirklich zu *einer* Menschheit zu machen — ihr ist es geglückt. Was alle treffen kann, das betrifft uns alle. Das stürzende Dach wird unser Dach. Als morituri *sind* wir nun w i r. Zum ersten Male wirklich.

Daß es dazu der Bombe bedurft hat, ist wenig ehrenvoll. Aber vergessen wir das. Nun *sind* wir es. Beweisen wir, daß wir es auch als Lebende sein können; und hoffen wir auf den Tag, an dem wir die apokalyptischen Ängste von heute als Alpträume der Vergangenheit zurechnen und zu Worten, wie den hier ausgesprochenen, nichts anderes bemerken werden als: „Welch überflüssiges Pathos.“ —

* * *

VIII

ANHANG

I (zu Seite 275)

Über die Plastizität der Gefühle

Daß die Aufgabe, „zu Großes" zu fassen und aufzufassen, also das Fassungsvolumen unserer Seele willentlich zu erweitern, nicht so ungewöhnlich ist, wie das im ersten Augenblick klingen mochte, darauf verweist schon der Sprachgebrauch. Nämlich der Ausdruck *„sich auf etwas gefaßt machen"*, der ja eine im Leben immer wieder auftretende Aufgabe und Leistung bezeichnet. Wenn wir zum Beispiel sagen: wir machen uns auf einen Schicksalsschlag „gefaßt", so meinen wir ja nichts anderes, als daß wir uns (wie dunkel auch sein mag, was wir da eigentlich anstellen) auf den Empfang eines Ereignisses vorbereiten, das „eigentlich" zu groß für das gewöhnliche Volumen unserer Seele ist. Irgendetwas unternehmen wir zweifellos, um uns „innerlich" der Aufnahme eines „zu Großen" anzumessen; irgendwie „erweitern" wir uns, um uns instand zu setzen, das zu Große trotz seiner „Unfaßlichkeit" so aufzufassen, daß wir von ihm nicht erfaßt, „fassungslos" gemacht oder gar zerstört werden. — Dies lediglich als erster Hinweis.

Der freilich bei weitem nicht ausreicht. Denn um an das Problem der Modellierbarkeit der Gefühle heranzukommen, haben wir viel weiter abzuschweifen; und zwar bis in die Tiefen der „philosophischen Anthropologie".

Die *„Unfestgelegtheit des Menschen"**, d. h.: die Tatsache, daß dem Menschen eine bestimmte bindende Natur fehlt; positiv: seine pausenlose Selbstproduktion, seine nicht abbrechende geschichtliche Verwandlung — macht die Entscheidung darüber, was ihm als „natürlich" und was als „unnatürlich" angerechnet werden solle, unmöglich. Schon die Alternative ist falsch. „Künstlichkeit ist die Natur des Menschen."

Die Geschichte der Stile und Moralen ist eine niemals abgerissene Kette von Unternehmungen, in denen die Menschheit versucht hat, diese ihre Unfestgelegtheit durch sich selbst auferlegte Verbindlichkeiten zu kompensieren; sich sozial und psychologisch immer aufs neue festzulegen; immer Neues aus sich zu machen; immer etwas, was sie „von Natur aus" nicht gewesen war; was sie aber, sofern sie überhaupt *sein* wollte, so oder anders sein mußte, weil sie immer nur als *bestimmte* Gesellschaft, wie verkünstelt diese auch sein mochte, funktionieren konnte.

Während, wie es scheint, jeder Tiergattung oder Spezies ihr bestimmtes Welt- und Sozialschema mitgegeben ist (oder jede ein Sozialschema entwickelt hat, das nun so endgültig geworden ist wie ihr Leibschema) besteht die Mitgift des Menschen eben nur in *„Gesellschaftlichkeit überhaupt"*, gewissermaßen in einem Blanko-Scheck, den er, wenn er überhaupt funktionieren will, nachträglich irgendwie ausfüllen muß. In anderen Worten: Das Schema seiner Welt und Gesellschaft hat er jeweils selbst herzustellen. Diese Herstellung, also seine *Praxis*, ist seine Antwort auf das leere „Überhaupt" („Gesellschaftlichkeit überhaupt"), auf die Unbestimmtheit der ihm ausgehändigten Mitgift. Da, was er herstellt, „unnatürlich" und, im Vergleich mit dem „Überhaupt", kontingent ist; dieses Kontingente aber, wenn es auch nur einigermaßen haltbar werden soll, verbindlich gemacht werden muß, hat bis heute jede Stiftung und Durchsetzung eines Gesellschaftsschemas Rigorosität und Gewaltsamkeit erfordert. Vor allem natürlich Gewaltsamkeit gegen diejenigen, die bei dieser Stiftung als Klasse überwältigt, den Kürzeren ziehen mußten; aber in gewissem Sinne Gewaltsamkeit auch gegen die Natur des Menschen überhaupt, da diese eben immer nur auf „Sozialität als solche" zugeschnitten ist; niemals auf „gerade dieses" Gesellschaftsschema.

Deshalb gelingt ein Gesellschaftsschema immer nur dann, wenn es den Menschen *im ganzen* formt. Total aber ist eine Formung des Menschen erst dann, wenn auch dessen *Gefühle* mit-modelliert sind. — Und damit sind wir bei der Sache.

Diese Modellierung der Gefühle eigens durchsetzen, hat sich freilich in den meisten Fällen erübrigt: Denn gewöhnlich hat der Mensch, wenn ein neues Gesellschafts- und Weltschema seine Ansprüche an ihn zu stellen begann, versucht, sich von sich aus diesem Neuen auch gefühlsmäßig anzumessen; also die neue künstliche Welt, in der er nun einmal zu leben hat, zu der ihm „natürlichen" zu machen. Diese seine „Anmessung" an das Künstliche als „Wohnung" heißt „*Gewöhnung*". Für den der künstlichen Welt Angemessenen wird die künstliche Welt zur scheinbaren „Natur"; die aposteriorische zur scheinbar apriorischen; die kontingente zur scheinbar notwendigen. —

Aber immer kann man sich auf diesen automatischen Gewöhnungsvorgang nicht verlassen. Und zwar eben — der Zusammenhang wird nun deutlich — auf Grund des *Gefälle-Phänomens* nicht. Also deshalb nicht, weil der Gefühlswandel ungleich langsamer vor sich geht, als die Weltveränderung; weil der Mensch als fühlender hinter sich zurückbleibt. Immer wieder tritt deshalb die Notwendigkeit ein, dem Fühlen nachzuhelfen oder Gefühle ganz ausdrücklich herzustellen. Diese Notwendigkeit wird namentlich dann akut, wenn das „Gefälle" ein politisches Risiko darstellt; wenn es droht, eine Weltveränderung zu verzögern oder gar zu verhindern; wenn also die Gefahr besteht, daß der Mensch die neue „Welt", die ihm aufgezwungen werden soll, abwehren könnte, weil sie ihm zu neuartig oder zu gewalttätig ist. Deutlich war das z. B. der Fall im Jahre 33. Die nationalsozialistische Propaganda, deren Zeugen und Opfer wir gewesen sind, war in der Tat nichts anderes als eine Produktion von Gefühlen im kolossalsten Maßstabe; eine Produktion, die die Partei für geboten hielt, weil sie kalkulierte, daß die mit diesen Gefühlen ausgestatteten Opfer das überfordernde Terrorsystem leichter, wenn nicht gar enthusiastisch, akzeptieren würden.*

Das vorhin schon erwähnte Fehlen einer „*Geschichte der Gefühle*" (in Analogie zur Geschichte der res gestae und der Ideen) stellt wohl das größte Desiderat der Geschichtsphilosophie und der Geschichtswissenschaft dar. Höchstens existiert diese Geschichte in unbeabsichtigten Versionen, z. B. in der Form von Religions- und Kunstgeschichten. Verursacht ist diese Lücke durch das Vorurteil, das Gefühlsleben sei *das* Konstante, *das* Nicht-Historische in der Geschichte der Menschheit. Auf die Wurzeln dieses Vorurteils können wir ausführlich hier nicht eingehen.*

Aber es handelt sich eben um ein Vorurteil. Nicht nur die Formen unserer Praxis haben sich im Laufe der Geschichte verwandelt, nicht nur unsere Kategorien sich verändert, nicht nur die Weisen der Anschauung anderen Weisen Platz gemacht: auch die Gefühle haben ihre, wenn eben auch langsamere, Geschichte gehabt. Die These des Rationalismus und des Deismus, die Weltreligionen hätten lediglich in ihren Inhalten differiert; von diesen abgesehen, seien sie doch schließlich alle „Glauben" gewesen (hätten also „gleich gefühlt") — noch heute kann man diese Beteuerung in den Vereinigten Staaten hören — ist völlig unglaubhaft und beweist eigentlich nur, daß der Rationalismus ungleich christlicher war als er selbst es wußte: nämlich sein eigenes geschichtlich geprägtes Fühlen für „Fühlen überhaupt" hielt. Vielmehr ist jede Religion ein Gefühlssystem sui generis; und jede Religionsgründung ist eine wirkliche Revolution in der emotionalen Geschichte der Menschheit, eine wirkliche *Gefühls-Stiftung* gewesen. —

Wie sinnlos der Gedanke einer Konstanz des menschlichen Fühlens ist, wird vollends deutlich, wenn man sich die abertausend verschiedenen Arten, nein, Individualitäten, von Gefühlen vor Augen führt, die in den Kunstwerken der verschiedenen Epochen investiert sind. Daß Delacroix nicht anders gefühlt habe als Parmeggianino, Berlioz nicht anders als Palestrina; daß diese „nur" eben total verschiedene Werke hergestellt haben sollten, kann man ja wohl nicht annehmen. Wer behaupten würde, das spezifisch giorgioneske Gefühl würde er auch ohne die Vermittlung durch Giorgiones Bilder gekannt haben, könnte nicht ernst genommen werden. Die jeweilige geschichtliche Welt, in der, für die oder gegen die diese Künstler schufen, hat jeden von ihnen auch völlig verschieden fühlen lassen. Mit dieser Fülle historisch verschiedener Gefühlsnuancen vor Augen wird man wohl unsere Rede von „neuen" unserer heutigen Welt angemessenen „Gefühlen" nicht mehr ganz so befremdlich finden. Neue Gefühle sind nichts Neuartiges. Neuartig ist allein, die Sache beim Namen zu nennen. —

Aber auch die spezielle Metamorphose, die hier vorgeschlagen wird: die *willentliche Erweiterung des Fassungs-Volumens unseres Fühlens*, ist kein Novum. Vielmehr wäre es ein leichtes, eine lange Reihe von geschichtlichen Erweiterungs-Beispielen zusammenzustellen, namentlich aus der Geschichte magischer und religiöser Praktiken und aus der Mystik. Aber in solche Fernen zu schweifen, ist nicht nötig. Denn auch unser Leben kennt Erweiterungstechniken; nur werden sie niemals als solche erkannt und niemals mit diesem Ausdruck belegt. Die Technik, auf die ich anspiele, und die ich hier als Illustration für die Möglichkeiten von willentlicher Gefühlserweiterung benutzen werde, ist die *Musik*. Will man das nun folgende Beispiel verstehen, dann wird man gut daran tun, das übliche Musikvokabular einmal vorübergehend zu vergessen. –

Beispiel: Wir lauschen einer Bruckner-Symphonie.

Die „Bruckner-Welt", die sich durch das musikalische Geschehen der Symphonie aufbaut, ist von einer Breite und Voluminosität, neben der die Breite und Voluminosität unserer Alltagswelt verschwindet. Im Augenblick, da wir uns diesem breiten und voluminösen Geschehen öffnen, oder durch dessen Gewalt geöffnet *werden*, strömt dieses Geschehen in uns ein, füllt es uns aus; wir „fassen" es, wir „fassen es auf". In anderen Worten: *unsere Seele wird ausgedehnt*, sie nimmt eine Fassungsweite an, die wir selbst ihr gar nicht verleihen könnten. Daß uns ein solches Erlebnis der „Über-Spanntheit" oft kaum erträglich, also als Überforderung, vorkommt, ist kein Wunder. –

Aber was heißt: „wir selbst" könnten unserer Seele diese Voluminosität nicht verleihen.

Schließlich ist die Symphonie ein Werk von Bruckner. Also etwas Menschgemachtes. In gewissem Sinne also auch etwas „von uns" Gemachtes.

Betrachten wir sie so, dann nimmt sie ein völlig neues Aussehen an: Dann erscheint sie als *ein von uns selbst gemachtes Gerät, mit dessen Hilfe wir die Kapazität unserer Seele ausdehnen.*

Natürlich darf man sich diese Elastizität und Ausdehnung nicht mechanisch vorstellen; nicht wie die Ausdehnung eines Gummiballons, der, mit Gas angefüllt, dieses Gas nun „faßt". Wenn die Seele die „Füllung" (also die Welt der Symphonie) „faßt", so bedeutet das vielmehr immer zugleich, daß sie sie auch *„auffaßt"*: Wirklich „faßt" sie die Musik auch nur so lange, als sie sie auch „auffaßt"; nur so lange als sie die Symphonie wirklich erfährt, erfährt sie auch (im Sinne von „durchmachen") ihre Größenverwandlung. Das Verhältnis ist also keines zwischen zwei res extensae: zwischen einem elastischen Behälter und dessen Inhalt; sondern eines zwischen *auffassendem Subjekt* und *aufgefaßtem Gegenstand.*

Oder auch das nicht?

Denn was heißt hier „Gegenstand"? Steht denn die erfaßte Symphonie der Seele so „gegenüber", wie es sich für einen wohlanständigen „Gegenstand" schickt?

Kaum. Denn der Hörer ist ja *in* Musik; und die Musik *in* ihm. Darf man diese zweideutige und höchst merkwürdige Beziehung mit dem Ausdruck „Gegenstand" bezeichnen?

Kaum. In der Sphäre des Akustischen, mindestens in der der Musik, verliert die Subjekt-Objekt-Konfrontierung, zum Schrecken des Erkenntnistheoretikers (der diese, vom optischen Verhältnis des Menschen zur Welt abgelesene Unterscheidung für universell gültig gehalten hatte) ihren Sinn. Im Musizieren, in jedem kompetenten Musikhören, *wird* der Mensch identisch mit seinem Gegenstande, und der Gegenstand identisch mit ihm. Jedes Musizieren ist ein Stück wahr gewordener Identitätsphilosophie; jedes eine Situation, in der der Mensch sein Produkt „einholt". Womit nicht etwa — das Mißverständnis scheint unvermeidlich, aber die Alternative „Objektivismus-Subjektivismus" ist eben unzulänglich — der „subjektivistischen Musikästhetik" das Wort gesprochen, und nicht etwa gesagt sein soll, daß es die Aufgabe des Musikstückes sei, den Hörer in irgendeine unartikulierte Stimmung zu versetzen. Das tut Musik nur Unmusikalischen an. Umgekehrt ist der Mensch niemals artikulierter, als wenn er „in Musik" ist: Denn seine Stimmung ist von den gehörten „Stimmen" und von der Stimmigkeit des „gegenständlichen" Ablaufes unablösbar. Die höchst artikulierte Form des „Gegenstandes", dessen Größe, dessen Spannungen, dessen Ablauf, dessen „Raum", dessen Tempo — all das nimmt der Musizierende oder Hörende ja effektiv an; er funktioniert ja „mit": er *wird* also das Objekt. — Aber andererseits kommt auch dem Gegenstande selbst: eben der Musik, bereits all das zu, was man gewöhnlich nur dem Subjekt zuschreibt; so „Ausdruck", „Stimmung" und dgl. In anderen Worten: Subjekt und Objekt, Zustand und Gegenstand bilden eine Einheit; „subjektivistische Musikästhetik" und „objektivistische Musikästhetik" sind gleichermaßen unzulänglich, da beide eben die in der Musik gar nicht genuine Unterscheidung von Subjekt und Objekt als zuständig voraussetzen. Das alles braucht uns nicht in Erstaunen zu setzen, da wir ja aus anderen Künsten gewöhnt sind (z. B. aus dem Tanz), daß Subjekt und Objekt, Tänzer und Getanztes (ja sogar Spieler, Spielinstrument und gespieltes Werk), zusammenfallen: die Gabelung hat eben noch nicht stattgefunden. — Vollends töricht ist jene Variante der subjektivistischen Ästhetik, die im Kunstwerk nichts als die Spiegelung oder den „Ausdruck" eines ohnehin gefühlten Gefühles sieht; und die überhaupt nichts erklärt, da sie völlig im Dunkel läßt, warum Kunstwerke, wenn sie nur das „ohnehin Gefühlte" ausdrücken, uns derart erschüttern. *Was der Komponist beim Komponieren seines Stückes fühlt, kann er nur vermittels dieses Stückes fühlen. Das heißt: die Kunstwerke erzeugen die Gefühle, und zwar solche sui generis*; solche, die ohne die hergestellten Gegenstände sich gar nicht verwirklichen könnten; die unabhängig von der Struktur der Gegenstände, also als bloßes Zumutesein, bestandlos blieben. Auch die Zustände, in die uns Kunstwerke versetzen, sind eben künstlich; wenn man will: „Kunstwerke".

Wie weit die Beispiele, zu denen wir eben abschweiften, von unserem Thema auch abzuliegen scheinen, für dessen Grundproblem zeigen sie doch Grundsätzliches: *Daß sich* nämlich *der Mensch* durchaus *nicht mit der Mitgift von ein für alle Male fertigen Gefühlen abzufinden hat; daß er* vielmehr *immer neue Gefühle erfindet; und zwar auch solche, die das alltägliche Volumen seiner Seele* durchaus *übersteigen* und die an deren Fassungskraft und

Elastizität Ansprüche stellen, die durchaus „Überforderungen" genannt werden dürfen.

Daß wir freilich unsere Zeugnisse aus dem Gebiete der Kunst, bzw. der Musik holen mußten, das ist kein Zufall. Denn nur dort: im Bereich der Phantasie, hat man uns Freiheit gelassen; während man uns im Bereich der Freiheit, also der Moral, die Phantasie beschnitten hat. —

II (zu S. 301)

Portrait des Nihilisten

I. *Die Dialektik des Herostraten.* — Die angemessene Rache hätte in *totalem Herostratismus*, in Herostratismus von kosmischem Ausmaß, bestehen müssen. Und davon: also von der *Vernichtung des Universums*, träumte der klassische Nihilist auch wirklich. Da er allein in ihr das „Wahre" sah, von ihr allein die Stillung seines Rachedurstes und das Ende seiner Melancholie erwartete, war er eine wahrhaft *philosophische Figur*: das düstere Pendant des Metaphysikers. Tatsächlich sind die Zwei, Nihilist und Metaphysiker eng miteinander verwandt; und es gibt gewisse Zwischenfiguren, namentlich unter den Mystikern, die ebenso gut dem einen wie dem anderen Typ zugerechnet werden dürfen. Hölderlins Empedokles, dem es unerträglich war, als Einzelner dazu verurteilt zu bleiben, immer nur mit Einzelnem sich abzugeben; der, aus Passion für das Ganze, jedes Besondere *als* Besonderes am liebsten vernichtet gesehen hätte, und der schließlich keinen anderen Ausweg wußte als den der Selbstvernichtung, war ein schwärmerischer Nachbar des Nihilisten und gehörte beiden Typen an.

Dieses Beispiel ist nicht beliebig; denn zum Wesen beider gehört die Unstillbarkeit ihrer Totalitätsgier, also *Scheitern;* zum Wesen des Nihilisten, daß die Verwirklichung seines Rachetraums gar nicht gelingen *konnte*, weil es technische Möglichkeiten der Totalvernichtung nicht gab. Würde ein klassischer Nihilist ins Heute versetzt, die „Chance" der Atomwaffen würde ihn atemlos vor

Glück machen; wenn nicht, da es nun keine Ausrede mehr gäbe für sein Mißlingen, atemlos vor Schrecken. —

Seinen Zerstörungsfuror verlor der Nihilist durch seine „frustration“ freilich nicht; so wenig, wie der Metaphysiker seine Passion durch seine frustration verliert. Und so geschah es, daß sich seine Wut eben doch zersplitterte, daß es, trotz aller Prinzipien, eben doch zu jenen unmotivierten, unberechneten, unkoordinierten, panikartigen, verspielten, ja gerade kindischen Sonder-Ausbrüchen kam, die wir mit dem Bilde des Nihilisten zu verbinden nun gewöhnt sind. Immer hatte er sich mit partiellem Terror zu begnügen; immer damit, statt das Universum zu demolieren, die Provinz anzuritzen; immer damit, sich, faute du mieux, faute du pire auf Attentat oder programmatisches Laster einzulassen; und immer von neuem hatte er die Erfahrung zu machen, daß schließlich, statt der vernichteten Welt oder statt des erhofften Nichts etwas Nichtssagendes im Blute vor ihm lag, der von der Bombe zerfetzte Kreisgouverneur (immer der falsche) oder das vergewaltigte Kind (immer das zufällige), und daß sogar diese Zerstörten noch immer *da-waren*, auch *sie* noch, und offensichtlich mit keiner anderen Absicht als der, seine Hoffnung zu verhöhnen . . . die Erfahrung also, daß die Ergebnisse seiner Sonderaktionen ihm nicht nur keine Ersatzbefriedigung verschafften, sondern im Gegenteil — alle Romane der Epoche bezeugen das — nur die unsäglichste tristitia post, die, wie jeder Enthusiast des „Ganzen“ weiß, immer dann ausbricht, wenn es von neuem offenbar wird, wie erbärmlich die Intensität der Stillung hinter der des Hungers zurückbleibt. Die Eröffnungs-Klage Faustens über die Vergeblichkeit seines „heißen Bemühens“ ist ohne weiteres in die Sprache des Nihilisten übertragbar.

Immer also kulminierte die Verzweiflung über die Nichtigkeit der Welt in der *zweiten Verzweiflung über die Unvernichtbarkeit des Nichtigen*; und diese zweite Verzweiflung schließlich in Selbstverhöhnung, nämlich in Verhöhnung der eigenen *herostratischen Impotenz*.

Daß diese Selbstverhöhnung sofort verstummen würde, wenn diese klassische Figur ins Heute versetzt wäre, um über Nacht einem monumentalen Hochmut Platz zu machen, daran ist nicht zu zweifeln. Und es gibt keinen Gedanken, der uns tiefer erschrekken könnte als der an ein Geschlecht, das die düstere Leidenschaft des Ahnherrn mit der gedankenlosen Machtfülle des Enkels verbände. Einmal ist es schon beinahe so weit gekommen. –

Nur seiner technischen Ohnmacht entsprang diese „zweite Melancholie" des Nihilisten freilich nicht, sondern auch der „*Dialektik der herostratischen Begierde*" als solcher. Was heißt das?

Das heißt, daß jeder Herostrat unter einem Selbstwiderspruch leidet; daß er, wenn er sich nicht um den Genuß der Vernichtung betrügen will, auf seine Maßlosigkeit verzichten muß; selbst auf die seines Wunschtraumes. Warum?

Weil er, nicht anders als jeder andere Rächer, ob er es weiß oder nicht, das Geheimziel verfolgt, sich selbst zu bestätigen; weil er, da er sich „vernichtet" fühlt, ein „*Ich vernichte, also bin ich -doch*" benötigt; und weil er, um sich diese Bestätigung bestätigen zu lassen, auf Bestätiger angewiesen ist. Der Widerspruch lautet also: *Um mit Genugtuung die Welt zu vernichten, braucht er Welt, die er nicht vernichtet.* Daher muß, daher mußte seine Gier, auch die seiner Träume, entweder auf die *Vernichtung als Szene*, auf ein Schauspiel gehen, das sich vor Augenzeugen seiner Gewalttaten abspielte; oder auf *Opfer*, die obwohl sie starben, doch weiterlebten; und obwohl sie bluteten, doch blieben.* Immer mußte er Entsetzte sehen, immer Schreiende hören. Diese durfte er also nicht mitvernichten, selbst in seinen Wunschträumen nicht; diese mußte er also, wie die Maler der Apokalypse, übriglassen. Aber die Kulmination seiner Lust erstickte er dadurch natürlich, denn aufs Ganze durfte diese ja nun nicht mehr gehen.

Zusammengefaßt: Da ihm, wenn sein Traum der Vernichtung komplett war, das Publikum fehlte; und wenn ihm das Publikum fehlte, die Vernichtung nicht bestätigt wurde, war dem Mann nicht zu helfen: *die herostratische Begierde war und blieb melancholisch.*

II. *Die Dialektik des Monisten.* – Jeder Monist trägt den folgenden Widerspruch in sich:

Obwohl er sich als Stück der Natur (und zwar einer durch und durch deterministisch verstandenen) de-humanisiert und total unfrei vorkommen müßte, glaubt er doch, *als* Natur, zugleich gerade frei zu sein: nämlich frei von allen „supranaturalen" Autoritäten, frei von allen „Solls".

Diese höchst eigentümliche Verkoppelung von Freiheit und Natur (die für Kant unfaßlich gewesen wäre) wird durch die Geschichte unseres letzten Jahrhunderts bestätigt: nämlich durch die Tatsache, daß (umgekehrt) diejenigen Bewegungen, die „Freiheit" auf ihre Fahnen schrieben, immer zugleich auch die „Natur" als Devise benutzten; daß Freiheitstheorien und naturalistische Theorien durchweg „junctim" aufgetreten sind. So gehörte es zum Beispiel bis zum ersten Weltkriege zum guten weltanschaulichen Ton des fortschrittlichen Liberalen, auch Darwinist zu sein; und bei Sozialisten galt, nicht Darwinist zu sein, geradezu als Versäumnis eines Pflichtpensums. Die Tatsache, daß die zwei Thesen: „Der Mensch ist nichts als Natur" (die ihn eigentlich aller Freiheitsrechte entkleidet) und die: „Die Freiheit des Menschen ist das höchste Gut" (die ein „Soll" etabliert), auf keinen positiven Generalnenner gebracht werden konnten, wurde selten als störend empfunden. Wie friedlich einander widersprechende Thesen Jahrzehntelang nebeneinander lagern, ja sogar als Wesen des gleichen System-Paradieses einander helfen können, beweist ja der Marxismus. Voraussetzung für solchen paradiesischen Zustand ist nur eben, daß sich die einander widersprechenden Thesen auf einen negativen Generalnenner geeinigt haben, auf etwas, gegen das beide Front machen. Und diesen negativen Generalnenner gab es ja, er bestand eben in der Religion, die sowohl den Freiheitsbewegungen wie den Naturwissenschaften als die Gegenfront galt. Wer als Sozialist gegen „supranatural" begründete Ansprüche ankämpfte, der glaubte damit eo ipso „für Natur" und Naturwissenschaften zu plädieren. *Die „eisern notwendige" Natur wurde so paradoxerweise zum Schlagwort der Freiheit.**

In der Seele des Nihilisten ist freilich der Antagonismus Freiheit-Natur, den die Systeme neutralisierten, niemals ganz zur Ruhe gekommen. Sein hektisches Benehmen war Zeugnis dafür, daß da etwas mit der Wahrheit nicht in Ordnung war. In Worte übersetzt würde seine Unruhe so lauten:

„Da ich nichts bin als ‚Natur', bin ich unfrei."

„Da ich Natur bin, bin ich frei — von allen Verboten."

„Da ich frei bin, gibt es nichts, was mich hindern könnte, gegen meine Unfreiheit zu rebellieren."

„Also benehme ich mich, um meine Freiheit zu beweisen, blindlings wie die Natur, die ich ja ohnehin bin."

Daß das ein „Zirkel" ist, liegt auf der Hand. Aber die Absurdität ist nicht größer als die heimliche Absurdität der Epoche selbst. Nur daß der Nihilist eben das enfant terrible war, dem es zu schwer fiel, das Geheimnis der Epoche zu verschweigen.

III. *Sublimierung und Vertagung des Monismus-Schocks.* — Seine wirklich schockhafte Wirkung hat der Monismus freilich nur dort ausgeübt, wo er als Fremdkörper über Nacht einbrach und Weltbegriff und -gefühl vernichtete. Mitteleuropa dagegen, das die wissenschaftliche Verwandlung des Weltbildes selbst herbeigeführt hatte, und das die Verbindung von Naturalismus mit technischem und industriellem Aufstieg täglich vor Augen sah, konnte den Schock ungleich besser auffangen und den Monismus Jahrzehnte lang domestizieren und sublimieren. So hat es zum Beispiel die deutsche, von Häckel inaugurierte, „monistische Bewegung" (der „Monisten-Bund") fertiggebracht, dem Ausdruck nicht nur alles Erschreckende zu nehmen, sondern diesem sogar einen feierlichen Klang zu verleihen. Für die naturwissenschaftlich enthusiasmierte, „Kosmos-Bücher" verschlingende Jugend vor dem ersten Weltkriege — ich spreche da aus eigener Erinnerung — war Monismus geradezu eine „Religion" — was man damals so „Religion" nannte. Was den Nihilisten zur Zerstörung reizte: das entgottete Universum, war uns umgekehrt etwas göttlich Überwältigendes. Der Vorgang war höchst eigentümlich: Da man sich selbst als „Natur", und zwar ausschließlich als das, empfand oder mindestens (denn auch im Emotionalen gibt es „Ideologien") so zu empfinden meinte, fühlte man sich jedem anderen Stück Natur verwandt, gewissermaßen „deszendenz-verwandt"; das heißt: der Monismus schillerte, im Unterschiede zum russischen, in einen enthusiastischen Pantheismus, richtiger: in einen „*Pan-Atheismus*" hinüber. Die von der Theologie seit eh und je behauptete Identität von Pantheismus und Atheismus wurde damals also wirklich zum Ereignis. Dazu kam, daß die Bewegung automatisch den Optimismus des Zeitalters: den Fortschrittsbegriff in seinen Naturbegriff integrierte

— wie man denn überhaupt die Deszendenztheorie, den, in der Natur „nachgewiesenen" Fortschritt dazu benutzte, um die universelle Gültigkeit der Fortschrittskategorie zu beweisen. Der europäische Monist sah die Natur also ungleich zuversichtlicher, dynamischer, biologischer, natur-*geschichtlicher* als der russische, der sich (da seine Naturwissenschaften und sein Industrialismus noch in den Kinderschuhen steckten) erst einmal auf den Begriff des mechanischen Gesetzes konzentrierte — eine Differenz, die sich noch nach vielen Jahrzehnten im Unterschied zwischen nationalsozialistischem und kommunistischem Naturbegriff widerspiegeln sollte. —

Daß es einen nivellierten Weltbegriff, in dem „alles eins", eben alles „Natur" war, auch früher (etwa im französischen Materialismus des 18. Jahrhunderts) gegeben hatte, ist natürlich unbestritten.

Aber ein, diesem Begriff entsprechendes, *Weltgefühl*, gar eines, das Menschenmassen ergriffen hätte, hatte doch gefehlt. Dieses Gefühl hat erst der Monismus herbeigeführt. Schriebe man die, bereits mehrfach als Desiderat beklagte, „Geschichte der menschlichen Gefühle", er hätte in dieser eine dominierende Rolle zu spielen: Denn keine frühere Bewegung hatte das dualistische Weltgefühl der jüdisch-christlichen Überlieferung so erfolgreich in Frage gestellt wie die monistische.

Was vollends evident in demjenigen Augenblicke wurde, in dem sich die nihilistische Komponente des Monismus nicht mehr weiter verdrängen ließ; das heißt: als der Nationalsozialismus zur Macht kam. Denn in diesem „Aufbruch" „brach" eben (neben vielem anderem) auch der Monismus „auf", um den lange verkapselten zweiten Sinn seiner Devise „alles ist eins": den immoralistischen Sinn, wieder ans Tageslicht zu befördern — was aufs blutigste vor sich ging, da die Nihilisten diesmal nicht aus einer dünnen Schar von vereinzelten Desperados bestanden, sondern aus einer kompakten und kompakt herrschenden Massenmacht; und weil der Wortführer des Nihilismus sich nicht darauf beschränkte, Wortführer zu sein, sondern als Führer die Gleichung von Recht und Macht tatsächlich durchführte, also effektiv, die Naturmächte nachahmend, die Schwächeren liquidierte. Daß er diese Bewegung fast ausschließlich mit Natur-Vokabeln (wie „Blut", „Rasse" usw.)

behängte, beweist zusätzlich, daß sie eine Form von Monismus darstellte. „Natur", ehemals das Panier der Freiheitsbewegungen, wurde nun, wie orphisch oder wie blutig auch immer verbrämt, die Lieblingsvokabel des Terrors. —

IV. *Die vorletzte Phase des Nihilismus.* — Sieht man vom Nationalsozialismus als eigener Phase ab, dann lassen sich deutlich drei Stadien des Nihilismus unterscheiden; bzw. drei Typen von Nihilisten.

1. Der (ausführlich geschilderte) Ahnherr, der, „vernichtet" durch den Zusammenbruch seiner Welt, effektiv zurückzuschlagen, „Annihilist" zu sein, also die Welt zu vernichten wünschte; was er nicht konnte.

2. Der heutige Enkel, der Herr der Bombe, der die Welt zwar vernichten kann, obwohl er es nicht (jedenfalls nicht so leidenschaftlich wie sein Ahnherr) wünscht.

Zwischen diesen beiden Extremfiguren stand nun

3. der indolente europäische Nihilist, der sich darauf beschränkte, die Vernichtung symbolisch oder verbal durchzuführen; „Tafeln zu zerbrechen". Was diesen Typ — es ist derjenige, der in der Geistesgeschichte gewöhnlich als *der* Nihilist figuriert — zur Verzweiflung trieb, war zumeist schon gar nicht mehr der Zusammenbruch der religiös konzipierten Welt — diese *war* ja bereits zusammengebrochen, auch der Naturalismus bereits ein fait accompli — sondern teils die Schwermut des „zu nichts" da-seienden Individuums, teils dessen Einsicht in die Unverbindlichkeit und die Attrappenhaftigkeit jener „moralischen" und „kulturellen" Welt, die zur Abschirmung des Monismus-Schreckens seit einem Jahrhundert an Stelle der religiösen aufgerichtet worden war. Dem scheint freilich zu widersprechen, daß die französischen Nihilisten der vierziger Jahre (die diese Zwischenphase, die nun durch den heutigen Atombomben-Nihilismus abgelöst wird, endgültig abschlossen) den „Tod Gottes" noch einmal so ausdrücklich in den Mittelpunkt gerückt haben; was den Verdacht erzeugen könnte, sie seien dem Gange der Geschichte nachgehumpelt, da ja die bürgerliche Moral längst schon säkular geworden war und da in der naturwissenschaftlich-technischen Praxis, in der die Gottesfrage schon nicht mehr zur Debatte stand, sogar „Gottes Tod" schon „tot" war. Aber der Ver-

dacht des Anachronismus wäre deshalb falsch, weil diese Nihilisten die Formel gar nicht mit dem Anspruch einer Entdeckung aussprachen, jedenfalls nicht einer ersten, sondern allein, um festzustellen, daß in demjenigen Augenblicke, in dem auch die „Attrappe" in sich zusammensank, plötzlich *noch einmal* sichtbar wurde, daß es nichts zu sehen gab; daß der Platz hinter der Attrappe wirklich leer war; daß, was diese so lange angedeckt hatte, nun wirklich verschwunden war. Und auf Grund dieser Erfahrung „starb" Gott für die Enkel der Monisten und Atheisten eben zum zweiten Male.*

V. *Unwiderlegbarkeit des Nihilismus.* — Wie wir wissen, lautet die Grundfrage des Nihilismus: „Warum sollen wir sollen?" oder: „Auf Grund wovon sollte es noch innerhalb eines Rahmens, der selbst unsanktioniert, im moralisch luftleeren Raume schwebt, moralische Verbindlichkeit geben?" — bzw. so würden seine Fragen lauten, wenn sich der Notstand, den der Nihilismus darstellt, gewöhnlich in die harmlosere Form von „Fragen" übersetzen würde.

Notstände sind nur abschaffbar, nicht widerlegbar. Den Nihilismus widerlegen zu wollen, ist töricht. Nur Naive und Opportunisten machen sich an diese Aufgabe.

Versucht man, den Notstand des Nihilismus mindestens durchsichtig zu machen, dann stellt sich als dessen fundamentale Not heraus, daß das Sollen ein *„Binnen-Phänomen"* ist; das heißt: daß die Frage, warum Sollen gesollt sei, nur *innerhalb* eines zuvor schon bejahten Lebens begründet werden kann; nur dann, wenn das Leben ohnehin mit dem Leben einverstanden ist; und zwar einverstanden auf Grund außermoralischer Argumente, nein, überhaupt nicht mehr auf Grund von Argumenten. Anders ausgedrückt: die *moralische Erforderlichkeit von Welt und Mensch ist selbst moralisch nicht mehr begründbar.*

Ich wüßte keinen Text, der diesen Notstand des Nihilismus eindrucksvoller in Worte faßte, als die folgende Lehrfabel, die ich einer molussischen „Einführung in die Probleme des Nihilismus" entnehme:

„Mit abgeblendeten Lichtern", heißt es da, „keinem Gotte erwünscht, aber auch keinem unerwünscht; von keinem geleitet, aber auch von keinem behindert — sagen wir ruhig: keinem Gotte bekannt, zieht ein riesiges Schiff durch das Sternbild des Orion. Wo es herkommt, wenn es irgendwo herkommt; welches Ziel es ansteuert, wenn es eines ansteuert, ist auch uns unbekannt. Vieles spricht dafür, daß die Erwähnung des Schiffes sich erübrigt, da es über kurz oder lang, wie alle seinesgleichen, im Dunkel zergangen, also nur so dagewesen sein wird, als wäre es niemals dagewesen. Trotzdem — und das ist das Einzige, was uns mit Sicherheit über das Schiff bekannt ist — trotzdem sind die Wände der Kajüten mit den Regeln der Schiffsordnung bedeckt, also von Regeln, die sanktioniert wurden von Einem, der selbst nicht sanktioniert wurde; aber daß diese Regeln das wimmelnde Leben an Deck aufs reibungsloseste in Gang halten, braucht nicht bestritten zu werden. — Übungsfrage: Sind diese Regeln verbindlich?“

ANMERKUNGEN

(Die Ziffern beziehen sich auf die Seitenziffern im Text)

5 Da sie sich als „tausendjährige" Zukunft, also für menschliche Begriffe „ewige" Zukunft, plakatierte, konnte sie den Kritiker sogar als etwas noch Schlimmeres, gewissermaßen als einen „Saboteur der Ewigkeit", damit als ein sakrilegisches untermenschliches Subjekt hinstellen.

17 Siehe des Verfassers „Über die Nachhut der Geschichte" in „Neue Schweizer Rundschau", Dezember 1954.

19 Dieser Fall der „Nichtidentität mit sich selbst" zeigt ganz deutlich, daß die Tatsache des „Gefälles" Traumata oder neurotische idées fixes nach sich ziehen können. Es wäre durchaus nicht abwegig, heute technologische Gründe für Gemütsstörungen anzunehmen.

22 „An die Zahnräder". Aus den „Molussischen Industriehymnen". Deutsch von G. A.

24 Die Verwerfung des natum esse ist ein Motiv, das immer wieder, namentlich natürlich in Religionen, aufgetreten ist. Stifterfiguren werden des Makels des natum esse gerne entkleidet (Moses). — Den letzten Nachhall der religiösen Verwerfung finden wir in den Reaktionen auf die Deszendenztheorien, also in der Indignation über die Behauptung, wir Menschen seien (aus anderem Seienden) geworden. — Die letzte neuartige Diskreditierung des natum esse stammt aus der bürgerlichen Revolution, namentlich aus der, sie begleitenden, Philosophie. *Fichtes* „sich setzendes Ich" ist die spekulative Umschreibung des selfmade man, also des Menschen, der nicht geworden, nicht geboren sein will, sondern wünscht, sich als sein eigenes Produkt sich selbst zu verdanken. Diese Diskreditierung des Geborenseins entspringt der Auflehnung gegen die „hohe Geburt" als Quelle von Vorrechten und gegen die niedere als Quelle von Rechtlosigkeiten. In seiner Philosophie hatte freilich der Wunsch, „gemacht" (nämlich selbstgemacht) statt geboren zu sein, keinen technischen Sinn, sondern einen ausschließlich moralisch-politischen: der selbstgemachte Mensch ist der autonome Mensch und der Bürger des selbstgemachten Staates. Das berühmte Fehlen der Naturphilosophie bei *Fichte* entspringt dieser Abwehr des natum esse: „Der Eigendünkel des Menschen" schreibt *Schelling* (WW VII, S. 360) „sträubt sich gegen den Ursprung aus dem Grunde". — Eine spätere Variante Fichtes ist *Heidegger*: Denn dessen „*Geworfen-sein*" protestiert nicht nur gegen das von Gott Geschaffen-sein, also gegen supranaturalen Ursprung, sondern auch gegen das Geworden-sein, also gegen den natürlichen Ursprung. (Siehe des Verfassers „On the Pseudo-Concreteness of Heidegger's Philosophy" in „Philos. & Phenomenol. Research Vol. VIII, Nr. 3, S. 337ff.) Der Begriff war ein *Ausweich-Begriff*. — Seinen politischen Sinn hat das sich-selbst-Machen (die Verwandlung des „Daseins" in „Existenz") bei ihm allerdings vollständig verloren; es bleibt ein rein solistisches Unternehmen. Aber daß auch bei ihm (jedenfalls in der Epoche von „Sein und Zeit") die Naturphilosophie genau so fehlt wie bei Fichte, ist kein Zufall: hätte er sie nicht vor der Tür stehen lassen, seine Ableugnung des natum esse wäre undurchführbar gewesen. —

26 „An die Zahnräder". Aus den „Molussischen Industriehymnen". Deutsch von G. A.

28 Siehe dazu die ausführlichere Scham-Analyse S. 65ff.

30 Die Desertion des Bedrohten ins Lager, mindestens ins Wertsystem, des Bedrohenden ist uns heute ja aus der Politik geläufig. Und daß der Bedrohte nicht nur die Urteilsmaßstäbe des Bedrohers, sondern auch dessen Gefühle, übernimmt, und fast stets dazu gebracht werden kann, diese Desertion im Wahn der Freiwilligkeit durchzuführen, haben wir in den letzten zweieinhalb Jahrzehnten oft genug erlebt. In der Tat ist die mehr oder minder sanfte Erzwingung dieser Freiwilligkeit d i e konterrevolutionäre Leistung unserer Zeit. — Aber außerhalb des politischen Bereichs ist dieser Vorgang bisher nicht beschrieben worden. —

31 Nichts irreführender als diese „Überwindung" unter die alte Kategorie „Schmuck" zu subsumieren; sie ist geradezu deren Umkehrung: Während Schmuck die Schönheit des lebendigen Leibes zu heben sucht, versucht die Bearbeitung dem Leibe die Schönheit des gemachten Dinges zu verleihen. —

32[1] S. Robert Jungk, „Die Zukunft hat schon begonnen", Kap. II. Dem entspricht ein Ausspruch des Leiters des amerikanischen Luftforschungskommandos *Thomas Power*. — Im Mai 1956 hatte eine H-Bombe bei einem Abwurf den projektierten Zielpunkt um 6 km verfehlt. Aufgefordert, einen Fehler von solchem Ausmaß zu erklären, antwortete Power (laut Reuter): „Wenn man es mit menschlichen Wesen zu tun hat, kann derartiges eben passieren." Der Pilot hatte es nämlich unterlassen, einen bestimmten Hebel zu bedienen. — Man horche in die Antwort gut hinein. Wer ihr nur das alte „Irren ist menschlich" entnimmt, hört falsch. Sie impliziert weit mehr: nämlich daß, da Irren menschlich ist, das heißt: d a der Mensch unverläßlich funktioniert, dessen Verwendung im Zusammenhang mit einem so perfektionierten Gerät eigentlich unangemessen ist. Primär ist der Mensch hier als *Fehlerquelle* gesehen.

32 [2] Als ‚blamables': denn daß es unverschuldet ist, macht (wie wir später sehen werden) einen Defekt nicht weniger beschämend, sondern beschämender. – Siehe S. 68ff.

33 Wenn Verf. 1930 in seiner „Weltfremdheit des Menschen" (erschienen 1936 als „Pathologie de la Liberté" in den „Recherches Philosophiques") den Menschen als „unfestgelegt", „indéfini", „nicht zu Ende geschaffen" – kurz: als *„freies und undefinierbares Wesen"* definierte; als Wesen, das sich nur durch das, was es jeweils aus sich selbst mache, definiere und definieren könne (und Sartre hat ja sein Credo bald sehr ähnlich formuliert) so handelte es sich hier wie dort um einen verspäteten Versuch, die (natürlich auch damals schon bestehende) Tatsache des „Austauschs der Subjekte der Freiheit und Unfreiheit" durch die Überbetonung einer philosophisch-anthropologischen Freiheit in den Hintergrund zu schieben. Solche Definitionen scheinen deshalb plausibel, weil in ihnen (wie in fast jeder nichttheologischen Anthropologie) das tierische Dasein als Vergleichsfolie benutzt und dabei *„das* Tier" (selbst bereits eine ad hoc erfundene Abstraktion) als Gefangener seines Spezies-Schicksals, also als unfrei, vorausgesetzt wird. Die Verifizierung dieser Voraussetzung ersparte man sich, sie galt (nicht zuletzt durch theologische Tradition) als selbstverständlich. – Heute scheint mir die Wahl dieser Folie fragwürdig. Einmal deshalb, weil es philosophisch gewagt ist, für die Definition des Menschen eine Folie zu verwenden, die mit der effektiven Folie des menschlichen Daseins nicht übereinstimmt: schließlich leben wir ja nicht vor der Folie von Bienen, Krabben und Schimpansen, sondern vor der von Glühbirnenfabriken und Rundfunkapparaten. Aber auch naturphilosophisch scheint mir die Konfrontierung „Mensch und Tier" inakzeptabel: die Idee, die Einzelspezies „Mensch" als gleichberechtigtes Pendant den abertausenden und voneinander grenzenlos verschiedenen Tiergattungen und -arten gegenüberzustellen und diese abertausende so zu behandeln, als verkörperten sie einen einzigen Typenblock tierischen Daseins, ist einfach anthropozentrischer Größenwahn. Die Fabel von den Ameisen, die auf ihren Hochschulen „Pflanzen, Tiere und Ameisen" unterscheiden, sollte als Warnung vor dieser kosmischen Unbescheidenheit jedem Lehrbuch der „Philosophischen Anthropologie" vorausgehen. – Wählt man statt der Folie „Tierwelt" diejenige, die effektiv Hintergrund des menschlichen Daseins ist: also die vom Menschen gemachte Welt der Produkte, dann verändert sich das Bild „des Menschen" sofort: sein Singular „der" zerfällt; und mit diesem zugleich seine Freiheit. –

35 Ein gewisses bumerang-haftes Element gehört übrigens insofern zu jedem Gerät, als dieses, auf Dienst aus-geschickt, seine Dienstleistung ein-bringen soll. –

36 „An die Zahnräder". Aus den „Molussischen Industriehymnen". Deutsch von G. A.

37 Vorbild dieses ad hoc gebildeten Ausdrucks ist Jaspers' bekannter Terminus.

38 Auf eigentümliche Weise ähneln die überschwenglichen Anforderungen, die der Mensch hier seinem Leibe zumutet, um ihn den überschwenglichen Aufgaben seiner Geräte gewachsen zu machen, jenen überschwenglichen Anforderungen, die der spekulative Metaphysiker der Vernunft zugemutet hatte: Nicht anders als dort wird auch hier das *Faktum der Leistungsgrenze* des Menschen *ignoriert*; auch dieses Mal soll diese Grenze verschoben oder gesprengt werden. Nur daß der Mensch diesmal nicht prätendiert, allwissend *‚sicut deus'* zu sein, sondern darauf abzielt, gerätgleich, also *„sicut gadget"*, zu werden.

39 Jede heutige Industrie stellt heute diese zwei Arten von Produkten her. Der Fabrikteil, in dem das „zweite Produkt", also das Bedürfnis nach dem ersten Produkt, hergestellt wird, heißt „Publicity Department."

43 Ich sage: „Roboter"; und ich sage: „Gleichschaltung" – „Roboter": weil nicht die in „computing machines" verwirklichten, aus toten Dingen montierten Scheinmenschen die echten Roboter von heute sind, sondern die aus lebenden Menschen hergestellten Geräteteile. – Und: „Gleichschaltung": weil der Vorgang, der hier vorliegt, eine Variante desselben Benehmens darstellt, das wir als „Gleichschaltung mit Herrschaftssystemen" aus der politischen Wirklichkeit kennen. Nur ist die hier behandelte Variante insofern prononcierter, als der Mensch sich hier effektiv zu „verdinglichen" sucht, während der politisch gleichgeschaltete Mensch (selbst der seiner Freiheit restlos beraubte) „Ding" immer nur im metaphorischen Sinne wird. –

44 Keine Redensart hat der Verfasser als Arbeiter in Kalifornien so häufig hören müssen wie die: ‚Forget about it'. – In dieser ungeduldigen Aufforderung, nicht mehr zu wissen als man zu wissen hat, klingt stets Ressentiment gegen den ‚highbrow' mit, der durch seinen Wissens-Überschuß und sein zu breites Interesse offensichtlich beweist, daß er etwas Undemokratisches, etwas „Besseres" zu sein oder zu erreichen prätendiert.

45 Unter einem „metaphysisch Konservativen" verstehe ich nicht denjenigen, der sich auf eine existierende Metaphysik beruft; sondern (parallel zum politisch Konservativen) denjenigen, der auf einem angeblichen (metaphysischen) Status der Welt beharrt.

46 Die „Autarkie des Moralischen" sowohl wie der „Nihilismus" sind beide, wenn auch in verschiedener Akzentuierung, letztlich nur Umschreibungen dieser „metaphysischen Schnittblumenhaftigkeit" des Moralischen. –

51 Bei vielen Stücken würde sich übrigens diese Ersatz-Unsterblichkeit bereits erübrigen, da selbst die Einzelstücke so gut wie unzerstörbar sind. Das gilt z. B. von gewissen Rasierklingen, deren Herstellung von Firmen, die die Patente erworben haben, verhindert wird, weil die effektive Unsterblichkeit dieser Produkte den Tod der Produktion nach sich ziehen würde; weil die Produktion vom Tode der (immer neu anzuschaffenden) Einzelprodukte lebt; also der Sterblichkeit ihrer Exemplare ihre „Ewigkeit" verdankt. –

55 Dieses konformistische Ideal mit den Idealen der „Freiheit" und der „Individualität" (die ja nicht über Bord geworfen sind) in Einklang zu bringen, macht nur dem Logiker Schwierigkeit; in der geschichtlichen Wirklichkeit stören sie einander nicht. Dort wird der Unfreie einfach zum „Freien" *ernannt*. Da er ja die Freiheit genießt, seine glücklich extrovertierte Laufbahn, auf die er ein Recht hat, zu absolvieren, ohne mit seinen Individualitätsecken anzustoßen, ist nun *er* der „Freie". „Freiheit" wird also mit „Glätte" und „Reibungslosigkeit", „Individualität" dagegen mit „Widerhaken" und „Behinderung" gleichgesetzt. – Im übrigen gibt es keine Gesellschaftsordnung, die sich nicht (im Unterschiede zu theoretischen Systemen) einander widersprechende Ideen leisten könnte. Wenn jede dieser Ideen eine bestimmte für die Ordnung nützliche Funktion ausfüllt, dann ist ihr Nebeneinanderbestehen durch nichts behindert. (Etwa das des ersten Buches der „Genesis" und der Prinzipien der „Genetics".) – Im Gegenteil: als Widerspruchsgeist gilt nur derjenige, der auf solche Widersprüche seinen Finger legt; und sein unhöflicher Wahrheitsfanatismus macht ihn der Intoleranz verdächtig. In der Tat gibt es keinen Widerspruch und keine Inkonsequenz, die nicht durch falsche Berufung auf Toleranz gerechtfertigt werden könnten. –

56 Es ist daher auch plausibel, daß in einem Lande, in dem auf Grund seines hohen Industriepotentials die Vorbildlichkeit der Serienprodukte allgemein akzeptiert ist; in dem sich also die Hinfälligkeit des Menschen vor der Folie einer fast ausschließlich aus todlosen Serienprodukten bestehenden Welt abspielt, das Sterben auch auffälliger ist und als unnatürlicher und beschämender gilt als in industriell weniger weit vorgeschrittenen Ländern, in denen die Folie der sterblichen Kreaturen noch nicht abgedeckt ist; und daß dort der Versuch, den Tod zu vertuschen, allgemeiner und vehementer vor sich geht als anderswo. Ich spreche natürlich von den Vereinigten Staaten, die freilich mit ihrer Einstellung zum Tode nur eine Attitüde vorwegnehmen, die vermutlich uns allen bevorsteht. Es ist ja bekannt, daß dort die weit verbreitete Sitte herrscht, die Leichen für die Totenfeier zu schminken, sie also post festum noch einmal in hübsche Fertigwaren zu verwandeln und ihr Totsein abzuleugnen; und daß man dort mit Hilfe verführerischer Reizbilder (im Stile der travel publicity) für die „lovely sites" von Friedhöfen Reklame macht; das heißt also: daß man die Lebenden, die morituros, als „posthum Unsterbliche" anspricht und ihnen einredet, daß sie als Eigentümer ihrer Gräber pensionistengleich die hübsche Gegend täglich würden genießen können. Daß damit, auf wie unartikulierte Art auch immer, eine *Preserviertheit des Lebens nach dem Tode* (und natürlich eine, die mit religiösen Vorstellungen nichts zu tun hat) unterstellt ist, kann man wohl nicht bestreiten. Das diesem makabren Unsterblichkeitsbetrieb gewidmete Büchlein Evelyn Waughs ist ja auch hier bekannt. –

61 Daß die Ingenieure bei dem Reizwort „brain" nichts anderes als „to feed", also „füttern", assoziieren konnten, scheint mir der Tüpfel auf dem I.

63 Diese Scham ist natürlich keine Spielart der „prometheischen Scham". Im Gegenteil: Für den, der sich in diesem neuen Sinne schämt, besteht die „Schande" gerade in der Existenz der „prometheischen Scham", in der Tatsache, daß es diese gibt. Sie ist also „Scham über Scham", „iterierte Scham"; und als solche vielleicht das erste Korrektiv gegen die „prometheische Scham".

64 Den philosophischen Romancier könnte es sogar reizen, diese dialektische Entwicklung noch weiter – nunmehr ins vollends Fiktive hinein – auszuspinnen. Er würde nämlich zeigen, daß McArthurs Rache-Aktion grundsätzlich zum Scheitern verurteilt war, daß er sich „totsiegen" mußte, weil er die Erfahrung machen mußte, daß der Machtspruch maschineller Orakel für die Führung von Konzernen genau so unentbehrlich ist wie für die Führung von Kriegen; daß sich McArthur also, im Interesse seiner Rache-Aktion, des Machtspruches jener Kreaturen bedienen mußte, an denen er sich rächen wollte; daß diese also reichlich Gelegenheit fanden, ihn schadenfroh zu verhöhnen und ihm seine Genugtuung zu vergällen. – Der „Dialektik der prometheischen Scham" so weit nachzugehen, ist hier nicht der Ort.

66[1] Da die „Instanz" (namentlich in geschichtlich späten Spielarten von Scham) oft „man selbst" ist, kann die Scham dreifach reflexiv sein: Man schämt *sich*; man schämt sich *seiner selbst;* man schämt sich seiner selbst *vor sich selbst.*

66[2] Im Augenblick, in dem sich die ursprünglich „negativ intentionale" *Scheu*, statt weiter vor der Instanz zu fliehen, dieser voll Angst und aus Distanz unterwirft oder stellt, also irgendwie zuwendet, wird sie positive religiöse Scheu; also „Scheu" im Sinne der bebenden Verehrung (vor dem „tremendum"). Da der Verehrende, obwohl „da", vor der Instanz ein „Niemand" ist, setzt eben jene „Identitätsstörung" ein, die der Scheu den Charakter der „Scham" verleiht.

67 Ich glaube nicht, daß es eine Reflexionsphilosophie (also eine vom Faktum des sich selbst vorfindenden Ich ausgehende Philosophie) geben kann, die nicht entweder Freiheits- oder Unfreiheitsphilosophie; entweder Stolz- oder Schamphilosophie wäre. In den Schamphilosophien scheitert die Identifizierung; in den Stolzphilosophien wird das „Mich" vom „Ich" entweder besetzt oder „konstitutiert" oder einfach abgeleugnet.

69 [1] Siehe d. Verf. „Pathologie de la Liberté", p. 28.

69 [2] Wenn zu Beginn von „Sein und Zeit" das „Dasein" nach seinem „wer?" fragt; und sich, obwohl es sich gerade durch diese Frage zum „Ich" zuspitzt, statt als sich selbst als ein „man" vorfindet, dann entdeckt es sich als ein „Es". In der Tat ist die in „Sein und Zeit" (in der Form einer theoretischen Ontologie) dargestellte Aktion die einer systematischen Scham-Bekämpfung; der Versuch des sich-schämenden Ich, die Schande seines „Es"-Seins zu überwinden und „es selbst" zu werden.

70 [1] Die übliche Annahme, man schäme sich vor allem, oder gar nur, derjenigen Tat, für die man etwas „könne", stellt die Verhältnisse einfach auf den Kopf. Sie bezeugt jenen maßlosen Freiheitsanspruch, den wir eben erwähnt hatten: denn mit ihr versucht der Mensch, den Schmerz der Unfreiheit (den die Scham darstellt) sich selbst anzueignen; ihn nämlich als „Strafschmerz" auszugeben und zu verwenden. – Wahr ist vielmehr, daß man sich einer Tat deshalb schämt, weil man durch sie in den Augen der Instanz als einer gilt, als der man nicht gelten sollte. – Wie wenig es der faktische Schuldbestand ist, der die Scham erzeugt, ist ja daraus ersichtlich, daß man sich auch dann schämt, wenn man zu Unrecht beschuldigt ist; ja gerade dann. In diesem Falle schämt man sich nicht etwa deshalb, weil einem kränkenderweise diese oder jene Untat zugetraut würde – das wäre viel zu subtil, um wahr zu sein – sondern eben deshalb, weil man in den Augen der Anderen, also gesellschaftlich, der Schuldige effektiv i s t. Kurz: Nicht der Schuld schämt man sich; umgekehrt wird das, wessen man sich schämt, oft zur Schuld. *„Ich schäme mich – also bin ich schuldig" ist gültiger als: „Ich bin schuldig – also schäme ich mich."* Daß es, z. B. unter Diktaturen hunderte Male geschehen ist, daß Taten oder Unterlassungen (sogar solche, die ursprünglich moralischen Motiven entsprungen waren) in demjenigen Moment zu Scham-Motiven wurden, in dem sie vor einer Jury vertreten werden mußten; und daß der Scham-Ausbruch nun nicht nur die Jury von der Tatsache der Schuld überzeugte, sondern auch den Täter selbst, ist ja unbestreitbar. –

70[2] siehe § 2, 2. Einwand.

73 Freuds Entdeckung des „Traumas der Geburt" kann philosophisch gar nicht hoch genug eingeschätzt werden: Was könnte dem Leben denn einschneidenderes zustoßen, als vom „Grunde" abgerissen zu werden? – Wie maskiert Freuds Sprache auch durch das naturwissenschaftliche Vokabular des Jahrhunderts war, die Gefühle, die er in Blick brachte („ozeanisches Gefühl", „Todestrieb") waren durchweg metaphysische. Nicht weniger als von diesen beiden gilt das vom Geburtstrauma, mit dem er eben, wie getarnt auch immer, den *Schock der Individuation* bezeichnete. – Analog zu unserer Frage: „Wer schämt sich" hätte die Frage, die vor diesem Trauma gestellt werden müßte, zu lauten: „*Wer* ist hier eigentlich schockiert?" Das Individuum selbst? Oder nicht vielmehr, da ja, *was* schockiert, der Vorgang der Individuation ist, das noch-nicht-individuierte Leben? Ist nicht das Individuum nur der *Erbe* dieses Schreckens, den es nun als niemals überwundenen Schmerz des Individuum-Seins mit sich durchs Leben schleppt? – Mir scheint, dies war Freuds Ansicht: Denn sein „Todestrieb" ist ja wohl letztlich nichts anderes als die Sehnsucht des Individuums danach, die Qual des Individuum-Seins loszuwerden.

75[1] Erste Formulierung dieser Scham-Theorie in: „Pathologie de la Liberté". Dort der Ausdruck „Sprung aus dem Ursprung".

75[2] Diesem Typus von Scham gehört schließlich auch die wohl grundsätzlichste Scham an, die metaphysische: nämlich die Scham des Individuums, *als* Individuum, *als* Singulares aus dem „Grunde" herausgenommen, von diesem „abgefallen" zu sein und statt weiter, wie es sich kosmisch gehörte, dem Grunde anzugehören, als „*kosmische Ausnahme*" dasein zu müssen. Die Gleichung dieser Scham lautet: Nichtzugehörigkeit = Ungehörigkeit = Ungehorsam. Anaximander und (der Hoelderlinsche) Empedokles sind ihre Kronzeugen. –

In der molussischen Individuationsmetaphysik, die unsere spekulativen Hemmungen noch nicht kannte, heißt es geradezu: „Der Weltgrund schämt sich seiner Individuationen, also der Tatsache, daß er sich, in Form von Individuen, von sich selbst entfernt hat." Und (ähnlich einer berühmten Spinoza-Formel): „Die Scham, unter der das Individuum leidet, ist nur ein Teil der Scham, mit der der „Grund" sich seiner Individuationen schämt." – Das „*Es*".

78 Etwas philosophisch Lächerlicheres als die Beschäftigung mit den sogenannten „Synästhesien", also den angeblich nachträglichen Verbindungen von Qualitäten verschiedener Sinnesgebiete, ist kaum denkbar: wer über diese Phänomene staunt, sollte auch darüber staunen, daß sich Baum-Äste in einem Stamm vereinigen. Nicht wie die Qualitäten „zusammenkommen" ist das philosophische Problem, sondern wie die ursprünglich vor-spezifische Qualität sich in spezifische Sinnesqualitäten verzweigt.

81 Nach Fertigstellung meines Buches finde ich in Walter Benjamins bewunderungswertem Baudelaire-Essay (Schriften 1, S. 460ff., Suhrkamp Verlag 1955) im Zusammenhang seiner Diskussion der Kategorie „Aura" eine ausdrückliche Behandlung dieser Gegenseitigkeit der Sichtbarkeit, die das hier Behauptete vorwegnimmt. Dort auch (S. 462) Valerys Bestimmung der Traumwahrnehmung: „Im Traume liegt eine Gleichung vor. Die Dinge, die ich sehe, sehen mich ebensowohl an wie ich sie sehe."

84 Zu diesem Zwecke an folkloristische Monotonie-Elemente anzuknüpfen, bereitet ihr spezielle Schadenfreude.

86 Leider gibt es in der Kunstgeschichte keine Sonderstudie über die Rolle des Gesichts in den verschiedenen Epochen. Eine solche Studie würde nämlich zeigen, daß es entsprechende „Gesichtsdegradierungen" auch früher schon gegeben hat; so etwa im Manierismus, der nicht nur alle Gesichter ähnlich, sondern auch (was z. B. in den Fällen Bassano und Greco notorisch ist) viel zu klein zu präsentieren liebte. Aber auch im Barock ist außer im ausdrücklichen Portrait der in ein wild flatterndes Gewandwesen verwandelte Mensch ungleich wichtiger als dessen Gesicht. Ob auch damals das Gesicht dadurch entwertet wurde, daß zwei nicht-individuelle Mächte den Menschen als Opfer in Anspruch nahmen, kann hier nicht untersucht werden. Aber nahe liegt der Verdacht, da die Epoche, um die es sich handelt, zugleich die der aufblühenden Naturwissenschaft und die der Gegenreformation war; und ihre Kunst rücksichtslosesten Realismus mit rücksichtslosestem supranaturalem Überschwang, ständig kollidierend, verbunden hat. —

91 Zum Beispiel hat die Z e i t des mit der Maschine konformistisch Arbeitenden mit der (in aller modernen Zeitphilosophie als selbstverständlich unterstellten) irreversibel vorwärtsgehenden Zeit des Subjekts nichts mehr zu tun. Sie ist vielmehr zyklisch, besteht aus kleinsten Zeitstrecken, die mit den immer neu einsetzenden identischen Gerätleistungen ko-extensiv sind; ähnelt also der vom Sekundenzeiger angezeigten Zeit; freilich ohne daß, wie auf der Uhr, die Zahl der Umläufe selbst noch einmal gezählt würde. Nur zu Beginn der Arbeit ‚schwimmen' die Wiederholungen noch im breiteren Strome der vorwärtsgehenden Zeit ‚mit'; und nur während dieser Anlaufsfrist sind sie auch langweilig; das heißt: so lange, als der irreversible Zeitstrom seine Kraft noch nicht eingebüßt hat — was aber nach kurzer Zeit stattfindet. — Hat sich die Arbeit dann aber eingespielt, dann scheinen sich die Wiederholungen nicht mehr in Sukzession zu folgen; sie bilden keine Reihe mehr; so wenig etwa wie die Atemzüge des Atmenden (der immer beim Atmen ist, aber niemals weiß, beim wievielten

Atemzuge) noch eine Reihe bilden. Dann verlieren die Wiederholungen auch ihre Langweiligkeit; womit natürlich nicht gesagt ist, daß sie interessant, sondern allein, daß sie zeitlos werden. So zeitlos, daß der mechanisch Arbeitende durch den Arbeitsschluß oft überrascht wird, da er, jedes Zeitmaßstabs beraubt, das Gefühl hat, eben erst begonnen zu haben; ähnlich dem nach traumlosem Schlaf Erwachenden, der oft davon überzeugt ist, sich eben erst hingelegt zu haben. – Wenn man, was seit Kant ja geläufig ist, in der Zeitlichkeit nicht nur einen unter anderen Zügen der Subjektivität sieht, sondern (wie es der Titel von Heideggers Hauptwerk formuliert) deren ausschlaggebenden Charakter, dann darf man wohl die Tatsache, daß Zeit bei Maschinenarbeit ‚eingeht', als Symptom für ‚das Eingehen' der Subjektivität selbst deuten.

109 Ein Vorspiel zu dieser nun universell werdenden Sprachverkümmerung haben wir übrigens schon einmal erlebt: nämlich die Verkümmerung der Briefkunst, die 50 Jahre Telephonieren zustande gebracht haben; und zwar so erfolgreich, daß uns Heutigen nun jene Briefe, die durchschnittlich Gebildete vor hundert Jahren einander geschrieben haben, durchweg als Meisterwerke genauer Zuwendung und genauer Mitteilung vorkommen. Was dabei verkümmert ist, ist aber, da der Mensch so artikuliert ist, wie er selbst artikuliert, nicht nur die Subtilität seines Ausdrucks, sondern die des Menschen selbst.

110 [1] Nichts ist heute deplacierter als die weinerliche oder hochmütige Klage des Irrationalisten, unsere Sprache käme der Fülle und Tiefe unseres Erlebens nicht nach. Die Großen der Vergangenheit, mit deren Fülle und Tiefe wir uns wohl kaum messen können, waren ihren Erlebnissen sprachlich durchaus gewachsen; die Macht ihrer Rede reichte bis in die äußersten Bezirke, und die Inkompetenz der Sprache, das Versagen des Sagens, meldeten sie immer erst sehr spät an, immer erst vor dem Allerletzten. Je weniger man freilich zu sagen hat, desto voreiliger macht man aus der Not eine Schwärmerei und aus der Armut einen Reichtum; desto eher protzt man, um damit das Überschwengliche des eigenen Erlebens zu beweisen, mit dem Konkurs der Sprache. Schnell fertig ist die Jugend mit dem Unsäglichen. Die wirkliche Not und Verlegenheit von heute besteht nicht darin, daß wir unsere angebliche Fülle und Tiefe „zerreden könnten"; umgekehrt darin, daß wir unsere Fülle, sofern wir solche haben, zum Zerrinnen, und unsere Tiefe zum Versanden bringen könnten, weil wir, als mit Sprache Belieferte, begonnen haben, das Sprechen zu verlernen.

110 [2] Die Vorstellung von „Elfenbeintürmen", die sich der Mensch errichte, und in die er sich zurückziehe, um der Wirklichkeit nicht ins Auge zu blicken, ist durch und durch veraltet. Der Bau der Türme wird längst von der Wirklichkeit selbst durchgeführt; sie ist deren Unternehmerin und Wirtin. Nicht als Flüchtlinge vor ihr sitzen wir also in den Türmen, sondern als von ihr einquartierte Zwangsmieter. Wenn sie uns aber in ihnen einquartiert, so nicht etwa, damit wir uns nun einer phantastischen, völlig anderen Bildwelt zuwenden, sondern damit wir in ihrem Bilde leben. Freilich nicht in ihrem wahren Bilde, sondern in demjenigen falschen, von dem sie, aus wirklichem Interesse, wünscht, daß wir es für „sie selbst" halten. Sie schließt uns also ein, um uns dadurch, daß sie sich uns scheinbar zeigt, von sich abzulenken. Aber diese Ablenkung führt sie natürlich in höchst realistischer Absicht durch, nämlich in der, uns durch ihr falsches Bild wirklich zu prägen, uns also so zu bearbeiten, daß nun unsere menschliche Wirklichkeit für sie optimal verwendbar werde. Diejenigen, die ihr dabei Widerstand leisten, nennt sie „introvertiert", ihre gefügigen Opfer „extravertiert".

110 [3] Der Gedanke der „zu uns kommenden Welt" ist uns bereits derart geläufig geworden, daß wir, was immer uns über unseren tellurischen Weg läuft, für Besucher halten: gestern martialische Untertassen, heute Übermenschen vom Sirius.

113 Die klassische Formulierung der Welt als „Gabe" findet sich in der Schöpfungsgeschichte, die die Welt als *für* den Menschen geschaffen einführt. — Daß die modernen Idealismen nach-kopernikanisch sind, ist kein Zufall: in gewissem Sinne stellen sie alle Versuche dar, dieses biblische „Für uns", das sich mit dem vor-kopernikanischen Weltbild vertragen hatte, mit dem nach-kopernikanischen aber nicht konkordierte, doch noch zu retten; also einen heimlichen Geo- bzw. Anthropozentrismus in einem dezentralisierten Universum durchzuhalten.

114 [1] Siehe des Verfassers „Une Interprétation de l'Aposteriori" in „Recherches Philosophiques", Paris 1934.

114 [2] Es ist wohl kaum zufällig, daß dieses „zur Welt kommen" im gleichen Augenblick und im gleichen Kulturraum abstirbt, in dem das Trauma des physischen Zur-Welt-kommens gleichfalls durch technische Mittel abgeschafft werden soll.

115 Auch Fernseh-Apparate werden nun ja in Autos eingebaut. So z. B. seit Dezember 54 in die Cadillacs von General Motors.

116 [1] Da die Vorsilbe „ent" (wie in „enthüllen" oder „entflecken") privativ ist, sollte auch „entfremden" eigentlich nicht „fremdmachen" bedeuten, sondern umgekehrt „des Fremden berauben". Dem Terminus diese, dem eingeführten Sprachgebrauch widersprechende, Bedeutung zurückgeben zu wollen, wäre vergeblich. Wir ersetzen daher von nun an den doppeldeutigen Ausdruck durch den unmißverständlichen „*verfremden*", den Brecht zur Bezeichnung bestimmter Bühneneffekte eingeführt hat.

116 [2] Schrifttum und Journalismus, die sich der ursprünglich revolutionären Vokabel bemächtigt haben, verwenden heute diese nun mit solchem Gusto und solcher Geläufigkeit, daß sie dadurch dem im Ausdruck angeprangerten Vorgang den Schein von Familiarität verleihen und ihn seiner Befremdlichkeit entkleiden. Daß das Phänomen vor hundert Jahren im Zusammenhang mit Arbeit, Ware, Freiheit und Eigentum, also im revolutionären Sinne, eingeführt wurde, ist ihm nicht mehr anzusehen. Der Ausdruck ist nicht nur salonreif geworden, sondern geradezu zur Ausweiskarte für Avantgardismus, und es gibt keinen Interpreten moderner Kunst, der nicht, soferne er etwas auf sich hält, diese Karte jederzeit bei sich trüge. – Gleich, ob beabsichtigt oder nicht, der Effekt dieser geläufigen Verwendung der Vokabel bestand darin, der Verfremdung ihren moralisch-skandalisierenden Stachel zu nehmen, sie also (in sprachlich angemessener Verwendung des Wortes) zu ent-fremden. Was du erwirbst von deinen Feinden, besetz es, um sie zu enterben. – Dieser Verharmlosungsvorgang hat die folgenden Wurzeln: 1. Jene deutsche Soziologie der späten Zwanzigerjahre (Karl Mannheim), deren Leistung darin bestand, Einzelvokabeln aus dem Marxismus herauszubrechen, um sie in andere Zusammenhänge oder in die Alltagssprache einzumontieren und dadurch zu entschärfen. In den frühen Dreißigerjahren wanderte diese Soziologie nach Frankreich, in den späten Dreißigern nach den Vereinigten Staaten. – 2. Den Surrealismus, der, vorübergehend mit dem Kommunismus verbündet, sich mit hegelisierenden Vokabelfetzen zu drapieren liebte. – Diejenigen, die sich des Ausdrucks heute bedienen, tun das freilich bereits arglos, denn sie reden bereits den Nachredenden der Dreißigerjahre nach, und manche von ihnen wären baß erstaunt, zu erfahren, wem sie ihre Leib- und Magenvokabel ursprünglich verdanken. – Selbst diese flüchtige Besinnung auf die heutige Verwendung des Ausdrucks „Entfremdung" zeigt also den in entgegengesetzter Richtung arbeitenden Verwandlungsvorgang: die Pseudofamiliarisierung und Intimisierung. Dieser Vorgang ist aber nicht etwa identisch mit den bekannten der Schablonisierung von Wörtern. Was er angreift, um es scheinvertraut zu machen, beschränkt sich nicht auf Termini. Seine Beute ist vielmehr die Welt, und zwar alles in der Welt; ihr Anspruch ist nicht weniger universal als der der Verfremdung: so wie dieser sich an alles Vertraute und Vertrauliche heranmacht, um es midashaft in Unvertrautes, Kaltes, Dingliches und Öffentliches umzumünzen, so bemächtigt sich die Scheinfamiliarisierung alles Fernen und Fremden, um es in ein Schein-Heimisches zu verwandeln.

117 Ehe wir Beispiele bringen, betonen wir prophylaktisch, daß, was wir „Verbiederung" nennen, wenn zuweilen die Grenze zwischen den beiden auch verwischt sein mag, nicht etwa mit „Popularisierung" zusammenfällt, da die Verbiederung ihren Gegenstand grundsätzlich respektlos behandelt und aus der Beschädigung und Benachteiligung des

Konsumenten ihren Vorteil zieht, während es zur rechten Popularisierung wie zu aller rechten Belehrung gehört, daß sie nicht nur den Lehrgegenstand, sondern auch Respekt vor diesem vermittelt.

132 Auf einer TV-Ausstellung hatte ich die fragwürdige Chance, einen Schauspieler, der im Nebenraum einen Sketch spielte, und gleichzeitig dessen sieben TV-Projektionen zu sehen und zu hören. Bemerkenswert war dabei 1., daß der Schauspieler sich fürs Auge zwar in sieben identische Brüder aufspaltete, aber nur eine einzige, durch die zwei Räume schallende, unaufgespaltene Stimme hatte. 2. daß die Bilder natürlicher wirkten als das Original, da dieses, gerade um den Reproduktionen Natürlichkeit zu verleihen, sich hatte arrangieren müssen. Und 3. (und das war mehr als bemerkenswert, nämlich erschreckend), daß die siebenfache Verkörperung des Schauspielers schon nicht mehr erschreckte: mit solcher Selbstverständlichkeit erwarten wir bereits nur noch Serienprodukte.

133 Ereignisse von unterschwelliger Relevanz, und finden sie selbst in unserem eigenen Leibe statt, sind nicht „gegenwärtig“, sondern nur simultan; und das nicht etwa deshalb, weil sie nicht bewußt „gegeben“ wären; vielmehr sind sie deshalb nicht „gegeben“, weil sie irrelevant sind.

138 Wenn es berechtigt ist, im Tumor eine Krankheit sui generis zu sehen: nämlich denjenigen Zustand, in dem die Zentralkraft des Organismus nicht mehr in der Lage ist, alle Zellen in Botmäßigkeit zu halten, so daß diese nun verselbständigt zu wuchern beginnen, dann ist die hier behandelte Verselbständigung der Einzelfunktionen das psychische Analogon zum Tumor.

139 Siehe dazu Becketts „En attendant Godot“, in dem der Verfasser seine Figuren abwechselnd Schuhe an- oder ausziehen läßt, um den Händen irgend etwas zu tun zu geben.

140 Zugleich steht im Hintergrunde der „passiven Simultanspielerei“, freilich völlig entstellt, das Arbeitsideal der Maximalleistung und des Oekonomie-Prinzips. Auf die Muße übertragen, bedeutet das: Im Schweiß seines Angesichtes versucht man, soviel Muße wie möglich auf einmal zu leisten; alles, was „fun“ ist, zugleich: Kreuzworträtsel *und* gum *und* Rundfunkmusik etc. Und zwar, weil man sonst *Muße vergeuden* würde.

147 Diese betrügerische Aufreizung von Erregungen und die Arrangierung von, sich ins Leere ergießenden, Ersatzbefriedigungen, erinnert an einen, in einem ganz anderen Sektor des heutigen Lebens selbstverständlichen, Usus; das Prinzip, das den zwei so disparaten Arrangements zugrundeliegt, ist identisch: Bekanntlich ist es heute üblich, Zuchtstiere, statt sie den Kühen zuzuführen, sog. „dummies“, also Attrappen, bespringen zu lassen. Das Wort „Attrappe“ kommt von „attrapper" = fangen; „trap" heißt: die Falle: man läßt also die Stiere in die Falle springen, man läßt sie „hereinfallen". Und zwar deshalb, weil ihr Trieb, solange er sich im Rohzustand befunden hatte, mit äußerster Vergeudung, also höchst unrentabel, gearbeitet hatte; weil der animalische Reproduktionsvorgang aufs blamabelste hinter dem Reproduktionsideal der Industrie zurückgeblieben war; was er nun, da er abgefangen, „attrappé" ist, nicht mehr tut. *Die Attrappe ist also eine Scheinwirklichkeit im Dienste der Warenerzeugung.* In diesem Falle ein Schein-Fleisch im Dienste der Fleischindustrie. – Analog stehen nun die bisher „vergeudeten" Empfindungen der Menschen im Dienste der Industrie. Und dort, wo die Gefühle, mangels Partner, verdorrt sind, erzeugt die Industrie, durch Herstellung von Partner-Attrappen, neue Gefühle; weil sie weiß, daß diese Gefühle nun ihrerseits wiederum die Erzeugung neuer Attrappen verlangen, sie selbst also in Gang halten werden. –

152 [1] Freilich ist die Versuchung rein technischer Verbesserungsmöglichkeiten zuweilen so unwiderstehlich, daß man sie durchführt, obwohl man die gewünschte soziale Funktion dadurch um nichts steigert, ja dieser sogar Abbruch tut. – Andererseits aber haben große Industrien oft auch technische Verbesserungsvorschläge angekauft, um deren Durchführung zu drosseln. Die Geschichte der Technik ist ja, obwohl sie von außen den Anblick einer hemmungslosen Entwicklung darbietet, auch eine Geschichte von „Verdrängungen".

152 [2] Im Unterschied zum Großen, das von Longinus an Problem der Philosophie gewesen war, ist das „Kleine" fast durchwegs vernachlässigt worden. Eine seltene Ausnahme stellte der junge *Burke* dar, der, gewissermaßen Rokokomotive nachformulierend, das Kleine mit dem Schönen geradezu gleichsetzte. Dieser Gleichsetzung liegt die Erfahrung zugrunde: klein = ungefährlich = verfügbar = schutzlos = rührend = hübsch = unsere Freiheit nicht beschneidend. Offensichtlich hat, da „Freiheit", mindestens modo negativo in ihrer Bestimmung mit eingeht, diese „Schönheit" eine gewisse Affinität mit der bei Kant; was um so deutlicher ist, als für Kant ja das Große, nämlich das, alle menschliche Proportion überragende, „Erhabene" den Gegenbegriff zum „Schönen" darstellt. – In der heutigen Ästhetik ist das Kleine, obwohl es als Hübsches, Niedliches oder Harmloses für einen großen Teil der Menschheit die einzige ästhetische Kategorie darstellt, kaum vorhanden.

157 Die heute so nachdrücklich vertretene These, die Verlegung der Wahrheit ins Urteil sei eo ipso eine Entstellung des Wahrheitsbegriffes, muß wohl in dem Augenblick eingeschränkt werden, in dem man unter „Urteil" wirklich das versteht, was es ursprünglich ist: eben Nachricht. Durch seine Nachrichtenfunktion, also dadurch, daß es den Abwesenden instandsetzt, sich nach dem Abwesenden zu richten, d. h.:

das Abwesende als Anwesendes zu behandeln, leistet ja gerade das Urteil eine entscheidende „Entbergung“. Allein der Austausch von Nachrichten, d. h. Sprechen, öffnet die Welt; allein dieser Austausch macht die Wahrheit des Menschen als Gesellschaft aus; und allein er begründet schließlich jene „Allgemeinheit“, die dem Logischen zukommt.

163 Von jenen Sendungen, die offen als Reklamesendungen für Seifenflocken oder Benzin auftreten, erübrigt es sich zu reden.

164 Die eigentümlichen Gebilde, die das ausgehende 19. und das beginnende 20. Jahrhundert hervorgebracht und „Weltanschauungen“ genannt haben, waren nur harmlose und verschämte Vorformen der heutigen „Reizmodelle“. Keine „Weltanschauung“, die nichts als das war, hat überleben können. Überlebt haben ausschließlich diejenigen, die sich eindeutig als Reizmodelle etablieren konnten. Die heutigen Reizmodelle aber verzichten sogar bereits auf den Schein von Weltanschauung, wenn sie es auch, freilich als überflüssigen Luxus, dulden, daß man aus ihnen akademische Weltanschauungen herausdestilliert.

165 Da der Gedanke an die Millionen Ermordeten ohnehin unvollziehbar ist, kann die zusätzliche Einsicht, daß diese Vernichtung auf Grund oder in Stellvertretung von Bildern vor sich ging, unser Entsetzen wohl kaum steigern. — Jene Grundidee, die uns, im Glauben an einen Aufstieg der Humanisierung Auferzogenen, einmal selbstverständlich gewesen war: die Idee, daß Menschlichkeit in demjenigen weltgeschichtlichen Augenblick eingesetzt habe, in dem das Menschenopfer bildlich vollzogen, Isaak also durch den Widder ersetzt wurde — furchtbarer als durch die nun an Stelle von Bildern hingeopferten Menschen konnte diese Idee wohl nicht desillusioniert werden.

166 Was übrigens auch mit dem internationalen Rückgang der Karikatur und satirischer Zeitschriften zu tun hat: Verspottung von Macht — und darin bestand ja echte Karikatur stets — ist einfach ein zu heikles Unternehmen geworden. — Echte Karikaturen oder Satiren waren die Stürmer-Zeichnungen freilich nicht, da sie ja grundsätzlich nur Opfer als Opfer wählten.

168 Das Modell dieser Lüge entspricht strukturell dem aller heutigen Konterrevolutionen, die grundsätzlich mit Hilfe derer erkämpft werden, gegen die sie sich richten.

170 Daß dem so ist, wird heute allgemein akzeptiert. Freilich nicht als philosophisch relevante Tatsache, als die es bei Marx auftritt. Denn für ihn entstand ja das, was er „ideologisch“ nannte, durch eine eigentümliche Verschränkung des „Idealismus“ mit dem Hegelschen „Herr und Knecht-Schema“: „Ideologie“ hieß ihm diejenige Weltvorstellung des Herrn, die dem nicht klassenbewußten

Knecht eo ipso als „die Welt" galt; also diejenige Vorstellung, die nicht eigentlich Eigentum des Knechts war, sondern dessen Eigentümers Eigentum. Mit seiner These, daß die Philosophie einer Epoche stets die der herrschenden Klasse sei, meinte Marx nichts Anderes. – Auf die heutigen Verhältnisse der Massengesellschaft ist dieses Marxsche Schema freilich nicht ohne weiteres anzuwenden. Und zwar deshalb nicht, weil jede Ware, gleich ob Zigarette, Film oder Weltanschauung, von vornherein so hergestellt wird, daß sie den größten Absatz verspricht; also so, daß auf die wirklichen oder angeblichen Wünsche des Konsumenten von vornherein Rücksicht genommen wird. Und weil (2.) die Produzenten Mitkonsumenten der von ihnen hergestellten Waren (der Zigaretten, Filme, Weltanschauungen) sind: was die dialektische Folge hat, daß die „herrschende Klasse" von den Massenprodukten, die sie nicht für sich, sondern eben für die Masse herstellt, mitgeprägt wird. An die Stelle des Hegelschen „Der Herr wird zum Knecht des Knechtes" hätte die Formel zu treten: „Der Herr wird zum Knecht unter Knechten".

172 Oft rechtfertigt man die Schablonisierungspflicht des Menschen dadurch, daß man sie an bereits vorliegende Moralen anschließt. Zum Beispiel brandmarkt man denjenigen, der der Schablonisierung Widerstand entgegensetzt, als „unchristlich" oder als „undemokratisch". Der „Gedankengang" ist dabei der folgende: Wer nicht mitmacht, verrät mangelnde Demut, also Unchristlichkeit; oder den Anspruch auf eine Extrawurst, also Privilegien. – In *Links* berühmten Buch „Return to Religion" gilt z. B. derjenige, der, statt nur ins Haus gelieferte Gewissensbisse zu konsumieren, sich selbst Gewissensskrupel macht, als „introvertiert", also sozial krank. Über dieses Buch, das nicht etwa zur Traktätchenliteratur gehört, sondern 1936 in einem der größten Verlage als Bestseller in 9 Monaten 18 Auflagen erlebte, und in dem Christus als Modell der „Extrovertiertheit" auftritt, s. meine Besprechung in „Zeitschrift f. Sozialforschung", 1938, Heft 1 und 2.

175 Durch diesen Zahlungsmodus wird nun der Freiheitsverzicht, der mit dem Gehorsam gegen das Gebot des Angebots begonnen, vollständig: Der den Restbetrag noch schuldende Käufer fühlt sich nun pausenlos schuldig; und zwar nicht nur dem Lieferanten gegenüber, sondern auch der gelieferten Ware gegenüber. Deren Besitz sieht er als etwas noch Unverdientes an; da er sie bereits verwendet, tritt er zu ihr in ein unfreies Verhältnis. Da er auf Grund der bereits bei ihm befindlichen Ware auf zu großem Fuße lebt, muß er sein Leben nun damit verbringen, dem einmal erreichten zu hohen Standard durch Mehrarbeit gewachsen zu bleiben; wodurch er die Chance, je zu sich selbst zu kommen, ein für alle Male verspielt.

180 [1] In gewissem Sinne besteht dieses Axiom bereits durch die exakten Naturwissenschaften: schon für diese gilt als „wahrhaft seiend" nur dasjenige, was unter gleichen Bedingungen immer wieder da ist, also das Gesetzmäßige. Ihre Maxime könnte lauten: „Was ich nicht wiederholen kann, das sehe ich nicht als seiend an." Der Hochmut der Gebildeten des 19. Jhdt. gegenüber der (mit „Wundern" identifizierten) Religion, der des Naturwissenschaftlers gegenüber der Geschichte, beruht auf nichts anderem als auf der Gleichsetzung von Sein und Plural, bzw. Gesetz. –

180 [2] Der Besitz eines nur in einem Einzelexemplar existierenden Gegenstandes, etwa eines Kunstwerks, stellt freilich einen Wert dar, und zwar als Monopol, das Reichtum beweist und Aristokratenbewußtsein verleiht. Inkunabeln und Massenprodukte leben heute in Personalunion. Je mechanisierter seine Produkte, um so lieber schmückt sich deren Produzent mit Produkten veralteter Faktur.

181 Das Eigentümliche und eigentümlich Faszinierende am Photographieren gründet also darin, daß es zwei Hauptaktivitäten von heute: Reproduzieren und Erwerben, in sich vereinigt. Dazu kommt ferner, daß der auf diese Weise Erwerbende, nicht anders als der Angler oder der Jäger, nur für die Erwerbsutensilien zu zahlen hat, denn dasjenige, was er erwirbt (nämlich der Anblick) steht ihm ja gratis zur Verfügung ... was in der heutigen Kaufwelt einfach eine märchenhafte Ausnahme darstellt. Daß Knipsen auf englisch „to shoot" heißt, als wäre das Sujet ein Beutetier, ist natürlich kein Zufall. – Faszinierend ist schließlich am Photographieren, daß es Erwerb und fun zugleich ist: also eine Muße, die sich dem Muße-Analphabeten dadurch angenehm macht, daß sie die Form scheinbarer Beschäftigung, oft geradezu die der Arbeit, vortäuscht, kurz: als *hobby* auftritt. Der hobby gehört nun aber wiederum in den Problemkreis des Phantomhaften, da er eine Erholung ist, die Arbeit spielt; oder sogar eine Arbeit, die zwecks Erholung von der Arbeit erledigt wird. Der Zusammenhang aller hier besprochenen Erscheinungen braucht wahrhaftig nicht erst eigens hergestellt zu werden; er enthüllt sich dem Hinsehenden von selber.

184 [1] Zu viel, zu viel. Zu viele Wasser rollen
ganz überflüssig aus der Nacht.
Zu viel, ja, viel zu viel Welt ward gemacht,
zu viele Küsten, die erwähnt sein wollen,
zu viele Winde, die vergeudet wehn –
Wer soll so vieles aufzähln oder rühmen?
Welch Kartograph markiert die anonymen
Korallenriffe, die im Meergrund stehn,
die Adern Goldes, die noch niemand sah,
die Sternfiguren, die noch Namen brauchen –
sinnlos, zum Hohn und nur um aufzutauchen
ist diese viel zu volle Fülle da.

Und gäb es selbst den Mann, der nichts verfehlt,
um alles, was nur da ist, aufzusagen –
von wem wird e r am Ende mitgezählt,
und er von wem in Listen eingetragen?
Wo wäre Dank? Wo nur ein Ohr?
Selbst e r zu viel! Sein Rühmen bloßes Schallen!
Zu viel! Zieht mir den Vorhang vor
und laßt die Segel fallen!

(Aus: „Der fiebernde Columbus")

184 [2] Dieses Wort bedeutet erst einmal soviel wie „konzedieren", „zedieren", also zurückweichen vor der anerkannten Übermacht des Faktischen, der man seinen eigenen Platz frei macht. Ich räume mich ihm ein. – In einem zweiten Stadium wird diese Unfreiheit bereits, mindestens teilweise, überwunden: Kult und philosophisches System sind die Mittel, der Übermacht einen für sie eigenen Raum, eine für sie eigene Stelle einzuräumen, an der sie nun, durch Lokalisierung, zugleich noch anerkannt und schon limitiert ist; die Gottheit wird zur Gefangenen ihres Tempels, das κακὸν zum Häftling seiner Systemstelle. – Heute schließlich bedeutet „einräumen" ausschließlich: etwas so placieren, daß es für mich bereitstehe oder mich nicht störe. Ich räume mir etwas ein.

186 [1] Dieser erstaunliche Satz, eine Briefstelle des jungen Rilke (1904) klingt in der Tat wie eine Umschreibung des eschatologischen Zustandes, in dem aller Stoff im Geformten aufgehoben wäre. Freilich umschreibt Rilke auf sehr preziöse und verbrämte Art, da er eben den Produktionsprozeß, durch den er sich diesen Zustand herbeigeführt denkt, unterschlägt, bzw. unsere Assoziationen in eine positiv falsche Richtung lenkt: uns nämlich an alternde Weine oder Juwelierarbeit, also an ebenso köstliche wie uncharakteristische Produktionsprozesse denken läßt. Nichtsdestoweniger ist sein Traum kein anderer als der von der totalen Vergewaltigung des Weltstoffes. Und scheinen in ihm auch alchemistische Weltvergoldungsvorstellungen neu virulent zu werden, so können sie das doch nur deshalb, weil diese eben an die eschatologischen Vorstellungen der Wirtschaftsontologie anklingen. In der Tat müßten solche Sätze, vor allem Nietzsches Idee des *„Apollinischen"* (die, wie Erich Heller zu Recht betont, dem zitierten Rilkesatz fast wörtlich zu Grunde liegt) vor dem Hintergrund der Wirtschaftsontologie neu gedeutet werden. Die Tatsache, daß Nietzsche der Diskussion des Begriffspaares „Stoff und Form" durch die Einführung des mythologisierenden Kräftepaares „dionysisch" und „apollinisch" eine völlig neue Version gab, muß solange dunkel bleiben, als man nicht in Rechnung stellt, daß in der Epoche des Industrialismus der „Stoff" (= Rohstoffwelt) und die „Form" (= Produkt) eine Weltbedeutung anzunehmen begannen, von der sich frühere Metaphysiker nichts hatten träumen lassen. – (Der Rilkepassus zitiert nach: Erich Heller, „Enterbter Geist“, Suhrkamp 1954)

186 [2] Diese Unterstellung ist nicht nur ganz unbegründet, sondern ein Anthropomorphismus, der dadurch, daß er verkleidet auftritt, nicht besser wird, sondern nur wunderlicher. Denn wunderlich ist es, wenn der „unbehauste“ Mensch sein eigenes Schutz- und Wohnbedürfnis dem Sein selbst unterschiebt; wenn er sich weismacht, deshalb weil er nicht mehr Gast des Seins ist, dessen Hirt oder Wirt sein zu müssen. – Nein, ein „Haus“ haben will stets und grundsätzlich nur das Einzelne, gleich ob Schnecke, Mensch oder Familie; nur das Abgeschnittene, das Individuelle – und zwar eben, *weil* es abgeschnitten ist, weil es in der Weite der Welt schutzlos, verloren, zu wenig zu Haus ist. Niemals also die Welt selber, von deren Sein zu schweigen. Die hat andere Sorgen als Wohnungssuche und -Findung; sofern sie Sorgen hat.

189 Ein beträchtlicher Teil der abstrakten Malerei erfindet solche *Engel des Industriezeitalters:* eben leiblose Gebilde. Die Beliebtheit jener heutigen Zeichnungen, deren drahtige Konturen das Volumen des Dargestellten völlig leer lassen, bliebe, wenn diese Manier lediglich artistischer Spiellust entspränge, unbegreiflich.

192 Zu diesem Hinweis auf Plato siehe den ersten Aufsatz dieser Sammlung. – Schon heute wissen die Billeteure in den Vereinigten Staaten ein Lied davon zu singen, wieviel Hunderttausenden nichts mehr daran liegt, bei Box- oder Fußballmatches wirklich dabei zu sein, weil den Originalgeschehnissen eben bereits etwas Unwirkliches anhaftet, weil sie für Ausstrahlung arrangiert sind und weil sie wie Ideen der Realisierung bedürfen, kurz: weil sie ihre ideale Realisierung in ihren besten Reproduktionen finden. Natürlich wird es immer Kenner geben, die, voll Verachtung gegen die Kopien, auch weiterhin nur original-blutige Nasen genießen werden; so wie es Kenner gibt die, voll Hohn gegen Reproduktionen, Giottos nur in Padua sehen können. Aber diese Snobs werden nur dazu dienen, um die Regel zu bestätigen.

193 Der Ausdruck stammt aus der Grammophonindustrie, die besser als jede andere zeigt, in welchem haarsträubenden Durcheinander sich heute das Verhältnis von „Original“ und „Kopie“ befindet. Dort gibt es nämlich erst einmal die sogenannte „Mutter-Matrize“, die bereits eine Reproduktion einer Stimme ist, die ihrerseits eine Komposition reproduziert. Diese Reproduktion der Reproduktion gilt aber, wie der Ausdruck „Mutter-Matrize“ (also „Mutter-Mutter“) beweist, im Vergleich zu den vor ihr abgeformten Tochter-Matrizen als „Original“. Aber diese Tochter-Matrize wird nun, obwohl Reproduktion der Reproduktion der Reproduktion, selbst zur Haupt-Matrize: d. h. zur

Mutter aller jener, im Massenpreßverfahren von ihr abgenommenen Platten, die nun in den Handel kommen, um Matrizen unseres Geschmacks zu werden.

195 Auf diese Tatsache hatten wir zu Beginn unserer Untersuchung angespielt, als wir (nach einem Exkurs über den „Idealisten", der ausschließlich „seine Welt", nicht „Welt" kennt) den heutigen Konsumenten einen „*Idealisten*" genannt hatten.

203 An dem Ausdruck ‚creative' stoße man sich nicht: Vor der Folie des gewohnten Fertigwaren-Konsums fühlt sich eben jedes bescheidenste Selber-Tun bereits als Schöpfungsakt, mindestens als michelangelesk.

206 Da die Zahl derer, die sich die Differenz ebenso geschickt fortoperieren lassen wie V., ungleich größer ist als die geringe Zahl von Matrizen, die im Film benötigt werden, leben in Kalifornien tausende von Phantomen, die durch nichts mehr verraten, wer sie im früheren Leben einmal gewesen waren und wie sie damals eigentlich ausgesehen hatten. Da ihnen aber die Chance, Matrizen zu werden, niemals geblüht hat, füllen sie nun, noch eine Zeit lang phantomhaft aussehend und noch immer in der Illusion, doch noch einmal als Illusion dienen zu dürfen, „vorübergehend" drugstore- oder hop-girl-jobs aus, bis ihr Alltag sie verwildern und ihre alte Natur unter dem Phantom-glamour wieder zum Vorschein kommen läßt.

207 Siehe den ersten Aufsatz dieses Bandes.

208 Der Zusammenhang von „Sozialgefälle" und „Bild" ist klassisch in „Wilhelm Meisters Lehrjahren" dargestellt: da der Bürgerssohn vom „großen", allein gültigen Leben ausgeschlossen bleibt, verschafft er sich dieses, zwecks ‚Bildung', durch dessen Abbildung und Einbildung: das heißt durch Theaterspielen. –

210 Andererseits ist auch jede Massenware eine Abbildung, nämlich die ihres Modells. Und jedes Modell ist wiederum Modell nur für Reproduktionen; und um so besseres Modell, je größer die Zahl seiner Abbildungen, also je erfolgreicher seine Massenherstellung ist. –

213 Neue Schweizer Rundschau, Januar 1954.

219 So gesehen, ist die so häufig bestaunte Niedrigkeit der Selbstmordziffern in Konzentrationslagern nicht mehr überraschend.

224 [1] Siehe des Verfassers „Kafka – pro und contra", Kap. 2.

224 [2] „*Vorübergehend*" ist hier also nicht ein Zwischenfall in der „Zeit"; sondern die *Zeit selbst*; sie selbst wird zum Zwischenfall. – Auch unser alltägliches Dasein ist ja nicht kontinuierlich „Sein in Zeit", sondern immer wieder durch das Zwischenspiel des zeitlosen

Schlafes abgelöst; oder, vom Schlaf aus gesehen: unser Dasein ist immer wieder durch „vorübergehende" Zeitstrecken, genannt „Wachen", unterbrochen.

240 So z. B. die zwischen „Apollinisch" und „Dionysisch". Wenn das Apollinische in dem Glück bestanden hatte, das Endliche, das man war, in ein Vollendetes zu verwandeln; und das Dionysische in dem Rausch, die Grenze der Endlichkeit zu sprengen, so ist die Gegenüberstellung, da wir ja endlich nicht mehr sind und die „Sprengung" hinter uns haben, unwirklich geworden.

248 Immer wieder kann man unsere heutige apokalyptische Situation als „*Sein-zum-Ende*" bezeichnet hören – worauf dann gewöhnlich die Bemerkung folgt, wie prophetisch doch Heideggers vor dreißig Jahren geprägter Ausdruck gewesen sei: eine völlig gedankenlose Bemerkung. Denn Heidegger hatte mit seinem damaligen Ausdruck nichts weniger gemeint als eine allen Menschen gemeinsame eschatologische Situation oder gar die Möglichkeit eines Kollektiv-Selbstmordes. Das zu meinen, hätte auch in den Jahren der Niederschrift von „Sein und Zeit", im Jahrzehnt nach dem ersten Weltkrieg, für niemanden ein Anlaß bestanden. So höllisch der erste Weltkrieg auch gewesen war, die Gefährdung des Globus hatte er noch nicht gebracht. Vielmehr war die Erfahrung, aus der heraus Heidegger damals philosophierte, die des einsamen Daseins gewesen, und zwar die des pausenlos mit dem Tode konfrontierten Soldaten. – Aber er hatte auch nicht gemeint, daß jeder von uns sterben müsse: das soll vorher auch schon bekannt gewesen sein. Vielmehr versuchte er, die Konfrontiertheit mit dem Tode in das Leben selbst hineinzunehmen, und zwar als dessen einzigen absoluten Charakter. Das heißt: das „Halt!", das dem zur Zeitlichkeit verdammten Dasein jeden Augenblick zugerufen werden kann, in etwas zu verwandeln, woran es Halt, ja seinen einzigen Halt finden konnte; kurz: als bewußter „moriturus" „existentiell" zu werden. – Das war aber, wie gesagt, ausschließlich für den Hausgebrauch des Einzelnen, nämlich für das sterbliche Individuum gemeint; wie denn Heideggers Philosophie überhaupt die Abschlußversion des Individualismus darstellt; diejenige makabre Abschlußversion, in der sich das Individuum durch nichts anderes mehr konstituiert als durch die übernommene Unvertretbarkeit seines Sterbens.

Daß der Gedanke entstehen konnte, dieses „Sein zum Ende" auf die kollektive Situation des Menschengeschlechts heute anzuwenden, ist freilich zu begreifen: Da Heideggers Konzeption selbst eine Übertragung der apokalyptischen Erwartung in die Sprache des vereinsamten Individuums gewesen war; da er die Apokalypse durch den eigenen Tod ersetzt hatte, lag es nun unter dem Eindruck der Totalgefahr, die die Bombe darstellt, nahe, diese Übersetzung wiederum in eine „Sprache der Menschheit" zurückzuübersetzen. Aber die Tatsache, daß das nahe liegt, bedeutet nicht, daß es berechtigt ist. Daß die Menschheit als ganze im gleichen Sinne und auf gleich unentrinnbare Weise sterblich ist wie der Einzelne, ist ja durch nichts bewiesen. Wer den Heideggerschen Ausdruck auf die heutige Situation anwendet, macht damit die Katastrophe automatisch zu etwas Positivem: zur Chance des „Eigentlich-Werdens“ der Menschheit.

251 Schon im Laissez faire-Prinzip war vorausgesetzt gewesen, daß der Endzweck am sichersten, ja überhaupt nur dann, verbürgt sei, wenn alle Aktivitäten *ungelenkt* im freien Wettbewerb vor sich gingen; mithin, daß sich die Verfolgung des (wirtschaftlichen) Endzweckes erübrige, da dieser, durch eine Art von praestabilisierter Harmonie der multiplen Aktivitäten, als deren Folge um so gewisser herausspringen würde. Nicht unmöglich, daß diese Verbindung von Freiheit (der Initiative) und Vertrauen (in den praestabilisierten Mechanismus der Mittel) die tiefste Wurzel der heute herrschenden Zweck-Abblendung darstellt.

254 Die Idee eines ontologisch unklassifizierbaren Gegenstandes ist von Kafka in der Beschreibung von „Odradek“ vorweggenommen worden. — Viele Stücke „abstrakter Plastik“ sind gleichfalls Hinweise auf diesen neuen Typ von „Monstrosität“. Diese in höherem Grade als abstrakte Malereien, da sie ja nicht nur nichts Bestimmtes darstellen, sondern, obwohl massive Stücke Wirklichkeit, nichts Bestimmtes sind.

255 Wenn man ihre Konstruktion während des Krieges mit solchem Eifer vorwärtstrieb, so zum großen Teil deshalb, weil man der Verwendung der Waffe durch Hitler, der schließlich Massenliquidierungen zum Prinzip gemacht hatte, zuvorkommen mußte. Es ist entsetzlich, daß das Vorbeugungsmittel sich „am Feind infiziert“ hat; und daß die Massenmorde von Nagasaki und Hiroshima, aber auch die heutigen sogenannten „Experimente“, zu Zwillingsereignissen der organisierten Liquiderungen Hitlers geworden sind.

260 Inschrift auf dem Gedenkstein für dieses erste Opfer der Wasserstoffbombe in Batavia:

Du kleiner Fischermann,
wir wissen nicht, ob du Verdienste hattest.
(Wo kämen wir hin, wenn Jedermann Verdienste hätte?)
Aber du hattest Mühen wie wir,
wie wir irgendwo die Gräber deiner Eltern,
irgendwo am Strande eine Frau, die auf dich wartete,
und zu Haus die Kinder, die dir entgegenliefen.
Trotz deiner Mühen
fandest du es gut, da zu sein.
Genau wie wir. Und recht hattest du, Aikichi Kuboyama

Du kleiner Fischermann Aikichi Kuboyama,
wenn auch dein fremdländischer Name keinen Verdienst anzeigt,
wir wollen ihn auswendig lernen für unsere kurze Frist
Aikichi Kuboyama.
Als Wort für unsere Schande
Aikichi Kuboyama.
Als unseren Warnungsruf
Aikichi Kuboyama.
Aber auch,
Aikichi Kuboyama,
als Namen unserer Hoffnung: Denn ob du uns
vorangingst mit deinem Sterben oder nur
fortgingst an unserer statt –
nur von uns hängt das ab, auch heute noch,
nur von uns, deinen Brüdern,
Aikichi Kuboyama.

(nach „Sydney Chronicle", 3. März 1955.)

261 „Science", July 56.

266 *Mutig* sind wir heutigen Konformisten, die wir nur noch Mit-Tun, nicht Tun kennen, überhaupt nicht mehr; sondern nur entweder tollkühn oder tapfer. *Tollkühn* – das heißt: bereit, uns für etwas Beliebiges (dessen Wichtigkeit wir den Anderen glauben oder dessen Bewertung wir den Anderen überlassen) aufs Spiel zu setzen – was totale moralische Unselbständigkeit beweist. – Oder *tapfer* – das heißt: imstande, eine furchtbare Situation (in die uns Andere, die wir für sie aber zumeist nicht einmal verantwortlich machen, hineinlaviert haben) durchzuhalten; was zwar übermenschlich schwer sein mag, aber wiederum Mangel an Selbständigkeit beweist. Das nicht zu leisten, kann unter Umständen sogar schwerer sein, da es äußersten Mut erfordert, in jener Situation, in der selbst dem Feigling nichts anderes übrigbleibt als als Held durchzuhalten, *kein* Held zu sein. – Mut wäre die Bereitschaft, selbst unter Druck, und nicht nur unter dem der öffentlichen Meinung, Selbstverantwortetes zu riskieren; was in Diktaturen zumeist effektiv unmöglich ist. Wo es aber doch gewagt wird, eo ipso (wie z. B. das Schicksal der Hitler-Attentäter beweist) mit dem Odium des Verrats verbunden ist. In der Tat wird im Zeitalter des Konformismus Mut beinahe zu einem Synonym für Verrat; jedenfalls im Urteil der Mitwelt zum Verdachtsgrund.

267 Das zu Große ist übrigens nicht nur nicht vorstellbar; sondern auch kaum erinnerbar; vielleicht sogar noch nicht einmal „erfahrbar": Auch der *Anblick* von tausend Ermordeten ist nicht entsetzlicher als von Hunderten. Jenseits des Schocks hört das Zählen auf. –

268 Und wenn sie es selbst wäre: Worauf es hier ankommt, ist ja nicht, psychologische Neuigkeiten zu entdecken, sondern die Wurzeln unseres Versagens aufzufinden. Und sie nicht nur aufzufinden.

269 Der Ausdruck *„vorstellen“* verliert hier eigentlich sein Recht, da er ja durch seine Vorsilbe „vor“ eine Antizipation bezeichnet; meistens jene planende, die im alltäglichen Herstellen der Verwirklichung vorausgeht. Hier dagegen handelt es sich ja grade um die (gewissermaßen wider-platonische) Situation, in der die verwirklichten Gegenstände und Situationen dem Eidos zuvorkommen; also in der sie da-sind, noch ehe sie, ja ohne daß sie überhaupt in ihrer Größe und in ihren Konsequenzen „vorgestellt“ wären; so daß der Vorstellende nun eigentlich zum *„Nachstellenden“* wird, da er versucht, dem von ihm Gemachten und der unabsehbaren Macht, die er durch eigenes Machen hat oder ist, die ihm aber über den Kopf gewachsen ist, nachzukommen, um sich selbst gewachsen zu bleiben.

272 Es ist höchst auffällig, daß jenes Vokabular, das der mit sich selbst im Streit liegende Mensch früher verwendet hatte, um sich zu formulieren, unmodern wird oder bereits geworden ist. Der Ausdruck „mit sich ringen“ z. B., der noch vor einem Menschenalter selbstverständlich, auch bei der Jugend geläufig gewesen war, klingt heute bereits verstaubt, pathetisch und unglaubhaft.

274 Siehe S. 36ff.

277 Die Behauptung, mit dem Fortschrittsglauben sei es „aus“, ist viel zu pauschal. In den Vereinigten Staaten und in Rußland blüht er noch; und in den unterentwickelten Bevölkerungen beginnt er überhaupt erst seinen Siegeslauf. – Daß er sich fundamental wandelt, daß nämlich der Begriff des „Progresses“ langsam in den des „Projektes“ übergeht; also sein Element „eiserne Notwendigkeit“ verliert, ist allerdings nicht abzuleugnen. – Die Prognose „Ende des Fortschrittsbegriffes“ war charakteristisch für das Europa des Zusammenbruches 1946. – Global gesehen ist die Prognose falsch.

278 Ehe noch unsere Ahnen den Gottesbegriff deistisch verdünnten, hatten sie den Teufel bereits in eine allegorische Figur verwandelt; ehe sie Gott als „tot“ verkündeten, den Teufel bereits umgebracht; ehe sie den Himmel der Musik überließen, die Hölle schon zum Theaterort gemacht. In der Bildungsreligion unserer Eltern – selbst derer, die allem prononcierten Atheismus fernestanden, fehlte die Höllenangst bereits so vollständig, daß deren Fehlen schon nicht mehr bemerkt wurde.

279 Wo aber im Bürgertum des 20. Jahrhunderts der Glaube an den Fortschritt aufgegeben wurde, da erschien als Gegenstück des „Besserwerdens“ nicht etwa die Idee des „schlechten Endes“, sondern die Idee, daß die *Gegenwart* (natürlich in mehr oder minder metaphorischem Sinne) *„die Hölle“* sei. Das galt bereits für Strindberg; und Grundsätzliches hat sich seitdem (bei Céline, Kafka, dem frühen Sartre) nicht geändert. Aber hatten diese Autoren auch ihre Fortschrittshoffnung bereits aufgegeben, auf polemische Art hingen sie von dieser Hoffnung doch noch ab. Da sie sich nämlich eine Zukunft, die nicht „Fortschritt" war, nicht vorstellen konnten, glaubten sie nun, da sie an den Fortschritt nicht mehr glaubten, auch an keine Zukunft mehr. Mit der „besseren Zukunft" schütteten sie den Begriff der Zukunft überhaupt aus. Diese Verwandlung war charakteristisch für ein Geschlecht, das, dem fortschrittgläubigen Bürgertum entstammend, das Vertrauen in den Aufstieg seiner Klasse verloren hatte. Weder in der christlichen noch in irgendeiner politischen Konzeption hat es eine solche Zukunftslosigkeit wie etwa die in der Godot-Welt Becketts gegeben. Aber entscheidend ist, daß diese Zukunftslosigkeit nicht in Apokalypse-Erwartung umschlug, sondern die Gegenwart deutete als nunc stans der Hölle. *Auch Nihilisten sind apokalypse-blind.*

280 Wenn freilich jemand mit dem Faktum des Sterbens doch nicht fertig wird und die Fortschrittsphilosophie mit Fragen behelligt, dann versagt diese vollständig; und die sozialistische Variante der Fortschrittsphilosophie um nichts weniger als die bürgerliche. Aber allzu oft geschieht das nicht, da sie ja ihren Kindern, noch ehe diese auf den Gedanken kommen können, Fragen zu stellen, mit ihren optimistischen Antworten den Fragemund bereits gestopft hat. Die Macht einer Weltanschauung bewährt sich ja nicht durch die Antworten, die sie zu geben weiß, sondern durch die Fragen, die sie abzudrosseln versteht.

282 Das hat sich dort grundsätzlich geändert, wo der Begriff „Progreß" durch den „Projekt" abgelöst worden ist; also in Planwirtschaften. Dort ist die Zukunft zu einer Art von „Raum" geworden, nämlich zu demjenigen Raume, innerhalb dessen das Plan-Soll verwirklicht wird. Damit hat sich die Zeit aus einer *„Form der Anschauung"* in eine *„Form der Produktion"* verwandelt. Die klassischen Fragen, wie die, ob man die Zukunft „voraussehen" könne, sind dieser Zukunft gegenüber gegenstandslos geworden, da sie ja gerade nichts anderes ist als das Schema der Voraussicht. — Cum grano salis kann man sagen, daß der Begriff des Progreß zu dem der „Providenz", von dem er herkommt, damit zurückgekehrt ist. Nur handelt es sich diesmal eben um *menschliche Providenz.*

289 Der Mitarbeiter, dessen Seele durch seine Mitarbeit beunruhigt ist, ist eine absolut neue Erscheinung, eine Figur, die es vor der Herstellung der Atombombe nicht gegeben hat. Von einem Tag zum anderen kann dieser Typ sich nicht entwickeln. Der Oppenheimer-Fall bezeugt, daß (namentlich in Zeiten extremen Konformismus') der von Skrupeln geplagte Mann sich über die Tatsache seines Skrupels selbst noch einmal Skrupel macht, weil ihm dieser eben, als nicht gleichgeschaltetes Gefühl, moralisch dubios vorkommt. — Aber diese Erscheinung des Skrupels ist auch heute noch die Ausnahme. Grundaxiom ist und bleibt vorerst das „non olere"; das heißt: das Axiom, daß keine Arbeit durch das, *was* sie erarbeitet, moralisch diskreditiert werde. Und dieses Axiom ist verhängnisvoll nicht nur deshalb, weil es den furchtbarsten Verbrechen das Air des Arglosen verleiht, sondern weil es glatten Nihilismus darstellt: Wenn nämlich der größte Teil menschlichen Tuns – und Arbeiten macht ja den größten Teil aus – von vornherein dem Richterspruch der Moral entzogen ist, dann läuft das auf effektive Herrschaft des Nihilismus heraus.

290 Die Automation ist ja umgekehrt die endgültige Ersetzung des Gewissens durch die Gewissenhaftigkeit der mechanischen Funktion.

299 1 Wenn wir heutigen Europäer das schließliche Ergebnis dieser Kollision als „rein asiatisch" bezeichnen, so beweist das nur, wie total unfähig wir sind, uns selbst in unseren Effekten wiederzuerkennen.

299 2 Diese plötzliche Verstörung der russischen Intellektuellen des 19. Jahrhunderts war voraussichtlich nur das erste Vorspiel für analoge Verstörungen die noch ausstehen; das, durch diese Plötzlichkeit verursachte, in Form von „Nihilismus" auftretende Trauma nur ein Präzedenzfall: Viel zu selten macht man es sich klar, was es bedeutet, daß heute Millionen von Nichteuropäern, deren eigene Geistesgeschichte nicht den mindesten Hinweis auf einen naturalistischen Mensch- und Weltbegriff enthielt, über Nacht diesem Begriff exponiert werden; und daß für die Mehrzahl der heutigen Menschen die Epoche der Naturwissenschaften mit der Detonation der Atombombe begonnen hat.

300 1 Es ist höchst charakteristisch, daß selbst dort, wo der Nihilist die Überwindung des Nihilismus ankündigt, der Monismus sein Grunderlebnis bleibt: Wenn zum Beispiel Nietzsche diese Überwindung durch das Ja zur „ewigen Wiederkunft" zu vollziehen glaubt, so bedeutet dieses Einverständnis ja nichts anderes als eine Bejahung der Herrlichkeit des sinnlosen und kein „Soll" in sich bergenden Naturseins; was um so plausibler ist, als der Begriff der „ewigen Wiederkunft" offensichtlich unter dem Eindruck des physikalischen Seinsbegriffs und nach dem Modell der zum physikalischen Experiment gehörenden *Wiederholbarkeit* konzipiert ist. In dieses Sein sich einzuschalten; hineinzuspringen in den „großen Mittag" des sinnlos weiter und weiter Kreisenden, ist die gewalttätige Lösung, die Nietzsche vorschlägt; und die, sieht man von dem hymnischen Ton ab, eigentlich nichts anderes darstellt, als die Misere, die den Nihilisten sonst (*weil* er eben nicht abstreiten kann oder nicht abstreiten zu können glaubt, auch nur ein Stück dieser einen sinnlosen und ungesollten Welt zu sein) in Verzweiflung versetzt. Letztlich läuft Nietzsches Kurzschlußlösung darauf heraus, das „Jenseits von Gut und Böse“, das als Charakter der Natur unbestreitbar ist, nun selbst zu etwas „Gesolltem“ zu machen.

300 [2] System, 2. Teil, S. 31.

300 [3] Der *Kropotkin*sche Versuch, durch Hinweis auf die „gegenseitige Hilfe in der Natur“ dieses Dilemma aus der Welt zu schaffen – kein Zufall, daß er im Lande, ja im Milieu des Nihilismus unternommen wurde – war philosophisch lahm, da ja auch das Faktum moral-ähnlicher Handlungen in der Natur die Verbindlichkeit von Moral niemals begründen könnte.

305 Solche „reversiblen Gleichungen“, die des Nationalsozialismus, habe ich zusammengestellt in „Studies in Philosophy and Social Research“, N.Y. 1940, S. 464ff.

309 Ausführliche Durchdiskutierung dieser Formeln siehe d. Verf. „Une Interprétation de l'Aposterieri“ in „Recherches Philosophiques“ Paris 1934, p. 70–80.

311 Daß die Organisatoren des Gefühls zu diesem Zwecke besonders gerne zu Natur-Kategorien wie „Blut“, „Rasse“, „organisch“ etc. griffen, war natürlich kein Zufall: sondern hatte eben den Zweck, das Zwangssystem trotz dessen furchtbarer Künstlichkeit an den Mann zu bringen. Das Wörtchen „Natur“ ist der Liebling des Terrors. –

312 Die Hauptwurzel besteht wohl, abgesehen vom „Gefälle“, im *Selbstbetrug der Gewöhnung* – womit ich meine, daß der Gewöhnte im Augenblick, da er sich an ein Weltschema gefühlsmäßig gewöhnt hat, unfähig geworden ist, sich eine Alternativmöglichkeit vorzustellen; also sich vorzustellen, daß ein anderes Weltschema möglich, auch nur möglich gewesen, sei; kurz: die Tatsache, daß *Gewöhnung nach rückwärts verewigt.*

318 Daraus erklärt sich die ungeheure Rolle, die das Quälen beim Nihilisten spielt: denn der Quälende hat nicht nur die Chance, sein Vernichten ad. lib. in die Länge zu ziehen, sondern auch die, sich im Opfer zugleich den Zeugen der Vernichtung zu sichern.

319 Vorbei ist dieses paradoxe „junctim“ von naturalistischer Weltanschauung und Freiheitsbewegung, diese Verkoppelung von „eiserner Notwendigkeit“ und „Revolution“ noch nicht. Zum Beispiel bleiben auch heute noch die Doktrinen Sowjetrußlands ohne dieses, aus der europäischen Geistesgeschichte stammende, Bündnis unverständlich.

Aber so charakteristisch wie früher ist die Allianz nun doch nicht mehr; und zwar deshalb nicht, weil der Naturalismus im Laufe des letzten Jahrhunderts als Technik überall triumphiert hat; weil er zur universellen Weltanschauung der Epoche geworden ist; weil es heute kein Land gibt, dessen Philosophie nicht effektiv naturalistisch wäre; und keines, dessen Welt- und Menschenbehandlung nicht „Naturalismus in actu“ darstellte. Damit ist natürlich nicht behauptet, daß der Naturalismus überall als offizielle Philosophie proklamiert werde. Im Gegenteil, in einigen der wichtigsten bleibt er ja sogar stumm. Aber nicht etwa deshalb, weil sich dort die Philosophie der Wirklichkeit „noch nicht“ angemessen hätte – in diesem einfachen „noch nicht“ erschöpft sich nicht das geschichtliche Ideologie-Problem – sondern umgekehrt, weil es dort nicht mehr nötig ist, den Naturalismus als Philosophie ausdrücklich zu proklamieren. Wenn er gerade in gewissen höchstindustrialisierten Ländern nicht herrscht, so, weil Prinzipien, die als modi operandi unzweideutig gesiegt haben und unangefochten und zur Zufriedenheit herrschen, auf ihre programmatisch philosophische Formulierung verzichten können. Dort darf man es sich also schon wieder leisten, gesichert durch den Festungswall der Laboratorien und finanziert durch den Naturalismus selbst, mehr oder minder bona fide humanistische Welt- und Menschbegriffe zu propagieren („studium generale“); und aus dieser Perspektive erscheint die von industriell noch unterentwickelten Ländern offiziell vertretene oder geradezu als Heilsdoktrin verkündete naturalistische Philosophie nun als „Barbarei“. Aber was man mit diesen und ähnlichen Worten abtut, ist letztlich nur das in philosophischer Version auftretende Programm „Naturwissenschaften zwecks Industrialisierung“, das man selbst zu propagieren nicht mehr nötig hat; also nur die lärmende Verkündung dessen, was man selbst praktiziert. Wenn man diese Philosophie so heftig attackiert, so nicht zuletzt auch deshalb, weil sich in dieser eine drohende industrielle Konkurrenz ankündigt.

Es scheint mir gewiß, daß die offizielle naturalistische Philosophie, die *heute* entweder *noch* herrscht (in Rußland) oder sogar *heute erst* ihre Laufbahn antritt (in den zum Nachholen des 19. Jahrhunderts Europas verurteilten „unterentwickelten Ländern“) in demjenigen Augenblicke automatisch verkümmern wird, in dem dort ein gewisser Saturationsstand der Industrialisierung erreicht sein wird; und daß sich, was Marx von der Metaphysik erwartet hatte: daß sie an Überflüssigkeit zugrundegehen werde, an der Nachfolgerin der Metaphysik, also am Naturalismus, bewahrheiten wird.

Aber, noch einmal: nur als ausdrückliche oder gar offizielle Philosophie wird der Naturalismus dann verschwinden; und wo er bereits verschwunden ist, ist er nur als solcher verschwunden. Effektiv herrscht er überall: Denn effektive Philosophie besteht nicht in Worten, sondern in den faktisch angewandten Prinzipien der Welt und Menschenbehandlung; nicht darin, wofür man Welt oder Mensch hält, sondern wofür man sie sich hält. –

323 Wenn der Nihilismus nun erst (also im Frankreich der Vierziger Jahre) zu einer breiten Bewegung wurde, so weil er zum ersten Male der geschichtlichen Situation wie angegossen saß; und zwar ganz bestimmten Stücken dieser Situation. Man muß sich einmal klar machen, wieviele verschiedene Erscheinungen plötzlich in ihn hineinpaßten, wieviel Diverses er gleichzeitg paraphrasieren konnte:

1. Das Faktum des nationalisozialistischen Terrors, der alle „Solls“ verhöhnte.

2. Die Situation des Résistance-Kämpfers, der sich im Kampf gegen diesen Terror von „Solls“ freizumachen suchte. (Daher die enge Beziehung dieser Spielart von Nihilismus und der Freiheitsphilosophie.)

3. Die Bodenlosigkeit der Bourgeoisie, die ihre eigenen „Solls“ verriet.

4. Die Situation des ex-bürgerlichen Intellektuellen, der, da er sozial im Nichts stand, nicht mehr wußte, was er und ob er etwas „sollte“.

Daß eine Philosophie, die so vielen, so verschiedenartigen Ereignissen, Situationen und Attitüden gleichzeitig gerecht werden konnte, zur herrschenden Philosophie wurde, ist begreiflich: Ihr Kommen war überdeterminiert.

Günther Anders bei C.H.Beck

Ketzereien

Unveränderter Nachdruck der Originalausgabe.
1996. 358 Seiten. Paperback
Beck'sche Reihe Band 1165

Mariechen

Eine Gutenachtgeschichte für Liebende, Philosophen
und Angehörige anderer Berufsgruppen
2., unveränderte Auflage. 1994. 86 Seiten. Paperback
Beck'sche Reihe Band 1013

Mensch ohne Welt

Schriften zur Kunst und Literatur
2. Auflage. 1993. XLIV, 248 Seiten mit 15 Abbildungen. Paperback
Beck'sche Reihe Band 1011

Obdachlose Skulptur

Über Rodin
Aus dem Englischen von Werner Reimann
1994. 124 Seiten mit 35 Abbildungen. Paperback
Beck'sche Reihe Band 1060

Philosophische Stenogramme

2., unveränderte Auflage. 1993. 150 Seiten. Paperback
Beck'sche Reihe Band 36

Der Blick vom Turm

Fabeln
Mit 12 Abbildungen nach Lithographien von A. Paul Weber.
3. Auflage. 1988. 104 Seiten mit 12 Tafeln. Gebunden

Die molussische Katakombe

Roman
1992. 323 Seiten. Leinen

Verlag C.H.Beck